인공지능 기반
Hong-Lagrange 최적화와
데이터 기반 공학설계

인공지능 기반
Hong-Lagrange 최적화와 데이터 기반 공학설계

홍원기 저

도서출판대가

머리말

라그랑주 승수법은 설계타깃에 대해서 최대값, 최소값을 찾는 가장 훌륭한 방법 중의 하나로 이탈리아 태생의 수학자 및 천문학자인 조제프 루이 라그랑주(Joseph-Louis Lagrange)가 개발해낸 이후로 경제학, 자연과학, 공학분야에서 널리 활용되어 왔다. 라그랑주 승수법(Lagrange multiplier method)은 제약조건이 있는 최적화 문제를 풀기 위해 개발된 방법이다. 인류에게 큰 도약의 발판을 제공한 라그랑주 승수법을, 오늘날 자연과학과 공학분야 등 디지털 빅데이터가 존재하는 분야에 더욱더 적극적으로 활용할 수 있는 방법은 없을까? 빅데이터 속에 숨겨져 있는 유익한 사실들을 인공신경망과 라그랑주는 우리에게 알려줄 수 있을까 하는 호기심이 들었다. 저자는 21세기에 지대한 영향을 미치며 혜성과 같이 우리 곁으로 다가온 인공지능을 바라보게 되었다. 이 둘은 접점이 전혀 없을까 하는 고민과 함께 설계타깃과 설계를 제약하는 제약조건을 빅데이터로 표현할 수 있도록 융합이론(AI 기반 Hong-Lagrange 방법)을 개발하였다.

1장에서는 라그랑주 승수법의 기존 개념을 참고문헌으로부터 요약하여 해설하였다. 제약조건이 등 제약과 부등 제약 함수로 표현되는 경우, 라그랑주 승수법을 이용한 최적화 수행의 수학적 의미를 고찰하고자 하였다. 2장에서는 인공지능 기반에서 라그랑주 승수법을 적용하는 예제를 자세하게 기술하였다. 특히 부등 제약조건이 적용되는 경우를 인공지능 기반에서 활용하여 보았다. 4차함수의 최솟값을 찾아보았고, 간단한 트러스 프레임의 최적 설계를 수행하였다. 또한 캐넌에서 발사되는 비행체의 거리를 최대화하는 발사조건을 찾아보았다. 물론 일정한 장애물을 피해서 과녁에 명중하는 경우에 한해서이다. 이 한 권의 책으로 독학하기에 큰 어려움이 없으리라 생각된다.

저자는 이 책을 통해 디지털 빅데이터가 생성될 수 있는 공학, 이학, 사회학, 경제학, 의학 등의 분야에 글로벌 플랫폼을 제공하고자 하였고, 이 책에 기술하고자 AI 기반 Hong-Lagrange 방법을 적용하여 AI 기반 데이터 공학(AI-based Data-centric Engineering, AIDE)을 소개하였다. 혹시 독자들 중 어떤 분야이든지 자신들만의 디지털 빅데이터가 있다면, 이 책에서 제시하는 인공신경망과 라그랑주 승수법에 기반해서 최적값을 찾아보기를 권해본다.

저자는 인공지능 기반에서 철근콘크리트 구조, 프리스트레스 콘크리트 구조, 철골구조, SRC 구조 및 고층 프레임 등에 대해 한 개 또는 다수 개의 목적함수를 설계 타깃으로 규정하고, 최적 설계를 다루는 책들을 순차적으로 출간하고자 한다. 이 책들은 구조공학 분야에 적용 가능한 인공지능 기반의 구조공학 콜렉션 시리즈로 국문판과 영문판으로 출판되고 있다.

저자는 엘스비어 출판사에서 출간된 〈Hybrid Composite Precast Systems, Numerical Investigation to Construction〉의 10장 “Artificial-intelligence-based design of the ductile precast concrete beams"과 대가 출판서에서 출간된 인공지능기반 철근콘크리트 구조 설계(Artificial intelligence-based design of reinforced concrete structures)에서 인공신경망과 구조공학에 대한 기본이론과 설계를 이미 소개한 바 있다. 이 도서들을 복습한 후 이 책을 학습한다면 이 책의 내용을 이해하는 데 많은 도움이 될 수 있으리라 기대한다. 저자는 유튜브 채널[한국어 채널; 인공지능 빠르고 쉽게 배우기(홍원기, 경희대학교, 건축공학과), 영어채널; Deep Learning for beginners(Won-Kee Hong, Kyung Hee University)]에서 저서인 1권 인공지능기반 철근콘크리트 구조 설계(Artificial intelligence-based design of reinforced concrete structures)와 2권인 이 책에 기술된 내용을 영상으로 제작, 업로드하여 독자들의 이해를 돕고 있다.

이 책은 2022년 말 출간예정인 영문판보다 먼저 출간된다. 예제 작성에 도움을 준 대학원생들, Dinh Han Nguyen, Dat Pham Tien, Cuong Nguyen Manh, Tien Nguyen Van, Anh Le Thuc에게 감사드리며, 또한 이 책의 출간을 흔쾌히 동의해주시고 출판해주신 도서출판 대가의 김호석 사장님께 감사드린다.

긴 집필 과정에 가족은 그 무엇보다도 큰 힘이 되어주었다. 사랑하는 부모님과 아내, 아들 석원에게 감사를 표한다. 힘들었던 기간 내내 지혜를 주신 성경말씀을 소개하고자 한다.

"주께서 내눈을 여사 주의 법에서 나오는 놀라운 것들을 내가 보게 하소서,

Open my eyes that I may see wonderful things in your law (시편 119:18)."

홍원기

Contents

chapter

01 라그랑주 최적화에 기반한 공학설계

AI

chapter

02 인공지능 기반 라그랑주 최적화

Chapter 01

라그랑주 최적화에 기반한 공학설계

인공지능 기반
Hong-Lagrange 최적화와 데이터 기반 공학설계

AI-based Data-centric Engineering (AIDE) using ANN-based Hong-Lagrange optimizations

AI

Chapter 1 라그랑주 최적화에 기반한 공학설계

1.1 라그랑주 최적화의 중요성

1장에서는 프랑스의 수학자 및 물리학자인 조제프 루이 라그랑주(Joseph-Louis Lagrange, 1736년 1월 25일 ~ 1813년 4월 10일)가 개발한 라그랑주 승수법 기반의 최적화 기법을 공학분야와 융합시켜 공학설계에 활용하여 보도록 한다. 라그랑주 승수법을 활용하기 위해서는 최적화의 대상이 되는 목적함수를 설정하여야 하고, 설정된 목적함수(objective function)를 제어하는 제약함수(constraining function)를 설정하여야 한다. 설계의 목적에 따라서 목적함수를 다양하게 설정할 수 있다. 예시로는 구조설계 시 최적화의 대상이 되는 구조설계 물량 및 단가, 이산화탄소 발생량, 구조물의 중량 등이 목적함수가 될 수 있으며, 이외에도 다양한 설계 타깃을 목적함수로 설정할 수 있다. 일정한 조건, 즉 설계 규준, 엔지니어의 판단, 재정상태, 이산화탄소 배출량을 포함한 친환경 규제 등이 목적함수를 통제하게 되는데, 이와 같이 목적함수를 통제하는 함수를 제약함수라 하고, 제약함수는 다시 등 제약함수와 부등 제약함수로 나뉘어져서, 목적함수를 제약하게 된다. 그러나 재료 물성치, 단면 크기, 설계코드

(KCI, ACI, EC2 등) 등의 설계 규준을 포함하는 구조설계의 최적화는 쉽지 않은 분야이다. 특히 건축공학(Architectural engineering)이나 토목공학(Civil engineering) 에서 설계되는 콘크리트 구조의 경우에는, 철근 종류 및 물성치, 철근배근 위치, 배근방법, 경제성 등 다양한 변수들이 등 제약 및 부등 제약조건에서 고려되어야 하므로 라그랑주 기반의 최적화 설계는 상당히 복잡해질 수 있다.

이 장에서는 다양한 공학문제의 해결 시 해법의 복잡성 때문에 그동안 간과되어 온 라그랑주 승수법 기반의 최적화 기법을 인공신경망과 융합시켜 공학설계에 활용하여 보았다(AI 기반 Hong-Lagrange 방법). 인공신경망 기반의 라그랑주 최적화 학습에 앞서, 1장에서는 전통적인 수학식을 기반으로 한 라그랑주 최적화의 배경이론과 기초이론을 소개하였고, 2장에서는 전통적인 수학식 기반의 최적화와 인공신경망 기반의 라그랑주 최적화를 비교하였다. 예제로써, 고차함수의 최소, 최대값 도출, 트러스 부재의 최적설계, 비행체의 최적비행 등과 관련된 문제를 전통적인 수학식 기반의 라그랑주 최적화와 인공신경망 기반의 최적화로 도출하여 결과를 비교하였다. 저자는 콘크리트 구조물의 최적화 분야의 중요성을 인지하여, 향후 추가 집필을 통해 콘크리트 구조물의 최적화를 출간하기로 하였고, 콘크리트 구조물의 최적화 설계에 실제적으로 활용될 수 있도록 다양한 설계 예를 소개할 계획이다.

1.2 등 제약조건을 갖는 라그랑주 최적화

1.2.1 라그랑주 함수의 유도

수학(calculus) 과목에서 배운 라그랑주 최적설계는 최적설계 타깃이 되는 목적함수 식(1.2.1.1)과 목적함수 최적화 시 제한조건을 부여하는 식(1.2.1.2)의 등 제약조건(equality constraint conditions) 및 부등 제약조건(inequality constraint conditions)으로 구성되어 있다. 설계에서 최적화의 대상이 되는 목적함수는 식(1.2.1.1)에 주어져 있고, 최적화 과정을 통제하는 m_1개로 이루어진 등 제약함수 $g_i(x_1, x_2, \ldots, x_n) = 0$는 식(1.2.1.2-1)에 주어져 있고, m_2개로 이루어진 부등 제약함수 $h_i(x_1, x_2, \ldots, x_n) \geq 0$는 식(1.2.1.2-2)에 주어져 있다. 타깃 함수, 또는 유틸리티(utility) 함수 등으로도 불리는 목적함수

(objective function)는 최적화되는 주체이다. 등 제약조건만이 존재하는 라그랑주 함수 기반 최적화 방법의 가장 큰 장점 중의 하나로는, 목적함수의 최적화 시 고려되어야 하는 등 제약조건들을 비 제약조건 기반의 최적화 문제로 변환할 수 있다는 점이다. 식(1.2.1.2-1)에서 보이는 것처럼 제약조건들은 한쪽 항으로 이동시켜 0으로 놓고, 식(1.2.1.3)처럼 라그랑주 승수(Lagrange multipliers, λ_i)를 적용한다면, 최적화되는 목적함수에는 변화가 없을 것이다. 이와 같이 라그랑주 승수(Lagrange multipliers, λ_i)를 제약조건인 등 제약함수에 곱하여 목적함수에 더하거나 빼면 식(1.2.1.3)이 얻어지고, 이를 라그랑주 함수라고 한다.

$$y = f(x_1, x_2, \ldots, x_n) \quad (1.2.1.1)$$

$$g_i(x_1, x_2, \ldots, x_n) = 0, \qquad i = 1,2, \ldots, m_1 \quad (1.2.1.2\text{-}1)$$

$$h_i(x_1, x_2, \ldots, x_n) \geq 0, \qquad i = 1,2, \ldots, m_2 \quad (1.2.1.2\text{-}2)$$

$$\mathcal{L}(x_1, x_2, \ldots, x_n, \lambda_1, \lambda_2, \ldots, \lambda_{m_1}) = f(x_1, x_2, \ldots, x_n) \pm \sum_{i=1}^{m_1} \lambda_i g_i(x_1, x_2, \ldots, x_n) \quad (1.2.1.3)$$

식(1.2.1.2-1)의 라그랑주 함수에는 부등 제약식이 포함되어 있지 않지만, 식(1.2.1.2-2)에는 부등 제약식 $h_i(x_1, x_2, \ldots, x_n) \geq 0$ 이 포함되어 있고, 이 경우에는 KKT 조건을 적용하게 된다. 부등 제약조건이 부여되는 경우에는, 부등 제약함수를 활성과 비활성으로 구분하여, 활성조건으로 가정하는 경우에는 부등 제약조건을 등 제약조건으로 전환하고 라그랑주 함수를 유도한 후 KKT 조건의 후보해를 구하여, 부등 제약조건을 만족하는 최종해를 특정한다. 비활성 조건으로 가정하는 경우에는 부등 제약조건을 무시하여 최적화 해를 찾은 후 구해진 최적화 해가 무시된 부등 제약 조건의 범위에서 구해졌는지를 확인하여야 한다. 이들 후보해들 중 가장 최적화된 값을 최종 최적값으로 특정하는 것이다. 각 KKT 조건의 해를 후보해(candidate solution)라 부르는 이유가 여기에 있다. 이는 1.3.3절과 2.4절에 자세히 설명하였다.

1.2.2 gradient 벡터의 유도

그림 1.2.2.1에서 목적함수를 $f(x,y)$ 함수로 정의하고, 목적함수를 제약하는 함수를 $g(x,y)$라 정의하여 보자. 목적함수 $f(x,y)$의 최소점은 제약함수 $g(x,y)$에 의해 변하게 되는데, $f(x,y)=c_3$에서 최소점을 갖는 것을 알 수 있다. 이와 같이 목적함수 $f(x,y)$의 극점(최대점, 최소점)은 제약함수 $g(x,y)$에 의해 제약 받으며 변하게 되는데, 목적함수 $f(x,y)$의 극점은 목적함수 $f(x,y)$와 제약함수 $g(x,y)$의 접선이 서로 평행할 때 얻어진다. 그러나, 그림 1.2.2.2에 도시된 것과 같이 임의의 도형의 한 점에서의 접선은 x, y 방향에 따라, 여러 개 존재할 수 있음을 알 수 있다. 따라서 도형의 한 점을 지나는 접선은 x, y 모든 방향으로 도출될 수 있으므로, 접선만을 사용하여 도형의 한 점을 지나는 접선을 정의할 수 없게 된다. 그러나 그림 1.2.2.3(a)처럼, 두 곡선의 법선(수직선)이 어느 한 점에서 공유된다면 두 곡선은 동일한 접점을 가지며, 이와 같은 법선은 단 한 개만이 존재하므로 극점(최대점, 최소점) 또한 존재한다[1.1]. 즉 그림 1.2.2.3(a)에서처럼 목적함수 $f(x,y)$와 제약함수 $g(x,y)$의 수직벡터가 동시에 통과하는 위치 (x,y)에서 최적값 $z = f(x,y)$값이 결정되는 것을 알 수 있다. 즉 목적함수 $f(x,y)$가 동일한 접점에서 제약함수 $g(x,y)$와 법선을 공유한다면, 목적함수 $f(x,y)$와 제약함수 $g(x,y)$의 접선은 서로 평행하다 할 수 있다. 따라서 두 함수가 법선을 같은 점에서 공유한다면, 목적함수 $f(x,y)$의 극점이, 목적함수 $f(x,y)$와 제약함수 $g(x,y)$와의 접점에서 도출되는 것이다. 이때 법선은 gradient라고 불리는 벡터이며, 2차원의 공간에서 $\nabla f(x,y)$ 또는 $\nabla g(x,y)$ 라 표시되며, $f(x,y)$, $g(x,y)$에 대해서 x, y 각 변수에 대한 편미분의 합으로 이루어진 벡터이다(식1.2.2.1-1, 식1.2.2.1-2).

목적함수 $f(x,y)$의 gradient 벡터가 곡선 상의 임의의 점 (x, y)에서 법선임을 증명해 보기로 한다[1.2]. 목적함수 $f(x,y)$ 위의 한 점 (x, y)로부터 제약함수 방향으로 미세하게 위치를 Δx, Δy만큼 이동했다고 보자. 미세하게 이동한 위치에 대해서, 목적함수는 식 (1.2.2.2)와 같이 구해진다. 이때 $(\Delta x, \Delta y)$는 (x, y)로부터 제약함수 $g(x,y)$ 방향으로의 미세한 위치 이동 이므로, $\frac{\partial f}{\partial x}\Delta x + \frac{\partial f}{\partial y}\Delta y$ 은 충분히 작다고 무시하여, $\frac{\partial f}{\partial x}\Delta x + \frac{\partial f}{\partial y}\Delta y = 0$ 이라 볼 수 있다면 $fx+\Delta x,\ y+\Delta y \approx f(x, y)$ 가 될 것이다.

결국 ∇fx 와 $(\Delta x, \Delta y)$ 의 스칼라 곱은 0이 되고 두 벡터가 이루는 각은 90°가 된다.

그런데 $(\Delta x, \Delta y)$는 제약함수 $g(x,y)$ 방향으로 미세하게 이동한 위치이므로, $f(x,y)$ 함수의 gradient와 제약함수 $g(x,y)$는 직각을 이루게 됨을 알 수 있다. 다수의 입력변수 (x, y)를 갖는 목적함수에 대해서도 식(1.2.2.2)를 계산할 수 있으며, 이 경우에도 제약함수 $g(x,y)$에 의해서 최적점은 제약된다. 부등 제약식이 존재하는 라그랑주 최적화 문제에서는 1.3절에서 설명된 대로 KKT 조건에 의한 최적화 후보값들을 먼저 계산한 후 부등 제약식을 검증하는 방법으로 최적점을 구하게 된다.

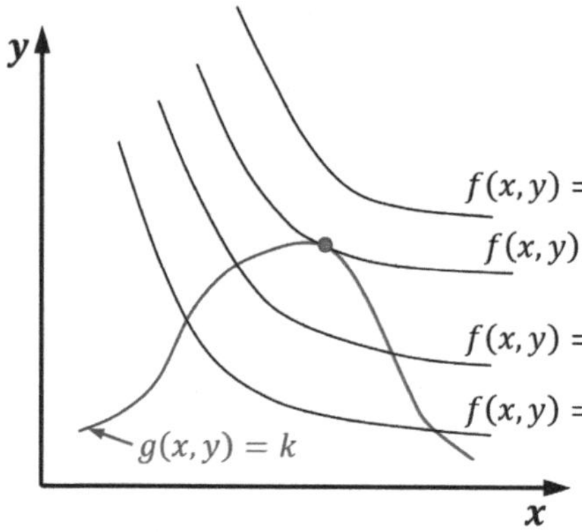

그림 1.2.2.1 함수 $g(x,y)$에 의해 제약 받으며 변하는 목적함수 $f(x,y)$의 극대점(최대점, 최소점)

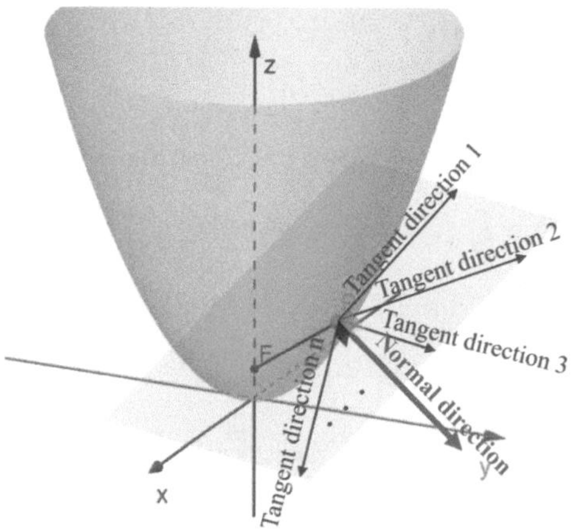

그림 1.2.2.2 목적함수 $f(x,y)$와 등 제약함수 $g(x,y)$에 대한 접선과 수직벡터(gradient 벡터)

(a) 라그랑주 승수에 대하여 두 gradient 벡터가 향하는 방향 $\nabla f(x)$, $\nabla g(x)$ pointing

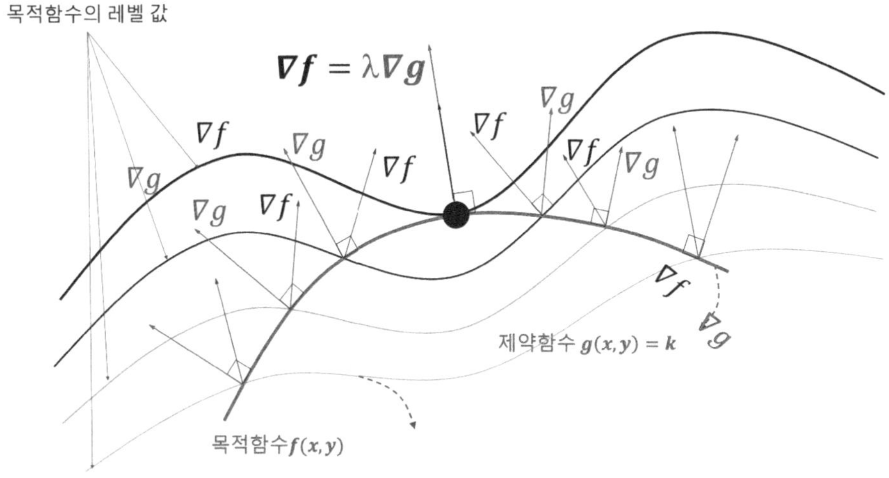

(b) $g(x, y)$의 수직벡터와 같은 방향을 향하는 벡터 $\nabla g_1(x_0, y_0)$와 다른 방향을 향하는 벡터 $\nabla g_2(x_0, y_0)$

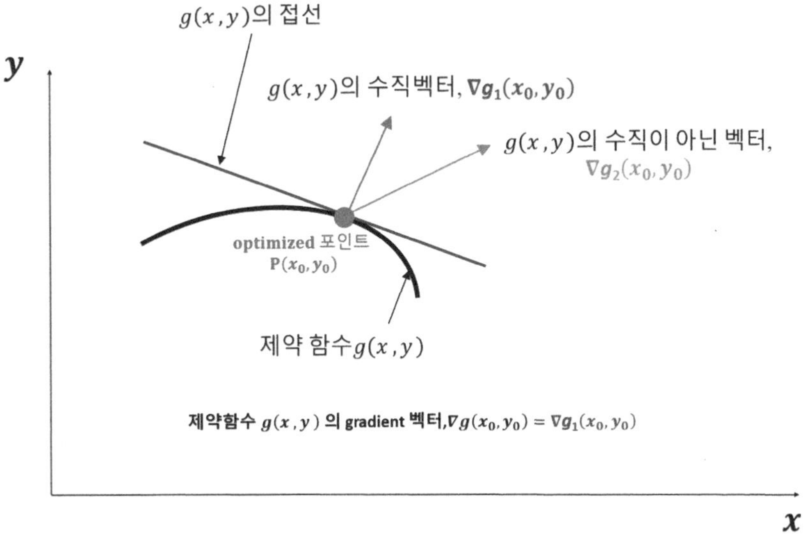

그림 1.2.2.3 두 함수의 접점을 정의하는 두 gradient 벡터 [1.1]

$$\nabla f(x,y) = \left(\frac{\partial f}{\partial x} + \frac{\partial f}{\partial y}\right) \tag{1.2.2.1-1}$$

$$\nabla g(x,y) = \left(\frac{\partial g}{\partial x} + \frac{\partial g}{\partial y}\right) \tag{1.2.2.1-2}$$

$$f(x+\Delta x, y+\Delta y) \approx f(x,y) + \frac{\partial f}{\partial x}\Delta x + \frac{\partial f}{\partial y}\Delta y \tag{1.2.2.2}$$

1.2.3 gradient 벡터를 이용한 목적함수 $f(x,y)$와 제약함수 $g(x,y)$의 최적화 조건: gradient 벡터에 기반한 극대, 극소값의 계산

라그랑주 방법에서, 목적함수와 제약함수는 gradient 벡터를 공동으로 소유(Beavis, 1990) 하도록 유도되고, 식(1.2.3.1)과 그림 1.2.2.3(a)에는 라그랑주 함수가 유도되어 있다.

식(1.2.1.3)은 라그랑주 승수(Lagrange multipliers λ)를 제약조건들에 적용하여 얻은 최적화 대상이 되는 라그랑주 함수이고, 식(1.2.3.1)은 식(1.2.1.3)을 일반화시킨 라그랑주 함수이다. 이때 등 제약함수는 한쪽 항으로 정리되어 0으로 처리되므로 라그랑주 승수를 곱하더라도 함수값의 변화는 없다. 식(1.2.1.1)의 목적함수와 (1.2.1.2-1)의 등 제약함수는 다수개의 입력변수로 구성되어 있고, 식(1.2.1.3)에서 처럼 제약함수의 개수와 동일한 라그랑주 승수(Lagrange multipliers λ)가 존재 하는 것이다.

식(1.2.3.2-1)에서처럼, 목적함수와 제약함수의 그래디언트(gradient) 벡터가 라그랑주 승수(Lagrange multipliers λ) 배로 서로 같을 때 목적함수의 극점(stationary point)이 존재하는 것이다. 즉 그림 1.2.2.3에서 보이는 것처럼, 2개의 함수, 즉 목적함수 $f(x,y)$와 등 제약함수 $g(x,y)$의 수직벡터가 두 함수에 의해서 한 접점에서 공유된다면 두 개의 함수는 접선으로 접한다고 볼 수 있다[1.1]. 이 접점에서 목적함수 $f(x,y)$의 극대 또는 극소값이 등 제약함수 $g(x,y)$에 의해서 도출되는 것이다. 이 전제 조건이 라그랑주 최적화의 기본이론이 된다. 이때 공통 접점을 지나는 목적함수 $f(x,y)$와 등 제약함수 $g(x,y)$의 수직 벡터를 gradient 벡터라고 부르고 각각 수학적으로 $\nabla f(x,y)$, $\nabla g(x,y)$로 표시한다. 그림 1.2.2.3(a)에서처럼, 등 제약함수 $g(x,y)$의 gradient 벡터에 어떤 상수(λ)를 곱한 값이 목적함수 $f(x,y)$의 gradient 벡터와 동일하게 도출 될 수 있다면, 수직인 gradient 벡터는 동일(양의 상수)한 방향을 향하고 있거나, 수직이지만 반대방향(음의 상수)을 향하고 있다고 볼 수 있다. 이때 두 목적함수 $f(x,y)$와 등 제약함수 $g(x,y)$는 공통 접점을 공유하고 있으며, 이때 두 함수의 gradient 벡터를 동일하게 조정해주는 상수를 라그랑주 승수(λ)라고 하고, 수학적으로 $\nabla f(x,y) = \lambda \nabla g(x,y)$로 나타낼 수 있다[1.2]. 라그랑주 승수의 부호와 크기를 조정하여 두 함수의 gradient 벡터가 동일한 크기로 동일한 방향을 향하도록 지정할 수 있다. 그림 1.2.2.3(b)에는 $\nabla g_1(x_0,y_0)$와 $\nabla g_2(x_0,y_0)$가 각각 같은 방향을 향하는 경우와 다른 방향을 향하는 경우를 도시하였다. 이와 같이 목적함수 $f(x,y)$와 등 제약함수 $g(x,y)$의 gradient 벡터를 라그랑주 승수의 곱으로 동일하게 조정된 식이 식(1.2.3.2-1)이다. 즉 식(1.2.3.2-1)에서처럼 목적함수 $f(x_k)$의 gradient 벡터와 등 제약함수 $g(x_k)$의 gradient 벡터에 라그랑주 승수를 곱한값은 같아지며, 이 식으로부터 목적 함수의 극값(최대값 또는 최소값)을 특정하는 입력 변수조합들(x_k)과 라그랑주 승수(λ_i)를 구할 수 있게 된다.

식(1.2.3.2-2)와 식(1.2.3.2-3)은 식(1.2.3.1)의 라그랑주 함수를 n개의 입력변수 $xk(k = 1,2,\ldots,n)$ 와 λ에 대하여 대해 미분해서 얻은 연립방정식이다[1.2], [1.3].

n개의 입력변수 $x_k(k = 1,2,\ldots,n)$ 와 λ에 대해 라그랑주 함수를 미분해서 얻은 연립방정식이 복잡하여 해를 구하기가 어렵다면, 뉴턴-랩슨(Newton-Raphson technique)방법으로 연립방정식을 풀 수 있고(2장 참조), 최적화를 위한 입력변수들과 라그랑주 승수를 구할 수 있다. 구해진 입력변수들(x_k)과 라그랑주 승수는 식(1.2.3.2-1)을 만족한다. 구해진 입력변수 조합들(x_k)을 식(1.2.1.1)에 대입하여 목적함수의 최적값을 구하는 것이다.

$$\mathcal{L}(x_k,\lambda) = f(x_k) + \lambda g(x), \ k = 1,2,\ldots,n \quad (1.2.3.1)$$

$$\nabla f(x_k) = \lambda\nabla g(x_k) \text{ or } \nabla f(x) - \lambda\nabla g(x_k) = 0, \ k = 1,2,\ldots,n \quad (1.2.3.2\text{-}1)$$

$$\frac{d\mathcal{L}}{dx_k} = \frac{df}{dx_k} + \sum_{i=1}^{m_1} \lambda_i \frac{dg_i}{dx_k} = 0, \ k = 1,2,\ldots,n \quad (1.2.3.2\text{-}2)$$

$$\frac{\partial\mathcal{L}}{\partial\lambda} = g_i = 0, \ i = 1,2,\ldots,m \quad (1.2.3.2\text{-}3)$$

1.2.4 gradient 벡터에 기반한 등 제약식으로 구성된 최적화 문제 풀이

식(1.2.4.1-1)에 있는 목적함수 $f(x,y)$와 식(1.2.4.1-2)의 등 제약함수 $g(x,y)$에 근거하여 유도된 식(1.2.4.2)의 라그랑주 함수를 최적화(최소화)하여 보도록 한다[1.4]. 앞절에서 설명된 대로, 식(1.2.4.3-1)은 gradient 벡터로 최적화 과정을 설명한 것으로서 식(1.2.3.2-1)과 유사한 식이다. 그리고 x, y, $\boldsymbol{\lambda}$ 변수에 대한 라그랑주 함수의 1차 연립편미분방정식을 식(1.2.4.3-2)부터 (1.2.4.3-4)와 같이 유도할 수 있다. gradient 벡터는 목적함수 $f(x,y)$와 제약함수 $g(x,y)$를 동시에 지나는 수직 벡터로서, 라그랑주 승수의 곱에 의해서 크기는 같고, 방향이 동일한 방향 또는 반대방향으로 설정된다. 이때, 식(1.2.4.3-1)의 gradient 벡터는 같은 입력변수(x, y)에서 목적함수 $f(x,y)$와 제약함수 $g(x,y)$를 지나게 된다. 목적함수 $f(x,y)$와 제약함수 $g(x,y)$는 입력변수(x, y)을 접점으로 하는 접선을 공동 소유한다는 의미이다. 식(1.2.4.3-2)부터 (1.2.4.3-4)에서 도출된 3×3 연립 편미분방정식을 풀게 되면, $x = 0$와 $y = +1$ 또는 -1이 구해지고, 이때 해당되는 라그랑주 승수는 $\lambda = +1$ 또는 -1 이 된다. $y = +1$ 또는 -1을 주어진 목적함수 $f(x,y)$에 대입하면 식(1.2.4.4-1)과 (1.2.4.4-2)에서 보이듯이 함수값이 각각 2 또는 -2로 구해 지는데, 목적함수의 값이 -2값에서 최소화되는 것을 알 수 있다. 살펴본 대로 등 제약조건만이 존재하는 경우에는 gradient 벡터 또는 라그랑주 함수의 1차 연립 편미분방정식만으로도 목적함수 $f(x,y)$와 제약함수 $g(x,y)$가 한 접점(x, y)을 지나는 접선을 갖는다는 라그랑주 전제가 성립하게 된다. 즉 $x = 0$, $y = -1$에서 식(1.2.4.3-1)을 만족하는 것이다. 그러나 부등 제약조건이 적용되는 경우에는, 고려되는 제약함수가 상수가 아니므로 gradient 벡터만으로 라그랑주 방법을 적용할 수가 없게 된다. 일종의 시행착오법이 도입되어야 하는 이유가 여기에 있는 것이다. 1.2.4절의 예제는 등 제약조건만을 고려하였으므로 KKT 조건은 적용되지 않았지만, 1.3절의 부등 제약조건이 적용될 때는 일종의 시행착오법인 KKT 조건을 적용해야 한다. 즉 KKT 조건은 부등 제약조건을 포함하는 제약조건을 고려하여 목적함수를 최적화할 때 적용되는 방법이다.

최적화 대상인 목적함수: $f(x,y) = 2y + x$ (1.2.4.1-1)

등 제약함수: $g(x,y) = y^2 + xy - 1 = 0$ (1.2.4.1-2)

$$\mathcal{L}(x,y,\lambda) = 2y + x + \lambda(y^2 + xy - 1) \tag{1.2.4.2}$$

$\nabla f(x) = \lambda \nabla g(x)$ 또는 $\nabla f(x) - \lambda \nabla g(x) = 0$ (1.2.4.3-1)

$$\mathcal{L}_x = \frac{\partial \mathcal{L}}{\partial x} = 1 + \lambda y = 0 \Rightarrow y = -\frac{1}{\lambda} \tag{1.2.4.3-2}$$

$$\mathcal{L}_y = \frac{\partial \mathcal{L}}{\partial y} = 2 + 2\lambda y + \lambda x = 0 \Rightarrow 2 - 2\lambda\frac{1}{\lambda} + \lambda x = 0 \tag{1.2.4.3-3}$$

$$\Rightarrow 2 - 2 + \lambda x = 0 \Rightarrow \lambda x = 0 \Rightarrow x = 0$$

$$\mathcal{L}_\lambda = \frac{\partial \mathcal{L}}{\partial \lambda} = g(x,y) = y^2 + xy - 1 = 0 \Rightarrow y^2 + (0)y - 1 = 0 \tag{1.2.4.3-4}$$

$$\Rightarrow y^2 - 1 = 0 \Rightarrow y = \pm 1$$

$$(1.2.4.3\text{-}2) \Rightarrow \lambda = -\frac{1}{y} \Rightarrow \lambda = \pm 1$$

$$f(0,1) = 2(1) + (0) = 2 \tag{1.2.4.4-1}$$

$$f(0,-1) = 2(-1) + (0) = -2 \ \text{(solution)} \tag{1.2.4.4-2}$$

1.3 부등 제약조건을 갖는 라그랑주 최적화

1.3.1 KKT (Karush Kuhn Tucker conditions) 조건식

1.3.1.1 활성 조건 (active 또는 binding 건) 과 비활성 조건 (inactive non- binding 조건)

부등 제약식이 존재하는 라그랑주 최적화 문제에서는 KKT 조건에 의해 최적화 후보값들을 먼저 계산한 후 부등 제약식을 검증하는 방법으로 최적값(극대값)을 구하게 된다. 부등 제약식에 대해 활성조건(active 또는 binding 조건)인 경우와 비활성 조건(inactive 또는 non-binding 조건)인 여유조건(complementary slack conditions)으로 분리하여 가정하는데, 이와 같이 가정되는 모든 경우의 조건을 KKT(Karush_Kuhn_Tucker conditions) 조건이라 한다. KKT 조건에서는 활성 조건(binding 조건)으로 가정된 부등 제약식은 등 제약조건으로 가정되어 라그랑주 함수의 유도에 반영된다. 그 이유는 이미 전절에서 학습한 등 제약조건의 라그랑주 최적화 방법을 적용할 수 있기 때문이다. 비활성 조건(binding 조건)으로 가정된 부등 제약조건은 라그랑주 함수계산 시 무시되지만, KKT 후보해들은 무시된 부등 제약식을 만족하는지 반드시 검증되어야 한다. 모든 KKT 조건에 대해 도출된 모든 라그랑주 함수들은 식(1.2.3.2)에 의해 해를 구하는데, 이 해들을 후보해라고도 부른다. 즉 후보해들을 비교하여 최종 최적값을 결정하게 된다. 이와 같이 KKT 조건들은 1개 이상의 부등 제약조건을 갖는 라그랑주 함수의 최적화 문제를 푸는데 유용한 방법이다. 자세한 내용은 이후 설명을 참조하기를 바란다.

1.3.1.2 부등 제약식이 존재하는 라그랑주 함수의 유도

식(1.3.1.1-1)의 목적함수에 식(1.3.1.1-2)의 등 제약함수와 식(1.3.1.1-3)의 부등 제약함수를 적용하여 최대화 또는 최소화된 값을 찾아보기로 한다. 2개의 부등 제약조건 $v_1(x)$, $v_2(x)$가 적용되는 라그랑주 최적화 문제를 풀어보도록 하자. 부등 제약조건을 갖는 최적화 문제의 해법에는 어려움이 따르므로 KKT 조건에서는 부등 제약조건이 활성화된 경우와 비활성화된 경우로 분리하여 문제를 풀게 된다. 즉 부등 제약조건 $v_1(x)$이 활성화된 경우로 가정되는 경우에는 부등 제약조건 $v_1(x)$을 등 제약으로 변환(binding)하여 등 제약조건으로 간주한다. 이 경우는 1.2장에서처럼 처음부터 등 제약함수를 갖는 라그랑주 최적화 방법을 동일하게 적용하면 된다. 만약 부등 제약조건 $v_2(x)$이 비활성화된 경우로 가정되는 경우에는 부등 제약조건 $v_2(x)$은 여유조건이 되어 라그랑주 함수 유도 시 무시된다. 즉 비활성화된 부등 제약조건은 라그랑주 함수 유도 시 제거한다. slack 조건이라고도 불리는 여유조건은 최적화 해를 구한 후 반드시 검증하여, 라그랑주 함수 유도 시 제거 무시되어도 무방하다는 사실을 검증하여야 한다. 따라서 KKT 조건은 부등 제약조건을 등 제약함수로 가정하거나, 무시하는 것이다. 즉 부등 제약조건이 포함된 KKT 조건 문제에서는 부등 제약조건을 등 제약조건만을 갖는 최적화 문제로 변환시킨 후, 라그랑주 함수의 최적화 문제를 푸는 것이라 볼 수 있다.

최적화 대상인 목적함수: $f(\mathbf{x})$ (1.3.1.1-1)

등 제약함수: $\mathbf{c}(\mathbf{x}) = [c_1(\mathbf{x}), \dots, c_m(\mathbf{x})]^{\mathrm{T}} = \mathbf{0}$ (1.3.1.1-2)

부등 제약함수: $\mathbf{v}(\mathbf{x}) = [v_1(\mathbf{x}), v_2(\mathbf{x}), \dots, v_l(\mathbf{x})]^{\mathrm{T}} \geq \mathbf{0}$ (1.3.1.1-3)

1.3.1.3 KKT 조건의 형태

식(1.3.1.1-3)에 나타나 있는 2개의 부등 제약함수 2개 $v_1(x)$, $v_2(x)$를 적용하는 경우, 네 가지 경우의 KKT 조건에 대해 학습하여 보자. 부등 제약함수 2개가 전부 활성함수일 때, 부등 제약함수 2개가 전부 비활성 함수일 때, $v_1(x)$이 활성 함수, $v_2(x)$가 비활성 함수일 때, $v_1(x)$이 비활성 함수, $v_2(x)$가 활성 함수일 때의 네 가지 경우의 KKT 조건이 존재한다. 그림 1.3.1에서 처럼 네 가지 경우의 KKT 조건에 대해 라그랑주 함수를 유도하여, 검증을 거친 후 최적화 후보해들을 도출한다 먼저 첫 번째 KKT 조건을 살펴보기로 한다. 부등 제약 2개 $v_1(x)$, $v_2(x)$ 조건 모두를 활성 조건(active 또는 binding 조건)으로 가정하는 경우이다. 활성 조건(active 또는 binding 조건)으로 가정한다는 뜻은 부등 제약함수 $v_1(x)$, $v_2(x)$를 등 제약함수로 binding하여, 부등 제약함수 $v_1(x)$, $v_2(x)$ 를 등 제약함수로 변환하여 최적화를 수행한다는 뜻이다. 두 번째 조건으로, 부등 제약 2개 $v_1(x)$, $v_2(x)$ 조건 모두 비활성 조건(inactive conditions) 또는 여유조건(complementary slack conditions)에 해당한다고 가정하는 경우이다. 이 경우 라그랑주 함수의 최적화 문제에서는, 라그랑주 함수를 구하기 위해 적용되는 라그랑주 2개의 승수 λ_1, λ_2 모두를 0으로 가정하거나, 라그랑주 승수 λ_1, λ_2와 여유조건 $v_1(x)$, $v_2(x)$과의 곱이 0라고 가정하여 $\lambda_1 \times v_1(x)$와 $\lambda_2 \times v_2(x)$항을 무시하는 것이다. 즉 라그랑주 함수에서 해당 부등 제약식 $v_1(x)$, $v_2(x)$은 수학적으로 무시하고 라그랑주 함수의 최적화 문제를 푸는 것이다. 이와 같은 최적화 문제는 해당 부등 제약식에 얽매이지 않기 때문에 비 기저변수(non-binding)문제라고도 한다. 이와 같이 부등 제약조건이 여유조건(slack)으로 존재(여유조건이 0인 경우)하는 경우에는, 주어진 부등 제약조건에 얽매이지 않고 라그랑주 최적화를 수행할 수 있기 때문에 수월하게 문제를 해결할 수 있게 된다. 그러나 부등 제약조건에 얽매이지 않아서 부등 제약조건이 무시되고, 라그랑주 함수에는 나타나지는 않았더라도, 부등 제약조건은 검증되어야 한다. 즉 부등 제약조건 $v_1(x)$, $v_2(x)$을 만족하는 해가 후보해로서 자격을 갖기 때문이다. 최적화 과정 후 구해진 입력변수 조합들 (x_i, y_i)에 대해 부등 제약식이 만족되었는가를 반드시 검증하여야 하는 이유이다. 세 번째 KKT 조건에서는 $v_1(x)$ 부등 제약조건은 활성조건(active 또는 binding 조건)으로 가정하고, 반면에 $v_2(x)$ 부등 제약조건은 비활성 조건(inactive conditions) 또는 여유조건(complementary slack conditions) 또는 비 기저변수(non-binding) 문제에 해당한다고 가정하는 것이다. 여기서 세 번째 KKT 조건의 결론을 살펴보기로 한다. $v_1(x)$, $v_2(x)$ 2개의 부등 제약조건 중 $v_1(x)$은 등 제약함수로 binding하여 라그랑주 함수의 최적화 문제가 쉽게 풀릴 수 있도록 변환한 것이다. 즉 활성조건(active 또는 binding 조건)으로 가정된 $v_1(x)$은 등 제약함수로 변환되어 일반적인 라그랑주 최적화 방법(1.2.4절 참조)을 따르면 된다. 반면에 $v_2(x)$에는 얽매이지 않고 라그랑주 함수 유도 시 제거되나, 무시해도 좋은지 검증하여야 한다. 네 번째 KKT 조건에서는 세 번째 KKT 조건과 반대로, 부등 제약함수에 의한 $v_2(x)$ 조건은 활성 조건(active 또는 binding 조건)으로 가정하고, 반면에 $v_1(x)$ 부등 제약함수가 비활성 조건(inactive conditions) 또는 여유조건(complementary slack conditions) 또는 비 기저변수(non-binding) 문제에 해당한다고 가정하는 것이다. KKT 조건의 해를 구하는 과정에서, 가정하는

KKT 조건의 순서는 중요하지 않다. 모든 KKT 경우의 수에 대하여 라그랑주 함수를 유도한 후 최적화 과정을 거치고, 비활성 조건에 대한 검증을 마친 후, 목적함수의 최소 또는 최대값을 최종적으로 특정하면 된다. 그러나 부등 제약함수의 개수가 증가할수록 고려해야 하는 KKT 조건식은 매우 많아질 수 있다. 즉 20개의 부등 제약함수가 사용된다면 최대 2^{20}개의 KKT 조건식들의 후보해를 도출하여야 한다. 물론 이들 중에서 발생할 수 없는 KKT 조건식들은 무시된다.

1.3.2 KKT 활성 및 비활성 조건의 설정과 경제학적, 공학적 의미

KKT 조건에서 부등 제약조건이 활성화되었다는 의미는, 부등 제약조건을 등 제약조건으로 변환시킨다는 의미이다. 라그랑주 승수 λ_1가 0보다 크게 계산되는 경우이고, 여유조건(slack)이 없다는 의미이다. 따라서 활성화된 자원이 부족하거나 또는 자원에 얽매인다(binding)는 의미로서, 사용한도의 여유분은 등 제약조건으로 변환된 조건으로 정해진다. 경제학적으로는 자원(resources)을 소진(exhausting) 또는 사용한다는 뜻으로, 등 제약조건으로 변환된 자원이 충분하지 않기 때문에 등 제약조건에 binding하여 그 이상의 사용을 허용하지 않는다는 의미이다. 반면에 부등 제약조건이 비활성화되었다는 의미는 여유조건으로 존재하므로, 부등 제약조건에 얽매이지 않는다는 비 기저문제(non-binding)가 되나, 주어진 부등 제약조건만큼은 지켜주어 만족하여야 한다는 의미로서, 이 경우의 라그랑주 승수 λ_2는 0이 되어 라그랑주 함수 유도 시 무시된다.

공학적으로도 유사한 의미로 라그랑주 문제를 활용할 수 있다. 2.4.3절에 소개된 트러스의 최적화 예제에서는 트러스의 부재응력이 부등 제약조건으로 제시되었다.

	$g_1(x_1,x_2)$ active	$g_1(x_1,x_2)$ inactive
$g_2(x_1,x_2)$ active	Case 1	Case 2
$g_2(x_1,x_2)$ inactive	Case 3	Case 4

Case 1	$g_1(x_1,x_2)$ active	$g_2(x_1,x_2)$ active
Case 2	$g_1(x_1,x_2)$ inactive	$g_2(x_1,x_2)$ active
Case 3	$g_1(x_1,x_2)$ active	$g_2(x_1,x_2)$ inactive
Case 4	$g_1(x_1,x_2)$ inactive	$g_2(x_1,x_2)$ inactive

그림 1.3.1 2개의 부등 제약함수가 고려된 KKT 조건식

트러스의 부재응력이 부등 제약조건으로 주어지는데, 활성 또는 비활성 조건으로 나누어 가정된다. 활성 조건에 해당하는 경우에는 부등 제약조건이었던 트러스의 부재응력을 등 제약조건에 binding하고 전환하여, 트러스의 부재응력을 일정한 강도로 제한하겠다는 의미이다. 이 예제에서는 트러스의 부재응력을 부재 항복강도로 전환하여 최적화를 수행하겠다는 의미이다. 부등 제약조건인 트러스의 부재응력이 비 활성조건에 해당하는 경우에는, 트러스의 부재응력을 일정한 강도로 제한하지는 않겠지만(라그랑주 함수에서 비활성된 부등 제약조건은 무시됨), 비활성 조건인 식(2.4.3.2-1) 과식(2.4.3.2-2)에서 보이듯이 트러스 부재의 응력이 반드시 항복강도보다 작도록 검증하여 부재응력을 관리하겠다는 뜻을 지닌다.

1.3.3 부등 제약식으로 구성된 최적화 문제 풀이

1.3.3.1 예제 #1

식(1.3.3.1-1)의 목적함수 $f(x_1, x_2)$와 식(1.3.3.1-2)와 식(1.3.3.1-3)의 부등 제약함수를 갖는 최적화 문제를 KKT 조건을 이용하여 설명하여 보기로 한다[1.4].

최적화 대상인 목적함수: $f(x_1,x_2) = x_1^2 + x_2^2 - 14x_1 - 6x_2$ (1.3.3.1-1)

부등 제약함수:: $g_1(x_1,x_2) = x_1 + x_2 - 2 \le 0$ (1.3.3.1-2)

부등 제약함수: $g_2(x_1,x_2) = x_1 + 2x_2 - 3 \le 0$ (1.3.3.1-3)

등 제약조건을 갖는 문제에서는, 라그랑주 함수는 $g_1(x_1,x_2)$과 $g_2(x_1,x_2)$에 라그랑주 승수 λ_1과 λ_2를 각각 곱해, 식(1.2.1.3) 또는 식(1.2.3.1)에 의해 구해진다. 그러나 부등 제약조건의 문제에서는 KKT 조건을 이용하여 최적화 문제를 풀어야 한다. 부등 제약함수에 의한 $g_1(x_1,x_2)$ 조건이 활성 조건(active 또는 binding 조건)으로 가정되는 경우에는, 부등 제약함수 $g_1(x_1,x_2)$ 조건을 등 제약함수로 변환한다는 뜻이다. 즉 부등 제약함수인 $g_1(x_1,x_2)$로 라그랑주 최적화 문제를 풀기에는 어려움이 따르므로 부등 제약함수 $g_1(x,y)$ 조건을 등 제약함수로 전환하는 것이다.

반면에 $g_2(x_1,x_2)$ 부등 제약식이 비활성 조건(inactive conditions) 또는 여유조건

(complementary slack conditions) 에 해당한다고 가정해 보자. 이 경우 $g_2(x_1, x_2)$ 에 적용되는 라그랑주 승수 λ_2 를 0으로 가정하거나, 라그랑주 승수 λ_2 와 여유조건 $g_2(x_1, x_2)$ =(x_1+2x_2-3)과의 곱이 0이라고 가정하여 $\lambda_2 \times (x_1+2x_2-3)$ 항을 무시한 후 라그랑주 함수를 구한다. 즉 $g_2(x_1, x_2)$항인 부등 제약식(inequality constraint problem : $x_1+2x_2-3 \leq 0$)을 수학적으로 무시하여 라그랑주 함수를 최적화하는 문제로 변환하는 것이다. 이와 같은 최적화 문제는 해당 부등 제약식에 얽매이지 않고 무시되므로 비 기저변수(non-binding) 문제라고도 한다. 그러나 최적화 과정 후 구해진 입력변수(x_1,x_2)에 대해 부등 제약식 $x_1+2x_2-3 \leq 0$이 만족되었는가를 반드시 검증하여야 한다.

여기서 네 가지 KKT 조건의 후보해 들을 살펴보기로 한다.

(1) 첫 번째 KKT 조건

첫 번째 KKT 조건에서는 $g_1(x_1, x_2)$과 $g_2(x_1, x_2)$ 조건 모두를 활성 조건(active 또는 binding 조건) 전제 하에, 부등 제약함수 $g_1(x_1, x_2)$과 $g_2(x_1, x_2)$를 등 제약함수로 binding하여, 라그랑주 함수를 식(1.3.3.2)에서 유도하였다. 따라서 적용되는 라그랑주 승수 λ_1과 λ_2는 0보다 큰 수로 구해져야 한다. 식(1.3.3.2)의 라그랑주 함수를 최적화 입력변수인 x_1, x_2과 라그랑주 승수인 λ_1, λ_2로 미분하여 0으로 놓으면 식(1.3.3.3-1) 부터 식(1.3.3.3-4)가 구해지고 4×4의 연립미분방정식이 식(1.3.3.3-5) 부터 식(1.3.3.3-8)에 구해진다. 라그랑주 함수의 1차 미분식은 목적함수 $f(x_1, x_2)$와 부등 제약함수 $g_1(x_1, x_2)$과 $g_2(x_1, x_2)$ 로부터 유도된 gradient 벡터와 동일하다. 식(1.3.3.3-9)의 4×4연립 미분방정식으로부터 해 x_1=1, x_2=1이 구해졌고, 이에 대응하는 라그랑주 승수는 λ_1=20, λ_2=-8로 구해졌다. λ_2는 양수로 구해지지 않았으므로 최적화 해의 조건을 충족시키지 못하였고, 식(1.3.3.3-10)의 목적함수값은 의미없는 값이 된다. 식(1.3.3.3-11)과 식(1.3.3.3-12)로부터, $g_1(x_1, x_2)$과 $g_2(x_1, x_2)$ 는 모두 0으로 구해졌다. $g_1(x_1, x_2)$과 $g_2(x_1, x_2)$ 가 모두 0으로 구해진 이유는 부등 제약함수 $g_1(x_1, x_2)$과 $g_2(x_1, x_2)$ 모두를 활성조건(active 또는 binding 조건)으로 가정하고, 부등 제약조건 $g_1(x_1, x_2)$과 $g_2(x_1, x_2)$를 등 제약함수로 binding 하였기 때문이다.

$$\mathcal{L}(x_1, x_2, \lambda_1, \lambda_2) = x_1^2 + x_2^2 - 14x_1 - 6x_2 + \lambda_1(x_1 + x_2 - 2) + \lambda_2(x_1 + 2x_2 - 3) \quad (1.3.3.2)$$

$$\frac{\partial \mathcal{L}}{\partial x_1} = 2x_1 - 14 + \lambda_1 + \lambda_2 = 0 \quad (1.3.3.3\text{-}1)$$

$$\frac{\partial \mathcal{L}}{\partial x_2} = 2x_2 - 6 + \lambda_1 + 2\lambda_2 = 0 \quad (1.3.3.3\text{-}2)$$

$$\frac{\partial \mathcal{L}}{\partial \lambda_1} = x_1 + x_2 - 2 = 0 \quad (1.3.3.3\text{-}3)$$

$$\frac{\partial \mathcal{L}}{\partial \lambda_2} = x_1 + 2x_2 - 3 = 0 \quad (1.3.3.3\text{-}4)$$

$$(1.3.3.3 - 1) \Rightarrow 2x_1 + 0x_2 + \lambda_1 + \lambda_2 = 14 \quad (1.3.3.3\text{-}5)$$

$$(1.3.3.3 - 2) \Rightarrow 0x_1 + 2x_2 + \lambda_1 + 2\lambda_2 = 6 \quad (1.3.3.3\text{-}6)$$

$$(1.3.3.3 - 3) \Rightarrow x_1 + x_2 + 0\lambda_1 + 0\lambda_2 = 2 \quad (1.3.3.3\text{-}7)$$

$$(1.3.3.3 - 4) \Rightarrow x_1 + 2x_2 + 0\lambda_1 + 0\lambda_2 = 3 \quad (1.3.3.3\text{-}8)$$

$$\text{매트릭스:} \begin{bmatrix} 2 & 0 & 1 & 1 \\ 0 & 2 & 1 & 2 \\ 1 & 1 & 0 & 0 \\ 1 & 2 & 0 & 0 \end{bmatrix} \begin{bmatrix} x_1 \\ x_2 \\ \lambda_1 \\ \lambda_2 \end{bmatrix} = \begin{bmatrix} 14 \\ 6 \\ 2 \\ 3 \end{bmatrix} \quad (1.3.3.3\text{-}9)$$

$$f(x_1, x_2) = x_1^2 + x_2^2 - 14x_1 - 6x_2$$
$$\Rightarrow f(1,1) = 1^2 + 1^2 - 14(1) - 6(1) = -18 \quad (1.3.3.3\text{-}10)$$

$$g_1(x_1, x_2) = x_1 + x_2 - 2 \Rightarrow g_1(1,1) = 1 + 1 - 2 = 0 \quad (1.3.3.3\text{-}11)$$

$$g_2(x_1, x_2) = x_1 + 2x_2 - 3 \Rightarrow g_2(1,1) = 1 + 2(1) - 3 = 0 \quad (1.3.3.3\text{-}12)$$

(2) 두 번째 KKT 조건

두 번째 KKT 조건에서는 $g_1(x_1, x_2)$과 $g_2(x_1, x_2)$조건 모두를 비활성 조건(inactive conditions) 또는 여유조건(complementary slack conditions)에 해당한다고 가정하였다. 따라서 이 경우에는 라그랑주 함수를 구하기 위해 곱해지는 라그랑주 승수 λ_1, λ_2 모두를 0으로 가정하거나, 라그랑주 승수 λ_1, λ_2와 여유조건 $g_1(x_1, x_2)$과 $g_2(x_1, x_2)$와의 곱이 0라고 가정하여 $\lambda_1 \times g_1(x_1, x_2)$와 $\lambda_2 \times g_2(x_1, x_2)$항을 라그랑주 함수 계산 시 무시하는 것이다. 즉 라그랑주 함수에서 $g_1(x_1, x_2) \leq 0$과 $g_2(x_1, x_2) \leq 0$ 항은 수학적으로 무시하여 식(1.3.3.4)를 얻는다. 식(1.3.3.4)의 라그랑주 함수를 최적화 입력변수인 x_1, x_2로 미분하여 0으로 놓으면 2×2 연립미분방정식이 식(1.3.3.5-1) 부터 식(1.3.3.5-2)에서 구해진다. 라그랑주 함수의 1차 미분식은 목적함수 $f(x_1, x_2)$ 로부터 유도된 gradient 벡터와 동일하다. 2×2 연립미분방정식으로부터 해 $x_1=7$, $x_2=3$이 구해졌고, 이에 대응하는 부등 제약함수 $g_1(x_1, x_2)$과 $g_2(x_1, x_2)$는 8과 10으로 각각 식(1.3.3.6-1)과 식(1.3.3.6-2)에서 구해졌다. 그러나 식 (1.3.3.1-2)와 (1.3.3.1-3)에서 주어졌듯이 라그랑주 함수 계산 시 수학적으로 무시되었던 부등 제약조건인 $g_1(x_1, x_2)$과 $g_2(x_1, x_2)$는 0보다 작거나 같아야 하나 식(1.3.3.6-1)과 식(1.3.3.6-2)에서 각각 8과 10으로 구해졌으므로, 두 번째 KKT 조건하에서도 최적화를 충족시키는 해는 존재하지 않는다.

$$\mathcal{L}(x_1, x_2) = x_1^2 + x_2^2 - 14x_1 - 6x_2 \tag{1.3.3.4}$$

$$\frac{\partial \mathcal{L}}{\partial x_1} = 2x_1 - 14 = 0 \Rightarrow x_1 = 7 \tag{1.3.3.5-1}$$

$$\frac{\partial \mathcal{L}}{\partial x_2} = 2x_2 - 6 = 0 \Rightarrow x_2 = 3 \tag{1.3.3.5-2}$$

$$g_1(x_1, x_2) = g_1(7,3) = 7 + 3 - 2 = 8 \tag{1.3.3.6-1}$$

$$g_2(x_1, x_2) = g_2(7,3) = 7 + 2(3) - 3 = 10 \tag{1.3.3.6-2}$$

(3) 세 번째 KKT 조건

세 번째 KKT 조건하 에서는 $g_1(x_1, x_2)$과 $g_2(x_1, x_2)$ 등 2개의 부등 제약함수 중, $g_2(x_1, x_2)$에는 얽매이지 않고 여유조건으로 가정하고, $g_1(x_1, x_2)$은 등 제약함수로 binding하여, 라그랑주 함수의 최적화 문제가 쉽게 풀릴 수 있도록 변환한 것이다. 활성 조건(active 또는 binding 조건)으로 가정된 $g_1(x_1, x_2)$은 등 제약함수로 변환되어 일반적인 라그랑주 최적화 방법(1.2.4절 참조)을 따르면 된다. 반면에 $g_2(x_1, x_2)$는 비활성

조건으로 가정되므로, 라그랑주 함수를 구하기 위해 적용되는 라그랑주 승수 λ_2를 0으로 가정하거나, 라그랑주 승수 λ_2와 여유조건 $g_2(x_1, x_2)$과의 곱이 0라고 가정하여 $\lambda_2 \times g_2(x_1, x_2)$항을 무시하는 것이다. 즉 라그랑주 함수에서 $g_2(x_1, x_2) \leq 0$항은 수학적으로 무시하여 식(1.3.3.7)를 얻는다. 식(1.3.3.7)의 라그랑주 함수를 최적화하는 입력변수 x_1, x_2와 라그랑주 승수인 λ_1로 미분하여 0으로 놓으면 식(1.3.3.8-1) 부터 식(1.3.3.8-3)이 구해지고 3×3 연립미분방정식이 식(1.3.3.9-1)부터 식(1.3.3.9-3)에서 구해진다. 라그랑주 함수의 1차 미분식은 목적함수 $f(x_1, x_2)$ 와 부등 제약함수 $g_1(x_1, x_2)$로부터 유도된 gradient 벡터와 동일하다. 식(1.3.3.9-4)의 3×3연립 미분방정식으로부터 해 $x_1=3$, $x_2=-1$이 구해졌고, 이에 대응하는 부등 제약함수 $g_1(x_1, x_2)$과 $g_2(x_1, x_2)$는 0과 -2로 각각 식(1.3.3.10-1)과 식(1.3.3.10-2)에서 구해진다. $g_2(x_1, x_2)$ 부등 제약함수값 -2는 (1.3.3.1-3)에서 주어진 부등 제약조건인 0보다 작거나 같다는 조건에 부합함으로써 식(1.3.3.10-3)의 목적함수는 최적화되었다고 볼 수 있다. 그러나 마지막 네 번째 KKT 조건 확인 후 최종 결정을 내릴 수 있을 것이다. $g_1(x_1, x_2)$가 0으로 구해진 이유는 부등 제약 $g_1(x_1, x_2)$ 조건을 활성 조건(active 또는 binding 조건)으로 전환하고, 부등 제약조건 $g_1(x_1, x_2)$을 등 제약조건으로 binding하였기 때문이다. 라그랑주 승수 $\lambda_1 = 8$은 양수로 구해졌다.

$$\mathcal{L}(x_1, x_2, \lambda_1) = x_1^2 + x_2^2 - 14x_1 - 6x_2 + \lambda_1(x_1 + x_2 - 2) \tag{1.3.3.7}$$

$$\frac{\partial \mathcal{L}}{\partial x_1} = 2x_1 - 14 + \lambda_1 = 0 \tag{1.3.3.8-1}$$

$$\frac{\partial \mathcal{L}}{\partial x_2} = 2x_2 - 6 + \lambda_1 = 0 \tag{1.3.3.8-2}$$

$$\frac{\partial \mathcal{L}}{\partial \lambda_1} = x_1 + x_2 - 2 = 0 \tag{1.3.3.8-3}$$

$$(1.3.3.8\text{-}1) \Rightarrow 2x_1 + 0x_2 + \lambda_1 = 14 \tag{1.3.3.9-1}$$

$$(1.3.3.8\text{-}2) \Rightarrow 0x_1 + 2x_2 + \lambda_1 = 6 \tag{1.3.3.9-2}$$

$$(1.3.3.8\text{-}3) \Rightarrow x_1 + x_2 + 0\lambda_1 = 2 \tag{1.3.3.9-3}$$

$$\text{매트릭스:} \begin{bmatrix} 2 & 0 & 1 \\ 0 & 2 & 1 \\ 1 & 1 & 0 \end{bmatrix} \begin{bmatrix} x_1 \\ x_2 \\ \lambda_1 \end{bmatrix} = \begin{bmatrix} 14 \\ 6 \\ 2 \end{bmatrix} \tag{1.3.3.9-4}$$

$$\Rightarrow x_1 = 3, \quad x_2 = -1, \quad \lambda_1 = 8$$

$$g_1(x_1, x_2) = g_1(3, -1) = 3 + (-1) - 2 = 0 \tag{1.3.3.10-1}$$

$$g_2(x_1, x_2) = g_2(3, -1) = 3 + 2(-1) - 3 = -2 \tag{1.3.3.10-2}$$

$$f(x_1, x_2) = f(3, -1) = 3^2 + (-1)^2 - 14(3) - 6(-1) = -26 \tag{1.3.3.10-3}$$

(4) 네 번째 KKT 조건

네 번째 KKT 조건에서는 부등 제약함수에 의한 $g_2(x_1, x_2)$ 조건은 활성 조건(active 또는 binding 조건)으로 가정하고, 반면에 $g_1(x_1, x_2)$ 부등 제약식이 비활성 조건(inactive conditions) 또는 여유조건(complementary slack conditions)에 해당한다고 가정한다. 네 번째 KKT 조건 하에서는 $g_1(x_1, x_2)$과 $g_2(x_1, x_2)$ 2개의 부등 제약함수 중 $g_1(x_1, x_2)$에는 얽매이지 않고, $g_2(x, y)$는 등 제약함수로 binding하여, 라그랑주 함수의 최적화 문제가 쉽게 풀릴 수 있도록 변환한 것이다. 활성 조건(active 또는 binding 조건)으로 가정된 $g_2(x_1, x_2)$는 등 제약함수로 전환되어 일반적인 라그랑주 최적화 방법(1.2.4절 참조)을 따르면 된다. 비활성 조건(inactive conditions) 또는 여유조건(complementary slack conditions)에 해당한다고 가정된 $g_1(x_1, x_2) \leq 0$는 라그랑주 함수를 구할 때 무시된다. 즉 적용되는 라그랑주 승수 λ_1를 0으로 가정하거나, 라그랑주 승수 λ_1와 여유조건 $g_1(x_1, x_2)$와의 곱이 0라고 가정하여 $\lambda_1 \times g_1(x_1, x_2)$항을 무시하는 것이다. 즉 라그랑주 함수에서 $g_1(x_1, x_2) \leq 0$항은 수학적으로 무시하여 식(1.3.3.11)를 얻는다. 식(1.3.3.11)의 라그랑주 함수를 최적화하는 입력변수 x_1, x_2와 라그랑주 승수인 λ_2로 미분하여 0으로 놓으면 식(1.3.3.12-1) 부터 식(1.3.3.12-3)이 구해지고 3×3 연립미분방정식이 식(1.3.3.12-4)부터 식(1.3.3.12-6)에서 구해진다. 라그랑주 함수의 1차 미분식은 목적함수 $f(x_1, x_2)$와 부등 제약함수 $g_2(x_1, x_2)$ 로부터 유도된 gradient 벡터와 동일하다. 식

(1.3.3.12-7)의 3×3 연립미분방정식으로부터 해 x_1=5, x_2=-1이 구해졌고, 이에 대응하는 부등 제약함수 $g_1(x_1,x_2)$과 $g_2(x_1,x_2)$는 2와 0으로 각각 식(1.3.3.13-1)과 식(1.3.3.13-2)에서 구해졌다. 식(1.3.3.1-2)에서 주어진 $g_1(x_1,x_2)$ 부등 제약조건은 0보다 작거나 같아야 하나 $g_1(x_1,x_2)$는 2로 구해졌으므로, 네 번째 KKT 조건 하에서는 최적화를 충족시키는 후보해가 존재하지 않는다. $g_2(x_1,x_2)$가 0으로 구해진 이유는 $g_2(x_1,x_2)$ 조건을 활성 조건(active 또는 binding 조건)으로 전환하고, 부등 제약함수 $g_2(x_1,x_2)$을 등 제약함수로 binding 하였기 때문이다. 라그랑주 승수 λ_2=4로 양수로 구해졌다.

$$\mathcal{L}(x_1,x_2,\lambda_2) = x_1^2 + x_2^2 - 14x_1 - 6x_2 + \lambda_2(x_1 + 2x_2 - 3) \tag{1.3.3.11}$$

$$\frac{\partial \mathcal{L}}{\partial x_1} = 2x_1 - 14 + \lambda_2 = 0 \tag{1.3.3.12-1}$$

$$\frac{\partial \mathcal{L}}{\partial x_2} = 2x_2 - 6 + \lambda_2 = 0 \tag{1.3.3.12-2}$$

$$\frac{\partial \mathcal{L}}{\partial \lambda_2} = x_1 + 2x_2 - 3 = 0 \tag{1.3.3.12-3}$$

$$(1.3.3.12-1) \Rightarrow 2x_1 + 0x_2 + \lambda_2 = 14 \tag{1.3.3.12-4}$$

$$(1.3.3.12-2) \Rightarrow 0x_1 + 2x_2 + \lambda_2 = 6 \tag{1.3.3.12-5}$$

$$(1.3.3.12-3) \Rightarrow x_1 + 2x_2 + 0\lambda_2 = 3 \tag{1.3.3.12-6}$$

$$\text{매트릭스}\begin{bmatrix} 2 & 0 & 1 \\ 0 & 2 & 1 \\ 1 & 2 & 0 \end{bmatrix}\begin{bmatrix} x_1 \\ x_2 \\ \lambda_2 \end{bmatrix} = \begin{bmatrix} 14 \\ 6 \\ 3 \end{bmatrix} \tag{1.3.3.12-7}$$

$$\Rightarrow x_1 = 5, \quad x_2 = -1, \quad \lambda_1 = 4$$

$$g_1(x_1,x_2) = g_1(5,-1) = 5 + (-1) - 2 = 2 \tag{1.3.3.13-1}$$

$$g_2(x_1,x_2) = g_2(5,-1) = 5 + 2(-1) - 3 = 0 \tag{1.3.3.13-2}$$

$$f(x_1,x_2) = f(5,-1) = 5^2 + (-1)^2 - 14(5) - 6(-1) = -38 \tag{1.3.3.13-3}$$

(5) 예제 #1의 요약

예제 #1에서 설명되었듯이, 부등 제약식이 존재하는 라그랑주 최적화 문제에서는 KKT 조건에 의해 최적화 후보값들을 먼저 계산한 후 부등 제약식을 검증하는 방법으로 목적함수의 최적값을 구하게 된다. 네 가지 KKT 조건에 대해, 최적값 후보값들을 먼저 계산하였고, 비활성 조건(inactive 또는 non-binding 조건)의 경우에는 부등 제약식을 검증하여 최적값을 특정하였다. 세 번째 KKT에서 후보값인 입력변수 x_1=3, x_2=-1을 구할 수 있었고, 이에 대응 하는 부등 제약함수 $g_1(x_1,x_2)$과 $g_2(x_1,x_2)$ 역시 0과 -2로 각각 구해졌다. 그러나 첫 번째, 두 번째와 네 번째 KKT 조건에서는 가정된 KKT 조건이 충족되지 않았으므로 라그랑주 최적화를 수행할 수 없었다. 활성 조건(active 또는 binding 조건)으로 가정된 부등 제약조건은 항상 0으로 구해지고, 이때 라그랑주 승수 λ는 양수로 구해진다. 이와 같이 1개 이상의 부등 제약조건을 갖는 라그랑주 함수의 최적화 문제는 KKT 조건들을 통해 등 제약조건만을 갖는 최적화 문제로 변환시켜, 부등 제약조건이 제외된 라그랑주 함수 최적화 문제(1.2.4절 참조)로 전환시켜 푸는 유용한 방법이다.

1.3.3.2 예제 #2

이번 예제에서는 식(1.3.3.14-1)의 목적함수 $f(x,y)=xy$ 로 주어지는 자원을 극대화하여 보기로 한다[1.5]. 목적함수 내의 x는 빵을 의미 하고 y는 버터를 의미한다고 할 때, 최대한 많이 구매할 수 있는 빵과 버터의 개수를 찾아 보기로 한다. 극대화에는 부등 제약함수로 주어지는 자원을 이용해야 하는데, 현금자원을 의미하는 식(1.3.3.14-2)의 $g_1(x,y)$과, 쿠폰자원을 의미하는 (1.3.3.14-3)의 $g_2(x_1,x_2)$을 이용하여야 한다. 즉 최적화 과정은 2개의 부등 제약조건에 의해 제한을 받는다. $g_1(x,y)$의 현금자원으로는 50유닛 미만에서 $g_2(x,y)$의 쿠폰자원으로는 60유닛 이하에서 구매할 수 있다고 한다.

최적화 대상인 목적함수: $f(x,y) = xy$ (1.3.3.14-1)

부등 제약함수: $g_1(x,y) = x + y \le 50 \Rightarrow 50 - x - y \ge 0$ (1.3.3.14-2)

부등 제약함수: $g_2(x,y) = 2x + y \le 60 \Rightarrow 60 - 2x - y \ge 0$ (1.3.3.14-3)

2개의 부등 제약조건에 대한, 네 가지의 KKT 조건을 정리해 보도록 하자. 첫 번째 KKT 조건에서는 부등 제약조건 $g_1(x,y)$이 활성화되었고, $g_2(x,y)$는 비활성화되었다고 가정한다. 부등 제약조건 $g_1(x,y)$이 활성화(active)되었다는 가정은, $g_1(x,y)$의 제약조건인 현금자원에 관련된 부등 제약조건을 등 제약조건으로 변환시킨다는 의미이다. 두 번째 조건에서는 부등 제약조건 $g_1(x,y)$이 비활성화되었고, $g_2(x,y)$인 쿠폰자원은 활성화되었다고 가정한다. 세 번째 조건은 $g_1(x,y)$와 $g_2(x,y)$의 2개의 부등 제약조건 모두 활성화되었다고 가정하였고, 네 번째 조건은 $g_1(x,y)$와 $g_2(x,y)$의 2개의 부등 제약조건 모두 비활성화되었다고 가정하였다. 모든 KKT 조건을 테스트하여 가정조건이 만족될 때의 목적함수 최적값을 계산하여야 한다.

(1) 첫 번째 KKT 조건

첫 번째 조건을 가정하여 라그랑주 함수를 유도하여 보자. 첫 번째 KKT 조건에서는 부등 제약조건 $g_1(x,y)$이 활성화되었고, $g_2(x,y)$는 비활성화되었다고 가정하였다. 부등 제약조건 $g_1(x,y)$이 활성화(active)되었다는 가정은, 여유조건(slack)이 0이라는 의미로서, $g_1(x,y)$은 여유조건이 아니라는 의미이다. 즉 현금자원에 관련된 $g_1(x,y)$의 부등 제약조건(inequality condition)을 등 제약조건(equality condition)으로 binding시킨다는 의미이고, 현금자원에 얽매인다(binding)는 의미이다. 현금의 사용한도는 등 제약조건으로 변환된 $g_1(x,y)$으로 정해진다. 경제학적으로는 현금이 충분하지 않기 때문에 제한된다는 의미로서, 현금자원(resources)을 소진(exhausting) 또는 사용한다는 뜻이다. 이때 라그랑주 승수 λ_1가 0보다 크게 계산된다. 본 예제에서의 첫 번째 KKT 조건에서는 부등 제약조건 $g_2(x,y)$인 쿠폰자원을 여유조건으로 가정하였다. 라그랑주 승수 λ_2가 0이 되는 경우이다. 라그랑주 함수 최적화 시, 쿠폰자원에 관련된 제약조건은 충분하다고 보고, 이미 만족했다고 가정하여, 라그랑주 함수 유도 시 무시한 후 검증만 수행한다. 제약조건을 고려하지 않는다는 뜻은 경제학적으로는 쿠폰자원(resources)을 소진(exhausting) 또는 사용하지 않는다는 뜻으로서, 쿠폰자원에 얽매이지 않고(non-binding) 비활성화(inactive)시킨다는 비 기저문제이다. 경제학적으로는 쿠폰이 충분한 것으로 생각할 수도 있다[1.7]. 첫 번째 KKT 조건의 결론은 부등 제약조건 $g_1(x,y)$인 현금자원은 충분하지 않다고 가정하지만, 부등 제약조건 $g_2(x,y)$인 쿠폰자원은 충분하다고 가정하고 문제를 푸는 것이다. 즉 부등 제약조건 $g_2(x,y)$인 쿠폰자원에 대해서는 여유조건으로 존재하고, 부등 제약조건을 유지한다는 의미이다. 이는 $g_2(x,y)$의 제약조건인 구폰자원에 얽매이지 않는다(non-binding)는 의미이고, 이 경우의 라그랑주 승수 λ_2는 0이 된다. 일단은 쿠폰자원에 대한 제한은 신경 쓰지 않고, 현금자원에 관한 조건만을 고려하여 문제를 풀면 되겠다. 그러나 최적화 해를 구한 후, 비활성 여유 제약조건으로 가정된 $g_2(x,y)$ 해가 부등 제약조건 내에서 도출되었는지를 검증해야 한다. 즉 비활성 여유 제약조건으로 가정된 $g_2(x,y)$의 쿠폰자원에 대한 검증은 반드시 수행하여야 하며, 쿠폰에 대한 조건이 만족되었는가를 검증하여야 한다. 첫 번째 조건을 가정하여 라그랑주 함수를 유도하여 보자. 부등 제약조건 $g_1(x,y)$이 활성화(active)되었다는 가정은, $g_1(x,y)$의 제약조건인 현금자원에 관련된 부등 제약조건(inequality condition)을 등 제약조건(equality condition)으로 변환시키고, 라그랑주 승수 λ_1가 0보다 크게 계산되어야 하는 경우이다. 반면에 부등 제약조건 $g_2(x,y)$인 쿠폰자원 대해서는 여유조건이 존재하여 얽매이는 조건이 아니므로(non-binding), $g_2(x,y)$는 충분한 조건이라고 보고, 라그랑주 함수 계산 시 고려 하지 않아도 되는 조건이 된다. 이 경우의 라그랑주 승수 λ_2는 0이 된다. 첫 번째 KKT 조건의 라그랑주 함수는 식(1.3.3.15)에 유도되었다. 라그랑주 함수의 최적화 입력변수 x, y와 라그랑주 승수인 λ_1으로 미분하여 0으로 놓으면 식(1.3.3.16-1) 부터 식(1.3.3.16-3)의 3×3 연립미분방정식(gradient 벡터와 동일)이 구해지고, 이를 풀면 $x = 25$, $y = 25$, 라그랑주 승수인 $\lambda_1 = 25$가 구해진다. 라그랑주 승수 λ_2은 25로 구해져, 0보다 커야 한다는 가정조건이 만족된다. 비활성(여유 제약조건)으로 가정된 $g_2(x,y)$의 쿠폰자원에 대해 검증을 식(1.3.3.14-3)에서 수행해 보니, $g_2(x,y)$ = 2x+y = 2(25)+2 = 75로 도출되어 60보다 작아야 하는 식 (1.3.3.14-3)의 제약조건에 위배되므로 최적화 도출에는 실패하였다. 다음 KKT 조건에 대해 KKT 테스트를 진행하여야 한다.

$$\mathcal{L}(x,y,\lambda_1,\lambda_2) = xy + \lambda_1(50 - x - y) \quad (1.3.3.15)$$

$$\frac{\partial \mathcal{L}}{\partial x} = y + \lambda_1(0 - 1 - 0) = 0 \quad (1.3.3.16\text{-}1)$$

$$\frac{\partial \mathcal{L}}{\partial y} = x + \lambda_1(0 - 0 - 1) = 0 \quad (1.3.3.16\text{-}2)$$

$$\frac{\partial \mathcal{L}}{\partial \lambda_1} = 50 - x - y = 0 \quad (1.3.3.16\text{-}3)$$

$$(1.3.3.16\text{-}1) \Rightarrow 0x + y - \lambda_1 = 0 \quad (1.3.3.16\text{-}4)$$

$$(1.3.3.16\text{-}2) \Rightarrow x + 0y - \lambda_1 = 0 \quad (1.3.3.16\text{-}5)$$

$$(1.3.3.16\text{-}3) \Rightarrow x + y + 0\lambda_1 = 50 \quad (1.3.3.16\text{-}6)$$

In matrix form: $\begin{bmatrix} 0 & 1 & -1 \\ 1 & 0 & -1 \\ 1 & 1 & 0 \end{bmatrix} \begin{bmatrix} x \\ y \\ \lambda_1 \end{bmatrix} = \begin{bmatrix} 0 \\ 0 \\ 50 \end{bmatrix}$

$$\Rightarrow x = y = \lambda_1 = 25 \quad (1.3.3.16\text{-}7)$$

$$g_1(x,y) = g_1(25,25) = 50 - 25 - 25 = 0 \quad (1.3.3.17\text{-}1)$$

$$g_2(x,y) = g_2(25,25) = 60 - 2 \times 25 - 25 = -15 \quad (1.3.3.17\text{-}2)$$

(2) 두 번째 KKT 조건

두 번째 KKT 조건에서는 부등 제약조건 $g_2(x,y)$인 쿠폰자원이 활성화(active)되어 여유가 없다는 가정에 기반한다. 즉 $g_2(x,y)$ 관련된 부등 제약조건을 등 제약조건으로 변환시키는 기저변수(binding) 문제이다. 라그랑주 승수 λ_2이 0보다 크게 계산되는 경우이고, 쿠폰자원의 사용한도는 등 제약조건으로 변환된 $g_2(x,y)$로 정해진다. $g_1(x,y)$인 현금자원에 대해서는 여유가 있는 조건으로써 여유조건(slack)에 해당한다, 따라서, $g_1(x,y)$의 현금자원에 관한 부등 제약조건은 고려되지 않는다. 라그랑주 승수 λ_1가 0으로 가정 되었고, 비활성(여유 제약조건)으로 가정된 현금자원에 대한 제한없이 문제를 풀 수 있다는 뜻이다. 즉 현금자원은 신경 쓰지않을 정도로 여유가 있다는 뜻이니 부등 제약조건에서 등 제약조건으로 변환된 $g_2(x,y)$인 쿠폰자원만을 고려하여 최적화 해를 구한 후, 비활성(여유 제약 조건)으로 가정된 $g_1(x,y)$의 현금자원에 대한 검증만 수행하면 된다. 두 번째 KKT 조건의 라그랑주 함수를 유도하여 보자. 부등 제약조건 $g_2(x,y)$가 활성화(active) 되었다는 가정은, $g_2(x,y)$의 제약조건인 쿠폰자원에 관련된 부등 제약조건을 등 제약조건으로 변환 시키고, 라그랑주 승수 λ_2가 0보다 크게 계산되어야 하는 경우이다. 반면에, 부등 제약조건 $g_1(x,y)$인 현금자원 대해서는 여유조건이 존재하여 얽매이는 조건이 아니므로(non-binding), $g_1(x,y)$는 여유가 있는 제약조건이 되어, 라그랑주 최적화 계산 시 고려 하지 않아도 되는 조건이된다. 이 경우의 라그랑주 승수 λ_1는 0이 된다.

따라서 라그랑주 함수는 식(1.3.3.18)처럼 유도할 수 있다. 3×3 연립방정식은 식(1.3.3.19-1)부터 식(1.3.3.19-3)에서 유도되어 있고, 식(1.3.3.19-4)부터 식(1.3.3.19-6)으로 정리되어 이를 풀면, 식(1.3.3.19-7)에서 x=15, y=30으로 구해진다. 라그랑주 승수 λ_2은 15로 구해져 가 0보다 커야 한다는 가정조건이 만족된다. 비활성(여유 제약조건)으로 가정된 $g_1(x,y)$의 현금자원에 대한 검증을 식(1.3.3.14-2)에서 수행해 보니, 식(1.3.3.20-1)에서 처럼 $g_1(x,y)=x+y=15+30=45 \leq 50$으로 만족되었다. 부등 제약조건 $g_2(x,y)$는 활성화(active)로 가정 되었으므로, 식(1.3.3.20-2)에서처럼 0 이 된다.

그리고 최적화된 목적함수는 식(1.3.3.20-3)에서 $U=xy=15\times30=450$ 유닛으로 구해졌다. 나머지 KKT 조건에 대해서도 테스트를 수행하여 최종적인 목적함수의 극대값을 특정하여야 한다. 두 번째 KKT 조건에서 목적함수의 최대값이 특정되었고, 구매할 수 있는 빵과 버터는 각각 15개와 30개로, 구매할 수 있는 재화의 최대값은 목적함수로부터 $U=xy=15\times30=450$ 유닛으로 구해졌다.

$$\mathcal{L}(x,y,\lambda_1,\lambda_2) = xy + \lambda_2(60 - 2x - y) \tag{1.3.3.18}$$

$$\frac{\partial \mathcal{L}}{\partial x} = y - 2\lambda_2 = 0 \tag{1.3.3.19-1}$$

$$\frac{\partial \mathcal{L}}{\partial y} = x - \lambda_2 = 0 \tag{1.3.3.19-2}$$

$$\frac{\partial \mathcal{L}}{\partial \lambda_2} = 60 - 2x - y = 0 \tag{1.3.3.19-3}$$

$$(1.3.3.19\text{-}1) \Rightarrow 0x + y - 2\lambda_2 = 0 \tag{1.3.3.19-4}$$

$$(1.3.3.19\text{-}2) \Rightarrow x + 0y - \lambda_2 = 0 \tag{1.3.3.19-5}$$

$$(1.3.3.19\text{-}3) \Rightarrow 2x + y + 0\lambda_2 = 60 \tag{1.3.3.19-6}$$

In matrix form: $\begin{bmatrix} 0 & 1 & -2 \\ 1 & 0 & -1 \\ 2 & 1 & 0 \end{bmatrix} \begin{bmatrix} x \\ y \\ \lambda_2 \end{bmatrix} = \begin{bmatrix} 0 \\ 0 \\ 60 \end{bmatrix}$

$$\Rightarrow x = 15, \quad y = 30, \quad \lambda_2 = 15 \tag{1.3.3.19-7}$$

$$g_1(x,y) = g_1(15,30) = 50 - 15 - 30 = 5 \tag{1.3.3.20-1}$$

$$g_2(x,y) = g_2(15,30) = 60 - 2 \times 15 - 30 = 0 \tag{1.3.3.20-2}$$

$$f(x,y) = f(15,30) = 15 \times 30 = 450 \tag{1.3.3.20-3}$$

(3) 세 번째 KKT 조건

세번째 KKT 조건에서는 모든 부등 제약조건 $g_1(x,y)$과 $g_2(x,y)$, 즉 현금자원과 쿠폰자원이 활성화(active)되어 여유가 없다는 가정에 기반한다. 즉 $g_1(x,y)$과 $g_2(x,y)$과 관련된 부등 제약조건을 등 제약조건으로 변환시키는 기저변수(binding) 문제이다. 라그랑주 함수는 식(1.3.3.21)처럼 유도할 수 있다. 4×4 연립방정식은 식(1.3.3.22-1)부터 식(1.3.3.22-4)에서 유도되어 있고, 식(1.3.3.22-5)부터 식(1.3.3.22-8)로 정리되어, 이를 풀면 식(1.3.3.22-9)에서 해는구해진다. 그러나 식(1.3.3.22-9)에서 보이듯이 활성화(active)된 $g_1(x,y)$의 라그랑주 승수(λ_1=-20<0)는 음수로 도출되어 세번째 KKT 조건의 후보해는 존재하지 않는다.

$$\mathcal{L}(x, y, \lambda_1, \lambda_2) = xy + \lambda_1(50 - x - y) + \lambda_2(60 - 2x - y) \quad (1.3.3.21)$$

$$\frac{\partial \mathcal{L}}{\partial x} = y - \lambda_1 - 2\lambda_2 = 0 \quad (1.3.3.22\text{-}1)$$

$$\frac{\partial \mathcal{L}}{\partial y} = x - \lambda_1 - \lambda_2 = 0 \quad (1.3.3.22\text{-}2)$$

$$\frac{\partial \mathcal{L}}{\partial \lambda_1} = 50 - x - y = 0 \quad (1.3.3.22\text{-}3)$$

$$\frac{\partial \mathcal{L}}{\partial \lambda_2} = 60 - 2x - y = 0 \quad (1.3.3.22\text{-}4)$$

$$(1.3.3.19\text{-}1) \Rightarrow 0x + y - \lambda_1 - 2\lambda_2 = 0 \quad (1.3.3.22\text{-}5)$$

$$(1.3.3.19\text{-}2) \Rightarrow x + 0y - \lambda_1 - \lambda_2 = 0 \quad (1.3.3.22\text{-}6)$$

$$(1.3.3.19\text{-}3) \Rightarrow x + y + 0\lambda_1 + 0\lambda_2 = 50 \quad (1.3.3.22\text{-}7)$$

$$(1.3.3.19\text{-}4) \Rightarrow 2x + y + 0\lambda_1 + 0\lambda_2 = 60 \quad (1.3.3.22\text{-}8)$$

$$\text{In matrix form: } \begin{bmatrix} 0 & 1 & -1 & -2 \\ 1 & 0 & -1 & -1 \\ 1 & 1 & 0 & 0 \\ 2 & 1 & 0 & 0 \end{bmatrix} \begin{bmatrix} x \\ y \\ \lambda_1 \\ \lambda_2 \end{bmatrix} = \begin{bmatrix} 0 \\ 0 \\ 50 \\ 60 \end{bmatrix} \Rightarrow \begin{cases} x = 10 \\ y = 40 \\ \lambda_1 = -20 < 0 \\ \lambda_2 = 30 \end{cases} \quad (1.3.3.22\text{-}9)$$

(4) 네 번째 KKT 조건

네 번째 KKT 조건에서는 모든 부등 제약조건 $g_1(x,y)$과 $g_2(x,y)$, 즉 현금자원과 쿠폰자원이 비활성화(active)되어 여유가 있는 조건으로서, 이들 모두 여유조건(slack)에 해당한다, 따라서, $g_1(x,y)$과 $g_2(x,y)$에 관한 부등 제약조건은 고려되지 않는다. 따라서 라그랑주 승수 1과 2가 0으로 가정되었고, 비활성(여유 제약조건)으로 가정된 현금자원과 쿠폰자원에 대해 제한없이 문제를 풀 수 있다는 뜻이다. 최적화 해를 구한 후, 비활성(여유 제약조건)으로 가정된 $g_1(x,y)$과 $g_2(x,y)$의 범위 내에서 도출되었는지에 대한 검증만 수행하면 된다. 라그랑주 함수는 식(1.3.3.23)처럼 유도할 수 있다. 연립 방정식은 식(1.3.3.24-1) 부터 식(1.3.3.24-2)에서 유도되어 있고, 식(1.3.3.25-1) 부터 식(1.3.3.25-2)를 풀면 해는구해진다. 식(1.3.3.25-3)에서 보이듯이 해는 $g_1(x,y)$과 $g_2(x,y)$의 범위 내에서 도출되었기 때문에 네 번째 KKT 조건의 후보해는 존재한다. 그러나 두 번째 KKT 조건의 후보해인 450보다는 작으므로 네 번째 KKT 조건의 후보해는 라그랑주 함수를 최적화(최대화)하지는 못하였다.

$$\mathcal{L}(x,y) = xy \tag{1.3.3.23}$$

$$\frac{\partial \mathcal{L}}{\partial x} = y = 0 \tag{1.3.3.24-1}$$

$$\frac{\partial \mathcal{L}}{\partial y} = x = 0 \tag{1.3.3.24-2}$$

$$g_1(x,y) = g_1(0,0) = 50 - 0 - 0 = 50 \tag{1.3.3.25-1}$$

$$g_2(x,y) = g_2(0,0) = 60 - 2 \times 0 - 0 = 60 \tag{1.3.3.25-2}$$

$$f(x,y) = f(0,0) = 0 \times 0 = 0 \tag{1.3.3.25-3}$$

(3) 예제 #2의 결론

두 번째 KKT조건에서 목적함수의 최대값이 특정되었다. 두 번째 KKT 조건의 결론은, 활성화된 부등 제약조건 $g_2(x,y)$인 쿠폰자원은 충분하지 않다고 가정하였지만, 부등 제약조건 $g_1(x,y)$인 현금자원에 대해서는 여유조건으로 가정하고, 라그랑주 함수 유도 시에는 포함되지 않았지만, 추후에 검증되었다. 즉 비활성화(active) 제약조건 $g_1(x,y)$인 현금자원은 충분히 여유가 있다고 가정하고, 현금자원에 얽매이지 않고(non-binding) 쿠폰자원에 관한 조건만을 고려하여 최적화 해를 구하였다.

1.3.3.3 예제 #3

식(1.3.3.26-1)부터 (1.3.3.26-3)에는 표준화된 목적함수와 부등 제약함수를 보여주고 있으며, 이번 예제로는 식(1.3.3.27)에 있는 목적함수와 부등 제약함수로 구성되는 최적화 문제를 풀어보기로 한다[1.8], [1.9]. 식 (1.3.3.28-1) 과 (1.3.3.28-2)에는 식 (1.3.3.27-2)과 (1.3.3.27-3)의 부등 제약함수를 표준화된 함수 형식으로 재표기한 것이다.

$$\text{최적화 대상인 목적함수: } f(x) \tag{1.3.3.26-1}$$

$$\text{부등 제약함수: } g_i(x) - b_i \geq 0, i = 1, \ldots, k \tag{1.3.3.26-2}$$

$$\text{부등 제약함수: } g_i(x) - b_i = 0, i = k+1, \ldots, m \tag{1.3.3.26-3}$$

$$\text{최적화 대상인 목적함수: } f(x_1, x_2, x_3) = x_1^2 + 2x_2^2 + 3x_3^2 \tag{1.3.3.27-1}$$

$$\text{부등 제약함수: } g_1(x_1, x_2, x_3) = -5x_1 + x_2 + 3x_3 \leq -3 \tag{1.3.3.27-2}$$

$$\text{부등 제약함수: } g_2(x_1, x_2, x_3) = 2x_1 + x_2 + 2x_3 \geq 6 \tag{1.3.3.27-3}$$

$$g_1(x_1, x_2, x_3) = 5x_1 - x_2 - 3x_3 - 3 \geq 0 \tag{1.3.3.28-1}$$

$$g_2(x_1, x_2, x_3) = 2x_1 + x_2 + 2x_3 - 6 \geq 0 \tag{1.3.3.28-2}$$

(1) 첫번째 KKT 조건

첫번째, 2개의 부등 제약조건 $g_1(x_1, x_2, x_3), g_2(x_1, x_2, x_3)$ 모두 활성화(active)되었다는 가정에 기반하여 라그랑주 함수를 식(1.3.3.30)에 유도 하였다. 식(1.3.3.29-1) 과 (1.3.3.29-2)에는 $g_1(x_1, x_2, x_3), g_2(x_1, x_2, x_3)$의 활성화(active) 제약조건에 관련된 2개의 부등 제약조건을 동시에 등제약 조건으로 변환시키고, 라그랑주 승수 λ_1, λ_2가 동시에 0보다 크게 계산 되어야 하는 KKT 조건이 제시 되었다. 이번 KKT 조건에서는 부등 제약조건에 대한 여유조건은 존재하지 않는다. 라그랑주 함수 식(1.3.3.30)을 최적화하는 입력변수 x_1, x_2, x_3와 라그랑주 승수 λ_1, λ_2로 미분하여 0으로 놓으면 5×5 연립 미분방정식이 식(1.3.3.31-1) 부터 식(1.3.3.31-5)에서 구해지고, 5×5 연립방정식은 식(1.3.3.31-6)부터 식(1.3.3.31-11)에서 유도된다. 이를 풀면, 식(1.3.3.31-11)에서 해는구해진다.

이를 풀면 x_1=1.450, x_2=0.800, x_3 = 1.150이 구해진다. 그러나, 라그랑주 승수λ_1과 λ_2는 -0.5와 2.7로 구해져, 0보다 커야 한다는 가정조건에 부합하지 못한다. 이제는 다음 KKT 조건을 가정해야 것이다. 다음 KKT 조건으로는 $g_1(x_1, x_2, x_3)$은 활성화(active)되었고, $g_2(x_1, x_2, x_3)$는 비활성화(active)되었다는 KKT 가정도 확인하여야 한다. $g_1(x_1, x_2, x_3)$은 비활성화(active)되었고, $g_2(x_1, x_2, x_3)$는 활성화(active)되었다는 KKT 가정도 검증되어야 한다. 마지막으로 2개의 부등 제약조건 $g_1(x_1, x_2, x_3)$, $g_2(x_1, x_2, x_3)$ 모두가 모두 비활성화(active)되었다는 가정이 있을 수 있다.

$$g_1(x_1, x_2, x_3) = 5x_1 - x_2 - 3x_3 - 3 = 0 \tag{1.3.3.29-1}$$

$$g_2(x_1, x_2, x_3) = 2x_1 + x_2 + 2x_3 - 6 = 0 \tag{1.3.3.29-2}$$

$$\mathcal{L}(x_1, x_2, x_3) = x_1^2 + 2x_2^2 + 3x_3^2 + \lambda_1(5x_1 - x_2 - 3x_3 - 3) + \lambda_2(2x_1 + x_2 + 2x_3 - 6) \tag{1.3.3.30}$$

$$\frac{\partial \mathcal{L}}{\partial x_1} = \frac{\partial f}{\partial x_1} - \lambda_1 \frac{\partial g_1}{\partial x_1} - \lambda_2 \frac{\partial g_2}{\partial x_1} = 0 \Rightarrow 2x_1 - \lambda_1(5) - \lambda_2(2) = 0 \tag{1.3.3.31-1}$$

$$\frac{\partial \mathcal{L}}{\partial x_2} = \frac{\partial f}{\partial x_2} - \lambda_1 \frac{\partial g_1}{\partial x_2} - \lambda_2 \frac{\partial g_2}{\partial x_2} = 0 \Rightarrow 4x_2 - \lambda_1(-1) - \lambda_2(1) = 0 \tag{1.3.3.31-2}$$

$$\frac{\partial \mathcal{L}}{\partial x_3} = \frac{\partial f}{\partial x_3} - \lambda_1 \frac{\partial g_1}{\partial x_3} - \lambda_2 \frac{\partial g_2}{\partial x_3} = 0 \Rightarrow 6x_3 - \lambda_1(-3) - \lambda_2(2) = 0 \tag{1.3.3.31-3}$$

$$\frac{\partial \mathcal{L}}{\partial \lambda_1} = g_1(x_1, x_2, x_3) = 5x_1 - x_2 - 3x_3 = 3 \tag{1.3.3.31-4}$$

$$\frac{\partial \mathcal{L}}{\partial \lambda_2} = g_2(x_1, x_2, x_3) = 2x_1 + x_2 + 2x_3 = 6 \tag{1.3.3.31-5}$$

$$(1.3.3.31\text{-}1) \Rightarrow 2x_1 + 0x_2 + 0x_3 - 5\lambda_1 - 2\lambda_2 = 0 \tag{1.3.3.31-6}$$

$$(1.3.3.31\text{-}2) \Rightarrow 0x_1 + 4x_2 + 0x_3 + \lambda_1 - \lambda_2 = 0 \tag{1.3.3.31-7}$$

$$(1.3.3.31\text{-}3) \Rightarrow 0x_1 + 0x_2 + 6x_3 + 3\lambda_1 - 2\lambda_2 = 0 \qquad (1.3.3.31\text{-}8)$$

$$(1.3.3.31\text{-}4) \Rightarrow 5x_1 - x_2 - 3x_3 + 0\lambda_1 + 0\lambda_2 = 3 \qquad (1.3.3.31\text{-}9)$$

$$(1.3.3.31\text{-}5) \Rightarrow 2x_1 + x_2 + 2x_3 + 0\lambda_1 + 0\lambda_2 = 6 \qquad (1.3.3.31\text{-}10)$$

$$\text{In matrix form:} \begin{bmatrix} 2 & 0 & 0 & -5 & -2 \\ 0 & 4 & 0 & 1 & -1 \\ 0 & 0 & 6 & 3 & -2 \\ 5 & -1 & -3 & 0 & 0 \\ 2 & 1 & 2 & 0 & 0 \end{bmatrix} \begin{bmatrix} x_1 \\ x_2 \\ x_3 \\ \lambda_1 \\ \lambda_2 \end{bmatrix} = \begin{bmatrix} 0 \\ 0 \\ 0 \\ 3 \\ 6 \end{bmatrix} \Rightarrow \begin{cases} x_1 = 1.450 \\ x_2 = 0.800 \\ x_3 = 1.150 \\ \lambda_1 = -0.500 \\ \lambda_2 = 2.700 \end{cases} \qquad (1.3.3.31\text{-}11)$$

(2) 두 번째 KKT 조건

두 번째, 부등 제약조건 $g_1(x_1, x_2, x_3)$은 활성화되었고, $g_2(x_1, x_2, x_3)$는 비활성화(active) 되었다는 가정에 기반하여 라그랑주 함수를 식(1.3.3.32)에 유도하였다. 식(1.3.33-1) 과 (1.3.3.33-9)에는 두번째 KKT 조건에 대한 연립방정식이 제시되었다. 라그랑주 함수 식(1.3.3.32)을 최적화하는 입력변수 x_1, x_2, x_3와 라그랑주 승수 λ_1, λ_2로 미분하여 0으로 놓으면 4×4 연립미분방정식이 식(1.3.3.33-1) 부터 식(1.3.3.33-4)와 식(1.3.3.33-5) 부터 식(1.3.3.33-9)에서 유도되어 있고, 이를 풀면, 식(1.3.3.34)에서 해는 구해진다. 두 번째 KKT 조건은 비활성화(active)된 식(1.3.3.28-2)의 $g_2(x_1, x_2, x_3)$ 조건을 만족하여야 하나, 식(1.3.3.34)은 $g_2(x_1, x_2, x_3)\langle 0$를 도출하였고, $g_2(x_1, x_2, x_3)$ 조건을 만족하지 못하여 두 번째 KKT 조건의 후보해는 존재하지 않는다.

$$\mathcal{L}(x_1, x_2, x_3, \lambda_2) = x_1^2 + 2x_2^2 + 3x_3^2 + \lambda_1(5x_1 - x_2 - 3x_3 - 3) \qquad (1.3.3.32)$$

$$\frac{\partial \mathcal{L}}{\partial x_1} = \frac{\partial f}{\partial x_1} - \lambda_1 \frac{\partial g_1}{\partial x_1} = 2x_1 - 5\lambda_1 = 0 \qquad (1.3.3.33\text{-}1)$$

$$\frac{\partial \mathcal{L}}{\partial x_2} = \frac{\partial f}{\partial x_2} - \lambda_1 \frac{\partial g_1}{\partial x_2} = 4x_2 - \lambda_1(-1) = 0 \qquad (1.3.3.33\text{-}2)$$

$$\frac{\partial \mathcal{L}}{\partial x_3} = \frac{\partial f}{\partial x_3} - \lambda_1 \frac{\partial g_1}{\partial x_3} = 6x_3 - \lambda_1(-3) = 0 \qquad (1.3.3.33\text{-}3)$$

$$\frac{\partial \mathcal{L}}{\partial \lambda_1} = g_1(x_1, x_2, x_3) = 5x_1 - x_2 - 3x_3 - 3 = 0 \qquad (1.3.3.33\text{-}4)$$

$$(1.3.3.33\text{-}1) \Rightarrow 2x_1 + 0x_2 + 0x_3 - 5\lambda_1 = 0 \qquad (1.3.3.33\text{-}5)$$

$$g_2(x_1, x_2, x_3) = g_2(0.526, -0.053, -0.105) = 2 \times 0.526 + (-0.053) + 2 \times (-0.105) - 6 = -5.211 < 0 \quad (1.3.3.34)$$

(3) 세 번째 KKT 조건

세 번째 부등 제약조건 $g_1(x_1, x_2, x_3)$은 비활성화되었고, $g_2(x_1, x_2, x_3)$는 활성화(active) 되었다는 가정에 기반하여 라그랑주 함수를 식(1.3.3.35-1)에 유도하였다. 식(1.3.35-2) 과 (1.3.3.35-10)에는 세 번째 KKT 조건에 대한 연립방정식이 제시 되었다. 라그랑주 함수 식(1.3.3.35-1)을 최적화하는 입력변수 x_1, x_2, x_3와 라그랑주 승수 λ_1, λ_2로 미분하여 0으로 놓으면 4×4 연립미분방정식이 식(1.3.3.35-2)부터 식(1.3.3.35-5)와 식(1.3.3.35-6)부터 식(1.3.3.35-10)에서 유도되어 있고, 이를 풀면, 식(1.3.3.36)에서 해는 구해진다. x_1, x_2, x_3는 2.057, 0.514, 0.686로 구해졌고, 세번째 *KKT* 조건에서 비활성화(active)된 식(1.3.3.28-1)의해 $g_1(x_1, x_2, x_3) > 0$를 만족하여야 하고, $g_1(x_1, x_2, x_3)$은 식(1.3.3.36-1)에서 만족하였다. 반면에, 식(1.3.3.36-2)에서 $g_2(x_1, x_2, x_3) = 0$를 도출하여 $g_2(x_1, x_2, x_3)$는 활성화(active) 되었다는 가정에도 부합되었다. 따라서 세 번째 KKT 조건의 후보해는 (x_1, x_2, x_3)는 2.057, 0.514, 0.686로 검증되었다.

$$\mathcal{L}(x_1, x_2, x_3, \lambda_2) = x_1^2 + 2x_2^2 + 3x_3^2 + \lambda_2(2x_1 + x_2 + 2x_3 - 6) \quad (1.3.3.35\text{-}1)$$

$$\frac{\partial \mathcal{L}}{\partial x_1} = \frac{\partial f}{\partial x_1} - \lambda_2 \frac{\partial g_1}{\partial x_1} = 2x_1 - 2\lambda_2 = 0 \quad (1.3.3.35\text{-}2)$$

$$\frac{\partial \mathcal{L}}{\partial x_2} = \frac{\partial f}{\partial x_2} - \lambda_2 \frac{\partial g_1}{\partial x_2} = 4x_2 - \lambda_2 = 0 \quad (1.3.3.35\text{-}3)$$

$$\frac{\partial \mathcal{L}}{\partial x_3} = \frac{\partial f}{\partial x_2} - \lambda_2 \frac{\partial g_1}{\partial x_2} = 6x_3 - 2\lambda_2 = 0 \quad (1.3.3.35\text{-}4)$$

$$\frac{\partial \mathcal{L}}{\partial \lambda_2} = g_2(x_1, x_2, x_3) = 2x_1 + x_2 + 2x_3 - 6 = 0 \quad (1.3.3.35\text{-}5)$$

$$(1.3.3.35\text{-}1) \Rightarrow 2x_1 + 0x_2 + 0x_3 - 2\lambda_2 = 0 \quad (1.3.3.35\text{-}6)$$

$$(1.3.3.35\text{-}2) \Rightarrow 0x_1 + 4x_2 + 0x_3 - \lambda_2 = 0 \quad (1.3.3.35\text{-}7)$$

$(1.3.3.35\text{-}3) \Rightarrow 0x_1 + 0x_2 + 6x_3 - 2\lambda_2 = 0$ (1.3.3.35-8)

$(1.3.3.35\text{-}4) \Rightarrow 2x_1 + x_2 + 2x_3 + 0\lambda_2 = 6$ (1.3.3.35-9)

$$\text{In matrix form: } \begin{bmatrix} 2 & 0 & 0 & -2 \\ 0 & 4 & 0 & -1 \\ 0 & 0 & 6 & -2 \\ 2 & 1 & 2 & 0 \end{bmatrix} \begin{bmatrix} x_1 \\ x_2 \\ x_3 \\ \lambda_2 \end{bmatrix} = \begin{bmatrix} 0 \\ 0 \\ 0 \\ 6 \end{bmatrix} \Rightarrow \begin{cases} x_1 = 2.057 \\ x_2 = 0.514 \\ x_3 = 0.686 \\ \lambda_2 = 2.057 \end{cases} \quad (1.3.3.35\text{-}10)$$

$$g_1(x_1, x_2, x_3) = g_1(2.057, 0.514, 0.686)$$
$$= 5 \times 2.057 - 0.514 - 3 \times 0.686 - 3 = 4.713 \geq 0 \quad (1.3.3.36\text{-}1)$$

$$g_2(x_1, x_2, x_3) = g_2(2.057, 0.514, 0.686)$$
$$= 2 \times 2.057 + 0.514 + 2 \times 0.686 - 6 = 0 \quad (1.3.3.36\text{-}2)$$

$$f(x_1, x_2, x_3) = f(2.057, 0.514, 0.686) = (2.057)^2 + 2 \times (0.514)^2 + 3 \times$$
$$(0.686)^2 = 6.171 \quad (1.3.3.36\text{-}3)$$

(4) 네 번째 KKT 조건

네 번째 모든 부등 제약조건 $g_1(x_1, x_2, x_3)$, $g_2(x_1, x_2, x_3)$이 비활성화(active)되었다는 가정에 기반하여 라그랑주 함수를 식(1.3.3.37)에 유도하였다. 라그랑주 함수 식(1.3.3.37)을 최적화하는 입력변수 x_1, x_2, x_3와 라그랑주 승수 λ_1, λ_2로 미분하여 0으로 놓으면 3×3 연립미분방정식이 식(1.3.38-1) 과 (1.3.3.38-3)에 유도되었다.정리된 식(1.3.3.38-4) 부터 식(1.3.3.38-6)의 연립방정식을 풀면 식(1.3.3.39)에서 해는구해진다. x_1, x_2, x_3는 (0, 0, 0)으로 구해졌고, 세 번째 KKT 조건의 식(1.3.3.39)에서 $g_2(x_1, x_2, x_3)$와 $g_2(x_1, x_2, x_3)$ 모두 0으로 도출되어, 식(1.3.3.28)의 부등제약함수 조건을 만족하지 못하였다. 따라서 네 번째 KKT 조건의 후보해는 존재하지 않는다.

$$\mathcal{L}(x_1, x_2, x_3) = x_1^2 + 2x_2^2 + 3x_3^2 \tag{1.3.3.37}$$

$$\frac{\partial \mathcal{L}}{\partial x_1} = 2x_1 = 0 \tag{1.3.3.38-1}$$

$$\frac{\partial \mathcal{L}}{\partial x_2} = 4x_2 = 0 \tag{1.3.3.38-2}$$

$$\frac{\partial \mathcal{L}}{\partial x_3} = 6x_3 = 0 \tag{1.3.3.38-3}$$

$$(1.3.3.33\text{-}1) \Rightarrow x_1 = 0 \tag{1.3.3.38-4}$$

$$(1.3.3.33\text{-}2) \Rightarrow x_2 = 0 \tag{1.3.3.38-5}$$

$$(1.3.3.33\text{-}3) \Rightarrow x_3 = 0 \tag{1.3.3.38-6}$$

$$g_1(x_1, x_2, x_3) = g_1(0,0,0) = 5 \times 0 - 1 \times 0 - 3 \times 0 = 0 < 3 \tag{1.3.3.39-1}$$

$$g_2(x_1, x_2, x_3) = g_2(0,0,0) = 2 \times 0 + 1 \times 0 + 2 \times 0 = 0 < 6 \tag{1.3.3.39-2}$$

(5) 예제 #3의 결론

첫 번째, 두 번째, 네 번째 KKT 조건을 만족하는 후보해는 존재하지 않으므로, 세 번째 KKT 조건을 만족하는 경우로 도출된 식(1.3.3.36-2)의 함수값이 식(1.3.3.27-1)의 라그랑주 함수를 식(1.3.3.27-2), (1.3.3.27-3)의 부등 제약함수로 제약할 때 최적값(최소값)으로 결정되었다.

1.4 결론

부등 제약조건들을 갖는 라그랑주 최적화 문제 에서는 부등제약 조건들을 활성(active, binding, non-slack)인 경우와 비 활성 (inactive, non-binding, slack) 경우로 분리하여, 라그랑주 목적함수의 최적점을 구한 후, 비 활성 경우인 여유조건과 부합하는지, 부합하지 않은지를 판단하여 결론에 도달하게 된다. 여유조건(*slack*)이 존재하는 경우를 비활성 (inactive)화 되었다고 하고, 라그랑주 함수 유도 시에는 제외되고 추후에 여유조건을 검증하면 된다. 여유조건(slack)이 0인 활성조건에서는, 부등 제약조건을 등 제약조건으로 변환하여 라그랑주 목적함수를 최적화 한다는 뜻이다. 즉 여유조건이 0인 경우에서는 부등 제약조건이 등 제약조건으로 binding 되었다는 의미로도 볼 수 있다. 이와 같이, 부등 제약조건에 의해 제한되는 목적함수의 최적점을 구하기 위해 가정하는 모든 활성과 비활성조건을 KKT 조건이라고 한다. 이때 비활성 조건으로 가정된 조건은 반드시 최적화 결과와 부합하여야 한다. 부등 제약조건의 수에 따라서 가정 되는 KKT 조건들은 상당히 많아 질 수 있다. 공학설계의 경우의 제약조건은 주로 설계규정, 구조물의 물성치, 구조물의 형상등에서 결정 되는데, 설계 특성에 따라 수십 개 이상 이를 수 있으므로, 상당한 수의 KKT 조건이 존재 할 수 있다. 다음 저서에서는 철근 콘크리트 구조물의 최적설계를 라그랑주 함수와 KKT 조건에 기반하여 수행 하였다.

[1.1] https://www.google.com/imgres?imgurl=x-raw-image:///41a552ff1ec0cc9b1410d04fc25629373c2c04bb3c79d9409b811229c9605cba&imgrefurl=http://math.bu.edu/people/josborne/MA225and230/MA230/notes/ConstrAInedOptimizationNotes.pdf&tbnid=m8zAHv9SpUEAwM&vet=1&docid=aWvx34XDO4Yn8M&w=261&h=180&itg=1&hl=ko-KR&source=sh/x/im
[1.2] Understanding Lagrange Multipliers – Dan's Blog (wordpress.com) https://danstronger.wordpress.com/2015/08/08/lagrange-multipliers/amp/
[1.3] Calculus III - Lagrange Multipliers (lamar.edu) https://tutorial.math.lamar.edu/classes/calciii/lagrangemultipliers.aspx

[1.4] https://www.youtube.com/watch?v=eREvLgRJWrE
[1.5] https://www.youtube.com/watch?v=FsfmBBKbr_4
[1.6] [https://wiki2.org/en/Slack_variable
[1.7] https://www.youtube.com/watch?v=TqN-8fxYUYY
[1.8] https://www.youtube.com/watch?v=JTTiELgMyuM
[1.9] https://www.youtube.com/watch?v=TqN-8fxYUYY&t=144s

Chapter
02 인공지능 기반 라그랑주 최적화

인공지능 기반
Hong-Lagrange 최적화와 데이터 기반 공학설계

AI-based Data-centric Engineering (AIDE) using ANN-based Hong-Lagrange optimizations

AI

Chapter 2 인공지능 기반 라그랑주 최적화

2.1 공학설계에서의 AI 기반 최적화 설계의 중요성

2.1.1 AI기반 최적화 설계의 목적

Shariati 연구팀(2018)[1]은 BS(1985) 코드, ACI(2014) 코드, ICS [Tahouni 2005] 코드를 기반으로, 철근 콘크리트보의 철근비와 보깊이의 최적값을 구하기 위한 목적함수를 유도하여 그들 논문의 표 2, 3, 4에 수록하였다. ACI에 기반한 단철근 및 복철근보의 라그랑주 승수계산 역시 그들 논문의 식(18)에서 (21)에 수록하였다. 이들 함수는 수학식을 기반으로 구해진 것으로서, 수학식 기반으로 유도되기에는 복잡하기 때문에 어느 정도 단순화되어 있다. 이 책의 2.4.3절에 기술되었듯이 단순 트러스 프레임의 최적화 경우만 하더라도, 부등 제약조건이 고려되는 경우에는 수학식을 기반으로 한 최적화의 과정이 매우 복잡하다. 특히 수학식으로 표현되는 목적함수를 사용하는 전통적인 라그랑주 최적화를 기반으로한 공학설계는 매우 어려울 것으로 예상 된다. 따라서 이 절에서는 라그랑주 최적화에 필요한 목적함수와 제약함수의 제이코비 및 헤시만 매트릭스를 인공신경망 기반에서 도출하였고, 뉴턴-랩슨 반복계산을 적용하여, 매우 복잡한 양상을 지니는 공학설계의 라그랑주 최적화를 수행하였다. 특히 자연현상 및 공학적인 현상에 기반을 두어 생성된 빅데이터를 학습하여 인공신경망 기반의 목적함수와 제약함수를 도출함으로써, 수학식에 기반한 전통적 라그랑주 최적화에 비교되는 정확도를 입증하였다. 식(2.2.1)은 철근 콘크리트보의 코스트를 목적함수로 설정하여 7개의 입력변수(b, h, ρ_s, f_c, f_y, P_u, M_u)로 유도한 후, 라그랑주 함수를 유도하는 과정을 보여주고 있다. 이를 수학식 기반으로 유도하는 일은 쉬운 일이 아닐 것이다. 따라서 목적함수를 인공신경망 기반에서 빅데이터를 학습하여 식(2.3.3.1-1)부터 (2.3.3.1-3)에서처럼, 유도할 수 있음을 보일 예정이다. 이때 최적화의 대상이 되는 어떠한 타깃도 목적함수로 도출될 수 있다.

2.1.2 AI기반 최적화 설계로 지양해야 하는 이유

전통적 라그랑주 최적화를 수행하기 위해서는 KKT 조건[2],[3]하에서, 수학식 기반의 목적함수 등 제약 및 부등 제약함수 등을 유도해야 할 뿐만 아니라, 복잡한 비선형 라그랑주 함수의 1차 미분방정식을 풀어야 하는 경우와 종종 조우하게 되는데, 수학식 기반의 해를 구하는 과정이 매우 길고 복잡해질 수 있다. 그러나 빅데이터만 확보되면 Deep learning, machine learning, Convolution neural network 등 다양한 학습기법을 적용하여 인공신경망 기반의 목적함수와 제약함수를 도출할 수 있다. 이 절에서는 인공신경망을 Deep learning 기반으로 학습하여 목적함수와 제약함수를 도출하였고, 라그랑주 최적화를 수행하였다. 따라서 인공신경망 기반으로 수학식 기반의 함수를 대체하였으며, 동시에 제약조건에 상당히 타이트하게 목적함수를 최적화할 수 있게 되었다. 2.4.3절에서는 트러스 프레임의 최적화 설계를 비롯한 다양한 최적설계에 대해, 인공신경망 기반과 수학식 기반으로 최적화를 수행하여 장단점을 비교하여 보기로 한다.

우선 철근 콘크리트보와 기둥의 예를 들어 부등 제약조건을 설명하여 보도록 하자. 식(2.3.3.1-1)부터 (2.3.3.1-6)에서는 (b, h, ρ_s, f'_c, f_y, P_u, M_u) 등의 입력변수를 갖는 철근 콘크리트 보와 기둥의 가격(CI_b, CI_c), 이산화탄소 배출량(CO_2 emissions), 중량(W_b, W_c)등을 최소화하기 위한 목적함수를 설정하였다. 부등 제약조건은 목적함수를 최적화하는 데 요구되는 모든 필요, 충분조건을 의미한다. 즉 건축에서 요구하는 규격, 수치, 법적 설계규준, 설계 파라미터의 최소, 최대량, 시공 코스트, 이산화탄소 배출량 그리고 중량, 구조재료의 물성치, 응력, 변형률, 부재의 처짐 등 구조설계 시 요구되는 거의 모든 제한조건을 등 제약 또는 부등 제약조건에 포함시킬 수 있다.

2.2 부등 제약조건을 수반한 인공지능 기반의 라그랑주 최적화

1장에서도 설명하였듯이 라그랑주 승수법(Lagrange multiplier)은 최적화 대상이 되는 목적함수의 최대값 혹은 최소값을 제약된 조건하에서 찾고자 할 때 사용되는 방법이다. 식(2.2.1-1)은 라그랑주 승수(λ)가 사용되는 예를 보여주고 있다.

$$\text{라그랑지 함수}: \mathcal{L}(\mathbf{x},\boldsymbol{\lambda}_c,\boldsymbol{\lambda}_v) = f(\mathbf{x}) - \boldsymbol{\lambda}_c^T\mathbf{c}(\mathbf{x}) - \boldsymbol{\lambda}_v^T\mathbf{S}\mathbf{v}(\mathbf{x}) \quad (2.2.1\text{-}1)$$

$$\text{등 제약함수}: \mathbf{c}(\mathbf{x}) = [c_1(\mathbf{x}), c_2(\mathbf{x}), \ldots, c_m(\mathbf{x})]^T = \mathbf{0} \quad (2.2.1\text{-}2)$$

$$\text{부등 제약함수}: \mathbf{v}(\mathbf{x}) = [v_1(\mathbf{x}), v_2(\mathbf{x}), \ldots, v_l(\mathbf{x})]^T \geq \mathbf{0} \quad (2.2.1\text{-}3)$$

1장에서 학습한 내용을 간략하게 복습하여 보도록 한다.

$f(x)$는 최적화 대상이 되는 목적함수(objective function)이고, 식(2.2.1-2)의 $c(x)$ 및 식(2.2.1-3)의 $v(x)$는 최적화 과정을 제약하는 등 제약함수와 부등 제약함수를 각각 의미한다. 식(2.2.1-1)이 성립하는 이유는, 제약식이 0이 되도록 재 유도 [$c(x)=v(x)=0$.(활성 부등 제약조건일 때)]하여 라그랑주 승수를 곱한 후 목적함수 $f(x)$에서 빼면 $L(x, \lambda_c, \lambda v)=f(x)-\lambda_c^Tc(x)-\lambda_v^Tv(x)$가 유도되는데, 0으로 유도된 제약함수에 라그랑주 승수를 곱했으므로 $L(x, \lambda_c, \lambda_v)$값은 목적함수와 같다. 이때 $L(x, \lambda_c, \lambda_v)$함수를 라그랑주 함수라고 하고, λ_c, λ_v를 라그랑주 승수라고 한다. 만약 λ_c, λ_v가 0인 경우에는 제약이 없는 문제가되고, 목적함수 $f(x)$를 미분하여 0으로 놓는 간단한 최적화 문제가 된다. 이때 식(2.2.1-1)로 표현되는 라그랑주 함수의 예시에서 볼 수 있듯이, 등 제약조건 $c(x)$만으로 이루어진 라그랑주 함수를 최적화하는 문제를 등 제약문제라 한다. 1장에서 살펴보

았듯이 라그랑주 함수를 미분하여 0으로 놓으면 최대점 또는 최소점을 구할 수 있게 된다.

그러나 부등 제약조건 $v(x)$이 포함된 문제에서는 KKT 조건을 고려하여 식(2.2.1-1)의 라그랑주 함수 최적화의 후보해를 구해야 한다. 특히 부등 제약조건이 고려된 라그랑주 최적화 문제는, 부등 제약조건의 gradient 벡터 정의가 어렵기 때문에, 목적함수와 부등 제약함수의 접점 정의가 어렵게 되고, 따라서 최적화 해를 직접적으로 얻기 어렵다. 그러므로, 부등 제약조건을 등 제약조건으로 전환시키거나, 비활성 조건으로 가정하여 라그랑주 함수에서 부등 제약조건을 제거한 후 도출된 여러 최적화의 후보해들 중, 비활성 조건의 여유조건으로 가정된 부등 제약조건을 만족하는 최적화 후보해를 특정하게 된다. 이와 같이 라그랑주 함수에서 부등 제약조건을 제거한 후 여러 후보해를 도출하는 부등 제약조건을 KKT 조건이라 한다. 따라서 라그랑주 함수의 1차 미분식을 0으로 수렴하여 KKT 조건의 후보해를 구하는 경우, 라그랑주 함수는 등 제약조건만을 대상으로 한다. 2장에서는 부등 제약조건을 포함하는 공학 문제의 최적값을 인공신경망 기반으로 찾아 보도록 한다.

2.3 인공신경망 기반에서 일반화되는 목적함수 및 제약함수의 유도

2.3.1 수학식 기반의 목적함수 및 제약함수의 한계

라그랑주 승수법을 이용하여 목적함수들을 최적화하기 위해서는 목적함수와 제약함수들을 반드시 수학식 기반으로 표현하여야 한다. 그러나 식(2.3.2.1)의 목적함수를 수학식 기반으로 표현하는 일은 복잡한 일이 될 수 있다. 또한 식(2.3.2.2-1)과 식(2.3.2.2-2)에서 기술된 제약조건, 즉 설계 시 부재의 규격, 재료 물성치, 설계규준 등을 통제하는 제약조건들 역시 수학식 기반으로 표현되어야 하는데, 등 제약 및 부등 제약조건들을 수학식 기반에서 표현하는 일도 매우 복잡해질 수 있는 과정이다. 따라서 라그랑주 승수법을 적용하여 식(2.3.2.3)의 라그랑주 함수를 유도하기가 용의하지 않을 수 있는데, 이 장에서는 이를 극복하기 위해 인공지능의 개념을 적용하기로 한다. 라그랑주 승수법에서는, 라그랑주 함수의 1차 미분식(제이코비) 또는 gradient 벡터를 0으로 구현하는 입력변수 ($x^{(n)}$) 와 라그랑주 승수변수 ($\lambda_c^{(n)}$, $\lambda_v^{(n)}$)를 구하여야 한다. 식(2.3.2.4-1)과 식(2.3.2.4-2)에 주어진 라그랑주 함수의 1차 미분식(제이코비)에 대한 수학적 해를 구하기 어려운 경우에는, 뉴턴-랩슨 반복연산에 의해 $\nabla L(x^{(n)}, \lambda_c^{(n)}, \lambda_v^{(n)})$가 0이되는 n 번째 스텝의 해를 찾게된다. 이를 위해서는 라그랑주 함수 및 제약함수의 1차 미분함수(제이코비안 매트릭스)와 2차 미분함수(헤시안 매트릭스)를 구하여야 한다(2.3.4절 참조). 식(2.3.3.1-1)부터 식(2.3.3.1-6)은 인공신경망 기반에서 유도된 목적함수이고, 빅데이터로 학습하여, 일반화한 후, 예측능력을 향상시킴으로써 정확도가 높은 가중변수 매트릭스(weight)와 편향변수 매트릭스(bias)를 구하여, 라그랑주 최적화에 필요한 제이코비, 헤시안 매트릭스와 같은 고차 미분항을 수학식에 의존하지 않고 계산할 수 있다. 즉 빅데이터 기반의 인공지능으로부터 일반화된 목적함수, 제약함수을 도출하여 라그랑주 승수법을 적용할 수 있게 된다.

2.3.2 AI 기반에서 라그랑주함수의 유도와 KKT 조건

철근 콘크리트 기둥설계 시 설계목표를 부재의 제작 및 설치 가격의 최적화라 정의한다. 따라서 설계목표인 목적함수를 가격이라고 정의하고 최적화하여 보도록 한다. 목적함수는 식(2.3.2.1)에서 $f(x)=CI_C$로 표현하였고, 7개의 입력 파라미터($x=[x_1, x_2,\cdots, x_7]$, x_1 = 보폭 b, x_2 = 보깊이 h, x_3 = 철근량 ρs, x_4 = 콘크리트 압축강도 f_c', x_5 = 철근 인장강도 f_y, x_6 = 계수축하중 P_u, x_7 = 계수모멘트 M_u)의 함수로서, 철근 콘크리트 기둥의 가격(CI_C)을 최소화하기 위하여 설정되었다. 라그랑주 최적화 문제는 제약함수가 고려된 목적함수의 글로벌 최대점 또는 최소점을 발생시키는 입력변수의값(x)을 찾는 문제라고 할 수 있다. 이와 같은 설계목표는 설계의도 및 프로젝트에 따라서 늘 새롭게 설정된다. 식(2.3.2.2-1)과 식(2.3.2.2-2)에는 m개의 등 제약조건 $c(x)$(equality constraints)과 l개의 부등 제약조건 $v(x)$(inequality constraints)이 각각 제시되었다. 제약조건은 설계목표인 목적함수를 구현하는 데 필요한 모든 전제조건을 총칭한다. 라그랑주 함수는 라그랑주 승수가 등 제약과 부등 제약함수에 곱해져, 목적함수의 함수로 식(2.3.2.3)에 유도되었다. 라그랑주 함수의 극대값(최대, 최소값)을 구하기 위하여, 식(2.3.2.4-1)에서 라그랑주 함수의 1차 미분식(제이코비) 또는 gradient 벡터를 0으로 놓은 후 유도된 연립방정식이 식(2.3.2.4-2)에 제시되어 있다. 그러나 부등 제약조건을 갖는 최적화 문제는 일반적으로 현업에서 수행되기에는 어려운 과정이기 때문에, 실제 공학설계에서는 실시되지 않는 경우가 많다 할 수 있다. 철근 콘크리트 구조설계의 예시를 들어 설명하였지만 이 장에서는 공학설계 전반에서 최적화 기반의 효율적인 설계가 가능하도록부등 제약조건을 갖는 라그랑주 기반의 최적설계 기본이론을 설명하고 풍부한 예제를 제시하여 독자들의 이해를 돕고자 한다. 철근 콘크리트 구조의 인공지능 기반 최적설계는 다음 저서에서 설명하도록 할 예정이다.

식(2.3.2.3)에서 보이듯이 라그랑주 함수는 0으로 정리된 제약조건에 라그랑주 승수 λ_c^T와 λ_v^T를 곱한 후 목적함수 $f(x)$에서 빼서, 제약조건의 문제를 비 제약조건의 문제로 변환시키게 된다. 1장의 식(1.2.1.1)부터 식(1.2.1.3)은 부등 제약조건을 포함하지 않고 있지만 식(2.3.2.1)부터 (2.3.2.3)은 부등 제약조건을 포함하고 있다. 이와 같은 부등제약조건은 등 제약조건으로 변환되거나, 무시되어 KKT 조건의 라그랑주 최적화(최대 또는 최소점 문제) 문제로 전환되는 것이다[4]. 따라서 KKT 이론은 때때로 말안장 최저점(saddle-point theorem) [5] 이론이라고도 불린다. 식(2.3.2.2-2)의 부등 제약조건의 수에 따라서 KKT 조건의 수가 결정되는데, KKT 조건의 후보해는 식(2.3.2.4-1)과 (2.3.2.4-2)로부터 도출된다. 식(2.3.2.4-1)과 (2.3.2.4-2)의 해를 구하기 어려운 경우, 즉 라그랑주 1차 미분식이 0으로 수렴하는 입력변수들을 구하기 어려운 경우에는, 식(2.3.4.1-1)에서처럼 고차의 미분항들이 포함되어 있는 선형함수로 전개한다. 큰 오차 없는 극한점(극대점, 극소점)을 뉴턴-랩슨 반복연산 기반으로 구할 수 있다. AI 기반으로 유도된 함수는 제한없이 일반화될 수 있다는 장점이 있고, 고차의 미분이 가능하기 때문에, 수학적 기반으로 극한점(극대점, 극소점)을 찾기 어려운 함수라 할지라도 인공신경망의 기반에서 수월하게 극한점(극대점, 극소점)을 찾도록 해준다. 2.3.3절과 2.4절에서는 부등 제약조건이 고려된 목적함수의 최적화 예제를 KKT 조건 기반으로 수록하였다.

목적함수; $f(\mathbf{x}) = CI_c = f_{CI_c}(b,\ h,\ \rho_s,\ f_c',\ f_y,\ P_u,\ M_u)$ (2.3.2.1)

입력변수 ; $\mathbf{x} = [x_1,\ x_2, \dots,\ x_n]$

등 제약조건; $\mathbf{c}(\mathbf{x}) = [c_1(\mathbf{x}), c_2(\mathbf{x}), \dots, c_m(\mathbf{x})]^T = \mathbf{0}$ (2.3.2.2-1)

부등 제약조건; $\mathbf{v}(\mathbf{x}) = [v_1(\mathbf{x}), v_2(\mathbf{x}), \dots, v_l(\mathbf{x})]^T \geq \mathbf{0}$ (2.3.2.2-2)

또는;

등 제약조건 : $c_j(\mathbf{x}) = 0, \quad j = 1, \dots, m$

부등 제약조건 : $v_k(\mathbf{x}) \geq 0, \quad k = 1, \dots, l$

등 제약조건 (Equalit constrains) : $c_j(\mathbf{x}) = 0, \quad j = 1, \dots, m_1$

부등 제약조건 (Inequality constrains) : $v_k(\mathbf{x}) \geq 0, \quad k = 1, \dots, m_2$

라그랑주 함수: $\mathcal{L}(\mathbf{x},\ \boldsymbol{\lambda}_c,\ \boldsymbol{\lambda}_v) = f(\mathbf{x}) - \boldsymbol{\lambda}_c^T\mathbf{c}(\mathbf{x}) - \boldsymbol{\lambda}_v^T\mathbf{S}\mathbf{v}(\mathbf{x})$ (2.3.2.3)

라그랑주 함수의 최소값을 구하기 위한 KKT조건의 연립 방정식:

$$\nabla\mathcal{L}\left(\mathbf{x}^{(k)},\ \boldsymbol{\lambda}_c^{(k)},\ \boldsymbol{\lambda}_v^{(k)}\right) = \nabla f(\mathbf{x}) - \boldsymbol{\lambda}_c^T\nabla\mathbf{c}(\mathbf{x}) - \boldsymbol{\lambda}_v^T\mathbf{S}\nabla\mathbf{v}(\mathbf{x}) = 0 \quad (2.3.2.4\text{-}1)$$

$$\begin{cases} \boldsymbol{\nabla}_{\mathbf{x}}\mathcal{L} = 0 \rightarrow \dfrac{\partial\mathcal{L}}{\partial x_i} = 0, & i = 1, \dots, n \\ \boldsymbol{\nabla}_{\boldsymbol{\lambda}_c}\mathcal{L} = 0 \rightarrow \dfrac{\partial\mathcal{L}}{\partial\lambda_{c,j}} = 0, & j = 1, \dots, m \\ \boldsymbol{\nabla}_{\boldsymbol{\lambda}_v}\mathcal{L} = 0 \rightarrow \dfrac{\partial\mathcal{L}}{\partial\lambda_{v,k}} = 0, & k = 1, \dots, l \end{cases} \quad (2.3.2.4\text{-}2)$$

2.3.3 인공신경망 기반으로부터 일반화된 목적함수 및 제약함수

식(2.3.2.1)의 목적함수와 식(2.3.2.2)의 제약조건으로부터 식(2.3.2.3)의 라그랑주 함수 최적화를 구하는 문제는 공학 전반에 걸쳐 유익한 해법을 제공할 수 있다. 이 절에서는 철근 콘크리트 기둥의 재료비 및 설치비를 포함하는 시공 코스트가 7개의 입력 파라미터(보폭, 보 깊이, 철근량, 콘크리트 압축강도, 철근 인장 강도, 계수 축하중, 계수 모멘트: $b, h, \rho_s, f_c', f_y, P_u, M_u$)의 목적함수로 도출되는 경우를 생각해 보도록 하자. 목적함수라 불리우는 식(2.3.2.1)은 철근 콘크리트 기둥의 가격(CI_c)을 최소화하기 위하여 설정되었다. 다만 식(2.3.2.2-1)의 m개 등 제약조건과 식(2.3.2.2-2)의 l개 부등 제약조건을 만족하도록 설계되어야 한다. 제약조건들의 수는 설계목적에 따라 변할 수 있다. 식(2.3.2.1)에는 철근 콘크리트 기둥부재의 제작 및 설치가격(CI_c)을 최소화하기 위한 목적함수가 제시되어 있다. 이외에도 철근 콘크리트 보부재의 가격(CI_b), 기둥, 보의 중량(W_b, W_c), 이산화탄소 배출량(CO_2 emissions) 등 다양한 목적함수를 설정할 수 있다. 식 (2.3.3.1-1) 에서 (2.3.3.1-6)은 L개의 은닉층과 출력층, 80개의 뉴런, 7개의 입력변수를 갖는 인공지능 기반으로 유도된 목적함수를 보여주고 있다. x는 목적함수를 구성하는 입력변수 이다. W^l은 l-1과 l 은닉층 간의 가중변수(weight) 매트릭스, b^l은 l 은닉층에서의 편향변수(bias) 매트릭스를 나타낸다. g^N와 g^D는 입력 파라미터들의 정규화 및 비정규화로의 변환을 위한 함수를 의미한다. 이때, 그림 2.3.3.1의 tansig, tanh 활성 함수 f_t^l 가 l 은닉층에 적용되었다. tansig, tanh 활성 함수는 저자의 "인공지능기반 철근콘크리트 구조 설계(Artificial intelligence-based autonomous design of reinforced concrete structures)" [7]의 1.4.2.2절에 자세히 설명되어 있듯이, 각 은닉층에서 예측된 뉴런값들을 비선형화하는 역할을 담당한다. 이상의 내용과 관련하여 자세한 내용은 "인공지능기반 철근콘크리트 구조 설계"를 참고하길 바란다. 반면에 출력층에는 선형 활성함수 f_{lin}^L를 적용하여 최종 출력하였다. 최소 및 최대 철근량은 부등 제약함수로 고려될 수 있으며, P_u = 1000kN, 또는 P_u-1000kN = 0, M_u= 3000kNm 또는 M_u-3000kNm = 0, f_c' = 40MPa 또는 f_c'-40MPa = 0, f_y= 500MPa 또는 f_y-500MPa =0 등은 등 제약함수로 고려될 수 있다.

식(2.3.3.1-1)부터 식(2.3.3.1-6)에서 유도된 기둥 부재의 목적함수는 인공신경망 기반 라그랑주 최적설계의 핵심부분으로서 수학적으로 표현하기 어려운 목적함수 및 제약조건들이 인공신경망 기반에서 유도될 수 있도록 역할을 한다. 식(2.3.3.1-1) 부터 식(2.3.3.1-6)까지의 자세한 설명[6]을 위해 저자의 저서 "인공지능기반 철근콘크리트 구조 설계(Artificial intelligence-based autonomous design of reinforced concrete structures)"[7]

중 1.4.2절을 참고하기를 바란다.

$$\underbrace{CI_c}_{[1\times1]} = g_{CI_c}^{D}\left(f_{lin}^{L}\left(\underbrace{\mathbf{W}_{CI_c}^{L}}_{[1\times80]} f_t^{L-1}\left(\underbrace{\mathbf{W}_{CI_c}^{L-1}}_{[80\times80]} \cdots f_t^{1}\left(\underbrace{\mathbf{W}_{CI_c}^{1}}_{[80\times7]} \underbrace{\mathbf{g}^{N}(\mathbf{x})}_{[7\times1]} + \underbrace{\mathbf{b}_{CI_c}^{1}}_{[80\times1]} \right) \cdots + \underbrace{\mathbf{b}_{CI_c}^{L-1}}_{[80\times1]} \right) + \underbrace{b_{CI_c}^{L}}_{[1\times1]} \right) \right)$$

(2.3.3.1-1)

$$\underbrace{CO_2}_{[1\times1]} = g_{CO_2}^{D}\left(f_{lin}^{L}\left(\underbrace{\mathbf{W}_{CO_2}^{L}}_{[1\times80]} f_t^{L-1}\left(\underbrace{\mathbf{W}_{CO_2}^{L-1}}_{[80\times80]} \cdots f_t^{1}\left(\underbrace{\mathbf{W}_{CO_2}^{1}}_{[80\times7]} \underbrace{\mathbf{g}^{N}(\mathbf{x})}_{[7\times1]} + \underbrace{\mathbf{b}_{CO_2}^{1}}_{[80\times1]} \right) \cdots + \underbrace{\mathbf{b}_{CO_2}^{L-1}}_{[80\times1]} \right) + \underbrace{b_{CO_2}^{L}}_{[1\times1]} \right) \right)$$

(2.3.3.1-2)

$$\underbrace{W_c}_{[1\times1]} = g_{W_c}^{N}\left(f_{lin}^{L}\left(\underbrace{\mathbf{W}_{W_c}^{L}}_{[1\times80]} f_t^{L-1}\left(\underbrace{\mathbf{W}_{W_c}^{L-1}}_{[80\times80]} \cdots f_t^{1}\left(\underbrace{\mathbf{W}_{W_c}^{1}}_{[80\times7]} \underbrace{\mathbf{g}^{N}(\mathbf{x})}_{[7\times1]} + \underbrace{\mathbf{b}_{W_c}^{1}}_{[80\times1]} \right) \cdots + \underbrace{\mathbf{b}_{W_c}^{L-1}}_{[80\times1]} \right) + \underbrace{b_{W_c}^{L}}_{[1\times1]} \right) \right)$$

(2.3.3.1-3)

$$\underbrace{CI_b}_{[1\times1]} = g_{CI_b}^{D}\left(f_{h}^{L}\left(\underbrace{\mathbf{W}_{CI_b}^{L}}_{[1\times30]} f_t^{L-1}\left(\underbrace{\mathbf{W}_{CI_b}^{L-1}}_{[30\times30]} \cdots f_t^{1}\left(\underbrace{\mathbf{W}_{CI_b}^{1}}_{[30\times7]} \underbrace{\mathbf{g}^{N}(\mathbf{x})}_{[9\times1]} + \underbrace{\mathbf{b}_{CI_b}^{1}}_{[30\times1]} \right) \cdots + \underbrace{\mathbf{b}_{CI_b}^{L-1}}_{[30\times1]} \right) + \underbrace{b_{CI_b}^{L}}_{[1\times1]} \right) \right)$$

(2.3.3.1-4)

$$\underbrace{CO_2}_{[1\times1]} = g_{CO_2}^{D}\left(f_{h}^{L}\left(\underbrace{\mathbf{W}_{CO_2}^{L}}_{[1\times80]} f_t^{L-1}\left(\underbrace{\mathbf{W}_{CO_2}^{L-1}}_{[80\times80]} \cdots f_t^{1}\left(\underbrace{\mathbf{W}_{CO_2}^{1}}_{[80\times7]} \underbrace{\mathbf{g}^{N}(\mathbf{x})}_{[7\times1]} + \underbrace{\mathbf{b}_{CO_2}^{1}}_{[80\times1]} \right) \cdots + \underbrace{\mathbf{b}_{CO_2}^{L-1}}_{[80\times1]} \right) + \underbrace{b_{CO_2}^{L}}_{[1\times1]} \right) \right)$$

(2.3.3.1-5)

$$\underbrace{W_c}_{[1\times1]} = g_{W_b}^{N}\left(f_{h}^{L}\left(\underbrace{\mathbf{W}_{W_b}^{L}}_{[1\times80]} f_t^{L-1}\left(\underbrace{\mathbf{W}_{W_b}^{L-1}}_{[80\times80]} \cdots f_t^{1}\left(\underbrace{\mathbf{W}_{W_b}^{1}}_{[80\times7]} \underbrace{\mathbf{g}^{N}(\mathbf{x})}_{[7\times1]} + \underbrace{\mathbf{b}_{W_b}^{1}}_{[80\times1]} \right) \cdots + \underbrace{\mathbf{b}_{W_b}^{L-1}}_{[80\times1]} \right) + \underbrace{b_{W_b}^{L}}_{[1\times1]} \right) \right)$$

(2.3.3.1-6)

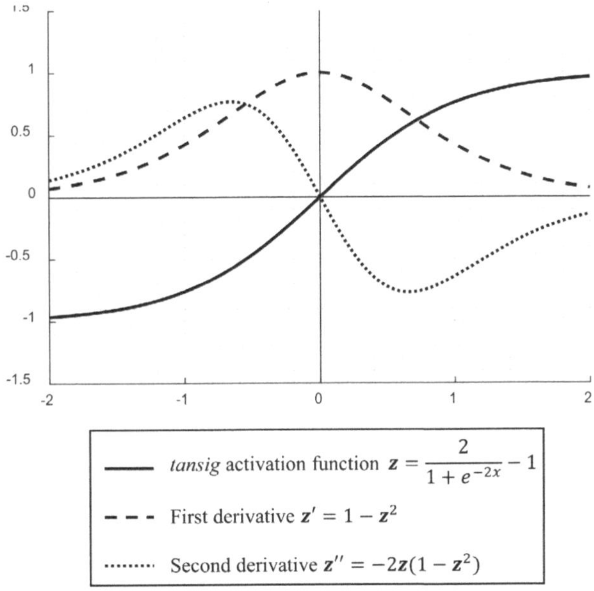

그림 2.3.3.1 tansig 활성 함수와 미분

2.3.4 뉴턴-랩슨 반복연산에 기반한 라그랑주 함수의 1차 미분식(제이코비) 해의도출

2.3.4.1 제이코비 매트릭스 $\nabla L(x^{(k)}, \lambda_c^{(k)}, \lambda_v^{(k)})$의 선형 단순화

식(2.3.2.3)에 유도된 라그랑주 함수는 입력변수(x), 등 제약식 $c(x)$, 부등 제약식 $v(x)$의 함수로 구성되어 있다. 식(2.3.2.3)은 기둥 부재의 생산 및 설치가격을 최소화하도록 구성된 라그랑주 함수로서, 부등 제약식 $v(x)$으로부터 도출되는 라그랑주 함수이고, KKT 조건을 고려한 라그랑주 승수법을 적용해야 한다. 식(2.3.2.2-1)과 (2.3.2.2-2)의 등 제약식 $c(x)$과 부등 제약식 $v(x)$에 의해 통제되는 식(2.3.2.3)의 라그랑주 함수의 최소 또는 최대값은, 이들 함수의 1차 미분식(제이코비) 또는 gradient 벡터를 통하여 찾는다. 식(2.3.2.4-1) 또는 식(2.3.4.1-1)에 표현된 gradient는 함수 임의점에서의 접선(tangential)에 직각인 법선(normal vector)을 의미하며, 목적함수의 법선과 λ_c, λ_v를 곱한 제약함수의 법선이 같아지는 접점이 목적함수의 최대 또는 최소값을 도출하는 입력변수 x값이 되는 것이다 (1.2.2절, 1.2.3절 참조). 즉 목적함수의 gradient를 구하여, 제약함수의 gradient와 λ_c, λ_v배 동일하게 설정하는 입력변수 x를 구하는 과정을 거치는 것이다. 이때 목적함수와 제약함수의 법선은 동일하거나 반대방향을 향하고 있다. 식(2.3.2.4-1)에서처럼 목적함수의 gradient와 제약함수의 gradient의 λ_c, λ_v 배를 한쪽 항으로 이동시켜 0으로 치환한 후, 입력변수 x를 구하는 것이 라그랑주 함수의 극한값(최대, 또는 최소값)을 구하는 과정인 것이다. 요약하면, 식(2.3.2.3)의 라그랑주 함수 $L(x, \lambda_c, \lambda_v)$의 극한값(최대, 또는 최소값)을 찾기 위해서는 라그랑주 함수의 gradient인 $\nabla L(x, \lambda_c, \lambda_v)$으로부터 구해지는 연립방정식인 식(2.3.2.4-1) 또는 선형개략식인 식(2.3.4.1-1)을 0으로 놓고, 입력변수 x를 구하는 것이다. 이를 통해 등 제약식 $c(x)$과 부등 제약식 $v(x)$에 의해 통제되는 라그랑주 함수의 최소 또는 최대값을 구하는 결과를 도출하게 된다. 이 과정에서 1장에서 학습한 활성, 비활성 조건이 도입되는데 다음 장에서 자세히 학습하기로 한다.

(1) 뉴턴-랩슨(Newton-Raphson) 반복연산 기반의 해법

식(2.3.2.4-1)의 라그랑주 함수 $L(x, \lambda_c, \lambda_v)$를 입력변수 x와 라그랑주 승수 λ_c, λ_v로 한 번 미분해서 얻어지는 라그랑주 함수의 1차 $\nabla L(x^{(k)}, \lambda_c^{(k)}, \lambda_v^{(k)})$행렬을 자코비안 행렬(Jacobian matrix, gradient 벡터)[8]이라 하고 식(2.3.4.2-1)에서 구하고, 2번 미분해서 얻어지는 $\nabla \mathbf{H}_L(x^{(k)}, \lambda_c^{(k)}, \lambda_v^{(k)})$ 행렬을 헤시안 행렬(Hessian matrix)[9]이라고 부르며 식(2.3.4.3-1)에서 구한다. 식(2.3.2.4-1)의 라그랑주 함수의 1차 미분식을 0으로 수렴시키는 x, λ_c, λ_v에서 라그랑주 함수 $L(x, \lambda_c, \lambda_v)$는 극한값(최대 또는 최소값)을 갖는다. 그러나 해를 직접 구하는 일은 매우 어려우므로, 식(2.3.4.1-1)부터 식(2.3.4.1-5)에서 유도된 뉴턴-랩슨(Newton-Raphson) 수치해석의 반복연산을 통해 x, λ_c, λ_v를 구하게 된다. 즉 초기해인 $x^{(0)}$, $\lambda_c^{(0)}$, $\lambda_v^{(0)}$을 임의로 가정하여 식(2.3.4.1-1)의 $\nabla L(x^{(0)}, \lambda_c^{(0)}, \lambda_v^{(0)})$에 대입하여 반복연산을 시작하고, 식(2.3.4.1-2)에서는 정해로 수렴해 가도록 다음 단계의 해에 더해지는 $\Delta x^{(0)}$, $\Delta\lambda_c^{(0)}$, $\Delta\lambda_v^{(0)}$를 구한다. 점진적으로 정해로 수렴하여, 식(2.3.2.4-1)의 라그랑주 1차 미분식인 제이코비 매트릭스를 0으로 수렴시키는 $x^{(k)}$, $\lambda_c^{(k)}$, $\lambda_v^{(k)}$를 식(2.3.4.1-5)에서 구하려고 하는 것이다. 이를 위해서, 식(2.3.4.1-1)처럼 $x^{(0)}$와 매우 인접하는 $x^{(0)}+\Delta x$에서 라그랑주 함수의 1차 미분식을 구해보도록 하자.

초기 입력 파라미터인 $x^{(0)}$, $\lambda_c^{(0)}$, $\lambda_v^{(0)}$에서 라그랑주 함수의 1차 미분값 $\nabla L(x^{(k)}, \lambda_c^{(k)}, \lambda_v^{(k)})$의 해가 0으로 수렴하지 않는 경우에는, 라그랑주 함수의 1차 미분값의 수렴 여부를 Δx, $\Delta\lambda_c$, $\Delta\lambda_v$만큼 미세하게 이동된 $x^{(0)}+\Delta x$, $\lambda_c^{(0)}+\Delta\lambda_c$, $\lambda_v^{(0)}+\Delta\lambda_v$ 위치에서 다시 확인한다. 이때 라그랑주 미분식(제이코비)의 함수값은 라그랑주 미분식(제이코비, Jacobi)의 기울기에 Δx, $\Delta\lambda_c$, $\Delta\lambda_v$를 곱한 미세 길이만큼 인접한 위치에서 계산되며 식(2.3.4.1)의 $[\mathbf{H}_L(x^{(0)}, \lambda_c^{(0)}, \lambda_v^{(0)})]\begin{bmatrix}\Delta x\\ \Delta\lambda_c\\ \Delta\lambda_v\end{bmatrix}$으로 표현된다. 따라서 이동한 위치에서의 라그랑주 1차 미분식(제이코비)의 함수값, $\nabla L(x^{(0)}+\Delta x, \lambda_c^{(0)}+\Delta\lambda_c, \lambda_v^{(0)}+\Delta\lambda_v)$, 역시 미세하게 변하게 된다. 이때 라그랑주 함수의 제이코비(1차 미분식)의 기울기는 헤시안(Hessian) 이라 불리며, 식(2.3.4.1)에서 $\mathbf{H}_L$로 표시 되었다. 따라서 다음 단계의 반복 시도에서는, 미세길이 만큼 변화한 위치에서 라그랑주 함수의 1차 미분값이 0이 되는가를 확인하고, 라그랑주 함수의 1차 미분값이 0으로 수렴할 때까지 계속 이동하여 계산을 반복하는데, 이와 같은 방법을 뉴턴-랩슨 반복연산이라고 한다. 제이코비와 헤시안 매트릭스를 계산하는 방법은 2.3.5절 및 2.3.6 절에 상세히 설명되어 있다. 이 저서에서는 매트랩에서 제공하는 툴박스[14], [15], [16], [17], [18], [19]를 이용하여 뉴턴-랩슨 반복 연산을 수행하였다. 이때 $\nabla L(x^{(0)}, \lambda_c^{(0)}, \lambda_v^{(0)})$는 $x^{(0)}$에서 미분 가능하여야 한다. 즉 식(2.3.4.1-1)부터 식(2.3.4.1-5)의 과정을 반복하기 위한 선형분리 과정에서, 자코비안 행렬과 자코비안 행렬을 한번 더 미분하여 헤시안 행렬을 구해야 하는 과정이 필요하게 된다.

(2) 뉴턴-랩슨(Newton-Raphson) 수치해석에 기반한 입력변수의 업데이트

라그랑주 함수의 1차 미분함수(gradient 벡터)인 식(2.3.2.4-1)의 $\nabla L(x, \lambda_c, \lambda_v)$가 초기 입력변수 ($x^{(0)}$, $\lambda_c^{(0)}$, $\lambda_v^{(0)}$) 대해서 Iteration 0에서 수렴하지 않는 경우, 즉 $\nabla L(x^{(0)}, \lambda_c^{(0)}, \lambda_v^{(0)}) \neq 0$ 경우에는, 식(2.3.4.1-2)와 식(2.3.4.1-3)에서 $[\Delta x, \Delta\lambda_c, \Delta\lambda_v]$를 구한 후 식(2.3.4.1-4)와 식(2.3.4.1-5)에서 $x^{(0)}$, $\lambda_c^{(0)}$, $\lambda_v^{(0)}$에 더해져, 다음 단계(Iteration 1)에서 업데이트 된 $x^{(1)}$, $\lambda_c^{(1)}$, $\lambda_v^{(1)}$를 구한다. 이 값들을 다시 식(2.3.4.1-1)에 대입하여 1단계(Iteration 1)에서의 $\nabla L(x^{(1)}, \lambda_c^{(1)}, \lambda_v^{(1)})$를 구한다. 이 값이 $\nabla L(x^{(1)}, \lambda_c^{(1)}, \lambda_v^{(1)}) \neq 0$으로써 아직 0으로 수렴되지 않는다면, 다시 다음 단계인 2단계(Iteration 2)에서 업데이트된 입력변수 $x^{(2)}$와 라그랑주 승수 $\lambda_c^{(2)}$, $\lambda_v^{(2)}$를 구하는 등 식(2.3.4.1-2)와 식(2.3.4.1-3)을 통해 계속 업데이트하여, 최종적으로 식

(2.3.4.1-4)와 식(2.3.4.1-5)에서 k번째 단계로 $x^{(k)}$, $\lambda_c^{(k)}$, $\lambda_v^{(k)}$를 업데이트한다. 이와 같은 반복연산은 식(2.3.4.1-1)의 gradient 벡터 $\nabla L(x, \lambda_c, \lambda_v)$가 0으로 수렴할 때까지 계속된다.

식(2.3.4.1-2)와 식(2.3.4.1-3)의 $[\Delta x, \Delta\lambda_c, \Delta\lambda_v]$는 식(2.3.4.1-4)와 식(2.3.4.1-5)를 거쳐 식(2.3.4.1-1)에 다시 대입되어 다음 단계의 $L(x^{(0)}+\Delta x, \lambda_c^{(0)}+\Delta\lambda_c, \lambda_c^{(0)}+\Delta\lambda_v) = 0$으로 도출하려는 것이고, 이 과정을 $\nabla L(x^{(k)}, \lambda_c^{(k)}, \lambda_v^{(k)})$이 0이 될때까지 반복하여 $L(x^{(k)}+\Delta x, \lambda_c^{(k)}+\Delta\lambda_c, \lambda_v^{(k)}+\Delta\lambda_v) = 0$이 되는 입력변수 x, λ_c, λ_v값을 도출하는 것이다. 다시한번 정리하면, 입력변수 $x^{(k)}$, $\lambda_c^{(k)}$, $\lambda_v^{(k)}$를 식(2.3.4.1-5)에서 $x^{(k+1)}$, $\lambda_c^{(k+1)}$, $\lambda_v^{(k+1)}$로 업데이트하여 식(2.3.4.1-1)에 적용한 후, 업데이트된 라그랑주 함수의 1차 미분함수 $\nabla L(x^{(k+1)}, \lambda_c^{(k+1)}, \lambda_v^{(k+1)})$의 수렴 여부를 확인한다. 수렴되지 않으면 동일한 과정을 반복하여, 수렴될 때까지 반복한다. 이 과정은 그림 2.3.4.1과 그림 2.3.4.2에 도시되어 있다. 여기에서, $x^{(k)}$, $\lambda_c^{(k)}$, $\lambda_v^{(k)}$ 의 함수인 $[\nabla L(x^{(k)}$ $\lambda_c^{(k)}$, $\lambda_v^{(k)})]$ 와 $[H_L(x^{(k)}, \lambda_c^{(k)}, \lambda_v^{(k)})]$는 각각 라그랑주 함수의 제이코비와 헤시안 매트릭스이다. (k+1)단계로 입력변수를 업데이트하기 위해서는 식(2.3.4.1-5)에 보이는 것처럼 바로 전 단계의 $[\mathbf{H}_L(x^{(k)}, \lambda_c^{(k)}, \lambda_v^{(k)})]^{-1}$와 $\nabla L(x^{(k)}, \lambda_c^{(k)}, \lambda_v^{(k)})$를 먼저 계산하여야 하는 것이다. 제이코비와 헤시안 매트릭스를 계산하는 방법은 2.3.5절 및 2.3.6 절에 상세히 설명되어 있다. 부등 제약함수 $v(x)$가 적용되는 경우에는 KKT 조건을 적용하여 식(2.3.4.1-1)과 식(2.3.4.1-2)에 유도된 gradient 벡터인 연립방정식의 후보해를 찾아 그 중에서 부등 제약함수 $v(x)$를 만족하는 해가 라그랑주 함수의 극한값(최대, 또는 최소값)의 후보해로 특정되어 반복연산에 이용된다.

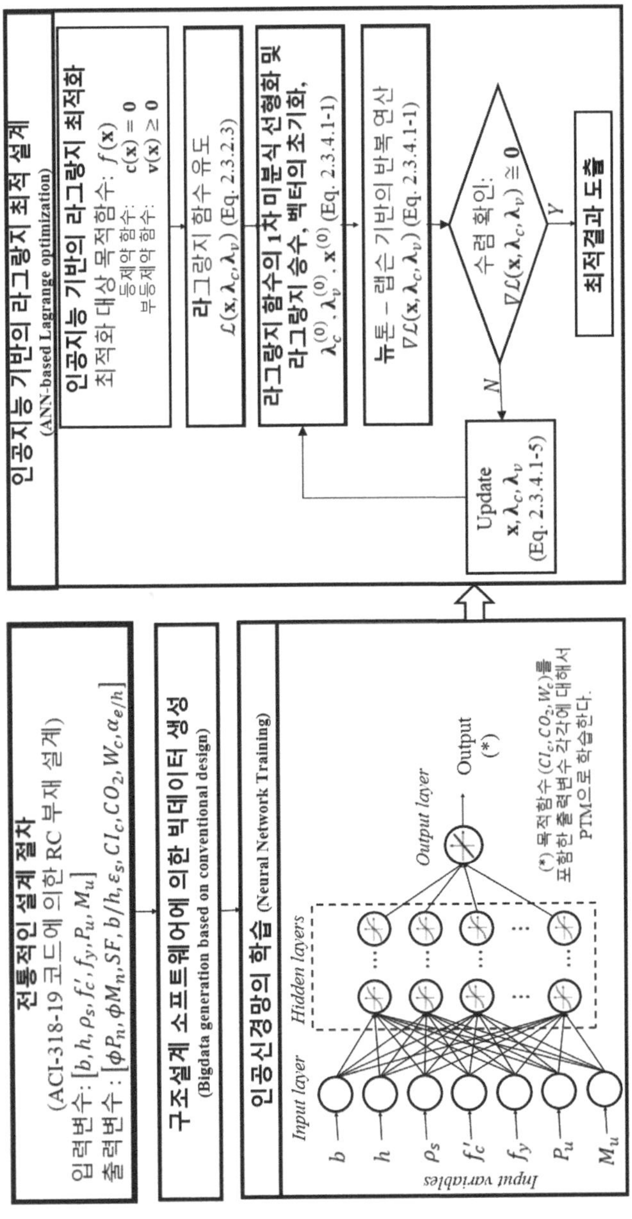

그림 2.3.4.1 뉴턴-랩슨(Newton-Raphson) 수치해석에 기반한 반복연산

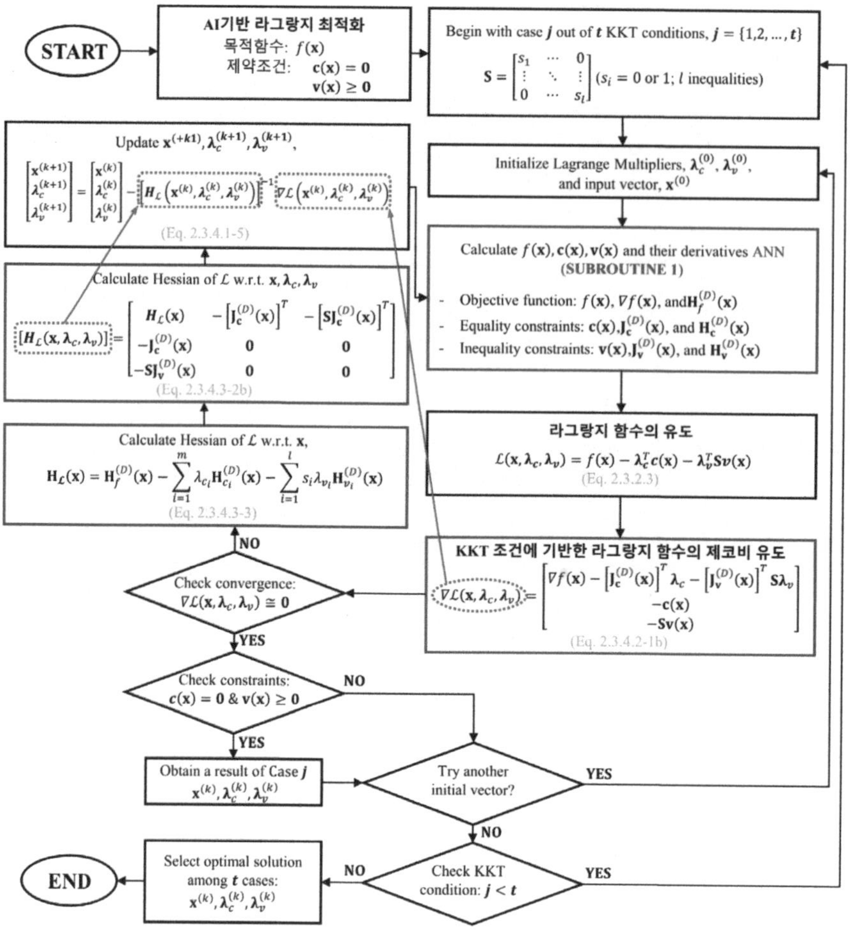

그림 2.3.4.2 뉴턴-랩슨 반복연산에 필요한 공식의 흐름도

$$\nabla\mathcal{L}\left(\mathbf{x}^{(0)}+\Delta\mathbf{x},\ \boldsymbol{\lambda}_c^{(0)}+\Delta\boldsymbol{\lambda}_c,\ \boldsymbol{\lambda}_v^{(0)}+\Delta\boldsymbol{\lambda}_v\right)$$

$$\approx\ \nabla\mathcal{L}\left(\mathbf{x}^{(0)},\ \boldsymbol{\lambda}_c^{(0)},\ \boldsymbol{\lambda}_v^{(0)}\right)+\left[\mathbf{H}_{\mathcal{L}}\left(\mathbf{x}^{(0)},\ \boldsymbol{\lambda}_c^{(0)},\ \boldsymbol{\lambda}_v^{(0)}\right)\right]\begin{bmatrix}\Delta\mathbf{x}\\ \Delta\boldsymbol{\lambda}_c\\ \Delta\boldsymbol{\lambda}_v\end{bmatrix} \tag{2.3.4.1-1}$$

$$\begin{bmatrix}\Delta\mathbf{x}\\ \Delta\boldsymbol{\lambda}_c\\ \Delta\boldsymbol{\lambda}_v\end{bmatrix}\approx-\left[\mathbf{H}_{\mathcal{L}}\left(\mathbf{x}^{(0)},\ \boldsymbol{\lambda}_c^{(0)},\ \boldsymbol{\lambda}_v^{(0)}\right)\right]^{-1}\nabla\mathcal{L}\left(\mathbf{x}^{(0)},\ \boldsymbol{\lambda}_c^{(0)},\ \boldsymbol{\lambda}_v^{(0)}\right) \tag{2.3.4.1-2}$$

$$\begin{bmatrix}\Delta\mathbf{x}^{(k)}\\ \Delta\boldsymbol{\lambda}_c^{(k)}\\ \Delta\boldsymbol{\lambda}_v^{(k)}\end{bmatrix}=-\left[\mathbf{H}_{\mathcal{L}}\left(\mathbf{x}^{(k)},\ \boldsymbol{\lambda}_c^{(k)},\ \boldsymbol{\lambda}_v^{(k)}\right)\right]^{-1}\nabla\mathcal{L}\left(\mathbf{x}^{(k)},\ \boldsymbol{\lambda}_c^{(k)},\ \boldsymbol{\lambda}_v^{(k)}\right) \tag{2.3.4.1-3}$$

$$\begin{bmatrix}\mathbf{x}^{(k+1)}\\ \boldsymbol{\lambda}_c^{(k+1)}\\ \boldsymbol{\lambda}_v^{(k+1)}\end{bmatrix}=\begin{bmatrix}\mathbf{x}^{(k)}\\ \boldsymbol{\lambda}_c^{(k)}\\ \boldsymbol{\lambda}_v^{(k)}\end{bmatrix}+\begin{bmatrix}\Delta\mathbf{x}^{(k)}\\ \Delta\boldsymbol{\lambda}_c^{(k)}\\ \Delta\boldsymbol{\lambda}_v^{(k)}\end{bmatrix} \tag{2.3.4.1-4}$$

$$\begin{bmatrix}\mathbf{x}^{(k+1)}\\ \boldsymbol{\lambda}_c^{(k+1)}\\ \boldsymbol{\lambda}_v^{(k+1)}\end{bmatrix}=\begin{bmatrix}\mathbf{x}^{(k)}\\ \boldsymbol{\lambda}_c^{(k)}\\ \boldsymbol{\lambda}_v^{(k)}\end{bmatrix}-\left[\mathbf{H}_{\mathcal{L}}\left(\mathbf{x}^{(k)},\ \boldsymbol{\lambda}_c^{(k)},\ \boldsymbol{\lambda}_v^{(k)}\right)\right]^{-1}\nabla\mathcal{L}\left(\mathbf{x}^{(k)},\ \boldsymbol{\lambda}_c^{(k)},\ \boldsymbol{\lambda}_v^{(k)}\right) \tag{2.3.4.1-5}$$

2.3.4.2 제이코비 및 헤시안 매트릭스의 유도 [10],[11]

수학식 기반에서 식(2.3.4.2-1a)에 유도된 라그랑주 함수의 1차 미분식 $\nabla L(x, \lambda_c, \lambda_v)$은 식(2.3.4.2-1b)에서 인공신경망에 기반하여 일반화된 함수로도 유도되었다. 식(2.3.4.2-1)에서 구해진 라그랑주 함수의 1차 미분식 $\nabla L(x, \lambda_c, \lambda_v)$의 극한값(최대, 또는 최소값)을 뉴턴-랩슨 방법을 활용하여 찾아보자. 식(2.3.4.2-1)의 $\nabla L(x, \lambda_c, \lambda_v)$의 1차 미분식(gradient 벡터)이 0이 되는 연립방정식의 해를 도출하는 절차는 매우 복잡하다. 따라서 식(2.3.4.1-1)에서처럼 뉴턴-랩슨(Newton-Raphson) 반복연산 기반의 수치해석을 통해 해를 구하는 방식을 채택한다. 이 과정에서 라그랑주 함수 행렬 $L(x, \lambda_c, \lambda_v)$을 입력변수$(x)$, 등 제약식 벡터 $c(x)$, 부등 제약식 벡터 $v(x)$로, 두 번까지 미분하는 과정이 필요하게 된다. 이 과정에서, 식(2.3.4.2-1)의 라그랑주 함수 $L(x, \lambda_c, \lambda_v) = f(x)-\lambda_c^T c(x)-\lambda_v^T Sv(x)$의 1차 미분함수 $\nabla L(x, \lambda_c, \lambda_v)$는 식(2.3.4.2-1)와 (2.3.4.2-2)의 자코비안 행렬과 식(2.3.4.3-1)에서 (2.3.4.3-8)까지의 헤시안 행렬을 포함하고 있다. 2개의 입력 파라미터 $x^{(k)}=[x_1^{(k)}, x_2^{(k)}]$를 갖는다면 목적함수 $\nabla f_f(x)$, 등 제약함수 $\mathbf{J}_c(x)$, 부등 제약함수 $\mathbf{J}_v(x)$의 제이코비 행

렬은 식(2.3.4.2-2a), 식(2.3.4.2-2b), 식(2.3.4.2-2c)에 각각 기술되어 있다. 식(2.4.3.6-2)와 식(2.4.3.6-3)은 2.4.3절의 예제에서 유도된, 2개의 입력 파라미터 $x^{(k)}=[x_1^{(k)}, x_2^{(k)}]$에 대한 목적함수 $\nabla f_W(x_A, x_h)$ 및 부등 제약함수 $\mathbf{J}_v(x_A, x_h)$의 제이코비 행렬이다. 상세한 예제의 설명은 2.4.3절을 참고하기 바란다. 인공신경망 기반에서 일반화된 제이코비 행렬은 2.3.6절에 유도하였다.

헤시안 행렬은 식(2.3.4.3-3)부터 식(2.3.4.3-8)을 식(2.3.4.3-1)부터 식(2.3.4.3-2)에 대입하여 구할 수 있다. 수학식 기반에서 유도된 식(2.3.4.3-2a)의 헤시안 매트릭스는 인공신경망 기반에서 일반화된 식(2.3.4.3-2b)으로 재 기술되었다. 식(2.3.4.3-1)와 식(2.3.4.3-2)의 글로벌 헤시안 행렬 $\mathbf{H}_L(x^{(k)}, \lambda_c^{(k)}, \lambda_v^{(k)})$의 계산을 위하여, 식(2.3.4.3-3)의 $\mathbf{H}_L(x)$의 계산이 우선되어야 하고, $\mathbf{H}_L(x)$항은 다시 $\mathbf{H}_f(x)$, $\mathbf{H}_{c_i}(x)$, $\mathbf{H}_{v_i}(x)$ 행렬이 필요하다. $\mathbf{H}_L(x)$, $\mathbf{H}_f(x)$, $\mathbf{H}_{c_i}(x)$, $\mathbf{H}_{v_i}(x)$ 헤시안 행렬은 각각 라그랑주 함수, 목적함수, 등 제약함수, 부등 제약함수의 헤시안 매트릭스이다. 다만 $\mathbf{H}_L(x)$항과 $\mathbf{H}_L(x^{(k)}, \lambda_c^{(k)}, \lambda_v^{(k)})$ 항의 다른 점은 $\mathbf{H}_L(x^{(k)}, \lambda_c^{(k)}, \lambda_v^{(k)})$은 $x^{(k)}$ $\lambda_c^{(k)}$, $\lambda_v^{(k)}$ 함수로 구성된 라그랑주 함수의 글로벌 헤시안 매트릭스이고, $\mathbf{H}_L(x^{(k)})$는 $x^{(k)}=[x\lambda_1^{(k)}, x\lambda_2^{(k)}, \cdots, x_n{}^{(k)}]$ 만의 함수로써, $\lambda_c^{(k)}$와 $\lambda_v^{(k)}$에 의해서 미분되지는 않는다. 즉 $\lambda_c^{(k)}$와 $\lambda_v^{(k)}$는 $\mathbf{H}_L(x^{(k)})$에서는 상수이다. 즉 식(2.3.4.3-3)에는 글로벌 헤시안 매트릭스 $\mathbf{H}_L(x^{(k)}, \lambda_c^{(k)}, \lambda_v^{(k)})$를 계산하는데 필요한 $\mathbf{H}_L(x)$, $\mathbf{H}_f(x)$, $\mathbf{H}_{c_i}(x)$, $\mathbf{H}_{v_i}(x)$ 헤시안 행렬도 역시 $x^{(k)}=[x_1^{(k)}, x_2^{(k)}, \cdots, x_n^{(k)}]$만의 함수로서 도출되었다. 식(2.3.4.3-6)과 식(2.3.4.3-7)에는 라그랑주 함수의 헤시안 행렬을 구성하는 $\mathbf{H}_L(\lambda_c^{(k)})$과 $\mathbf{H}_L(\lambda_v^{(k)})$이 도출되었다. $\mathbf{H}_L(\lambda_c^{(k)})$과 $\mathbf{H}_L(\lambda_v^{(k)})$은 각각, $\lambda_c^{(k)}$과 $\lambda_v^{(k)}$ 함수로만 구성되어 있다. 2개 이상의 입력변수를 갖는 식(2.3.4.3-1)의 헤시안 행렬에 대해, 인공신경망 기반에서 일반화된 슬라이스 형태의 헤시안 행렬은 2.3.6.3절의 식(2.3.6.17)에 유도하였다.

$$\nabla \mathcal{L}(\mathbf{x}, \boldsymbol{\lambda}_c, \boldsymbol{\lambda}_v) = \begin{bmatrix} \nabla_{\mathbf{x}} \mathcal{L}(\mathbf{x}, \boldsymbol{\lambda}_c, \boldsymbol{\lambda}_v) \\ \nabla_{\lambda_c} \mathcal{L}(\mathbf{x}, \boldsymbol{\lambda}_c, \boldsymbol{\lambda}_v) \\ \nabla_{\lambda_v} \mathcal{L}(\mathbf{x}, \boldsymbol{\lambda}_c, \boldsymbol{\lambda}_v) \end{bmatrix} = \begin{bmatrix} \nabla f(\mathbf{x}) - \mathbf{J_c}(\mathbf{x})^T \boldsymbol{\lambda}_c - \mathbf{J_v}(\mathbf{x})^T \mathbf{S} \boldsymbol{\lambda}_v \\ -\mathbf{c}(\mathbf{x}) \\ -\mathbf{Sv}(\mathbf{x}) \end{bmatrix} \tag{2.3.4.2-1a}$$

$$\nabla \mathcal{L}(\mathbf{x}, \boldsymbol{\lambda}_c, \boldsymbol{\lambda}_v) = \begin{bmatrix} \left[\mathbf{J}_f^{(D)}(\mathbf{x})\right]^T - \left[\mathbf{J}_{\mathbf{c}}^{(D)}(\mathbf{x})\right]^T \boldsymbol{\lambda}_c - \left[\mathbf{J}_{\mathbf{v}}^{(D)}(\mathbf{x})\right]^T \mathbf{S} \boldsymbol{\lambda}_v \\ -\mathbf{c}(\mathbf{x}) \\ -\mathbf{Sv}(\mathbf{x}) \end{bmatrix} = \mathbf{0} \tag{2.3.4.2-1b}$$

$$\nabla f_f(\mathbf{x}) = \begin{bmatrix} \dfrac{\partial f_f(x_1, x_2)}{\partial x_1} \\ \dfrac{\partial f_f(x_1, x_2)}{\partial x_2} \end{bmatrix} = \begin{bmatrix} \dfrac{\partial v_1(x_A, x_h)}{\partial x_A} & \dfrac{\partial v_1(x_A, x_h)}{\partial x_h} \\ \dfrac{\partial v_2(x_A, x_h)}{\partial x_A} & \dfrac{\partial v_2(x_A, x_h)}{\partial x_h} \end{bmatrix} \tag{2.3.4.2-2a}$$

2개의 등 제약함수에 대해서;

$$\mathbf{J_c}(\mathbf{x}) = \begin{bmatrix} \mathbf{J}_{c_1}(\mathbf{x}) \\ \mathbf{J}_{c_2}(\mathbf{x}) \\ \vdots \\ \mathbf{J}_{c_m}(\mathbf{x}) \end{bmatrix} = \begin{bmatrix} \dfrac{\partial c_1(x_1, x_2)}{\partial x_1} & \dfrac{\partial c_1(x_1, x_2)}{\partial x_2} \\ \dfrac{\partial c_2(x_1, x_2)}{\partial x_1} & \dfrac{\partial c_2(x_1, x_2)}{\partial x_2} \end{bmatrix} \tag{2.3.4.2-2b}$$

2개의 부등 제약함수에 대해서;

$$\mathbf{J_v}(\mathbf{x}) = \begin{bmatrix} \mathbf{J}_{v_1}(\mathbf{x}) \\ \mathbf{J}_{v_2}(\mathbf{x}) \\ \vdots \\ \mathbf{J}_{v_l}(\mathbf{x}) \end{bmatrix} = \begin{bmatrix} \dfrac{\partial v_1(x_1, x_2)}{\partial x_1} & \dfrac{\partial v_1(x_1, x_2)}{\partial x_2} \\ \dfrac{\partial v_2(x_1, x_2)}{\partial x_1} & \dfrac{\partial v_2(x_1, x_2)}{\partial x_2} \end{bmatrix} \tag{2.3.4.2-2c}$$

2.4.3절의 예제로부터 미리 학습해 보자.

$$\nabla f_W(x_A, x_h) = \begin{bmatrix} \dfrac{\partial f_W(x_A, x_h)}{\partial x_A} \\ \dfrac{\partial f_W(x_A, x_h)}{\partial x_h} \end{bmatrix} = \begin{bmatrix} 0.016 + 0.008\sqrt{x_h^2 + 4} \\ \dfrac{0.008 x_A x_h}{\sqrt{x_h^2 + 4}} \end{bmatrix} \tag{2.4.3.6-2}$$

$$\mathbf{J_v}(x_A, x_h) = \begin{bmatrix} \frac{\partial v_1(x_A, x_h)}{\partial x_A} & \frac{\partial v_1(x_A, x_h)}{\partial x_h} \\ \frac{\partial v_2(x_A, x_h)}{\partial x_A} & \frac{\partial v_2(x_A, x_h)}{\partial x_h} \end{bmatrix}$$

$$= \begin{bmatrix} \frac{\sigma_1}{|\sigma_1|}\left(\frac{55}{x_A^2} - \frac{200}{x_A^2 x_h}\right) & \left(-\frac{\sigma_1}{|\sigma_1|}\frac{200}{x_h^2 x_A}\right) \\ \left(\frac{100\sqrt{x_h^2+4}}{x_A^2|x_h|}\right) & \left(\frac{100x_h\sqrt{x_h^2+4}}{x_A|x_h|^3} - \frac{100x_h}{x_A|x_h|\sqrt{x_h^2+4}}\right) \end{bmatrix} \tag{2.4.3.6-3}$$

$$\left[\mathbf{H}_{\mathcal{L}}\left(\mathbf{x}^{(k)}, \boldsymbol{\lambda}_c^{(k)}, \boldsymbol{\lambda}_v^{(k)}\right)\right] = \begin{bmatrix} \frac{\partial^2 \mathcal{L}}{\partial \mathbf{x}^2} & \frac{\partial^2 \mathcal{L}}{\partial \mathbf{x}\partial \boldsymbol{\lambda}_c} & \frac{\partial^2 \mathcal{L}}{\partial \mathbf{x}\partial \boldsymbol{\lambda}_v} \\ \frac{\partial^2 \mathcal{L}}{\partial \boldsymbol{\lambda}_c \partial \mathbf{x}} & \frac{\partial^2 \mathcal{L}}{\partial {\boldsymbol{\lambda}_c}^2} & \frac{\partial^2 \mathcal{L}}{\partial \boldsymbol{\lambda}_c \partial \boldsymbol{\lambda}_v} \\ \frac{\partial^2 \mathcal{L}}{\partial \boldsymbol{\lambda}_v \partial \mathbf{x}} & \frac{\partial^2 \mathcal{L}}{\partial \boldsymbol{\lambda}_v \partial \boldsymbol{\lambda}_c} & \frac{\partial^2 \mathcal{L}}{\partial {\boldsymbol{\lambda}_v}^2} \end{bmatrix} \tag{2.3.4.3-1}$$

$$\left[\mathbf{H}_{\mathcal{L}}\left(\mathbf{x}^{(k)}, \boldsymbol{\lambda}_c^{(k)}, \boldsymbol{\lambda}_v^{(k)}\right)\right] = \begin{bmatrix} \mathbf{H}_{\mathcal{L}}\left(\mathbf{x}^{(k)}\right) & -\left[\mathbf{J_c}\left(\mathbf{x}^{(k)}\right)\right]^T & -\left[\mathbf{SJ_v}\left(\mathbf{x}^{(k)}\right)\right]^T \\ -\mathbf{J_c}\left(\mathbf{x}^{(k)}\right) & \mathbf{0} & \mathbf{0} \\ -\mathbf{SJ_v}\left(\mathbf{x}^{(k)}\right) & \mathbf{0} & \mathbf{0} \end{bmatrix} \tag{2.3.4.3-2a}$$

$$\left[\mathbf{H}_{\mathcal{L}}\left(\mathbf{x}^{(k)}, \boldsymbol{\lambda}_c^{(k)}, \boldsymbol{\lambda}_v^{(k)}\right)\right] = \begin{bmatrix} \mathbf{H}_{\mathcal{L}}\left(\mathbf{x}^{(k)}\right) & -\left[\mathbf{J_c^{(\mathit{D})}}\left(\mathbf{x}^{(k)}\right)\right]^T & -\left[\mathbf{SJ_v^{(\mathit{D})}}\left(\mathbf{x}^{(k)}\right)\right]^T \\ -\mathbf{J_c^{(\mathit{D})}}\left(\mathbf{x}^{(k)}\right) & \mathbf{0} & \mathbf{0} \\ -\mathbf{SJ_v^{(\mathit{D})}}\left(\mathbf{x}^{(k)}\right) & \mathbf{0} & \mathbf{0} \end{bmatrix} \tag{2.3.4.3-2b}$$

여기서,

$$\frac{\partial^2 \mathcal{L}}{\partial \mathbf{x}^2} = \mathbf{H}_{\mathcal{L}}(\mathbf{x}) = \frac{\partial^2 f(\mathbf{x})}{\partial \mathbf{x}^2} - \frac{\partial^2\left(\boldsymbol{\lambda}_c^T \mathbf{c}(\mathbf{x})\right)}{\partial \mathbf{x}^2} - \frac{\partial^2\left(\boldsymbol{\lambda}_v^T \mathbf{S}\mathbf{v}(\mathbf{x})\right)}{\partial \mathbf{x}^2}$$

$$\rightarrow \mathbf{H}_{\mathcal{L}}(\mathbf{x}) = \mathbf{H}_f(\mathbf{x}) - \sum_{i=1}^{m} \lambda_{c_i}\mathbf{H}_{c_i}(\mathbf{x}) - \sum_{i=1}^{l} s_i \lambda_{v_i}\mathbf{H}_{v_i}(\mathbf{x}) \tag{2.3.4.3-3}$$

$$\frac{\partial^2 \mathcal{L}}{\partial \boldsymbol{\lambda}_c \partial \mathbf{x}} = \frac{\partial^2 f(\mathbf{x})}{\partial \boldsymbol{\lambda}_c \partial \mathbf{x}} - \frac{\partial^2 \left(\boldsymbol{\lambda}_c^T \mathbf{c}(\mathbf{x})\right)}{\partial \boldsymbol{\lambda}_c \partial \mathbf{x}} - \frac{\partial^2 \left(\boldsymbol{\lambda}_v^T \mathbf{S}\mathbf{v}(\mathbf{x})\right)}{\partial \boldsymbol{\lambda}_c \partial \mathbf{x}} = \mathbf{0} - \mathbf{J}_\mathbf{c}(\mathbf{x}) - \mathbf{0} \quad (2.3.4.3\text{-}4)$$

$$\frac{\partial^2 \mathcal{L}}{\partial \boldsymbol{\lambda}_v \partial \mathbf{x}} = \frac{\partial^2 f(\mathbf{x})}{\partial \boldsymbol{\lambda}_c \partial \mathbf{x}} - \frac{\partial^2 \left(\boldsymbol{\lambda}_c^T \mathbf{c}(\mathbf{x})\right)}{\partial \boldsymbol{\lambda}_c \partial \mathbf{x}} - \frac{\partial^2 \left(\boldsymbol{\lambda}_v^T \mathbf{S}\mathbf{v}(\mathbf{x})\right)}{\partial \boldsymbol{\lambda}_c \partial \mathbf{x}} = \mathbf{0} - \mathbf{0} - \mathbf{S}\mathbf{J}_\mathbf{v}(\mathbf{x}) \quad (2.3.4.3\text{-}5)$$

$$\frac{\partial^2 \mathcal{L}}{\partial {\boldsymbol{\lambda}_c}^2} = \mathbf{H}_\mathcal{L}(\boldsymbol{\lambda}_c) = \frac{\partial^2 f(\mathbf{x})}{\partial {\boldsymbol{\lambda}_c}^2} - \frac{\partial^2 \left(\boldsymbol{\lambda}_c^T \mathbf{c}(\mathbf{x})\right)}{\partial {\boldsymbol{\lambda}_c}^2} - \frac{\partial^2 \left(\boldsymbol{\lambda}_v^T \mathbf{S}\mathbf{v}(\mathbf{x})\right)}{\partial {\boldsymbol{\lambda}_c}^2} = \mathbf{0} \quad (2.3.4.3\text{-}6)$$

$$\frac{\partial^2 \mathcal{L}}{\partial {\boldsymbol{\lambda}_v}^2} = \mathbf{H}_\mathcal{L}(\boldsymbol{\lambda}_v) = \frac{\partial^2 f(\mathbf{x})}{\partial {\boldsymbol{\lambda}_v}^2} - \frac{\partial^2 \left(\boldsymbol{\lambda}_c^T \mathbf{c}(\mathbf{x})\right)}{\partial {\boldsymbol{\lambda}_v}^2} - \frac{\partial^2 \left(\boldsymbol{\lambda}_v^T \mathbf{S}\mathbf{v}(\mathbf{x})\right)}{\partial {\boldsymbol{\lambda}_v}^2} = \mathbf{0} \quad (2.3.4.3\text{-}7)$$

$$\frac{\partial^2 \mathcal{L}}{\partial \boldsymbol{\lambda}_v \partial \boldsymbol{\lambda}_c} = \frac{\partial^2 f(\mathbf{x})}{\partial \boldsymbol{\lambda}_v \partial \boldsymbol{\lambda}_c} - \frac{\partial^2 \left(\boldsymbol{\lambda}_c^T \mathbf{c}(\mathbf{x})\right)}{\partial \boldsymbol{\lambda}_v \partial \boldsymbol{\lambda}_c} - \frac{\partial^2 \left(\boldsymbol{\lambda}_v^T \mathbf{S}\mathbf{v}(\mathbf{x})\right)}{\partial \boldsymbol{\lambda}_v \partial \boldsymbol{\lambda}_c} = \mathbf{0} \quad (2.3.4.3\text{-}8)$$

2개의 입력 파라미터 $x^{(k)}=[x_1^{(k)}, x_2^{(k)}]$에 대한 목적함수 $\mathbf{H}_f(k)$, 등 제약함수 $\mathbf{H}_{c_i}(x)$ 및 부등 제약함수 $\mathbf{H}_{v_i}(x)$의 헤시안 행렬은 식(2.3.4.4a), 식(2.3.4.4b), 식(2.3.4.4c)에 각각 기술되어 있다. 2.4.3절의 예제로부터 식(2.4.3.8-3), 식(2.4.3.8-4), 식(2.4.3.8-5)는 예제에서 고려되는, 2개의 입력 파라미터 $x^{(k)}=[x_1^{(k)}, x_2^{(k)}]$에 대한 목적함수 $\mathbf{H}_{fw}(x_A,x_h)$와 부등 제약함수 $\mathbf{H}_{v1}(x_A,x_h)$, $\mathbf{H}_{v2}(x_A,x_h)$의 헤시안 행렬이다. 상세한 예제의 설명은 2.4.3절을 참고하기 바란다.

$$\mathbf{H}_f(\mathbf{x}) = \begin{bmatrix} \frac{\partial^2 f_f(\mathbf{x})}{\partial x_1^2} & \frac{\partial^2 f_f(\mathbf{x})}{\partial x_1 \partial x_2} \\ \frac{\partial^2 f_f(\mathbf{x})}{\partial x_2 \partial x_1} & \frac{\partial^2 f_f(\mathbf{x})}{\partial x_2^2} \end{bmatrix} \quad (2.3.4.4a)$$

2개의 등 제약함수에 대해서;

$$\mathbf{H}_{c_i}(\mathbf{x}) = \begin{bmatrix} \frac{\partial^2 c_i(\mathbf{x})}{\partial x_1^2} & \frac{\partial^2 c_i(\mathbf{x})}{\partial x_1 \partial x_2} \\ \frac{\partial^2 c_i(\mathbf{x})}{\partial x_2 \partial x_1} & \frac{\partial^2 c_i(\mathbf{x})}{\partial x_2^2} \end{bmatrix} \quad (2.3.4.4b)$$

2개의 등 제약함수에 대해서;

$$\mathbf{H}_{v_i}(\mathbf{x}) = \begin{bmatrix} \frac{\partial^2 v_i(\mathbf{x})}{\partial x_1^2} & \frac{\partial^2 v_i(\mathbf{x})}{\partial x_1 \partial x_2} \\ \frac{\partial^2 v_i(\mathbf{x})}{\partial x_2 \partial x_1} & \frac{\partial^2 v_i(\mathbf{x})}{\partial x_2^2} \end{bmatrix} \tag{2.3.4.4c}$$

2.4.3절의 예제로부터 미리 학습해 보자.

$$\boldsymbol{H}_{f_W}(x_A,\ x_h) = \begin{bmatrix} \frac{\partial^2 f_W(\mathbf{x})}{\partial x_A^2} & \frac{\partial^2 f_W(\mathbf{x})}{\partial x_A \partial x_h} \\ \frac{\partial^2 f_W(\mathbf{x})}{\partial x_h \partial x_A} & \frac{\partial^2 f_W(\mathbf{x})}{\partial x_h^2} \end{bmatrix} = \begin{bmatrix} 0 & \frac{0.008x_h}{\sqrt{x_h^2+4}} \\ \frac{0.008x_h}{\sqrt{x_h^2+4}} & \frac{0.032x_A}{(x_h^2+4)^{1.5}} \end{bmatrix} \tag{2.4.3.8-3}$$

$$\boldsymbol{H}_{v_1}(x_A,\ x_h) = \begin{bmatrix} \frac{\partial^2 v_1(\mathbf{x})}{\partial x_A^2} & \frac{\partial^2 v_1(\mathbf{x})}{\partial x_A \partial x_h} \\ \frac{\partial^2 v_1(\mathbf{x})}{\partial x_h \partial x_A} & \frac{\partial^2 v_1(\mathbf{x})}{\partial x_h^2} \end{bmatrix} = \begin{bmatrix} \frac{\sigma_1}{|\sigma_1|}\left(\frac{400}{x_A^3 x_h} - \frac{110}{x_A^3}\right) & \frac{\sigma_1}{|\sigma_1|}\left(\frac{200}{x_h^2 x_A^2}\right) \\ \frac{\sigma_1}{|\sigma_1|}\left(\frac{200}{x_h^2 x_A^2}\right) & \frac{\sigma_1}{|\sigma_1|}\left(\frac{400}{x_h^3 x_A}\right) \end{bmatrix} \tag{2.4.3.8-4}$$

$$\boldsymbol{H}_{v_2}(x_A,\ x_h) = \begin{bmatrix} \frac{\partial^2 v_2(\mathbf{x})}{\partial x_A^2} & \frac{\partial^2 v_2(\mathbf{x})}{\partial x_A \partial x_h} \\ \frac{\partial^2 v_2(\mathbf{x})}{\partial x_h \partial x_A} & \frac{\partial^2 v_2(\mathbf{x})}{\partial x_h^2} \end{bmatrix}$$

$$= \begin{bmatrix} \left(-\frac{200\sqrt{x_h^2+4}}{x_A^3|x_h|}\right) & \left(\frac{100x_h}{x_A^2|x_h|\sqrt{x_h^2+4}} - \frac{100x_h\sqrt{x_h^2+4}}{x_A^2|x_h|^3}\right) \\ \left(\frac{100x_h}{x_A^2|x_h|\sqrt{x_h^2+4}} - \frac{100x_h\sqrt{x_h^2+4}}{x_A^2|x_h|^3}\right) & \left(\frac{100|x_h|}{x_A(x_h^2+4)^{1.5}} - \frac{200\sqrt{x_h^2+4}}{x_A|x_h|^3} + \frac{100x_h}{x_A|x_h|\sqrt{x_h^2+4}}\right) \end{bmatrix} \tag{2.4.3.8-5}$$

2.3.4.3 뉴턴-랩슨 방법에 기반한 KKT 조건의 해

식(2.3.2.3)의 라그랑주 함수 $L(x,\ \lambda_c,\ \lambda_v)$의 1차 미분식인 제이코비 $\nabla L(x,\ \lambda_c,\ \lambda_v)$가 식(2.3.2.4-1)에 유도되었고, KKT 조건으로부터 유도된 식(2.3.2.4-2)를 최적화하여 보자. 목적함수는 식(2.3.2.2-1)과 (2.3.2.2-2)의 함수에 의해서 제약되고 있다. 식(2.3.4.1-1)에서 $\nabla L(x,\ \lambda_c,\ \lambda_v)$가 0으로 수렴할 때까지 초기 입력변수 $x^{(0)}$, $x_c^{(0)}$, $x_v^{(0)}$는 식(2.3.4.1-5)와 뉴턴-랩슨 방법에 기반하여 업데이트된다. 식(2.3.4.1-5)의 반복연산에서 사용되는 제이코비와 헤시안 매트릭스는 2.3.6절에 자세하게 유도되었고, 식(2.3.4.1-5)의 수렴을 위한 반복과정이 그림 2.3.4.1과 그림 2.3.4.2에 도시되어 있다.

2.3.5 뉴턴-랩슨 반복연산에 기반한 선형화된 라그랑주 함수의 최적화 : 요약

식(2.3.2.2-1)의 등 제약함수를 만족하는 식(2.3.2.3)의 라그랑주 함수 극한값(최대, 또는 최소값)을 구하는 최적화 문제는 식(2.3.4.2-1)의 $\nabla L(x, \lambda_c, \lambda_v)$식을 0으로 만드는 라그랑주 승수 λ_c, λ_v와 입력변수 x를 찾는 문제가 된다. 그러나, 식(2.3.4.2-1)의 라그랑주 함수의 1차 미분식을 0으로 수렴시키는 입력변수(x)와 라그랑주 승수 λ_c, λ_v를 찾는 일은 매우 어려우므로, 식(2.3.4.1-1)에 선형식으로 나타내었다. 식(2.3.4.1-1)과 식(2.3.4.1-5)과정 매 단계마다 x, λ_c, λ_v를 업데이트 하여, $\nabla L(x, \lambda_c, \lambda_v)$의 수렴 여부를 확인하여야 한다. $\nabla L(x, \lambda_c, \lambda_v) = 0$과 비교하여 그 차이를 오차로 정의하고, 허용오차 범위 내로 수렴할 때까지 연산을 반복하여 라그랑주 함수의 극한값을 구한다. 뉴턴-랩슨 반복연산 과정은 그림 2.3.4.1과 그림 2.3.4.2에 도시되어 있다. 식(2.3.2.4-1)과 식(2.3.4.2-1)은 라그랑주 함수의 제이코비 매트릭스로서, 목적함수 $f(x)$와 제약함수 $c(x)$, $v(x)$의 gradient 벡터가 라그랑주 상수의 배수로 일직선으로 정렬될 수 있도록 유도되었다. 식(2.3.4.2-2b)와 식(2.3.4.2-2c)의 $\mathbf{J}_c(x)$와 $\mathbf{J}_v(x)$는 입력변수 x 대한 등 제약 및 부등 제약함수의 제이코비 매트릭스로서 gradient 벡터이다. 이 과정에서 필요한 제이코비와 헤시안 매트릭스는 식(2.3.4.3-3)에서 구한다. $\mathbf{H}_L(x)$, $\mathbf{H}_f(x)$, $\mathbf{H}_{c_i}(x)$, $\mathbf{H}_{v_i}(x)$는 입력변수(x)에 대한 라그랑주 함수, 목적함수, 등 제약함수, 부등 제약함수를 두 번 미분하여 도출된 헤시안 매트릭스이다. 또한 2.3.6절에 자세히 유도되었다.

2.3.6 수학식 기반의 함수를 대체하는 인공지능 기반의 함수

2.3.6.1 인공신경망 기반의 제이코비와 헤시안 매트릭스

제이코비와 헤시안 매트릭스의 유도는 라그랑주 함수의 최적화를 위해 반드시 필요한 과정이다. 그러나 목적함수 $f(x)$, 제약함수 $c(x)$, $v(x)$와 그 외의 출력 파라미터들을 두 번 미분 가능한 수학식 기반의 함수들로 유도하는 일은 쉽지 않은 작업이며, 가능하더라도 상당한 계산시간이 소요된다. 따라서 이 절에서는 공학설계 최적화를 위해서 AI 기반에서 미분이 가능한 일반화된 함수 y를 유도하였다. 미분이 가능한 수학식 기반의 함수와 설계변수들을 식(2.3.6.1)에서처럼, 인공지능기반에서 일반화된 함수 y로 대체하였다. 더 나아가, AI 기반에서 미분 가능하도록 일반화된 함수 y로부터 제이코비와 헤시안 매트릭스를 유도하였다. 유도 과정에서 $\mathbf{g}^N$에 의해 정규화된 목적함수는 마지막 출력층에서 함수 $\mathbf{g}^D$에 의해 다시 비정규화되어서 원래의 단위로 전환되었다.

$$\mathbf{y} = \mathbf{g}_{\mathbf{y}}^D \left(f_{lin}^L (\mathbf{W}^L f_t^{L-1} (\mathbf{W}^{L-1} \dots f_t^1 (\mathbf{W}^1 \mathbf{g}_{\mathbf{x}}^N (\mathbf{x}) + \mathbf{b}^1) \dots + \mathbf{b}^{L-1}) + b^L) \right) \tag{2.3.6.1}$$

식(2.3.6.2-1)과 식(2.3.6.2-2)는 인공지능 기반에서 최소-최대(Min-max)에 기반을 둔 정규화 함수를 보여주고 있다. 여기서 변수 x_i는 정규화를 수행하려고 하는 빅데이터 변수이다. 예를 들어 x_i = 보폭이라 가정하고, 보폭을 최소 -1, 최대 +1 사이에서 정규화하여보자. 즉 빅데이터 변수인 x_i = 보폭의 생성 범위 (x_{max}- x_{min})를 최소 -1, 최대 +1 사이에서 정규화하고 $\bar{x}_i$로 표기한다. 식(2.3.6.2-2)에서 구해진 α_{x_i} 계수를 식(2.3.6.2-1)의 정규화 식에 사용한다. 즉 α_{x_i} 계수는 보폭인 $\bar{x}_i$의 정규화되는 데이터 범위(최소 -1, 최대 +1)를 최초 생성된 빅데이터 x_i의 범위(x_{max}- x_{min})에 대해 정규화한 식이다. 따라서 α_{x_i} 계수는 최소 -1과 최대 +1 사이의 범위 ($\bar{x}_{i,max}$ -$\bar{x}_{i,min}$)를 생성된 빅데이터 범위(x_{max}- x_{min})로 나누어 계산된 비율로서, 식(2.3.6.2-2)에 계산되어 있다. 또한 식(2.3.6.2-3)은 식(2.3.6.2-1)에서 정규화된 파라미터들을 원래의 단위로 전환시키는 비정규화 함수이다.

$$\bar{x}_i = g_{x_i}^N(x_i) = \alpha_{x_i}(x_i - x_{i,min}) + \bar{x}_{i,min} \tag{2.3.6.2-1}$$

$$\alpha_{x_i} = \frac{\bar{x}_{i,max} - \bar{x}_{i,min}}{x_{i,max} - x_{i,min}} \tag{2.3.6.2-2}$$

$$x_i = g_{x_i}^D(\bar{x}_i) = \frac{1}{\alpha_{x_i}}(x_i - \bar{x}_{i,min}) + x_{i,min} \tag{2.3.6.2-3}$$

은닉층에는 그림 2.3.3.1의 활성함수(tansig, tanh) f_t^l 가 적용되었다. 은닉층에서의 뉴런값은 비선형화 처리되었고, 출력층에서는 비선형화하지 않고 도출된 값을 그대로 출력($f_{lin}^{L=\text{출력층}}$) 하였다.

2.3.6.2 인공신경망 기반에서 미분 가능하도록 일반화된 제이코비 매트릭스

(1) 인공신경망 기반의 함수의 일반화

식(2.3.6.3-1)은 식(2.3.6.1)을 일련의 복합수학 연산기호로 표시한 것이다. 즉 임의의 함수를 가중변수와 편향변수를 매개로 $f(g(x)) = (f \circ g \circ x)$처럼 각 은닉층에서 연산 순서로 표시하였다. 이때 각 은닉층에서 계산된 값들은 다음 은닉층에 전달되어 최종 출력층에서 출력값으로 일반화하였다. 인공신경망의 원리는 홍원기의 인공지능 기반 철근콘크리트 구조설계[7]의 1.4절을 참고하기 바란다. 이 과정에서 인공신경망을 학습하여 가중변수와 편향변수 매트릭스를 유도하여 식(2.3.6.3-2)의 함수의 일반화 과정에서 이용하였다.

$$\mathbf{y} = f(\mathbf{x}) = \mathbf{z}^{(D)} \circ \mathbf{z}^{\left(L=\text{출력층}\right)} \circ \mathbf{z}^{(L-1)} \circ \ldots \circ \mathbf{z}^{(l)} \circ \ldots \circ \mathbf{z}^{(1)} \circ \mathbf{z}^{(N)} \qquad (2.3.6.3\text{-}1)$$

식(2.3.6.3-1)는 임의의 함수에 대한 인공신경망이고, 빅데이터로 학습하여 가중변수 및 변향변수 매트릭스를 도출할 수 있다. 식(2.3.6.3-2)에는 주어진 입력변수에 대해 인공신경망 기반으로 가중변수 및 편향변수 매트릭스를 순차적으로 적용하여, 출력층에서 일반화된 함수를 도출하였다[10].

인공신경망으로부터 도출된 가중변수 및 변향변수 매트릭스를 이용하여 한 번 미분된 제이코비 매트릭스는 식(2.3.6.5)부터 식(2.3.6.6)까지, 헤시안 매트릭스는 식(2.3.6.7)부터 식(2.3.6.17)까지 유도하였다. 즉 도출된 함수로부터 제이코비[식(2.3.6.5)부터 식(2.3.6.6)] 및 헤시안[식(2.3.6.7)부터 식(2.3.6.17)]매트릭스를 유도하고 비정규화까지 진행하는 과정을 기술하였다. 인공신경망 기반에서 도출된 일반화된 함수, 제이코비 및 헤시안 매트릭스는 식(2.3.4.1)과 식(2.3.4.2)의 라그랑주 함수의 1차 미분식 또는 제이코비를 계산하는 데 활용되며 뉴턴-랩슨 반복연산에 의한 해의 수렴 여부를 판단하는 데 이용된다. 이 과정이 인공신경망에 기반한 라그랑주 최적화의 핵심 부분이라 할 수 있다. 지금부터 그 과정을 유도해 보기로 한다. 양질의 빅데이터가 확보된다면 어떤 함수라 할지라도 인공신경망 기반으로 함수 유도가 가능하고 제이코비, 헤시안 메트릭스까지 도출이 가능하여 거의 제한없이 라그랑주 최적화를 적용할 수 있을 것이다. 식(2.3.6.3-1)을 기반으로 식(2.3.6.3-2)에 유도된 함수의 일반화 과정을 통해 가중변수와 편향변수 매트릭스를 유도하였고 식(2.3.6.3-2)를 유도하였고, 식(2.4.3.26-5a)부터 식(2.4.3.26-37b)까지 트러스 프레임 최적화설계에 상세하게 적용되었다. 2.4절에는 4차함수, 트러스프레임 설계, 발사체 비행거리 최적화의 AI 기반 라그랑주 최적화 예제를 수록하였다.

식(2.3.6.3-2a)의 ⊙ 표기는 Hadamard (element-wise) 연산을 의미하며 매트릭스의 요소별로 대응하는값들을 곱하는 스칼라 곱과 유사한 연산이다[12],[13]. 예를 들어, 다음과 같이 각각 3 x 3으로 구성된 매트릭스를 요소별로 곱할 때, ⊙ 연산을 적용할 수 있다.

$$\begin{bmatrix} a_{11} & a_{12} & a_{13} \\ a_{21} & a_{22} & a_{23} \\ a_{31} & a_{32} & a_{33} \end{bmatrix} \circ \begin{bmatrix} b_{11} & b_{12} & b_{13} \\ b_{21} & b_{22} & b_{23} \\ b_{31} & b_{32} & b_{33} \end{bmatrix} = \begin{bmatrix} a_{11}b_{11} & a_{12}b_{12} & a_{13}b_{13} \\ a_{21}b_{21} & a_{22}b_{22} & a_{23}b_{23} \\ a_{31}b_{31} & a_{32}b_{32} & a_{33}b_{33} \end{bmatrix}$$

식(2.3.6.2-1)의 정규화 함수 $\mathbf{g}^N(x)$을 이용하여 식(2.3.6.3-2a)의 입력변수 x를 정규화한 후, 정규화된 $\mathbf{z}^{(N)}$값은 식(2.3.6.3-2b)의 첫 번째 은닉층인 $\mathbf{z}^{(1)}$의 뉴런 입력값을 구하기 위해 이용된다. 가중변수 $\mathbf{W}^{(1)}$와 편향변수 $\mathbf{b}^{(1)}$는 식(2.3.6.3-1) 또는 식(2.3.3.1-1)부터 (2.3.3.1-6)을 학습하며 구한다. 모든 $\mathbf{W}^{(l)}$와 $\mathbf{b}^{(l)}$도 유사하게 식(2.3.6.3-1) 또는 식(2.3.3.1-1)부터 식(2.3.3.1-6)을 학습하여 구한다. α_x와 x는 식(2.3.6.3-2a)에 ⊙ 를 도입하여 α_x와 식(2.3.6.3-2a) 의 입력변수 요소별 곱으로 유도하였다. 식(2.3.6.3-2c)의 $\mathbf{z}^{(l)}$은 은닉층 l 에서의 뉴런 출력값이고, 식(2.3.6.3-2e)의 $\mathbf{z}^{(L=\text{출력층})}$은 비정규화 직전의 출력층의 결과값이다. 식(2.3.6.3-2f)에서 식(2.3.6.2-3)의 비정규화 함수 $\mathbf{g}^D(\bar{x})$를 이용하여 $\mathbf{z}^{(L)}$ 을 $y=z^{(D)}$ 로 비정규화하였다. 즉 $\mathbf{z}^{(D)}$는 인공지능 기반으로 식(2.3.6.3-1)로부터 도출된 일반화된 함수이다. x는 입력변수를 지칭하며, L은 은닉층과 출력층을 포함한 층의 개수이다. $\mathbf{W}^{(l)}$은 l-1 은닉층과 l 은닉층 사이에서의 가중변수 매트릭스이며 b^l 는 l 은닉층에서의 편향변수 매트릭스이다. $\mathbf{g}^N$와 $\mathbf{g}^D$ 는 각각 정규화 및 비정규화 함수이다. 식(2.3.6.4-1)의 tanh 활성함수는 식(2.3.6.4-2)와 (2.3.6.4-3)에 각각 한 번, 두 번 미분되어 사용하기 편리한 형태로 정리하였다. 이 과정은 그림 2.3.6.2에 요약되었다.

$$
\begin{aligned}
&\mathbf{z}^{(N)} = \mathbf{g}^{(N)}(\mathbf{x}) = \boldsymbol{\alpha}_{\mathbf{x}} \odot (\mathbf{x} - \mathbf{x}_{min}) + \bar{\mathbf{x}}_{min} && \text{(a)} \\
&\mathbf{z}^{(1)} = f_t^{(1)}\left(\mathbf{W}^{(1)}\mathbf{z}^{(N)} + \mathbf{b}^{(1)}\right) && \text{(b)} \\
&\mathbf{z}^{(l)} = f_t^{(l)}\left(\mathbf{W}^{(l)}\mathbf{z}^{(l-1)} + \mathbf{b}^{(l)}\right) && \text{(c)} \\
&\mathbf{z}^{(L-1)} = f_t^{(L-1)}\left(\mathbf{W}^{(L-1)}\mathbf{z}^{(L-2)} + \mathbf{b}^{(L-1)}\right) && \text{(d)} \\
&\mathbf{z}^{\left(L=\text{출력층}\right)} = f_{lin}^{(L)}\left(\mathbf{W}^{(L)}\mathbf{z}^{(L-1)} + b^{(L)}\right) && \text{(e)} \\
&y = \mathbf{z}^{(D)} = g^{(D)}(y) = \frac{1}{\alpha_y}\left(\mathbf{z}^{(L)} - \overline{\mathbf{z}_{min}^{(L)}}\right) + \mathbf{z}_{min}^{(L)} && \text{(f)}
\end{aligned}
\qquad (2.3.6.3\text{-}2)
$$

식(2.3.6.2-2)의 $\alpha_x = [\alpha_{x1}, \alpha_{x2}, \cdots, \alpha_{xn}]^T$는 정규화를 위한 데이터간 비(ratio)이다. 예를 들어, 보폭 및 보깊이 정규화를 위한 데이터간 비(ratio)는 α_{x_1} 및 α_{x_2}로 표현할 수 있으며, 빅데이터로부터 식(2.3.6.2-2)에서 구할 수 있다. $x_{min} = [x_{1,min}, x_{2,min}, \cdots, x_{n,min}]^T$와 $x_{max} = [x_{1,max}, x_{2,max}, \cdots, x_{n,max}]^T$는 빅데이터값의 최소 및 최대값을 의미한다. $\bar{x}_{min} = [\bar{x}_{1,min}, \bar{x}_{2,min}, \cdots, x_{n,min}]^T$ 와 $\bar{x}_{max} = [\bar{x}_{1,max}, \bar{x}_{2,max}, \cdots, x_{n,max}]^T$는 정규화 되는 데이터의 최소 및 최대값을 의미한다. 만약 보폭이 -1과 1 사이에서 정규화된다면 $\bar{x}_{폭,min}$= -1과 $\bar{x}_{폭,max}$= 1로 설정된다. 비정규화 되기전의 출력층(L)에서 구해진 식(2.3.6.3-2e)의 $\mathbf{z}^{(L=출력층)}$을 비정규화 함수 $\mathbf{g}^D(\bar{x})$ 기반으로 원래의 단위로 변환시킨 값이 식(2.3.6.3-2f)의 $y = \mathbf{z}^{(D)}$이다. α_y, $\bar{y}_{min} = \mathbf{z}_{min}^{\overline{(L)}}$, $y_{min} = \mathbf{z}_{min}^{(L)}$는 $\mathbf{z}^{(L)}$을 비정규화하기 위한 파라미터들이 된다. 표 2.4.2.4(인공신경망 기반의 부등 제약조건에 의한 4차함수 최소화)에서 수행된 정규화의 예를 들어보자. 표 2.4.2.4(a)에는 정규화되지 않은 입력변수 x에 대하여 출력 $f(x)$가 주어져 있다. 이들을 -1과 1사이에서 정규화하고자 한다면, 식(2.3.6.2-2)로 부터 $\alpha_x = \frac{\bar{x}_{1,max} - \bar{x}_{1,min}}{x_{1,max} - x_{1,min}} = \frac{1-(-1)}{3.996-(-4.000)}$, $\alpha_{fx} = \frac{\bar{x}_{1,max} - \bar{x}_{1,min}}{x_{1,max} - x_{1,min}} = \frac{1-(-1)}{240.92-(-3.264)}$ 를 구해서, 식(2.3.6.2-1)에 사용하면 된다. 식(2.4.2.16-1)과 식(2.4.2.16-2)에 다시 설명되어 있다.

$$f_t(x) = \frac{2}{1+e^{-2x}} - 1 \quad (2.3.6.4\text{-}1)$$

$$f_t^{'}(x) = 1 - f_t(x)^2 \quad (2.3.6.4\text{-}2)$$

$$f_t^{''}(x) = -2f_t(x)(1 - f_t(x)^2) \quad (2.3.6.4\text{-}3)$$

식(2.3.6.3-2f)에서처럼 수학식 기반의 함수를 인공신경망 기반의 함수 $\mathbf{z}^{(D)}$로 유도하였다. 임의의 함수의 일반화과정은 가중변수 및 편향변수 매트릭스를 이용하여 식(2.3.6.3-2a)의 $\mathbf{z}^{(N)}$으로부터 시작되고 식(2.3.6.3-2f)의 $\mathbf{z}^{(D)}$에서 완료되었다. $\mathbf{z}$함수의 1차 미분식인 제이코비 매트릭스는 인공신경망 기반의 함수 $\mathbf{z}^{(N)}$ 로부터 식(2.3.6.6-1)부터 식(2.3.6.6-9)에 유도되었다. 즉 $\mathbf{z}^{(N)}$이 주어지면 인공신경망 기반의 식(2.3.6.6-1)에서 제이코비 매트릭스 $\mathbf{J}^{(N)}$을 구하고, 최종적으로 $\mathbf{z}^{(D)}$로부터 식(2.3.6.6-9)에서 인공신경망 기반의 함수 $\mathbf{J}^{(D)}$를 구하는 것이다. 자세한 유도과정은 그림 2.3.6.2에 도시되었다. 제이코비 매트릭스를 한번더 미분하여 유도되는 식(2.3.4.3-2b)과 식(2.3.6.16)의 헤시안 매트릭스도 결국에는 인공신경망 기반의 함수인 식(2.3.6.3-2f)의 $\mathbf{z}^{(D)}$로부터 유도되는 것이다. 따라서 식(2.3.6.3-2)에 기술된 인공신경망 기반의 함수 $\mathbf{z}^{(D)}$의 유도가 인공신경망을 기반으로 하는 라그랑주 최적화의 핵심부분이 되는 것이다.

여기서 주목할 점은 이 모든 유도과정에는 식(2.3.3.1-1)부터 식(2.3.3.1-6)을 빅데이터로 학습하여 도출된 가중변수(weight) 및 편향변수(bias) 매트릭스가 사용된다는 점이다.

(2) 인공신경망 기반에서의 제이코비 도출 [10]

식(2.3.6.6)의 전개과정을 자세하게 알아보도록 하자.

식(2.3.6.3-1)에 있는 복합함수는 체인룰(chain rule)을 이용하여 유용한 형태의 복합수식으로 편리하게 전환될 수 있다. 식(2.3.6.5)의 체인룰을 이용하여, 은닉층 l에서 입력변수 x의 함수인 제이코비 매트릭스 $\mathbf{J}^{(l)}$는 $\mathbf{z}^{(l)}$ 뉴런 출력값을 $\mathbf{z}^{(l-1)}$ 뉴런 출력값으로 미분한 값 $(\partial\mathbf{z}^{(l)} / \partial\mathbf{z}^{(l-1)})$에 은닉층 ($l$-1)에서의 제이코비 매트릭스 $\mathbf{J}^{(l-1)}$를 곱해 주어 편리하게 구할 수 있다.

$$\mathbf{J}^{(l)} = \frac{\partial \mathbf{z}^{(l)}}{\partial \mathbf{x}} = \frac{\partial \mathbf{z}^{(l)}}{\partial \mathbf{z}^{(l-1)}} \frac{\partial \mathbf{z}^{(l-1)}}{\partial \mathbf{x}} = \frac{\partial \mathbf{z}^{(l)}}{\partial \mathbf{z}^{(l-1)}} \mathbf{J}^{(l-1)} \tag{2.3.6.5}$$

식(2.3.6.3-2a)을 식(2.3.6.5)에 대입하면, 정규화 은닉층(N)에서의 제이코비 매트릭스 $\mathbf{J}^{(N)}$은 식(2.3.6.6-1)에서 구해진다. 여기서 I_n은 $n \times n$의 단위 매트릭스이며, 수직 벡터 $\alpha_x \begin{bmatrix} \alpha_{x1} & \cdots & 0 \\ \vdots & \ddots & \vdots \\ 0 & \cdots & \alpha_{xn} \end{bmatrix}$를 대각항을 갖는 매트릭스로 변환시키는 역할을 한다.

$$\mathbf{J}^{(N)} = \frac{\partial \mathbf{z}^{(N)}}{\partial \mathbf{x}} = \frac{\partial (\boldsymbol{\alpha}_{\mathbf{x}} \odot (\mathbf{x} - \mathbf{x}_{min}) + \bar{\mathbf{x}}_{min})}{\partial \mathbf{x}} = I_n \odot \boldsymbol{\alpha}_{\mathbf{x}} \tag{2.3.6.6-1}$$

첫 번째 은닉층에 이르기 전의 보폭, 보깊이 등 모든 입력변수들은 정규화 은닉층(N)인 식(2.3.6.3-2a)에서 먼저 정규화 과정을 거친다. 첫 번째 은닉층(1)에서의 뉴런 출력값인 제이코비 $\mathbf{J}^{(1)}$는 체인룰에 기반하여 식(2.3.6.6-2)에서 구해진다.

$$\begin{aligned} \mathbf{J}^{(1)} &= \frac{\partial \mathbf{z}^{(1)}}{\partial \mathbf{x}} = \frac{\partial \mathbf{z}^{(1)}}{\partial \mathbf{z}^{(N)}} \mathbf{J}^{(N)} \\ &= \frac{\partial \left(f_t^{(1)} (\mathbf{W}^{(1)} \mathbf{z}^{(N)} + \mathbf{b}^{(1)}) \right)}{\partial (\mathbf{W}^{(1)} \mathbf{z}^{(N)} + \mathbf{b}^{(1)})} \frac{\partial (\mathbf{W}^{(1)} \mathbf{z}^{(N)} + \mathbf{b}^{(1)})}{\partial \mathbf{z}^{(N)}} \mathbf{J}^{(N)} \end{aligned} \tag{2.3.6.6-2}$$

식(2.3.6.4-2)에서 유도된 tanh 활성함수의 미분식을 식(2.3.6.6-2)에 적용하고, $\mathbf{W}^{(1)}\mathbf{z}^{(N)}+\mathbf{b}^{(1)}$을 $\partial \mathbf{z}^{(N)}$관해 미분하면 $\mathbf{W}^{(1)}$이 얻어지는데, 이들을 정리하면 식(2.3.6.6-3)에서 처럼 $\mathbf{J}^{(1)}$을 구할 수 있다.

$$\mathbf{J}^{(1)} = \frac{\partial \mathbf{z}^{(1)}}{\partial \mathbf{x}} = \left(1 - \left(\mathbf{z}^{(1)}\right)^2\right) \odot \mathbf{W}^{(1)} \mathbf{J}^{(N)} \tag{2.3.6.6-3}$$

식(2.3.6.3-1)에 주어진 인공신경망 기반인 임의의 함수 y는 식(2.3.6.6-4)부터 (2.3.6.6-9)까지 연산을 통해서 (2.3.6.6-9)의 $\mathbf{J}^{(D)}$로 유도되었다. 즉 식(2.3.6.6-1)의 $\mathbf{J}^{(N)}$부

터 식(2.3.6.6-8)의 $\mathbf{J}^{(L)}$까지 순차적인 계산을 통하여, 임의의 함수 y는 비정규화되어 원래의 단위를 회복한 $\mathbf{J}^{(D)}$로 도출되었다.

$$\mathbf{J}^{(2)} = \frac{\partial \mathbf{z}^{(2)}}{\partial \mathbf{x}} = \frac{\partial \mathbf{z}^{(2)}}{\partial \mathbf{z}^{(1)}}\mathbf{J}^{(1)} \tag{2.3.6.6-4}$$

$$\mathbf{J}^{(2)} = \frac{\partial\left(f_t^{(2)}\left(\mathbf{W}^{(2)}\mathbf{z}^{(1)} + \mathbf{b}^{(2)}\right)\right)}{\partial(\mathbf{W}^{(2)}\mathbf{z}^{(1)} + \mathbf{b}^{(2)})}\frac{\partial\left(\mathbf{W}^{(2)}\mathbf{z}^{(1)} + \mathbf{b}^{(2)}\right)}{\partial \mathbf{z}^{(1)}}\mathbf{J}^{(1)} \tag{2.3.6.6-5}$$

$$\mathbf{J}^{(2)} = \left(1 - \left(\mathbf{z}^{(2)}\right)^2\right) \odot \mathbf{W}^{(2)}\mathbf{J}^{(1)} \tag{2.3.6.6-6}$$

...

$$\mathbf{J}^{(l)} = \frac{\partial \mathbf{z}^{(l)}}{\partial \mathbf{x}} = \frac{\partial \mathbf{z}^{(l)}}{\partial \mathbf{z}^{(l-1)}}\mathbf{J}^{(l-1)} = \left(1 - \left(\mathbf{z}^{(l)}\right)^2\right) \odot \mathbf{W}^{(l)}\mathbf{J}^{(l-1)} \tag{2.3.6.6-7}$$

$$\begin{aligned}\mathbf{J}^{(L=\text{출력층})} &= \frac{\partial \mathbf{z}^{(L)}}{\partial \mathbf{x}} = \frac{\partial \mathbf{z}^{(L)}}{\partial \mathbf{z}^{(L-1)}}\mathbf{J}^{(L-1)} = \frac{\partial\left(\mathbf{W}^{(L)}\mathbf{z}^{(L-1)} + b^{(L)}\right)}{\partial \mathbf{z}^{(L-1)}}\mathbf{J}^{(L-1)} \\ &= \mathbf{W}^{(L)}\mathbf{J}^{(L-1)}\end{aligned} \tag{2.3.6.6-8}$$

$$\mathbf{J}^{(D)} = \frac{\partial \mathbf{z}^{(D)}}{\partial \mathbf{x}} = \frac{\partial \mathbf{z}^{(D)}}{\partial \mathbf{z}^{(L)}}\mathbf{J}^{(L)} = \frac{\partial\left(\frac{1}{\alpha_y}\left(\mathbf{z}^{(L)} - \bar{y}_{min}\right) + y_{min}\right)}{\partial \mathbf{z}^{(L)}}\mathbf{J}^{(L)} = \frac{1}{\alpha_y}\mathbf{J}^{(L)} \tag{2.3.6.6-9}$$

출력층에는 비선형 활성함수를 적용하지 않았고, 선형 활성함수 ($f_{lin}^{L=\text{출력층}}$)를 적용 하였다. 식(2.3.6.6-8)에 유도된 출력층에서의 제이코비 매트릭스는 식(2.3.6.6-9)에서 비정규화되어 원래의 단위를 회복하였다. 비정규화되기 전의 출력층 L에서의 보폭, 보깊이 등 모든 입력변수값은, D층에서 각각 비정규화되어 원래의 단위를 회복하는 것이다.

2.3.6.3 인공신경망 기반으로 미분 가능하도록 일반화된 헤시안 매트릭스

이 절의 AI 기반 헤시안 매트릭스는 [Matlab developer, 2020][11]에 의해 제공 되었으며, 저자의 연구팀이 개발한 AI 기반 제이코비와 결합되어 이 절에서 요약되었다.

(1) 슬라이스 $\mathbf{H}_n^D$ 및 글로벌 $\mathbf{H}^D$ 헤시안 매트릭스의 정의

그림 2.3.6.1은 은닉층 l에서 m개의 뉴런을 갖는 경우의 제이코비와 헤시안 매트릭스의 구조를 보여주고 있다. 그림 2.3.6.1(c)에서 보이듯이, 1개의 뉴런에 대해 n개의 입력변수 ($x=[x_1, x_2,\cdots, x_n]^T$)를 가지고 있을 경우, 제이코비 매트릭스는 그림 2.3.6.1(b)의 1차원($1\times n$, 파란색 박스 내)으로 나타나 있고, 헤시안 매트릭스는 그림 2.3.6.1(c)의 2차원($n\times n$, 파란색 박스 내)으로 표시된다. 그림 2.3.6.1(b)에서처럼 m개의 뉴런과 n개의 입력변수($x=[x_1, x_2,\cdots, x_n]^T$)를 가지고 있을 경우, 제이코비 매트릭스는 그림 2.3.6.1(b)의 $m\times n$이 된다. 헤시안 매트릭스는 그림 2.3.6.1(c)에서처럼 3차원의 ($m\times n\times n$)이 된다. 그림 2.3.6.1(b)에 각 뉴런은 화살표로 표시하였고, 각 화살표에 대해 해당되는 제이코비 매트릭스를 도시하였다. 그림 2.3.6.1(c)에도 각 뉴런은 화살표로 표시하였고, 각 화살표에 대해 해당되는 헤시안 매트릭스가 도시되었다. 따라서, m개의 뉴런과 n개의 입력변수($x=[x_1, x_2,\cdots, x_n]^T$)를 갖는 경우, 제이코비 매트릭스는 2차원으로 표시되지만, 헤시안 매트릭스는 3차원으로 표시된다. 헤시안 매트릭스는 제이코비 매트릭스를 한번 더 미분한 것으로, 그림 2.3.6.1(c)에서 종이면과 평행하게 보이는 초록색 매트릭스를 입력변수($x=[x_1, x_2,\cdots, x_n]^T$) 각각에 대한 헤시안 매트릭스의 슬라이스라고 표현한다. 즉 보폭, 보깊이 등의 각각의 입력변수 x에 대해 한 면씩 구해지는 헤시안 매트릭스를 슬라이스라고 정의한다. 글로벌 헤시안 매트릭스 $\mathbf{H}^{(D)}$ 에서 입력변수 $x(x_1, x_2,\cdots, x_n)$를 $x_1, x_2,\cdots, x_n$으로 분리하였을 때, 분리된 각각의 입력변수에 대한 헤시안 매트릭스 $\mathbf{H}_i^{(l)} = \partial\mathbf{J}^{(l)}/\partial x_i$ 는 종이면과 평행하게 보이는 초록색 면이 되고, 각각의 초록색 면이 슬라이스 헤시안 매트릭스가 되는 것이다. 따라서 글로벌 헤시안 매트릭스의 규모는 ($m\times n\times n$)이 되고, 각 슬라이스는 그 중 한 면인 ($m\times n$)이 될 것이다.

이번에는 m뉴런과 1개의 입력변수(예를 들어 $x_i=x_1$)를 갖는 헤시안 매트릭스를 살펴보자. 이 경우에는, 그림 2.3.6.1(c)의 분홍색으로 (m×1)의 1차원 텐서로 표현이 가능하지만 m 뉴런과 n개의 입력변수를 갖게 되는 경우에는 3차원 (m×n×n) 의 텐서로 확장, 표현되어야 한다. 이와 같은 경우의 헤시안 매트릭스는 유도하기도 어려울 뿐만 아니라, 연산을 이어나가기도 쉽지 않다. 따라서 3차원의 헤시안 텐서 대신, 앞서 설명된 슬라이스 헤시안 매트릭스를 도입하면 문제를 간략화할 수 있게 된다. 최종 출력층(L)에서 계산되는 식(2.3.6.15-1)의 슬라이스 헤시안 매트릭스 $\mathbf{H}_i^{(L=출력층)}$는 식(2.3.6.16-1)로부터 $\mathbf{H}_i^{(D)}$로 비정규화된다. 비정규화된 슬라이스 헤시안 매트릭스 $\mathbf{H}_i^{(D)}$를 글로벌 헤시안 매드릭스 $\mathbf{H}^{(D)}$ 로 식(2.3.6.17)에서 변환하였다. 지금부터 유도 과정을 살펴보기로 한다. 식(2.3.6.7)과 식(2.3.6.17)에 기술하였듯이, 각각의 2차원 텐서인 슬라이스 헤시안를 먼저 계산하고, 3차원 텐서의 글로벌 헤시안 매스릭스로 통합하는 과정을 유도하기로 한다 [Matlab developer, 2020][11]. m 뉴런과 x_i=x_1과 같은 1개의 입력변수를 갖는 제이코비 매트릭스 대해서는, 그림 2.3.6.1(b)의 분홍색 박스에서 보이는 것처럼 (m×1) 벡터로 표시할 수 있다.

$$\mathbf{z}^{(l)} = \begin{bmatrix} z_1^{(l)} \\ z_2^{(l)} \\ \vdots \\ z_m^{(l)} \end{bmatrix}_{[m\times 1]}$$

(a) l 은닉층의 출력 함수 - $\mathbf{z}^{(l)}(m \times 1)$

$$\mathbf{J}^{(l)} = \frac{\partial \mathbf{z}^{(l)}}{\partial \mathbf{x}} = \begin{bmatrix} \dfrac{\partial z_1^{(l)}}{\partial \mathbf{x}} \\ \dfrac{\partial z_2^{(l)}}{\partial \mathbf{x}} \\ \vdots \\ \dfrac{\partial z_m^{(l)}}{\partial \mathbf{x}} \end{bmatrix} = \begin{bmatrix} \dfrac{\partial z_1^{(l)}}{\partial x_1} & \dfrac{\partial z_1^{(l)}}{\partial x_2} & \cdots & \dfrac{\partial z_1^{(l)}}{\partial x_n} \\ \dfrac{\partial z_2^{(l)}}{\partial x_1} & \dfrac{\partial z_2^{(l)}}{\partial x_2} & \cdots & \dfrac{\partial z_2^{(l)}}{\partial x_n} \\ \vdots & \vdots & \ddots & \vdots \\ \dfrac{\partial z_m^{(l)}}{\partial x_1} & \dfrac{\partial z_m^{(l)}}{\partial x_2} & \cdots & \dfrac{\partial z_m^{(l)}}{\partial x_n} \end{bmatrix}_{[m\times n]} \begin{matrix} \rightarrow \text{뉴런 } 1 \\ \rightarrow \text{뉴런 } 2 \\ \\ \rightarrow \text{뉴런 } m \end{matrix}$$

(b) l 은닉층의 제이코비 매트릭스 - $\mathbf{J}^{(l)}(m \times n)$

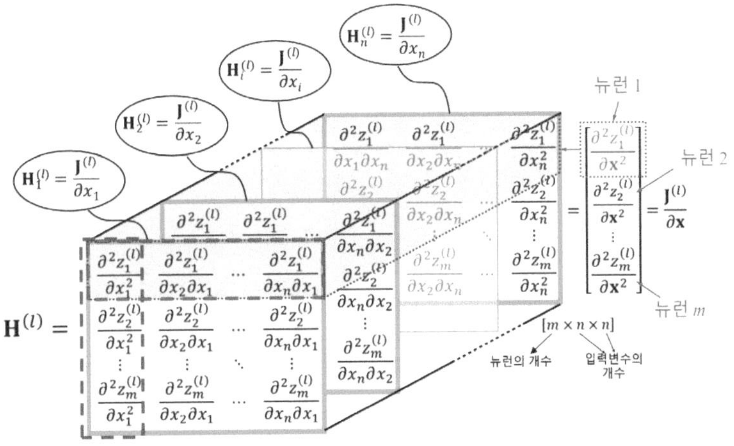

(c) l 은닉층의 헤시안 매트릭스 - $\mathbf{H}^{(l)}$(3차원)

그림 2.3.6.1 은닉층 l 에서, m개의 뉴런을 갖는 제이코비와 헤시안 매트릭스의 구조 (Dimensions of output vector, Jacobian, and Hessian matrices with m neurons at Hidden layer l)

요약하면, 그림 2.3.6.1(c)에서처럼, n개의 입력변수($x=[x_1, x_2,\cdots, x_n]^T$)를 가질 때, 정규화된 은닉층($l$)에서, 첫 번째 뉴런에 대한 글로벌 헤시안 매트릭스 $\mathbf{H}^{(l)}$는 그림 2.3.6.1(c)의 파란색으로 표시된 $n \times n$ 메트릭스가 되고, 이는 그림 2.3.6.1(c)을 위에서 내려다 보는 것과 같다. 반면에 m개의 뉴런에 대하여, 1개의 입력변수($x_i=x_1$)를 갖는 경우에는, 초록색면 ($m \times n$)으로 표시되는 정규화된 슬라이스 헤시안 매트릭스 $\mathbf{H}_i^{(l)}$가 된다. 즉 글로벌 헤시안 매트릭스 $\mathbf{H}_i^{(l)}=\partial\mathbf{J}^{(l)}/\partial x_i$에서 입력변수 $x(x_1, x_2,\cdots, x_n)$를 $x_1, x_2,\cdots, x_n$으로 분리하였을 때, i = 1부터 n 사이의 각각의 입력변수 대해서 슬라이스 헤시안 매트릭스는 결정된다. 반면에, m뉴런과 1개의 입력변수(예를 들어 $x_i=x_1$)를 갖는 헤시안 매트릭스는 그림 2.3.6.1(c)의 분홍색으로 ($m \times 1$)의 1차원 텐서가 된다.

(2) 슬라이스 $\mathbf{H}_n^D$ 및 글로벌 $\mathbf{H}^D$ 헤시안 매트릭스의 유도

이제부터 헤시안 매트릭스를 유도하여 보기로 하자. 식(2.3.6.7-1)에 보이듯이, 임의의 은닉층(l)에서의 슬라이스 헤시안 매트릭스 $\mathbf{H}_i^{(l)}$ 는 입력변수 $x(x_1, x_2,\cdots, x_n)$ 중 하나인 보폭, 보깊이 등 입력변수 x_i 각각에 대해 제이코비 매트릭스 $\mathbf{J}^{(l)}$를 미분한 값으로 1개의 입력변수에 대해서만 구해진 헤시안 매트릭스이다.

$$\mathbf{H}_i^{(l)} = \frac{\partial \mathbf{J}^{(l)}}{\partial x_i} \tag{2.3.6.7-1}$$

식(2.3.6.5)의 $\mathbf{J}(l)=\partial\mathbf{z}^{(l)}/\partial\mathbf{z}^{(l-1)}\mathbf{J}^{(l-1)}$를 식(2.3.6.7-1)에 대입하여 식(2.3.6.7-2)와 식(2.3.6.7-3)을 유도한다.

$$\mathbf{H}_i^{(l)} = \frac{\partial\left(\left(\frac{\partial \mathbf{z}^{(l)}}{\partial \mathbf{z}^{(l-1)}}\right)\mathbf{J}^{(l-1)}\right)}{\partial x_i} = \frac{\partial\left(\frac{\partial \mathbf{z}^{(l)}}{\partial \mathbf{z}^{(l-1)}}\right)}{\partial x_i}\mathbf{J}^{(l-1)} + \frac{\partial \mathbf{z}^{(l)}}{\partial \mathbf{z}^{(l-1)}}\frac{\partial \mathbf{J}^{(l-1)}}{\partial x_i} \tag{2.3.6.7-2}$$

$$\mathbf{H}_i^{(l)} = \frac{\partial^2 \mathbf{z}^{(l)}}{\partial x_i \partial \mathbf{z}^{(l-1)}}\mathbf{J}^{(l-1)} + \frac{\partial \mathbf{z}^{(l)}}{\partial \mathbf{z}^{(l-1)}}\mathbf{H}_i^{(l-1)} \tag{2.3.6.7-3}$$

여기서 $\partial^2\mathbf{z}^{(l)}/\partial x_i\partial\mathbf{z}^{(l-1)}$에는 체인룰을 적용하여 식(2.3.6.8)을 유도한다.

$$\frac{\partial^2 \mathbf{z}^{(l)}}{\partial x_i \partial \mathbf{z}^{(l-1)}} = \frac{\partial\left(\frac{\partial \mathbf{z}^{(l)}}{\partial \mathbf{z}^{(l-1)}}\right)}{\partial \mathbf{z}^{(l-1)}}\frac{\partial \mathbf{z}^{(l-1)}}{\partial x_i} = \frac{\partial^2 \mathbf{z}^{(l)}}{\partial (\mathbf{z}^{(l-1)})^2} \odot \frac{\partial \mathbf{z}^{(l-1)}}{\partial x_i} \tag{2.3.6.8}$$

그림 2.3.6.1(b)에서 1개의 입력변수(예를 들어 x_i=x_1)를 갖는 제이코비 매트릭스는 분홍색으로 표시할 수 있고, 일반화하면 $\partial\mathbf{z}^{(l-1)}/\partial x_i$는 제이코비 매트릭스 $\mathbf{J}^{(l-1)}$의 i번째의 1개 입력변수에 대한 분홍색 요소이므로, 식(2.3.6.9-1)에 $\mathbf{i}_i^{(l-1)}$로 표시하기로 하자. 식(2.3.6.8)과 식(2.3.6.9-1)을 식(2.3.6.7-3)에 대입하면 식(2.3.6.9-2)를 얻을 수 있다. 식

(2.3.6.7-3)과 식(2.3.6.9-2)는 각 입력변수 $x_i=x_1$ 에 대해 구해진 슬라이스 헤시안 매트릭스 [그림 2.3.6.1(c)에서 초록색 부분으로 표시되는 매트릭스]이고, 모든 입력 변수 i=1, 2,..., n에 각각에 대해서 종이면과 각각 평행하게 구해진다.

식(2.3.6.9-2)에 보이듯이 l은닉층에서, 슬라이스 헤시안 매트릭스를 순방향으로 구할 수 있다. 정규화된 입력값 $\mathbf{z}^{(N)}$을 기반으로 식(2.3.6.6-1)의 제이코비 매트릭스 $\mathbf{J}^{(N)}$를 거쳐, 식(2.3.6.10)과 그림 2.3.6.1(c)에서 슬라이스 헤시안 매트릭스 $\mathbf{H}_i^{(N)}$를 구한다. 이때 슬라이스 헤시안 매트릭스는 제이코비 매트릭스를 입력변수들 중 하나 x_i (예를 들어, 보폭, 보깊이 등)로 미분하여 식(2.3.6.10)과 그림 2.3.6.1(c)에서 각각 구해지는 것이다. 식(2.3.6.3-2a)의 $\mathbf{z}^{(N)}$는 선형함수이므로, 보폭, 보깊이 등의 입력변수 (예를 들어 $x_i=x_1$)에 대한 두 번 미분값은 식(2.3.6.10)에서와 같이 0이 된다. 이와 같이 제이코비 및 헤시안의 계산순서 $\mathbf{z}^{(N)} \Rightarrow \mathbf{J}^{(N)} \Rightarrow \mathbf{H}^{(N)}$, $\mathbf{z}^{(l)} \Rightarrow \mathbf{J}^{(l)} \Rightarrow \mathbf{H}^{(l)}$, $\mathbf{z}^{(L)} \Rightarrow \mathbf{J}^{(L)} \Rightarrow \mathbf{H}^{(L)}$, $\mathbf{z}^{(D)} \Rightarrow \mathbf{J}^{(D)} \Rightarrow \mathbf{H}^{(D)}$는 식 번호와 함께 그림 2.3.6.2에 정리되어 있다.

$$\partial \mathbf{z}^{(l-1)} / \partial x_i = \mathbf{i}_i^{(l-1)} \tag{2.3.6.9-1}$$

$$\mathbf{H}_i^{(l)} = \frac{\partial^2 \mathbf{z}^{(l)}}{\partial (\mathbf{z}^{(l-1)})^2} \odot \mathbf{i}_i^{(l-1)} \odot \mathbf{J}^{(l-1)} + \frac{\partial \mathbf{z}^{(l)}}{\partial \mathbf{z}^{(l-1)}} \mathbf{H}_i^{(l-1)} \tag{2.3.6.9-2}$$

$$\mathbf{H}_i^{(N)} = \frac{\partial^2 \mathbf{z}^{(N)}}{\partial x_i \partial \mathbf{x}} = \mathbf{0} \tag{2.3.6.10}$$

은닉층(1)에서 출력함수 $\mathbf{z}^{(1)}$의 슬라이스 헤시안 매트릭스 $\mathbf{H}_i^{(1)}$는 보폭, 보깊이 등의 각각의 입력변수 (예를 들어 $x_i=x_1$)에 대해 제이코비를 미분한 식(2.3.6.11-1)에 도출하였다.

$$\mathbf{H}_i^{(1)} = \frac{\partial^2 \mathbf{z}^{(1)}}{\partial x_i \partial \mathbf{x}} \tag{2.3.6.11-1}$$

여기서 $z^{(1)}$는 선형함수가 아니므로 보폭, 보깊이 등의 입력변수(x_i)에 대해 두 번 미분되더라도 0이 되지 않는다. 식(2.3.6.9-2)에 l = 1을 적용하면 슬라이스 헤시안 매트릭스 $\mathbf{H}_i^{(1)}$는 식(2.3.6.11-2)에 도출된다. 이유는 $\mathbf{z}^{(l-1)}$과 $\mathbf{H}_i^{(l-1)}$에서 l이 (1)일 때 1-1 = 0이 되고 이는 한 단계 이전인 N층이 되는 것이다. 즉 식(2.3.6.11-2)에서 고려되고 있는 단계는 (1)단계이고, 한 단계 이전의 정규화된 N단계는 인공신경망의 시작단계인 입력단계이다. 식(2.3.6.10)의 $\mathbf{H}_i^{(N)}$= 0을 식(2.3.6.11-2)에 대입하고, 체인룰을 적용하면 식(2.3.6.11-3)이 도출된다.

$$\mathbf{H}_i^{(1)} = \frac{\partial^2 \mathbf{z}^{(1)}}{\partial(\mathbf{z}^{(N)})^2} \odot \mathbf{i}_i^{(N)} \odot \mathbf{J}^{(N)} + \frac{\partial \mathbf{z}^{(1)}}{\partial \mathbf{z}^{(N)}} \mathbf{H}_i^{(N)} \tag{2.3.6.11-2}$$

$$\mathbf{H}_i^{(1)} = \frac{\partial^2 \mathbf{z}^{(1)}}{\partial(\mathbf{W}^{(1)}\mathbf{z}^{(N)} + \mathbf{b}^{(1)})^2} \left(\frac{\partial\left(\mathbf{W}^{(1)}\mathbf{z}^{(N)} + \mathbf{b}^{(1)}\right)}{\partial \mathbf{z}^{(N)}} \right)^2 \odot \mathbf{i}_i^{(N)} \odot \mathbf{J}^{(N)} + \mathbf{0} \tag{2.3.6.11-3}$$

식(2.3.6.4-1)의 tansig 활성함수와 식(2.3.6.4-3)의 tansig 활성함수에 대한 두 번 미분식을 적용하면 $\partial^2\mathbf{z}^{(l)}/_{\partial(\mathbf{W}^{(l)}\mathbf{z}^{(N)}+\mathbf{b}^{(l)})^2}=-2\mathbf{z}^{(1)}\odot(1-(\mathbf{z}^{(1)})^2$와 $(\partial\mathbf{W}^{(1)}\mathbf{z}^{(N)}+\mathbf{b}^{(1)}/_{\partial\mathbf{z}^{(N)}})^2=(\mathbf{W}^{(1)})^2$이 구해지고, 식(3.6.11-4)가 도출된다.

$$\mathbf{H}_i^1 = -2\mathbf{z}^1 \odot (1 - (\mathbf{z}^1)^2) \odot \mathbf{i}_i^N \odot (\mathbf{W}^1)^2 \mathbf{J}^N \tag{2.3.6.11-4}$$

은닉층(l) 에서의 출력값 $\mathbf{z}^{(l)}$의 슬라이스 헤시안 매트릭스 $\mathbf{H}_i^{(l)}$는 제이코비 매트릭스를 x_i에 대해서 미분하여 도출한다. 이때 x_i는 보폭, 보깊이 등의 입력변수 각각을 의미한다. (1)단계와 유사하게 은닉층 l 에서 식(2.3.6.12)와 식(2.3.6.13)이 구해지며, 이들 식을 식(2.3.6.9-2)에 대입하여 식(2.3.6.14)를 도출한다.

$$\frac{\partial \mathbf{z}^{(l)}}{\partial \mathbf{z}^{(l-1)}} = \frac{\partial\left(f_t^{(l)}(\mathbf{W}^{(l)}\mathbf{z}^{(l-1)} + \mathbf{b}^{(l)})\right)}{\partial(\mathbf{W}^{(l)}\mathbf{z}^{(l-1)} + \mathbf{b}^{(l)})}\frac{\partial(\mathbf{W}^{(l)}\mathbf{z}^{(l-1)} + \mathbf{b}^{(l)})}{\partial \mathbf{z}^{(l-1)}} \quad (2.3.6.12)$$

$$= (1 - (\mathbf{z}^{l})^2)\odot\mathbf{W}^{(l)}$$

$$\frac{\partial^2 \mathbf{z}^{(l)}}{\partial(\mathbf{z}^{(l-1)})^2} = \frac{\partial^2\left(f_t^{(l)}(\mathbf{W}^{(l)}\mathbf{z}^{(l-1)} + \mathbf{b}^{(l)})\right)}{\partial(\mathbf{W}^{(l)}\mathbf{z}^{(l-1)} + \mathbf{b}^{(l)})^2}\left(\frac{\partial(\mathbf{W}^{(l)}\mathbf{z}^{(l-1)} + \mathbf{b}^{(l)})}{\partial \mathbf{z}^{(l-1)}}\right)^2 \quad (2.3.6.13)$$

$$= -\,2\mathbf{z}^{(l)}\odot\left(1 - \left(\mathbf{z}^{(l)}\right)^2\right)\odot\left(\mathbf{W}^{(l)}\right)^2$$

$$\mathbf{H}_i^{(l)} = -2\mathbf{z}^{(l)}\odot\left(1 - \left(\mathbf{z}^{(l)}\right)^2\right)\odot\mathbf{i}_i^{(l-1)}\odot\left(\mathbf{W}^{(l)}\right)^2\mathbf{J}^{(l-1)} + \left(1 - \left(\mathbf{z}^{(l)}\right)^2\right)\odot\mathbf{W}^{(l)}\mathbf{H}_i^{(l-1)} \quad (2.3.6.14)$$

식(2.3.6.7-1)에서, 마지막 출력층 L에서의 출력값 $\mathbf{z}^{(L)}$의 슬라이스 헤시안 매트릭스 $\mathbf{H}_i^{(L)}$는 제이코비 매트릭스 $\mathbf{J}^{(l)}$를 보폭, 보깊이 등의 입력변수 x_i 각각에 대해서 미분하여 도출한다. $\mathbf{H}_i^{(l)}$와 유사하게 출력층 L에서 $\mathbf{H}_i^{(L)}$를 도출하는데, 선형 활성 함수를 적용한다는 것이 다른 점이다. 마지막 출력층에서는 활성 함수로 뉴런값을 수정하지 않는다는 의미이다. 식(2.3.6.9-2)에서 l을 L로 교환하게 되면 식(2.3.6.15-1)을 얻게 되고, 식(2.3.6.4-3)에 기반하여 선형 활성함수를 두 번 미분하게 되면 ($\partial^2\mathbf{z}^{(L)}/\partial(\mathbf{z}^{(L-1)})^2$)는 0이 된다. 따라서 식(2.3.6.15-1)에서 식(2.3.6.15-2)가 구해진다.

$$\mathbf{H}_i^{(L)} = \frac{\partial^2 \mathbf{z}^{(L)}}{\partial(\mathbf{z}^{(L-1)})^2}\odot\mathbf{i}_i^{(L-1)}\odot\mathbf{J}^{(L-1)} + \frac{\partial \mathbf{z}^{(L)}}{\partial \mathbf{z}^{(L-1)}}\mathbf{H}_i^{(L-1)} \quad (2.3.6.15\text{-}1)$$

$$\mathbf{H}_i^{(L)} = \mathbf{0}\odot\mathbf{i}_i^{(L-1)}\odot\mathbf{J}^{(L-1)} + \frac{\partial\left(\mathbf{W}^{(L)}\mathbf{z}^{(L-1)} + b^{(L)}\right)}{\partial \mathbf{z}^{(L-1)}}\mathbf{H}_i^{(L-1)} = \mathbf{W}^{(L)}\mathbf{H}_i^{(L-1)} \quad (2.3.6.15\text{-}2)$$

마지막 은닉층 D에서 비정규화된 슬라이스 헤시안 매트릭스 $\mathbf{H}_i^{(D)}$를 도출하기 위해서 은닉층 L-1과 L을 L과 D로 교환하면, 식(2.3.6.15-1)으로부터 식(2.3.6.16-1)가 도출된다. 식(2.3.6.16-1)를 통해서 비정규화된 출력값 $\mathbf{z}^{(D)}$의 슬라이스 헤시안 매트릭스

$\mathbf{H}_i^{(D)}$를 구할 수 있다. $\mathbf{z}^{(N)}$와 유사하게 식(2.3.6.3-2f) 의 $\mathbf{z}^{(D)}$ 역시 선형함수이므로, $\mathbf{z}^{(D)}$를 $\mathbf{z}^{(L)}$에 대해 두 번 미분 ($\partial^2\mathbf{z}^{(D)}/\partial(\mathbf{z}^{(L)})^2$)하면 0이 되어 식(3.6.16-2)를 얻는다. 최종적으로 식(2.3.6.3-2f)의 $y = \mathbf{z}^{(D)}$를 식(2.3.6.16-1)에 대입하면 식 (2.3.6.16-2)가 구해진다.

$$\mathbf{H}_i^{(D)} = \frac{\partial^2\mathbf{z}^{(D)}}{\partial(\mathbf{z}^{(L)})^2}\odot\mathbf{i}_i^{(L)}\odot\mathbf{J}^{(L)} + \frac{\partial\mathbf{z}^{(D)}}{\partial\mathbf{z}^{(L)}}\mathbf{H}_i^{(L)} \tag{2.3.6.16-1}$$

$$\mathbf{H}_i^{(D)} = \mathbf{0}\odot\mathbf{i}_i^{(L)}\odot\mathbf{J}^{(L)} + \frac{\partial\left(\frac{1}{\alpha_y}\left(\mathbf{z}^{(L)} - \bar{y}_{min}\right) + y_{min}\right)}{\partial\mathbf{z}^{(L)}}\mathbf{H}_i^{(L)} = \frac{1}{\alpha_y}\mathbf{H}_i^{(L)} \tag{2.3.6.16-2}$$

식(2.3.6.17)는 그림2.3.6.1(c)를 위에서 아래로 투영하여 유도되는 글로벌 헤시안 매트릭스로서, 비정규화된 최종 출력층 D에서 모든 뉴런에 대해서 구해진다. 즉 식(2.3.6.16-2)의 슬라이스 헤시안 매트릭스 ($\mathbf{H}_i^{(D)}=\partial\mathbf{J}^{(D)}/\partial x_i$)로부터 유도되며, 슬라이스 헤시안 매트릭스 $\mathbf{H}_i^{(D)}$는 비정규화된 출력층에서 각각의 입력 설계변수 x_i(i 는 보폭, 보깊이 등 입력변수의 종류들)에 대해 제이코비 $\mathbf{J}^{(D)}$를 미분한 것이다. 예를 들어 x_2(i=2)에 대한 임의의 뉴런에서의 슬라이스 헤시안 매트릭스 ($\mathbf{H}_2^{(D)} = \partial\mathbf{J}^{(D)}/\partial x_2$)는 식(2.3.6.17)에 1×$n$의 파란색으로 표시하였다. 따라서, 식(2.3.6.17)의 파란색 박스는 모든 뉴런(또는 임의의 뉴런)에서의 비정규화된 슬라이스 헤시안 매트릭스 $\mathbf{H}_i^{(D)}$ (i = 2)를 의미하며, x_2 (i = 2) 또는 각각의 입력 설계변수에 대해서 1×n 사이즈를 갖는다. 전체 식(2.3.6.17)은 비 정규화층 D에서 임의의 뉴런에 대해, 각각의 입력변수 x_i (i 는 보폭, 보깊이 등 입력변수의 종류들)에 대해 유도된 슬라이스 헤시안 매트릭스 $\mathbf{H}_i^{(D)}$를 (n×n)의 2차원 형태의 글로벌 헤시안 매트릭스로 전체 입력변수 x_i (i =1부터 n) 또는 $\mathbf{x}=[x_1,x_2,\cdots,x_n]^T$에 대해 통합하여 놓은 것이다.

이 절에서 설명된 것처럼 n은 입력변수의 개수이다. 식(2.3.6.17)과 그림 2.3.6.1(c)에서 최종 비정규화된 출력층 l = D에서의 글로벌 헤시안 매트릭스 $\mathbf{H}^{(D)}$의 사이즈는 (n×n)이 된다. 이유는 입력 설계변수 ($\mathbf{x}=[x_1,x_2,\cdots,x_n]^T$)×제이코비의 사이즈 ($\mathbf{J}^{(D)}$=

$[\frac{\partial z^{(d)}}{\partial x_1}, \frac{\partial z^{(d)}}{\partial x_2}, \cdots \frac{\partial z^{(d)}}{\partial x_n}]^T$)가 융합되기 때문이다. 여기서, 제이코비는 식(2.3.6.3-2f)에 기반하여 y의 항으로 유도된 비정규화된 $\mathbf{z}^{(D)}$를 입력 설계변수 ($\mathbf{x}=[x_1,x_2,\cdots,x_n]^T$)에 대해 한 번 미분해서 구해진다.

최종적으로 그림 2.3.6-1(c)는 비정규화된 출력층에서, 입력 설계변수 ($\mathbf{x}=[x_1,x_2,\cdots,x_n]^T$) 중 각각의 입력 설계변수에 대해 구해진 슬라이스 헤시안 매트릭스 $\mathbf{H}_i^{(D)}(m\times n)$를 n개 전체 입력변수($\mathbf{x}=[x_1,x_2,\cdots,x_n]^T$)에 대해 글로벌 헤시안 매트릭스 $\mathbf{H}_i^{(D)}(m\times n\times n)$로 통합한 것이다. 즉 비정규화층에서, 모든 뉴런에 대해 초록색 평면으로 표현되는 ($m\times n$)의 2차원 슬라이스 헤시안 매트릭스를 겹겹히 포개놓은 3차원($m\times n\times n$) 매트릭스가 n개 전체 입력 설계변수 ($\mathbf{x}=[x_1,x_2,\cdots,x_n]^T$)에 대한 글로벌 헤시안 매트릭스 $\mathbf{H}^{(D)}$가 되는 것이다. 헤시안 매트릭스의 용도와 관련해서 2.4절의 예시에서 자세히 설명하였다.

$$H^D = \begin{bmatrix} \mathbf{H}_1^{(D)} \\ \mathbf{H}_2^{(D)} \\ \vdots \\ \mathbf{H}_n^{(D)} \end{bmatrix}_{(n\times n)} = \begin{bmatrix} \frac{\partial \mathbf{J}^{(D)}}{\partial x_1} \\ \frac{\partial \mathbf{J}^{(D)}}{\partial x_2} \\ \vdots \\ \frac{\partial \mathbf{J}^{(D)}}{\partial x_n} \end{bmatrix}_{(n\times n)} = \begin{bmatrix} \frac{\partial^2 \mathbf{z}^{(D)}}{\partial x_1^2} & \frac{\partial^2 \mathbf{z}^{(D)}}{\partial x_1 \partial x_2} & \cdots & \frac{\partial^2 \mathbf{z}^{(D)}}{\partial x_1 \partial x_n} \\ \frac{\partial^2 \mathbf{z}^{(D)}}{\partial x_2 \partial x_1} & \frac{\partial^2 \mathbf{z}^{(D)}}{\partial x_2^2} & \cdots & \frac{\partial^2 \mathbf{z}^{(D)}}{\partial x_2 \partial x_n} \\ \vdots & \vdots & \ddots & \vdots \\ \frac{\partial^2 \mathbf{z}^{(D)}}{\partial x_n \partial x_1} & \frac{\partial^2 \mathbf{z}^{(D)}}{\partial x_n \partial x_2} & \cdots & \frac{\partial^2 \mathbf{z}^{(D)}}{\partial x_n^2} \end{bmatrix} \quad (2.3.6.17)$$

(n개 전체 입력변수 ($x=[x_1,x_2,\ldots,x_n]^T$)에 대해, 최종 출력층 D와 임의의 뉴런에서의 비정규화된 헤시안 매트릭스($n\times n$)

2.3.6.4 라그랑주 최적화 수행을 위한 공식의 흐름도

그림 2.3.4.2에는 식(2.3.4.2)를 0으로 도출하기 위한 뉴턴-랩슨 반복연산 과정의 흐름도가 공식번호와 함께 도시되어, 라그랑주 함수를 최적점으로 만드는 입력 파라미터를 수월하게 구할 수 있도록 하였다. 그림 2.3.6.2는 그림 2.3.4.2의 흐름도에서 핵심부분을 차지하는 부분으로, 인공신경망을 학습하여 구한 가중변수 매트릭스(weight matrix)와 편향변수 매트릭스(bias matrix)를 이용하여 목적함수 $f(x)$, 등 제약함

수 $c(x)$, 부등 제약함수 $v(x)$를 포함하는 함수의 유도과정을 보여주고 있다. 인공신경망 기반의 함수들을 바탕으로 한 1차 미분식인 제이코비와 2차 미분식인 헤시안 매트릭스의 유도를 위한 도식화된 플로차트가 그림 2.3.6.2이다.

식(2.3.6.3-2f), 식(2.3.6.6-9), 식(2.3.6.16)에서 각각 구해진 인공신경망 기반의 함수들, 제이코비, 헤시안 매트릭스들과 가중변수 및 편향변수 매트릭스와의 관계가 그림 2.3.6.2에 요약되었다. 각 은닉층을 연결하는 가중변수와 편향변수 매트릭스는 그림 2.3.4.1, 식(2-3.3.1-1)에서 식(2.3.3.1-6), 식(2.3.6.1), 식(2.3.6.3-1) 등의 인공신경망에서 도출된다. 즉 AI기반 최적화에 이용될 함수, 제이코비, 헤시안 매트릭스들을 구하기 위해서, 각 은닉층에서 구해진 가중변수와 편향변수 매트릭스가 어떻게 연관되고 있는가를 도시하였다. 인공신경망 기반에서 라그랑주 최적화를 수행하기 위해서는 그림 2.3.6.2에 대한 이해와 함께, 인공신경망에서 도출한 가중변수와 편향변수 매트릭스에 대한 활용이 필요한데, 그림 2.3.4.2와 그림 2.3.6.2를 효과적으로 활용하여야 하겠다. 상세한 추가 설명은 2.4절의 예제에 기술하였고, 예제를 학습하고 나면 그림 2.3.4.2 및 그림 2.3.6.2의 이해가 더욱 수월할 것이다.

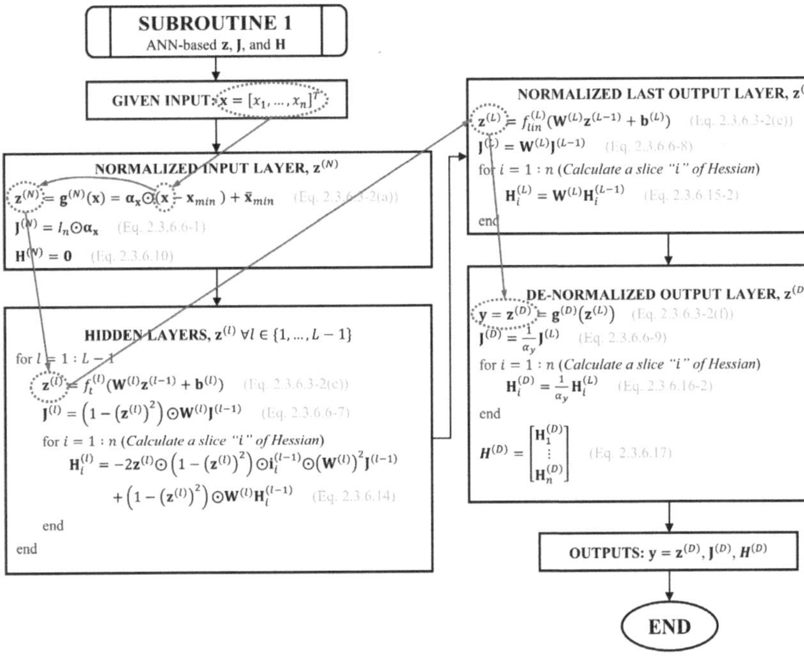

그림 2.3.6.2 가중변수(weight) 및 편향(bias)변수 매트릭스를 이용한 인공신경망 기반에서의 목적함수 $f(x)$, 등 제약함수 $c(x)$, 부등 제약함수 $v(x)$ 및 제이코비, 헤시안 매트릭스의 유도순서

2.3.6.5 요약

인공신경망 기반의 출력함수 z는 식(2.3.6.1), 식(2.3.6.3-1), 식(2.3. 6.3-2)에서 유도되었고, 제이코비 매트릭스는 식(2.3.6.6-1)부터 (2.3.6.6-9)까지 유도되었으며, 헤시안 매트릭스는 식(2.3.6.7)부터 식(2.3.6.17)까지에서 유도되었다. 그런데 이 모든 함수는 그림 2.3.4.1, 식(2.3.3.1-1)부터 식(2.3.3.1-6), 식(2.3.6.1), 식(2.3.6.3-1) 등의 인공신경망에서 도출된 가중변수와 편향변수 매트릭스를 이용하여 구해진다. AI 기반 최적화에 이용될 함수, 제이코비, 헤시안 매트릭스들을 구하기 위해서, 각 은닉층에서 구해진 가중변수와 편향변수 매트릭스가 어떻게 연관되고 있는가는 그림 2.3.6.2에 도시되어 있다. 가중변수와 편향변수 매트릭스의 정확도가 함수, 제이코비, 헤시안 매트릭스 정확도에 지대한 영향을 미치게 되고, 결과적으로 인공신경망 기반의 라그랑주 최적설계의 정확도에도 지대한 영향을 미치게 되는 것이다. 가중변수와 편향변수의 도출에

관해서는 홍원기의 인공지능기반 철근콘크리트의 구조설계[7]의 4.6절에서 4.9절을 참고하길 바란다.

그림 2.3.4.1과 그림 2.3.4.2에는 식(2.3.4.2)를 0으로 도출하는 AI 기반 라그랑주 최적화의 단계가 요약되어 있다. 그림 2.3.4.1, 그림 2.3.4.2, 그림 2.3.6.2에 요약되어 있는 출력함수 z, 제이코비, 헤시안 매트릭스의 도출과정과 라그랑주 함수의 수렴과정은 2.4절에 기술된 AI 기반 라그랑주 최적화의 예제에 활용되었다. AI 기반 라그랑주 최적화의 과정을 다음 3단계로 요약하였다.

- **단계 1** : AutoCol과 같은 구조역학 기반의 프로그램으로부터 구조 빅데이터를 생성한다. 표2.4.2.4 및 표2.4.3.3에서처럼 최적화하려는 문제의 복잡성에 따라 인공신경망의 훈련에 적합한 빅데이터의 개수는 신중하게 결정하여야 한다. 단계 1의 최종목적은 인공신경망을 훈련하여 가중변수 및 편향변수 매트릭스를 도출하는 것이다.

- **단계 2** : 수학적 기반으로 유도하기 힘든 목적함수를 대체할 수 있는 AI 기반 목적함수를 빅데이터에 의해서 학습된 인공신경망으로 유도한다. AI 기반 목적함수의 정확도는 도출된 가중변수 및 편향변수의 정확도에 달려 있고, 이들 정확도는 빅데이터의 크기뿐만 아니라, 은닉층, 뉴런, 에폭등의 적용 개수, 인공신경망의 학습 파라미터등에 의해 결정된다. 합리적인 인공신경망의 학습 파라미터 설정는 좋은 학습 정확도 및 가중변수 및 편향변수 매트릭스를 얻기 위한 필수조건이다.

- **단계 3** : AI 기반 목적함수를 최적화하기 위해서 라그랑주 승수방법을 적용한다. AI 기반에서 가중변수 및 편향변수를 이용하여 일반화된 목적함수는 제이코비와 헤시안 매트릭스를 유도할 수 있도록 두 번 이상 미분이 가능하도록 구성된 함수로서, 뉴턴-랩슨 방법에 기반하여 KKT 조건의 후보해를 도출하는 데 이용될 것이다.

2.4 KKT 제약조건과, 인공신경망 기반의 목적 및 제약함수를 이용한 라그랑주 최적화 문제

2.4.1 예제의 목적

이 예제들은 수학식 기반과 인공신경망 기반에서 라그랑주 함수를 최적화하여 4차함수의 최소화, 트러스 프레임의 최적설계 및 비행체의 발사거리 최대화 등을 수행하고자 한다. 더욱이, 인공신경망 기반에서의 극한값(최대, 또는 최소값) 도출이, 수학식 기반에 의한 전통적인 라그랑주 최적화와 유사한 정확도를 유지하며 일반화되어 수행될 수 있음을 보여주고자 한다. 특히 이 예제는 라그랑주 최적화를 위해 필수인 제이코비 및 헤시만 매트릭스의 이해를 증진시킬 수 있도록 작성되었다.

2.4.2 라그랑주 및 KKT 조건 기반의 고차함수 최적화

2.4.2.1 수학식 기반의 부등 제약조건에 의한 4차함수 최적화

(1) KKT 조건의 설정

이 절에서는 식(2.4.2.1)과 (2.4.2.2)에 의해 4차함수로 표현된 목적함수를 수학식 기반의 라그랑주 방법에 의해 최소화하여 보기로 한다. 최소화 조건으로서 목적함수는 식(2.4.2.3)에 있는 부등 제약함수에 의해서 제약받는다. 식 (2.4.2.4)와 식(2.4.2.5)에 나타나 있는 라그랑주 함수의 극한값(최대, 또는 최소값)을 구하기 위해서는, 라그랑주 함수의 1차 미분식(제이코비 또는 gradient 벡터)를 먼저 계산해야 하고, 구해진 1차 미분식이 0되는 입력값을 구하는 과정이 따르게 된다. 즉 이 절에서는 KKT 조건을 적용하여 라그랑주 함수를 식(2.4.2.4)에서 구하고, 가정된 초기 입력변수에 대해 반복연산을 기반으로 입력변수를 업데이트하여, 라그랑주 함수를 최소화하는 계산과정을 거치게 된다. 이 절에서는 AI 기법을 적용하지 않고 전통적인 수학식 기반의 라그랑주 방법을 적용하였으며, 2.4.2.2절에서는 AI 기반 라그랑주 방법을 적용하였다.

목적함수; $f(x) = x^4 - x^3 - 4x^2 + 5x + 5$ (2.4.2.1)

$x \in \mathbb{R}$ (2.4.2.2)

부등 제약함수; $v(x) = x^2 - 4 \geq 0$ (2.4.2.3)

λ_v는 라그랑주 승수이고, $v(x) = x^2-4 \geq 0$는 부등 제약함수이다. 표 2.4.2.1에 설명된 바와 같이 2개의 KKT 조건이 존재한다.

첫 번째 조건은 부등 제약함수가 비활성 조건으로 가정되어, 라그랑주 승수는 0이 되고, 부등 제약함수를 통제하는 대각 스칼라 매트릭스 S가 0이 된다. 부등 제약함수가 비활성 조건에 해당되는 경우부터 살펴보기로 한다. 이 경우에는, 라그랑주 승수가 0이 되는 KKT 조건이 되며, 부등 제약조건이 무시되어 라그랑주 함수는 목적함수와 동일하게 되어 식(2.4.2.4-1)과 식(2.4.2.4-2)에서 구해지고 식(2.4.2.6-1)과 식(2.4.2.6-2)에서 최소화하는 과정을 거친다. 따라서 라그랑주 함수의 1차 미분식 또는 gradient 벡터 $\nabla L(x_{(k)}, \lambda_{(k)})$는 $\nabla f(x)$가 된다. 단, 비활성 조건에 해당되는 부등 제약조건 $v(x) = x^2-4 \geq 0$ 구간에서 최소화되었는지 반드시 검증하여야 한다.

$$\mathcal{L}(x, \lambda_v) = x^4 - x^3 - 4x^2 + 5x + 5 - \lambda_v \underbrace{S}_{(=0)} (x^2 - 4) \quad (2.4.2.4\text{-}1)$$

$$\mathcal{L}(x) = x^4 - x^3 - 4x^2 + 5x + 5 \quad (2.4.2.4\text{-}2)$$

두 번째 조건은 부등 제약함수가 활성조건으로 가정되어, 라그랑주 승수는 0보다 큰 수가 되고, 부등 제약함수를 통제하는 대각 스칼라 매트릭스 S는 1이 되어, 라그랑주 함수는 식(2.4.2.5-1)과 식(2.4.2.5-2)로 구해진다. 이때 부등 제약함수는 등 제약함수로 binding 되어 $v(x)=x^2-4=0$이 된다. 따라서 라그랑주 함수의 1차 미분식 또는 gradient 벡터 $\nabla L(x_{(k)}, \lambda v_{,(k)})$는 식(2.4.2.8-1)과 식(2.4.2.8-2)에서 최소화된다.

$$\mathcal{L}(x,\lambda_v) = f(x) - \lambda_v^T S v(x) \tag{2.4.2.5-1}$$

$$\mathcal{L}(x,\lambda_v) = x^4 - x^3 - 4x^2 + 5x + 5 - \lambda_v S(x^2 - 4) \tag{2.4.2.5-2}$$

표 2.4.2.1 활성 및 비활성 조건의 부등 제약조건 $v(x)$에 기반한 KKT 조건

CASE	S	가정 조건
CASE 1	0	$v(x)$이 비활성인 경우
CASE 2	1	$v(x)$이 활성인 경우

이제 각 KKT 조건에 대하여 라그랑주 함수를 최소화하는 방법에 대해 살펴보도록 한다.

(2) Case 1의 비활성 KKT 조건

1) 뉴턴-랩슨 반복연산에 기반한 라그랑주 함수의 최소값 도출

식(2.4.2.4-1)과 식(2.4.2.4-2)의 라그랑주 함수로부터 구해진 제이코비 함수는 식(2.4.2.6-1)과 식(2.4.2.6-2)에서처럼 3차함수로 나타난다. 그러나 3차함수를 최소화하는 입력변수 $x_{(k)}$를 직접적인 방법에 의해서 구하는 일이 마땅치가 않다. 그래서 고려되는 방법이 뉴턴-랩슨 방법이다. 뉴턴-랩슨 방법을 적용하기 전에, 식(2.3.4.1-1)에서처럼 반복연산 기반 수치해석을 통해 해를 수렴하는 방식을 채택한다. 식(2.4.2.7-1)은 식(2.3.4.1-5)에 해당되는 식으로서, 제이코비와 헤시안 항이 나타나게 된다. 식(2.3.4.1-3), (2.3.4.1-4), (2.3.4.1-5)에 기반한 식(2.4.2.7-1)과 식(2.4.2.7-2)를 이용한 제시된 반복계산을 수행하여 식(2.4.2.6-1)과 식(2.4.2.6-2)을 최소화하게 되는데, 제이코비와 헤시안 매트릭스가 활용된다. 뉴턴-랩슨 방법은 최초로 가정된 해 $x_{(0)}$에 대해, 식(2.4.2.7-1)과 식(2.4.2.7-2) 기반의 반복계산을 통하여 오차를 줄여가며, 라그랑주 함수가 최소되는 입력변수 $x_{(k)}$로 업데이트하게 된다. 즉 임의로 가정된 초기 입력변수 $x_{(0)}$로부터 반복계산을 통해서 라그랑주 함수의 1차 미분식이 0으로 수렴하는 입력변수 $x_{(k)}$를 도출하는 것이다.

$$\nabla f(x) = 0 \tag{2.4.2.6-1}$$

$$\nabla f(x) = 4x^3 - 3x^2 - 8x + 5 = 0 \tag{2.4.2.6-2}$$

$$x_{(k+1)} = x_{(k)} - H_f(x_k)^{-1}\nabla f(x_k) \tag{2.4.2.7-1}$$

$$H_f(x) = \frac{\partial^2 f}{\partial x^2} = 12x^2 - 6x - 8 \tag{2.4.2.7-2}$$

표 2.4.2.2에는 입력변수 $x_{(0)}$를 먼저 -3, 0, 3으로 임의로 가정하여 수렴하는 과정을 정리하였다. $x_{(0)}$를 0으로 가정하였을 경우, 최초 0번째 단계(Iteration 0)에서 식(2.4.2.1)의 $f(x_{(0)})$ 및 식(2.4.2.6)의 $\nabla f(x_{(0)})$가 모두 5로 구해졌고. ∇f_{x_0}값이 0으로 수렴하지 못하였다. 다음 단계인 $x_{(1)}$로 업데이트된 Iteration 1에서 라그랑주 함수의 1차 미분식이 0으로 수렴하는지를 확인한다.

식(2.4.2.7-2)에서 $x_{(0)}$에 0을 대입하면 1단계에서의 헤시안값은 8로 구해진다. 따라서 $x_{(1)}$은 식(2.4.2.7-1)에서 $x_{(0)} - \mathbf{H}_f(x_{(0)})^{-1}\nabla f(x_{(0)}) = 0 - \frac{1}{8} \times 5 = 0.625$를 구할 수 있다. 그리고 $f(x_{(1)})$와 $\nabla f(x_{(1)})$을 식(2.4.2.1)과 식(2.4.2.6)로부터 6.471과 -0.195로 업데이트한다. 이 경우 본 연산에서 0으로 수렴시키고자 하는 식(2.4.2.6-1), 식(2.4.2.6-2)의 $\nabla f(x_{(1)})$는 -0.195로, 1번째 단계(Iteration 1)에서도 아직 0으로 수렴하지 않았음을 알 수 있다.

2) KKT 조건의 검증

표 2.4.2.2에는 연산이 5번 반복되었는데, 입력변수 $x_{(0)}$를 0으로 가정하였을 경우 3번째 연산에서 $\nabla f(x_{(3)})$가 $8.8E-07$에 수렴하고 있다. 이때의 라그랑주 함수를 최소화하는 stationary point $x_{(3)}$는 0.598에 수렴하였고, 최소화된 함수 $f(x_{(3)})$값은 6.474로 결정되었다. 동일한 방법으로 입력변수 $x_{(0)}$를 -3, 3으로 가정하였을 경우의 반복연산을 표 2.4.2.2에 도출하였고 -3, 3의 두 경우 모두 5번째 연산에서 $\nabla f(x_{(5)})$가 모두 0으로 수렴하였다. 마지막으로 부등 제약조건 $v(x) = x^2 - 4 \geq 0$의 범위 내인 $x_{(5)} \geq 2$, $x_{(5)} \leq -2$에서 최소화 해가 구해졌는지 여부를 검증하여 보자. 표 2.4.2.2과 그림2.4.1.1에서 보는 바와 같이 3개의 초기 입력변수 $x_{(0)} = (-3, 0, 3)$에 대해서 라그랑주 함수를 최소화하

는 stationary point는 -1,372, 0.598, 1.524에 수렴하였고, 최적값은 각각 -3.264(최소값), 6.474(최대값), 5.184(최소값)로 도출되었다. 그러나, -1,372, 0.598, 1.524는 모두 $-2 \le x_{(5)} \le 2$에 존재하고 있으며, 부등 제약조건 $v(x)=x^2-4 \ge 0$, 즉 $x_{(5)} \ge 2$, $x_{(5)} \le -2$을 만족하지 않고 있다. 따라서, 부등 제약함수가 비활성 조건에 해당하는 Case 1 KKT 조건에서는, 식(2.4.2.4-1)과 식(2.4.2.4-2)의 라그랑주 함수를 최소화하는 해가 존재하지 않는다는 사실을 확인하였다.

표 2.4.2.2 부등 제약조건의 비활성 가정에 기반한 Case 1 KKT 의 초기 입력변수 수렴 과정

반복 연산	초기 입력벡터 $x_{(0)} = -3$			초기 입력벡터 $x_{(0)} = 0$			초기 입력벡터 $x_{(0)} = 3$		
	$x_{(k)}$	$\nabla f(x_k)$	$f(x_k)$	$x_{(k)}$	$\nabla f(x_k)$	$f(x_k)$	$x_{(k)}$	$\nabla f(x_k)$	$f(x_k)$
0	-3	-106	62	0	5	5	3	62	38
1	-2.102	-28.572	5.617	0.625	-0.195	6.471	2.244	17.137	10.133
2	-1.606	-6.452	-2.554	0.597	0.003	6.474	1.804	4.289	5.723
3	-1.408	-0.842	-3.249	0.598	8.8E-07	6.474	1.592	0.800	5.211
4	-1.373	-0.024	-3.264	0.598	6.0E-14	6.474	1.530	0.061	5.185
5	-1.372	-2.1E-05	-3.264	0.598	0	6.474	1.524	4.9E-04	5.184

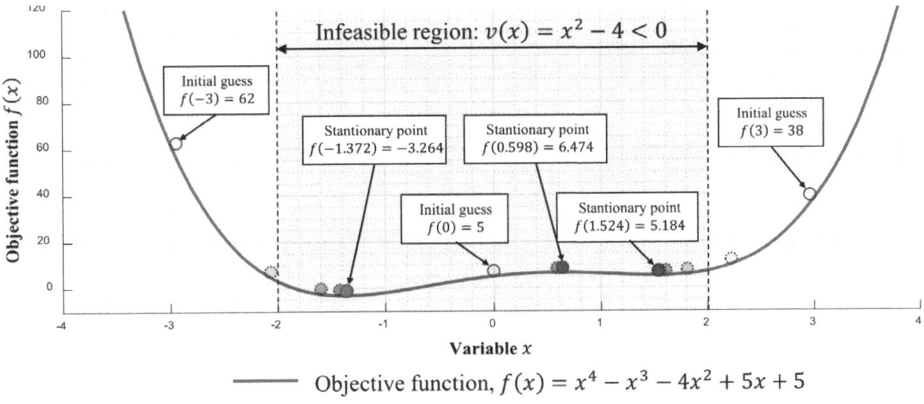

그림 2.4.2.1 부등 제약조건의 비활성 가정에 기반한 Case 1 KKT 조건의 검증

(3) Case 2의 활성 KKT 조건

1) 0단계(Iteration 0) 초기 입력변수

두 번째 KKT 조건에 대하여 라그랑주 함수를 최소화하여 보자. 대각 스칼라 매트릭스 S가 1이 되는 경우로서, 부등 제약함수가 활성조건에 해당되는 경우이다. 이 경우에는, 라그랑주 승수가 0보다 큰 값으로 산출되는 KKT 조건이 되며, 식(2.4.2.8-1)에서처럼, 부등 제약함수를 등 제약함수로 변환하여 라그랑주 함수를 유도한다. 식(2.4.2.8-1)의 라그랑주 함수를 최소화하기 위해서는 식(2.4.2.8-2)의 라그랑주 함수 제이코비를 0으로 수렴하게 하는 입력변수 $x_{(k)}$를 도출해야 한다. 식(2.4.2.8-2)를 제이코비와 헤시안을 기반으로 선형화 과정을 거친다. 그러나 현 단계에서는 해를 알 수 없으므로, $[x_{(0)}, \lambda_{v(0)}]$를 초기 입력변수로 설정하여, 식(2.3.4.1-3), 식(2.3.4.1-4), 식(2.3.4.1-5)로부터 유도된 식(2.4.2.9-1)을 기반으로, 반복연산 과정을 거쳐 식(2.4.2.8-1)의 라그랑주 함수를 최소화하는 입력변수를 도출하게 된다. 표 2.4.2.3에 [-3, 1]과 [1.5, 7]로 임의로 가정된 입력변수에 대해 수렴과정을 추적하였다. 식(2.4.2.1)과 식(2.4.2.8-1)에 기반한 초기 입력변수 $[x_{(0)},\lambda_{v(0)}]$=[-3, 1]에 대해, $f(x_{(0)})$와 $L(x_{(0)}, \lambda_{v(0)})$는 62와 57로 구해진다. $\nabla L(x_{(0)}, \lambda_{v(0)})$는 식(2.4.2.8-2)와 식(2.4.2.8-3)에서 도출되었다. $\nabla L(x_{(k)}, \lambda_{v(k)}) = 0$와 비교해서 식(2.4.2.8-3)의 MSE 에러는 $\frac{1}{2}((-100)^2+(-5)^2)$=5012.5로 구해진다. $\mathbf{H}_L(x_{(0)}, \lambda_{v(0)})$는 식(2.3.4.3-1) 또는 식(2.4.2.9-2)와 식(2.4.2.9-3)으로부터 구한 후, 식(2.4.2.9-1)에 대입하여 한 단계 업데이트된 $[x_{(1)}, \lambda v_{(1)}]$을 식(2.4.2.9-4)에서 도출한다.

식(2.4.2.8-2)에서 (2.4.2.9-4)까지 초기 입력변수$[x_{(0)},\lambda_{v(0)}]$= [-3,1]는 각각 붉은색과 파란색으로 구분하였다.

$$\mathcal{L}(x, \lambda_v) = x^4 - x^3 - 4x^2 + 5x + 5 - \lambda_v(x^2 - 4) \tag{2.4.2.8-1}$$

$$\nabla\mathcal{L}(x_{(k)},\ \lambda_{v(k)}) = \begin{bmatrix} \nabla_x\mathcal{L}(x,\ \lambda_v) \\ \nabla_{\lambda_v}\mathcal{L}(x,\ \lambda_v) \end{bmatrix} = \begin{bmatrix} 4x^3 - 3x^2 - 8x + 5 - 2\lambda_v x \\ 4 - x^2 \end{bmatrix} = 0 \tag{2.4.2.8-2}$$

$$\nabla\mathcal{L}(x_{(0)},\ \lambda_{v(0)}) = \begin{bmatrix} 4 \times (-3)^3 - 3 \times (-3)^2 - 8 \times (-3) + 5 - 2 \times 1 \times (-3) \\ 4 - (-3)^2 \end{bmatrix}$$

$$= \begin{bmatrix} -100 \\ -5 \end{bmatrix} \tag{2.4.2.8-3}$$

$$\begin{bmatrix} x_{(k+1)} \\ \lambda_{v(k+1)} \end{bmatrix} = \begin{bmatrix} x_{(k)} \\ \lambda_{v(k)} \end{bmatrix} - \mathbf{H}_{\mathcal{L}}(x_{(k)},\ \lambda_{v(k)})^{-1}\nabla\mathcal{L}(x_{(k)},\ \lambda_{v(k)}) \tag{2.4.2.9-1}$$

$$\mathbf{H}_{\mathcal{L}}(x_{(k)},\ \lambda_{v(k)}) = \begin{bmatrix} \frac{\partial^2\mathcal{L}}{\partial x^2} & \frac{\partial^2\mathcal{L}}{\partial x\partial\lambda_v} \\ \frac{\partial^2\mathcal{L}}{\partial x\partial\lambda_v} & \frac{\partial^2\mathcal{L}}{\partial\lambda_v^2} \end{bmatrix} = \begin{bmatrix} 12x^2 - 6x - 8 - 2\lambda_v & -2x \\ -2x & 0 \end{bmatrix} \tag{2.4.2.9-2}$$

$$\mathbf{H}_{\mathcal{L}}(x_{(0)}, \lambda_{v(0)}) = \begin{bmatrix} 12 \times (-3)^2 - 6 \times (-3) - 8 - 2(1) & -2 \times (-3) \\ -2 \times (-3) & 0 \end{bmatrix} = \begin{bmatrix} 116 & 6 \\ 6 & 0 \end{bmatrix} \tag{2.4.2.9-3}$$

$$\begin{bmatrix} x_{(1)} \\ \lambda_{v(1)} \end{bmatrix} = \begin{bmatrix} x_{(0)} \\ \lambda_{v(0)} \end{bmatrix} - \mathbf{H}_{\mathcal{L}}(x_{(0)}, \lambda_{v(0)})^{-1}\nabla\mathcal{L}(x_{(0)}, \lambda_{v(0)}) = \begin{bmatrix} -3 \\ 1 \end{bmatrix} - \begin{bmatrix} 116 & 6 \\ 6 & 0 \end{bmatrix}^{-1} \begin{bmatrix} -100 \\ -5 \end{bmatrix}$$

$$\rightarrow \begin{bmatrix} x_{(1)} \\ \lambda_{v(1)} \end{bmatrix} = \begin{bmatrix} -2.167 \\ 1.556 \end{bmatrix} \tag{2.4.2.9-4}$$

$[x_{(1)},\ \lambda_{v(1)}]$=[-2.167, 1.556]을 식(2.4.2.8-2)에 대입하여, 1단계에서의 라그랑주 함수의 1차 미분식 $\nabla L(x_{(1)},\ \lambda_{v(1)})$을 식(2.4.2.10)에서 구하였다. 식(2.4.2.10)에서 개선된 입력변수[$x_{(1)}$, $\lambda_{v(1)}$]= [-2.167, 1.556]는 각각 붉은색과 파란색으로 구분하였다.

$$\nabla\mathcal{L}(x_{(1)},\lambda_{v(1)})$$
$$=\begin{bmatrix}4\times(-2.167)^3-3\times(-2.167)^2-8\times(-2.167)+5-2\times1.556\times(-2.167)\\4-(-2.167)^2\end{bmatrix}\quad(2.4.2.10)$$
$$=\begin{bmatrix}-25.694\\-0.694\end{bmatrix}$$

$[x_{(1)},\ \lambda_{v(1)}]$=[-2.167, 1.556]일 때, $\nabla L(x_{(k)},\ \lambda_{v(k)})$=0와 비교해서 $\nabla L(x_{(1)},\ \lambda_{v(1)})$의 MSE 에러는 $\frac{1}{2}((-25.694)^2+(-0.694)^2)=330.343$로 구해진다. 표 2.4.2.3(a)에서 보이듯이, 4단계(Iteration 4)에서는 $\nabla L(x_{(k)},\ \lambda_{v(k)})$=0 에 비교하여 $\nabla L(x_{(4)},\ \lambda_{v(4)})$의 MSE 에러는 5.7E-16으로써, 초기 입력변수$[x_{(0)},\ \lambda_{v(0)}]$ = [-3, 1]에 대해서 0으로 수렴하였고 이때의 $[x_{(4)},\ \lambda_{v(4)}]$는 [-2, 5.75]로 도출되었다. 또 다른 local 최저 위치(stationary point)가 $[x_{(4)},\ \lambda_{v(4)}]$=[2, 2.25]에서 구해졌고 이때 사용된 초기 입력변수는 표 2.4.2.3(a)에서 보이듯이 $[x_{(0)},\ \lambda_{v(0)}]$=[1.5, 7]이며 $\nabla L(x_{(4)},\lambda_{v(4)})$의 MSE 에러는 1.4E-20이다. 표 2.4.2.3(b)에는 4개의 초기 입력변수 [-3,1], [1.5,7], [1.5,8], [3,0]을 사용하였을 경우에도, 2개의 초기 입력변수를 사용하여 도출한 표 2.4.2.3(a)와 유사한 수렴 결과을 확인하였다. 표 2.4.2.3(b)에서 보이듯이 4단계(Iteration 4)에서 초기 입력변수 $[x_{(0)},\ \lambda_{v(0)}]$=[-3,1], [1.5,8]에 대해서는 $[x_{(4)},\ \lambda_{v(4)}]$=[-2, 5.75]로 도출되었다. 이때 MSE는 5.7E-16과 1.4E-20으로 각각 감소하였다. 또 다른 local 최저값이 $[x_{(4)},\ \lambda_{v(4)}]$=[2, 2.25]에서 구해졌고 이때 사용된 초기 입력변수는 표 2.4.2.3.(b)에서 보이듯이 $[x_{(0)},\ \lambda_{v(0)}]$= [1.5, 7]과 [3,0]이다.

2) 라그랑주 함수의 최소값 도출

라그랑주 승수는 두 초기 입력변수 모두, 양수로 도출되어 KKT 조건을 만족하였고, 초기 입력변수 $[x_{(0)},\ \lambda_{v(0)}]$=[-3,1] 는 local 최저 위치(stationary point)인 $[x_{(4)},\ \lambda_{v(4)}]$=[-2, 5.75]로 수렴하였고, 이때 최소화된 라그랑주 함수 $L(x_{(k)},\ \lambda_{v(k)})$는 3, 목적함수 $f_{min}(x)$도 역시 3으로 최소화되었다. 또 다른 초기 입력변수 $[x_{(0)},\ \lambda_{v(0)}]$=[1.5, 7]는 또 다른 local 최저 위치(stationary point)인 $[x_{(4)},\ \lambda_{v(4)}]$= [2, 2.25]로 수렴하였고, 이때 최소화된 라그랑주 함수 $L(x_{(k)},\ \lambda_{v(k)})$는 7, 목적함수 $f_{min}(x)$도 역시 7로 최소화되었다. 여기서 주목할 점은 2개의 초기 입력변수$[x_{(0)},\ \lambda_{v(0)}]$=[-3, 1], [1.5, 7]로부터 수렴된 local 최저 위

치(stationary point) $x_{(4)}$는 -2와 2로서, 모두 활성 KKT 조건의 부등 제약 $v(x)=x^2-4\geq 0$인 $x_{(5)}\geq 2$, $x_{(5)}\leq -2$ 범위 내에서 목적함수의 최대 및 최소값이 도출되었음을 알 수 있다. 그러나 초기 입력변수$[x_{(0)}, \lambda_{v(0)}]=[-3, 1]$로부터 수렴한 $[x_{(4)}, \lambda_{v(4)}]=[-2, 5.75]$에서 라그랑주 함수 또는 목적함수의 글로벌 최저점이 3으로 최소화되었다. 그림 2.4.2.2(c)와 (d)에서처럼, 수렴된 local 최저 위치(stationary point)$x_{(4)}=-2$와 라그랑주 승수 $\lambda_{v(4)}=5.75$에서 목적함수 $f(x)$ 및 라그랑주 함수 $L(x_{(k)}, \lambda_{v(k)})$는 최저점을 형성하고 있는 것이다. 또한 표 2.4.2.3과 그림 2.4.2.2(c)와 (d)에, 초기 입력변수 $[x_{(0)}, \lambda_{v(0)}]=[-3,1]$에 대해, local 최저 위치(stationary point)가 $[x_{(4)}, \lambda_{v(4)}]=[-2,5.75]$로 수렴하는 과정과 라그랑주 함수 $L(x_{(k)}, \lambda_{v(k)})$는 3으로 수렴하는 과정,그리고 초기 입력벡터$[x_{(0)}, \lambda_{v(0)}]=[1.5,7]$에 대해서도, local 최저 위치(stationary point) 가 $[x_{(4)}, \lambda_{v(4)}]=[2, 2.25]$, 로 수렴하는 과정과 라그랑주 함수 $L(x_{(k)}, \lambda_{v(k)})$는 7로 수렴하는 과정을 도시하였다.

3) 초기 입력변수의 효율적 설정

그림 2.4.2.2(a)에는 라그랑주 함수의 해를 구하기 이전에, 라그랑주 승수 λ_v와 입력변수 x의 관계를 도시하여 라그랑주 함수의 최대, 최소점의 위치를 대략적으로 파악하도록 하였다. 작성된 컨투어의 교차점에 2개에 라그랑주 함수의 local 최대, 최소점이 존재할 수 있음을 알려준다. 뉴턴-랩슨 방법에 의한 반복연산을 실시할 때 초기 입력변수의 설정에 도움이 되기 때문에 유용한 그림이다. 그러나 이 그림은 라그랑주 승수 λ_v를 포함하여 2개 이상의 파라미터에 대해서는 작성할 수 없음에 유의해야 한다. 해당 그림에 의하면, 라그랑주 함수의 최대, 최소점의 위치는 입력변수 x가 -2 근처에 존재할 때 라그랑주 승수 λ_v가 5.75, 입력변수 x가 +2 근처에 존재할 때, 라그랑주 승수 λ_v가 2.25임을 알 수 있어 초기 입력변수의 설정에 매우 도움이 되며, 표 2.4.2.3의 초기 입력변수 설정에 도움을 주었다. 그림 2.4.2.2(c)에는 그림 2.4.2.2(a)에서 유추된 라그랑주 함수의 최대, 최소점과는 거리가 있는 2개의 초기 입력변수 $[x_{(0)}, \lambda_{v(0)}]=[-3, 1]$과 $[1.5, 7]$를 설정하였다. 반복연산에 의해 그림 2.4.2.2(c)에서 보이듯이, 초기 입력변수$[x_{(0)}, \lambda_{v(0)}]=[-3, 1]$는 정확한 해 $[x_{(4)}, \lambda_{v(4)}]=[-2, 5.75]$로 수렴하였고

$[x_{(0)}, \lambda_{V(0)}]$=[1.5, 7] 역시 $[x_{(4)}, \lambda_{V(4)}]$=[2, 2.25]로 수렴하여 정확한 해로 수렴하였다. 초기 입력변수가 어느 정도 먼 위치에 설정된다 하여도 정확한 해가 도출되었다. 그림 2.4.2.2(b)에는 초기 입력변수$[x_{(0)}, \lambda_{V(0)}]$= [-3,1] 대신 초기 입력변수인 $[x_{(0)}, \lambda_{V(0)}]$= [3,0]를 설정하는 경우, 아예 local 최소위치에 수렴하지 못하는 것을 알 수 있다. 즉 초기 입력변수의 설정이 중요함을 알 수 있다. 충분히 넓은 지역을 대표하도록 초기입력변수를 설정하여, local 최대, 최소점을 놓치지 않도록 하는 것이 중요하다는 사실을 알 수 있다. 그림 2.4.2.2(d)에는 4개의 초기 입력변수기반으로 반복연산을 수행하였고, 4개의 초기 입력변수의 모두에 대해서, 정확한 해가 수렴되었다. 뉴턴-랩슨 반복연산에서, 초기 입력변수가 무작위로 충분히 넓은 지역을 대표할 수 있도록 설정된다면, 그 중 전부 또는 일부의 초기 입력변수가 정확한 해로 수렴할 수 있음을 보았다. 그림 2.4.2.2(c)와 (d)에서 보이듯이 초기입력 파라미터의 수렴경로가 화살표로 표시되어 있고, 최종 수렴위치가 $[x_{(k)}, \lambda_{(k)}]$와 최소화된 라그랑주 L값과 함께 표시되어 있다. 그러나 설정된 초기 입력변수의 수가 많더라도 무작위로 충분히 넓은 지역을 대표할 수 없다면, 라그랑주 함수의 최대, 최소점을 확인할 수 없는 경우도 발생할 수 있음에 유의하여야 한다. 특히 초기 입력변수 설정과 관련된 정해진 규칙이 없으므로, local 최대, 최소점을 미리 확인할 수 없는 경우에는 전 검색영역을 균등하게 고려할 수 있도록 충분한 숫자의 초기 입력변수를 설정하여야 한다. 이와 같이 가정된 초기 입력변수들은 반복연산 과정을 통해서 인접 local 해로 수렴하게 된다. 초기 입력변수의 숫자는 많을수록 좋겠으나, 계산시간이 증가하는 문제가 있으므로 유의하여야 한다. 만약 초기 입력변수가 많더라도 한쪽으로 몰려 있다면 그 초기 입력변수들은 모두 1개의 동일한 해로 수렴하기 때문이다. 예를 들어 보의 구조설계의 경우 보폭과 보깊이의 2개 입력변수에 대해, 각 입력변수의 설정범위를 각각 5등분 하여, 총 25개의 초기 입력변수에 대해 반복연산을 실시하여 해를 구하는것도 좋은 방법 중의 하나이다. 그러나 3등분 또는 4등분하여 해의 정확도는 유지하면서, 계산시간을 줄일 수도 있을 것이므로, 직관에 의한 초기 입력변수의 설정은 매우 중요하다.

표 2.4.2.3 활성 Case 2 KKT 조건에 대한 초기변수 기반 뉴턴-랩슨 반복연산

(a) 2개의 초기 입력변수 사용

Iteration	Initial guess $x_{(0)} = -3, \lambda_{v,(0)} = 1$					Initial guess $x_{(0)} = 1.5, \lambda_{v,(0)} = 7$				
	$x_{(k)}$	$\lambda_{v,(k)}$	MSE	$\mathcal{L}$	$f(x_k)$	$x_{(k)}$	$\lambda_{v,(k)}$	MSE	$\mathcal{L}$	$f(x_k)$
0	-3	1	5012.5	57	62	1.5	7	227.312	17.438	5.188
1	-2.167	1.556	330.34	6.518	7.598	2.083	-0.86	113.602	8.144	7.851
2	-2.006	5.332	1.880	3.012	3.149	2.002	2.103	0.198	7.001	7.015
3	-2.000	5.748	2.1E-05	3	3	2	2.25	1.5E-07	7	7
4	-2	5.750	5.7E-16	3	3	2	2.25	1.9E-20	7	7

(b) 4개의 입력변수 사용

Iteration	Initial guess $x_{(0)} = -3, \lambda_{v,(0)} = 1$					Initial guess $x_{(0)} = 1.5, \lambda_{v,(0)} = 7$				
	$x_{(k)}$	$\lambda_{v,(k)}$	MSE	$\mathcal{L}$	$f(x_k)$	$x_{(k)}$	$\lambda_{v,(k)}$	MSE	$\mathcal{L}$	$f(x_k)$
0	-3	1	5012.5	57	62	1.5	7	227.312	17.438	5.188
1	-2.167	1.556	330.34	6.518	7.598	2.083	-0.86	113.602	8.144	7.851
2	-2.006	5.332	1.880	3.012	3.149	2.002	2.103	0.198	7.001	7.015
3	-2.000	5.748	2.1E-05	3	3	2	2.25	1.5E-07	7	7
4	-2	5.750	5.7E-16	3	3	2	2.25	1.9E-20	7	7

Iteration	Initial guess $x_{(0)} = -1.5, \lambda_{v,(0)} = 8$					Initial guess $x_{(0)} = 3, \lambda_{v,(0)} = 0$				
	$x_{(k)}$	$\lambda_{v,(k)}$	MSE	$\mathcal{L}$	$f(x_k)$	$x_{(k)}$	$\lambda_{v,(k)}$	MSE	$\mathcal{L}$	$f(x_k)$
0	-1.5	8	216.8	10.94	-3.06	3	0	1934.5	38	38
1	-2.083	3.417	88.331	3.940	5.103	2.167	-1.06	177.763	9.655	8.922
2	-2.002	5.631	0.149	3.001	3.038	2.006	1.986	1.162	7.009	7.058
3	-2.000	5.750	1.1E-07	3.000	3.000	2.000	2.243	1.4E-05	7.000	7.000
4	-2	5.75	1.4E-20	3	3	2	2.25	3.8E-16	7	7

(a) 라그랑주 승수 λ_v와 입력변수 x에 대한 라그랑주 컨투어 도시

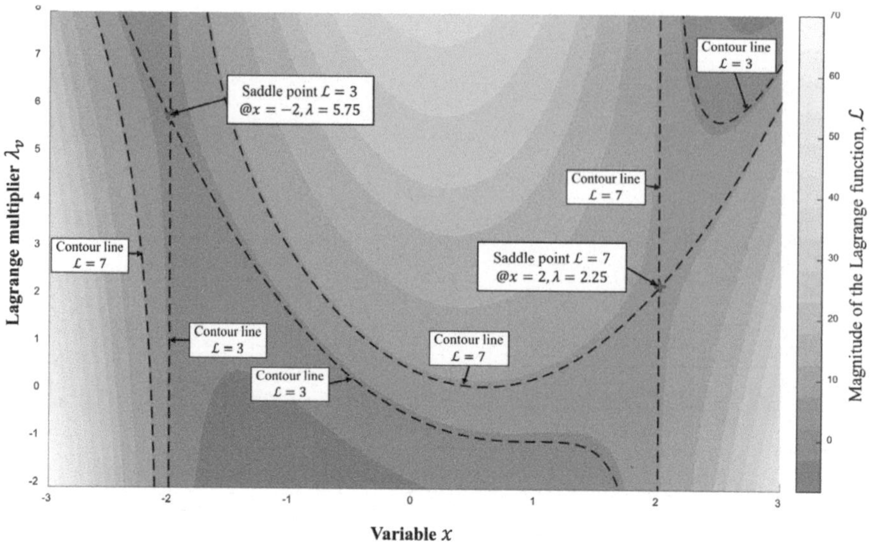

(b) 잘못 설정된 초기 입력변수

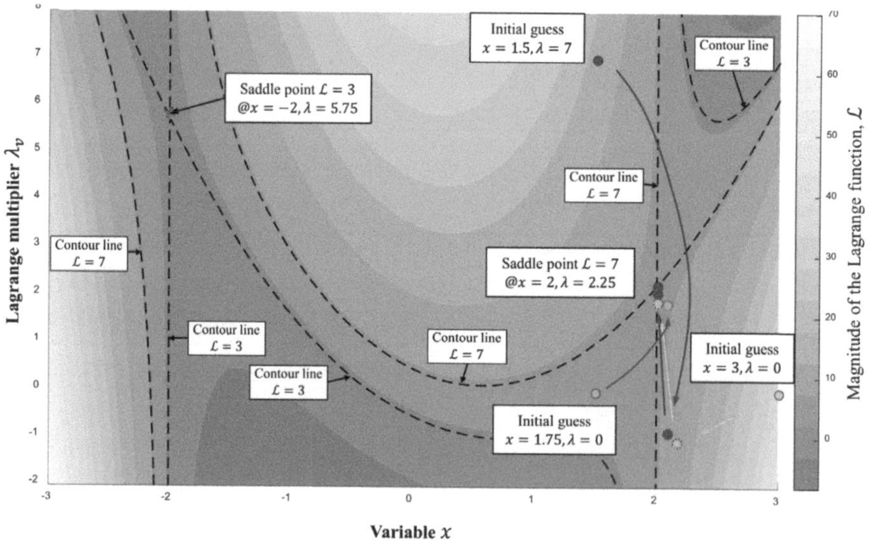

(c) 2개의 초기변수의 수렴

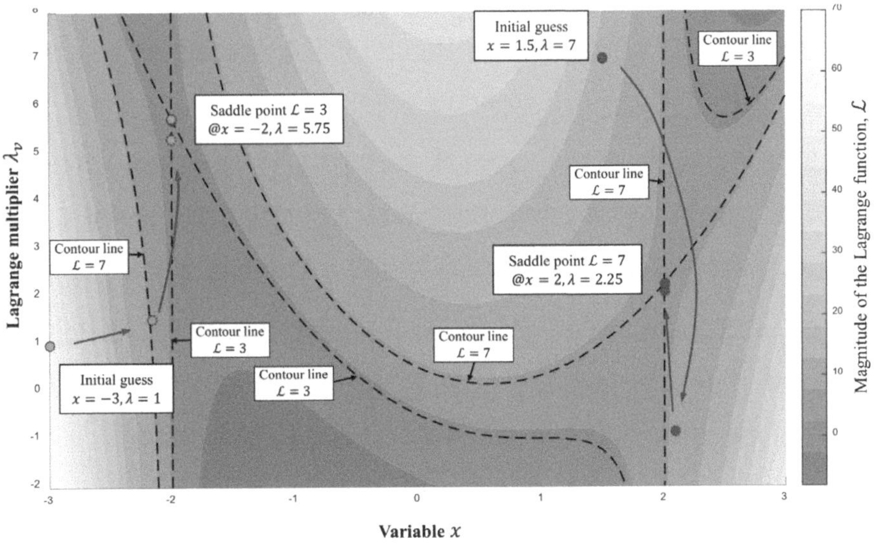

(d) 4개의 초기변수의 수렴

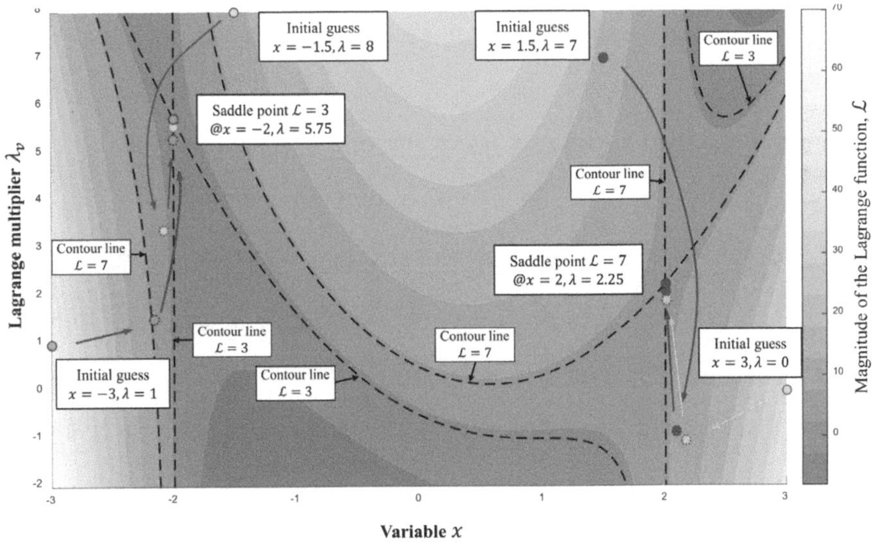

그림 2.4.2.2 초기 변수(x=-2, λ_v= 5.75, L=3) 기반 뉴턴-랩슨 반복연산에 의한 활성 Case 2 KKT 라그랑주 최적화 검증

비활성 KKT 조건에서 사용된 식(2.4.2.4-2)의 라그랑주함수 $L(x,\lambda_v)=x^4-x^3-4x^2+5x+5$를 도시해 보면 그림 2.4.2.1에서 처럼 3개의 최대, 최소점이 존재하고, 반면에 활성 KKT 조건에 적용된 식(2.4.2.8-1)의 라그랑주 함수 $L(x,\lambda_v)=x^4-x^3-4x^2+5x+5-\lambda_v(x^2-4)$를 도시해 보면 그림 2.4.2.2에서처럼 2개의 최대, 최소점이 존재한다. 따라서 비활성 KKT 조건의 경우에는 표 2.4.2.2의 초기변수 3개와 활성 KKT 조건의 경우에는 표2.4.2.3의 2개 또는 4개로 가정하여 뉴턴-랩슨 방법기반 반복연산에 적용하였다. 그러나 이러한 정보가 없을 경우에는 임의의 수의 초기변수를 가정한다. 더 많은 초기변수로 넓은 domain에서 수렴하도록 해야 정확한 local 극대, 극소점이 계산될 수 있으나 계산시간이 늘어나는 부담이 존재한다. 부록 B1에는 수학식 기반에서 라그랑주 최적화 과정을 도출하는 코드가 소개되어 있으니 참고 바란다.

(4) 요약

비활성조건의 식(2.4.2.6-1)과 활성조건의 식(2.4.2.8-2)의 연립방정식으로 구성된 라그랑주 함수의 제이코비 매트릭스가 0으로 수렴하는 입력값을 구하는 과정은 매우 복잡하다. 제이코비 매트릭스인 식(2.4.2.6-1) 및 식(2.4.2.8-2) 이외에도, 제이코비(Jacobi)를 한 번 더 미분한 식(2.4.2.7-1)과 식(2.4.2.9-1)의 헤시안(Hessian) 매트릭스가 나타나게 된다.

2.4.2.2 인공신경망 기반의 부등 제약조건에 의한 4차함수 최소화

2.4.2.1절에서 설명된 대로, 수학식 기반의 라그랑주 승수법을 이용하여 목적함수를 최소화하기 위해서는 목적함수와 제약함수들을 반드시 수학식 기반으로 표현하여야 한다. 제시된 제약조건, 즉 설계 시 부재의 규격, 재료 물성치, 설계규준에서 제한하는 규정 등을 적용할 때에도 제약조건들은 수학식 기반으로 표현되어야 하는데, 이와 같이 복잡한 함수를 수학식으로 유도하는 일은 쉽지 않다. 이 절에서는, 수학식 기반에서 4차함수의 전통적인 라그랑주 최적화 과정을 인공신경망에 기반한 라그랑주 최적화 과정과 비교하였다. 특히 인공신경망에 기반한 라그랑주 최적화는 수학식의 목적함수 및 제약함수의 유도과정을 생략하고, 수학식 기반의 라그랑주 최적화와 유사한 정확도를 도출할 수 있었을 뿐만 아니라, 체계적이고 일반화된, 수

월한 최적화가 수행될 수 있음을 보였다. 더 나아가 식(2.4.2.11-1)과 식(2.4.2.11-2)같이 난이도 있는 수학적 기반의 함수를 인공신경망에 기반한 함수로 대체하여, 목적함수 및 제약함수의 수학적 난이도와 관계없는 최적화가 수행될 수 있음을 보였다. 이와 같은 인공신경망 기반의 함수는 2번 이상 미분 가능하여 제이코비 및 헤시안 매트릭스를 유도할 수 있도록 일반화된 함수이다.

$$\text{Minimize} \quad f(x) = x^4 - x^3 - 4x^2 + 5x + 5 \qquad (2.4.2.11\text{-}1)$$

$$\text{with respect to} \quad x \in \mathbb{R}$$

$$\text{subjected to} \quad v(x) = x^2 - 4 \geq 0 \qquad (2.4.2.11\text{-}2)$$

(1) Step 1 : 인공신경망 학습을 위한 빅데이터의 생성

식(2.4.2.11-1)의 목적함수 $f(x)=x^4-x^3-4x^2+5x+5$와 식(2.4.2.11-2)의 제약함수 $v(x)=x^2-4$는 식(2.4.2.12-1)과 식(2.4.2.12-2)에서 각각 AI 기반의 함수로 변환하도록 한다. 자세한 설명은 2.3.3절을 참고하기를 바란다.

$$\underbrace{f(x)}_{[1\times1]} = g_f^D\left(f_{lin}^{(L=3)}\left(\underbrace{\mathbf{W}_f^{(L=3)}}_{[1\times2]} f_t^{(2)}\left(\underbrace{\mathbf{W}_f^{(2)}}_{[2\times2]} f_t^{(1)}\left(\underbrace{\mathbf{W}_f^{(1)}}_{[2\times1]}\underbrace{g_x^N(x)}_{[1\times1]} + \underbrace{\mathbf{b}_f^{(1)}}_{[2\times1]}\right) + \underbrace{\mathbf{b}_f^{(2)}}_{[2\times1]}\right) + \underbrace{b_f^{(L=3)}}_{[1\times1]}\right)\right)$$

(2.4.2.12-1)

$$\underbrace{v(x)}_{[1\times1]} = g_v^D\left(f_{lin}^{(L=3)}\left(\underbrace{\mathbf{W}_v^{(L=3)}}_{[1\times2]} f_t^{(2)}\left(\underbrace{\mathbf{W}_v^{(2)}}_{[2\times2]} f_t^{(1)}\left(\underbrace{\mathbf{W}_v^{(1)}}_{[2\times1]}\underbrace{g_x^N(x)}_{[1\times1]} + \underbrace{\mathbf{b}_v^{(1)}}_{[2\times1]}\right) + \underbrace{\mathbf{b}_v^{(2)}}_{[2\times1]}\right) + \underbrace{b_v^{(L=3)}}_{[1\times1]}\right)\right)$$

(2.4.2.12-2)

인공신경망을 학습하기 위한 빅데이터의 개수와 생성범위는 목적함수 및 제약함수의 수학적 복잡성에 따라 주의 깊게 선택하여야 한다. 본 예제 식(2.4.2.12-1) 및 식(2.4.2.12-2)의 인공신경망은 10,000개의 빅데이터에 의해 학습되었고 가중변수와 편향변수 매트릭스를 도출하였다. 이때 빅데이터를 생성하기 위한 무작위 변수의 범위는 표 2.4.2.4(a)에 보이듯이 비정규화 시에는 -4부터 4 사이에서 생성되었고, 표 2.4.2.4(b)에는 -1부터 1 사이에서 정규화하였다. 인공신경망은 생성 구간 이외에서는 큰 오차를 보일 것이다.

표 2.4.2.4 빅데이터의 생성

(a) 비정규화
10,000 개의 비 정규화된 빅데이터

Data	x	$f(x)$	$v(x)$
1	0.919	6.154	-3.156
2	-0.489	1.769	-3.760
3	2.637	20.386	2.954
4	4.910	395.846	20.105
5	-3.872	208.509	10.993
6	1.019	5.961	-2.961
7	-2.319	13.300	1.379
8	-1.062	-2.352	-2.872
9	1.499	5.188	-1.753
10	0.752	6.392	-3.434
11	1.139	5.712	-2.703
12	3.070	42.554	5.426
13	0.987	6.025	-3.026
14	1.448	5.214	-1.905
15	2.331	11.778	1.433
16	-3.527	136.226	8.440
17	-2.647	31.370	3.006
18	-3.190	84.335	6.175
...	...	...	...
10,000	-2.756	39.494	3.598
MAX	3.996	240.920	11.998
MIN	-4.000	-3.264	-4.000
MEAN	0.026	34.324	1.285

(b) 정규화
10,000 개의 정규화된 빅데이터

Data	x	$f(x)$	$v(x)$
1	0.184	-0.970	-0.932
2	-0.098	-0.984	-0.981
3	0.527	-0.925	-0.444
4	0.982	0.262	0.929
5	-0.775	-0.330	0.200
6	0.204	-0.971	-0.917
7	-0.464	-0.948	-0.570
8	-0.213	-0.997	-0.910
9	0.300	-0.973	-0.820
10	0.150	-0.969	-0.955
11	0.228	-0.972	-0.896
12	0.614	-0.855	-0.246
13	0.197	-0.971	-0.922
14	0.289	-0.973	-0.832
15	0.466	-0.952	-0.565
16	-0.706	-0.559	-0.005
17	-0.530	-0.891	-0.439
18	-0.638	-0.723	-0.186
...	...	...	...
10,000	-0.551	-0.865	-0.392
MAX	1.000	1.000	1.000
MIN	-1.000	-1.000	-1.000
MEAN	0.007	-0.692	-0.339

(2) Step 2 : 인공신경망의 도입

목적함수의 경우에는 식(2.4.2.12-1) 또는 식(2.4.2.14-1), 식(2.4.2.14-2)에 기반하여 가중변수 및 편향변수 매트릭스가 유도되었고, 그림 2.4.2.3(a)에 인공신경망을 도시하였다. 그림 2.4.2.3(a)은 식(2.4.2.12-1)에 도출되어 있는 2개의 은닉층과 2개의 뉴런을 갖는 인공신경망을 보여주고 있고 학습결과로써 도출된 가중변수와 편향변수 매트릭스도 나타나 있다. 또한 제약함수의 경우에는 식(2.4.2.12-2)와 식(2.4.2.17)에 기반하여 유도되었고, 그림 2.4.2.3(b)에 인공신경망을 도시하였다. 그림 2.4.2.3(b)는 식(2.4.2.12-2)에 도출되어 있는 2개의 은닉층과 2개의 뉴런을 갖는 인공신경망을 보여주고 있고 학습결과로써 도출된 가중변수와 편향변수도 나타나 있다. 목적함수와 제약함수는 인공신경망 기반에서 함수로 도출하였다. 즉 목적함수는 식(2.4.2.15)을 이용하고 제약함수는 식(2.4.2.18)을 이용하여 인공신경망 기반에서 함수로 도출되었다. 특히 그림 2.4.2.3(a)의 식(2.4.2.12-1)과 그림 2.4.2.3(b)의 식(2.4.2.12-2)에서 각각 목적함수 $f(x)=x^4-x^3-4x^2+5x+5$와 제약함수 $v(x)=x^2-4$가 유도되었는데, 학습된 인공신경망이 도출한 가중변수와 편향변수는 AI 기반 인공신경망에서 핵심적인 부분이 된다. tansig, tanh 활성함수는 저자의 책(인공지능기반 철근콘크리트 구조 설계, 홍원기, 대가출판사)[7]의 1.4.2.2절에 자세히 설명되어 있듯이, 각 은닉층에서 예측된 뉴런값들을 비선형화하는 역할을 담당한다. 반면에 출력층에는 선형 활성함수 f_{lin}^{L} 를 적용하여 최종 출력하였다. 그림 2.4.2.4에는 표 2.4.2.4에 생성된 빅데이터에 대해 학습된 인공신경망의 학습 정확도가 제시되어 있다. MSE와 R에 의하면 훌륭한 학습 정확도가 도출되었다. 그림 2.4.2.5에는 AI 기반으로 유도되어 있는 목적함수와 제약함수가 수학식 기반의 목적함수와 제약함수와 거의 동일하게 도출되어 있다.

빅데이터의 생성범위 내에서는 목적함수와 제약함수의 첫째, 둘째 미분항까지 거의 일치하는 것을 알 수 있다. 수학식 기반의 목적함수와 제약함수는 식(2.4.2.12-1)과 식(2.4.2.12-2)의 AI 기반으로 대체될 수 있음을 보여 주고있다. AI 기반으로 유도된 함수는 거의 어떠한 함수이던 제한없이 일반화할 수 있다는 장점이 있고, 고차의 미분이 가능하여 식(2.3.4.1-1)에서처럼 고차의 미분항을 갖는 선형함수로 전개할 경우에 뉴턴-랩슨 반복연산을 수월하게 적용할 수 있다. 즉 수학적으로 최적점을 찾기 어려운 함수라 할지라도, AI 기반에서는 고차의 미분항을 갖는 선형함수로 수월하게 전개되어 항상 최적점을 찾을 수 있게 된다.

(a) 인공신경망 기반 목적함수의 학습 $f(x)$=x4-x3-4x^2+5x+5: 식(2.4.2.12-1)

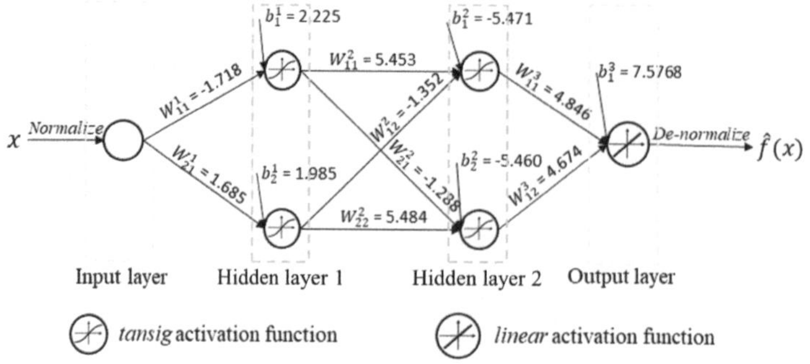

(b) 인공신경망 기반 목적함수의 학습 $v(x)$=x^2-4: (식2.4.2.12-2)

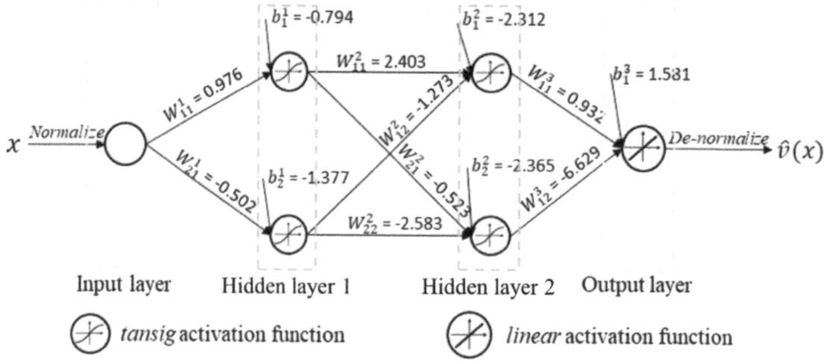

그림 2.4.2.3 2개의 은닉층과 2개의 뉴런을 갖는 인공신경망(목적함수, 제약함수)의 유도 및 학습: 가중변수 $W_f^{(l)}$와 편향변수 $b_f^{(l)}$ 매트릭스의 유도 (표 2.4.2.5 참조)

(a) 목적함수 $f(x)$의 학습 정확도: 식(2.4.2.12-1)

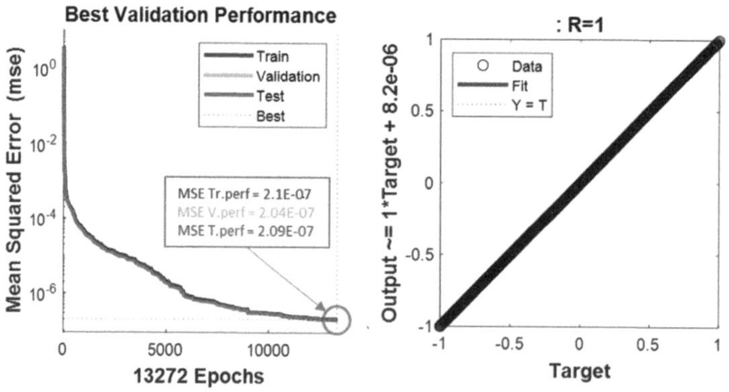

(b) 제약함수 $v(x)$의 학습 정확도: 식(2.4.2.12-2)

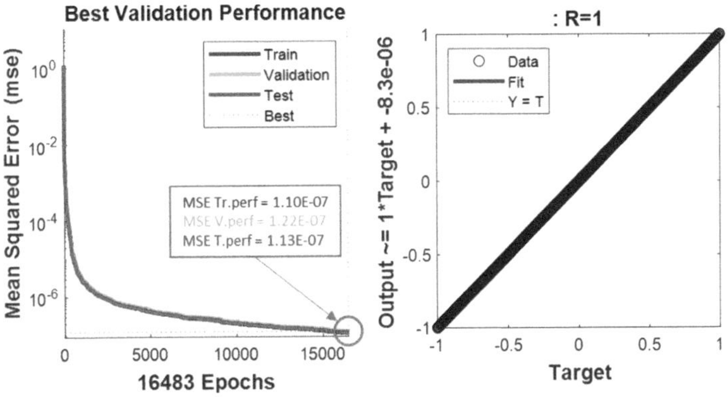

그림 2.4.2.4 인공신경망의 학습 정확도

(a) 목적함수 $f(x)$: 식(2.4.2.12-1)

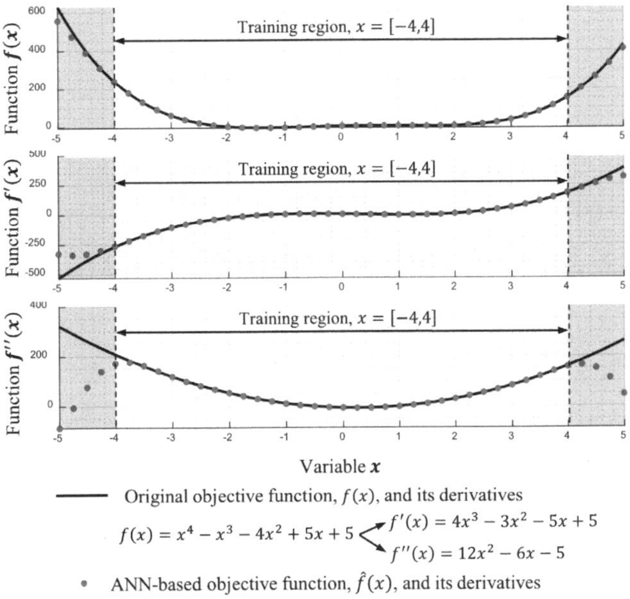

(b) 제약함수 $v(x)$: 식(2.4.2.12-2)

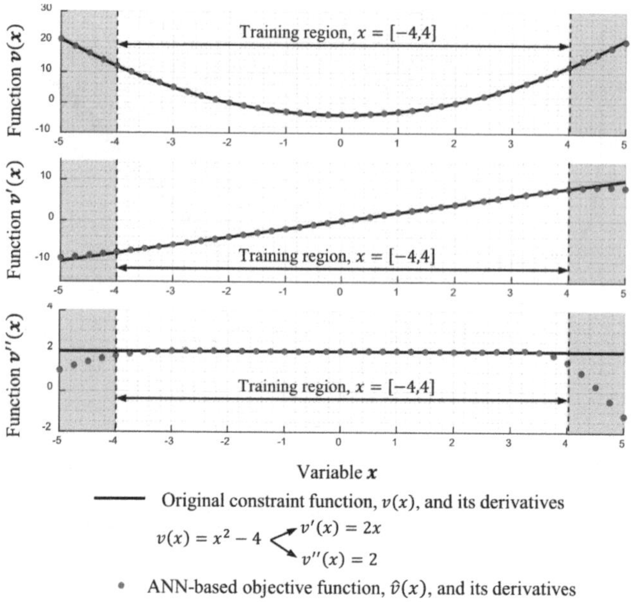

그림 2.4.2.5 AI 기반에서 유도된 목적함수, 제약함수 및 미분항의 비교

3) Step 3 : 인공신경망 기반의 라그랑주 함수의 유도

이 절에서는 복잡한 수학식에 기반한 함수를 일반화하고, 최적화 과정에서 요구되는 제이코비 및 헤시안 매트릭스를 수월하게 유도하기 위해서, AI 기반의 함수를 이용하였다. 직접적으로 최적점을 찾기 어려운 라그랑주 함수의 1차 미분식의 경우는 고차의 미분항을 갖는 선형함수로 변환하여 최적점을 찾게 되는데 이 과정에서 2.3.6절에서 다루었던 제이코비 및 헤시안 매트릭스가 유도된다. 식(2.4.2.13-1)은 전형적인 라그랑주 함수를 보여주고 있다. 식(2.4.2.13-2)는 수학식에 기반하여 일반화된 라그랑주 함수의 1차 미분식이고, 식(2.4.2.13-3)는 제이코비 매트릭스를 대괄호로 묶어 표현하였으며, 인공신경망에 기반하여 일반화된 라그랑주 함수의 1차 미분식을 표현하고 있다. 식(2.3.6.3-1), 식(2.3.6.3-2) 및 식(2.4.2.14-1), 식(2.4.2.14-2), 식(2.4.2.15)에 유도되어 있는 인공신경망 기반의 함수는 식(2.4.2.15-5)에서 $\mathbf{z}_f^{(p)}$로 도출되었다. 따라서 수학식 기반의 목적함수 $f(x)$는 인공신경망 기반의 $\mathbf{z}_f^{(p)}$로 대체된다. 또한 식(2.4.2.18)

에는 수학식 기반의 부등 제약함수 $v(x)$를 비정규화 은닉층(D)에서 인공신경망 기반의 $z_v^{(D)}$로 유도하였다. $\nabla f(x^{(k)})$는 목적함수 $f(x)$의 제이코비 매트릭스 $[\mathbf{J}_f^{(D)}(x)]$가 되며, 부등 제약함수의 제이코비 $\nabla v(x)$ 역시 비정규화 은닉층(D)에서 $\mathbf{J}_v(x)=[\mathbf{J}_v^{(D)}(x)]$가 된다. 비정규화 은닉층$(D)$에서의 $[\mathbf{J}_f^{(D)}(x)]$와 $[\mathbf{J}_v^{(D)}(x)]$는 식(2.3.6.6-1)부터 식(2.3.6.6-9)에 유도되었다. 따라서 식(2.4.2.13-3)의 라그랑주 함수의 1차 미분식은 인공신경망에 기반하여 일반화되어 $[\mathbf{J}_v^{(D)}(x)]$와 $[\mathbf{J}_f^{(D)}x]$ 항으로 도출되는 것이다.

$$\mathcal{L}(x,\ \lambda_v) = f(x) - \lambda_v^T S v(x) \tag{2.4.2.13-1}$$

$$\nabla\mathcal{L}(x,\ \lambda_v) = \begin{bmatrix} \nabla_x \mathcal{L}(x,\lambda_v) \\ \nabla_{\lambda_v}\mathcal{L}(x,\lambda_v) \end{bmatrix} = \begin{bmatrix} \nabla f(x) - \mathbf{J}_v(x)^T S\lambda_v \\ -v(x) \end{bmatrix} \tag{2.4.2.13-2}$$

$$\nabla\mathcal{L}(x,\ \lambda_v) = \begin{bmatrix} \nabla_x \mathcal{L}(x,\lambda_v) \\ \nabla_{\lambda_v}\mathcal{L}(x,\lambda_v) \end{bmatrix} = \begin{bmatrix} \left[\mathbf{J}_f^{(D)}(x)\right]^T - \left[\mathbf{J}_v^{(D)}(x)\right]^T S\lambda_v \\ -Sv(x) \end{bmatrix} = 0 \tag{2.4.2.13-3}$$

식(2.3.6.3-1)은 일반적으로는 임의의 함수 y를 의미하지만, 특별하게는 목적함수를 나타내고 있다.

식(2.4.2.15)에는 식(2.4.2.11-1), 식(2.4.2.12-1)과 그림 2.4.2.3(a)에 기반한 목적함수의 인공신경망이 각각 2개의 은닉층, 1개의 출력층과 2개의 뉴런을 가질 때 일련의 복합수학 연산기호로 표시되어 있다. $\mathbf{z}_f^{(1)}$은 l 은닉층에서의 목적함수 $f(x)$의 출력 뉴런값이다. 식(2.4.2.15-4)에서 L = 3까지 계산된다. AI 기반에서는 식(2.4.2.14-1)과 같이 일련의 복합수학 연산기호로 표시되어, 각각 2개의 은닉층, 1개의 출력층과 2개의 뉴런을 가질 때 대해 식(2.4.2.14-2)로 표현할 수 있다. 그림 2.4.2.3(a)에 네트워크 형태로 도식화되어 있다.

$$f(\mathbf{x}) = \mathbf{z}^{(D)} \circ \mathbf{z}^{(L)} \circ \mathbf{z}^{(L-1)} \circ \ldots \circ \mathbf{z}^{(1)} \circ \mathbf{z}^{(N)} \tag{2.4.2.14-1}$$

$$f(x) = \mathbf{z}_f^{(D)} \circ \mathbf{z}_f^{(L=3=\text{출력})} \circ \mathbf{z}_f^{(L=2)} \circ \mathbf{z}_f^{(1)} \circ \mathbf{z}_f^{(N)} \tag{2.4.2.14-2}$$

요약하면, 식(2.3.6.3-2)의 목적함수 인공신경망이 2개의 은닉층, 1개의 출력층과 2개의 뉴런을 가질 때 식(2.4.2.15)로 구해진다. 식(2.4.2.14-2)와 (2.4.2.15-1)에 있는 $\mathbf{z}^{(N)}$는 식(2.3.6.2-1), 식(2.3.6.3-2a)의 정규화 함수 $\mathbf{g}^N(x)$를 기반으로 정규화된 입력변수이다. 식(2.3.6.3-2c)에 의해 계산되는 $\mathbf{z}_f^{(l)}$은 l 은닉층에서의 목적함수 $f(x)$의 출력 뉴런값이다. 식(2.4.2.15-2)와 식(2.4.2.15-3)을 거쳐 식(2.4.2.15-4)에 의해 계산되는 $\mathbf{z}^{(3)}$은 정규화된 출력층에서의 목적함수 $f(x)$의 출력 뉴런값이고, 식(2.4.2.15-5)에서 비정규화되기 직전의 값이다. 식(2.4.2.15-5)는 $\mathbf{g}^N(x)$에 의해 비정규화 전환되어 정규화되기 이전의 단위로 회복된 인공신경망이다. $\mathbf{W}^{(l)}$은 l-1 은닉층과 l 은닉층 사이의 가중변수 매트릭스이고, $\mathbf{b}^{(l)}$는 은닉층 l 에서의 편향변수 매트릭스이다. $\mathbf{g}^N$과 $\mathbf{g}^D$은 각각 정규화 및 비정규화를 실행하는 함수이다.

$$\mathbf{z}_f^{(N)} = \alpha_x \odot (x - x_{min}) + \bar{x}_{min} \quad (1)$$

$$\mathbf{z}_f^{(1)} = f_t^{(1)}\left(\mathbf{W}_f^{(1)}\mathbf{z}_f^{(N)} + \mathbf{b}_f^{(1)}\right) \quad (2)$$

$$\mathbf{z}_f^{(2)} = f_t^{(2)}\left(\mathbf{W}_f^{(2)}\mathbf{z}_f^{(1)} + \mathbf{b}_f^{(2)}\right) \quad (3) \qquad (2.4.2.15)$$

$$\mathbf{z}_f^{(L=3=\text{출력})} = f_{lin}^{(L)}\left(\mathbf{W}_f^{(L)}\mathbf{z}_f^{(2)} + b_f^{(L)}\right) \quad (4)$$

$$f(x) = \mathbf{z}_f^{(D)} = \frac{1}{\alpha_{f(x)}}\left(\mathbf{z}_f^{(L)} - \overline{f(x)}_{min}\right) + f(x)_{min} \quad (5)$$

식(2.4.2.16-1)에서 보이듯이, $\bar{x}_{max}$ 와 $\bar{x}_{min}$ 사이에서 입력변수를 정규화하기 위해서 적용되는 α_x는 ($\bar{x}_{max}$-$\bar{x}_{min}$)를 빅데이터의 범위인 ($\bar{x}_{max}$-$\bar{x}_{min}$)로 나누어서 계산된다. 그러나, 식(2.4.2.15-5)에서 보이듯이, 정규화된 목적함수의 뉴런 출력값을 역으로 비정규화하기 위해서는 $\alpha_{f(x)}$의 역수를 적용해야 한다. 식(2.4.2.16-2)에서 보이듯이, $\overline{f(x)}_{max}$ 와 $\overline{f(x)}_{min}$ 사이에서 $f(x)$를 정규화하기 위해서 적용되는 $\alpha_{f(x)}$는 ($\overline{f(x)}_{max}$-$\overline{f(x)}_{min}$)를 $f(x)$함수 범위인 ($f(x)_{max}$-$f(x)_{min}$)로 나누어서 계산한다. 식(2.4.2.15-5)의 $f(x)$는 비정규화 함수 $g^D(\bar{x})$를 사용하여 $z_f(L)$를 비정규화한 함수로서, 원래의 단위로 회복된 $z_f^{(D)}$로 표시 되었다. $\alpha_{f(x)}$, $\mathbf{z}_f^{(L)}$, $\overline{f(x)}_{min}$, *and* $f(x)_{min}$는 $\mathbf{z}_f^{(L)}$를 비정규화하기 위해 필요한 파라

미터들이다. 식(2.4.2.16-1)과 식(2.4.2.16-2)에서 사용된 정규화 범위는 표2.4.2.4에 나타나 있다.

$$\alpha_x = \frac{\bar{x}_{max} - \bar{x}_{min}}{x_{max} - x_{min}} = \frac{1-(-1)}{3.996-(-4)} = 0.2501 \qquad (2.4.2.16\text{-}1)$$

$$\alpha_{f(x)} = \frac{\overline{f(x)}_{max} - \overline{f(x)}_{min}}{f(x)_{max} - f(x)_{min}} = \frac{1-(-1)}{240.92-(-3.264)} = 0.00819 \qquad (2.4.2.16\text{-}2)$$

최종적으로 목적함수의 가중변수 $\mathbf{W}_f^{(l)}$ 와 편향변수 $\mathbf{b}_f^{(l)}$ 매트릭스는 그림 2.4.2.3(a)와 표 2.4.2.5(a)에 나타나 있다.

표 2.4.2.5 인공신경망 기반의 가중변수 $W_f^{(l)}$와 편향변수 $b_f^{(l)}$ 매트릭스(그림 2.4.2.3 참조)

(a) 목적함수 $f(x)$

	가중변수 매트릭스 (Weight matrix)	편향변수 매트릭스 (Bias matrix)
Hidden layer 1	$\mathbf{W}_f^{(1)} = \begin{bmatrix} -1.718 \\ 1.685 \end{bmatrix}$	$\mathbf{b}_f^{(1)} = \begin{bmatrix} 2.225 \\ 1.985 \end{bmatrix}$
Hidden layer 2	$\mathbf{W}_f^{(2)} = \begin{bmatrix} 5.453 & -1.352 \\ -1.288 & 5.484 \end{bmatrix}$	$\mathbf{b}_f^{(2)} = \begin{bmatrix} -5.471 \\ -5.460 \end{bmatrix}$
Output layer	$\mathbf{W}_f^{(3=L)} = [4.846 \quad 4.674]$	$\boldsymbol{b}_f^{(L)} = 7.577$

(b) 제약함수 $v(x)$

	가중변수 매트릭스 (Weight matrix)	편향변수 매트릭스 (Bias matrix)
Hidden layer 1	$\mathbf{W}_v^{(1)} = \begin{bmatrix} 0.976 \\ -0.502 \end{bmatrix}$	$\mathbf{b}_v^{(1)} = \begin{bmatrix} -0.794 \\ -1.377 \end{bmatrix}$
Hidden layer 2	$\mathbf{W}_v^{(2)} = \begin{bmatrix} 2.403 & -1.273 \\ -0.523 & -2.583 \end{bmatrix}$	$\mathbf{b}_v^{(2)} = \begin{bmatrix} -2.312 \\ -2.365 \end{bmatrix}$
Output layer	$\mathbf{W}_v^{(3=L)} = [0.932 \quad -6.629]$	$\boldsymbol{b}_v^{(L)} = 1.581$

식(2.4.2.17)에는 식(2.4.2.11-2), 식(2.4.2.12-2)와 그림 2.4.2.3(b)에 기반한 부등 제약함수의 인공신경망이 각각 2개의 은닉층, 1개의 출력층과 2개의 뉴런을 가질 때 일련의 복합수학 연산기호로 표시되어 있다. $\mathbf{z}_v^l$은 부등 제약함수 $v(x)$의 l 은닉층에서의 은닉층값이고 식(2.4.2.18)에서 L=3까지 계산된다.

$$v(x) = \mathbf{z}_v^{(D)} \circ \mathbf{z}_v^{(L=3)} \circ \mathbf{z}_v^{(2)} \circ \mathbf{z}_v^{(1)} \circ \mathbf{z}_v^{(N)} \tag{2.4.2.17}$$

$$\mathbf{z}_v^{(N)} = \alpha_x \odot (x - x_{min}) + \bar{x}_{min} \quad (1)$$

$$\mathbf{z}_v^{(1)} = f_t^{(1)}\left(\mathbf{W}_v^{(1)}\mathbf{z}_v^{(N)} + \mathbf{b}_v^{(1)}\right) \quad (2)$$

$$\mathbf{z}_v^{(2)} = f_t^{(2)}\left(\mathbf{W}_v^{(2)}\mathbf{z}_v^{(1)} + \mathbf{b}_v^{(2)}\right) \quad (3) \qquad (2.4.2.18)$$

$$\mathbf{z}_v^{(L=3=\text{출력})} = \mathbf{z}_v^{(L)} = f_{lin}^{(L)}\left(\mathbf{W}_v^{(L)}\mathbf{z}_v^{(2)} + b_v^{(L)}\right) \quad (4)$$

$$v(x) = \mathbf{z}_v^{(D)} = \frac{1}{\alpha_{v(x)}}\left(\mathbf{z}_v^{(L)} - \overline{v(x)}_{min}\right) + v(x)_{min} \quad (5)$$

부등 제약함수 vx의 가중변수와 편향변수 매트릭스 $\mathbf{W}_v^{(l)}$, $\mathbf{b}_v^{(l)}$는 그림 2.4.2.3(b)와 표 2.4.2.5(b)에 나타나 있다. $\alpha_{v(x)}$는 식(2.4.2.19)처럼 ($\overline{v(x)}_{max}$- $\overline{v(x)}_{min}$)를 ($v(x)_{max}$-$v(x)_{min}$)로 나누어서 구한다.

$$\alpha_{v(x)} = \frac{\overline{v(x)}_{max} - \overline{v(x)}_{min}}{v(x)_{max} - v(x)_{min}} = \frac{1-(-1)}{11.998-(-4)} = 0.125 \tag{2.4.2.19}$$

표2.4.2.6에 소개되어 있는 바와 같이, 2.4.2.1절에 설명되어 있는 수학식 기반의 라그랑주 최소화 예제와 동일하게, AI 기반의 라그랑주 최소화예제도, 부등 제약함수 $v(x)$ 가 활성일 때와 비활성일 때의 두 가지 KKT 조건으로 나누어 최적 후보값을 구하였다.

표 2.4.2.6 활성 및 비활성 조건의 부등 제약조건 $v(x)$과 KKT 조건

CASE	S	가정 조건
CASE 1	0	$v(x)$이 비활성인 경우
CASE 2	1	$v(x)$이 활성인 경우

(4) Step 4: 제이코비, 헤시안 매트릭스 및 KKT 조건 기반의 최소점

식(2.4.2.13-2)의 라그랑주 함수의 1차미분식 $\nabla L(x, \lambda_c, \lambda_v)$의 최대, 최소점을 특정하는 입력값 x을 구하는 과정은 매우 어려울 수 있으므로, 이를 극복하기 위하여 식(2.3.4.1-1)과 같이 미분식 $\nabla L(x, \lambda_c, \lambda_v)$을 선형화한 후 1차항의 약산식으로부터 뉴턴-랩슨 반복연산을 사용하여 최대, 최소점을 계산한다. 선형화는 제이코비와 헤시안 매트릭스를 기반으로 구해진다.

a) Case 1: 비활성 부등 제약 $v(x)$

• 초기 입력변수

비활성 부등 제약 $v(x)$ 기반의 KKT 조건에서 라그랑주 함수인 식(2.4.2.20-1)은 라그랑주 승수 λ_v가 0이 되어 부등 제약함수 $v(x)$의 제약을 받지않고 유도되었다. 식(2.4.2.20-2)과 식(2.4.2.20-3)은 식(2.4.2.20-1)의 1차미분식인 제이코비로서, 수학식 기반과 인공신경망 기반으로 각각 유도된 함수이다. 부등 제약함수가 무시되어 도출된 라그랑주 함수(또는 부등 제약함수가 무시되어 목적함수와 같게 됨)의 최소값은 부등 제약함수인 식(2.4.2.11-2) 또는 식(2.4.2.12-2)를 반드시 만족하여야 한다. 식(2.4.2.21)은 식(2.4.2.20-1)의 라그랑주 함수를 일련의 복합수학 연산기호로 유도한 것이고, AI 기반에서 라그랑주 함수의 최소점을 구한다. 라그랑주 함수는 라그랑주 승수 λ_v 가 0일 경우 목적함수 $f(x)$와 동일해진다.

$$\mathcal{L}(x,\lambda_v) = f(x) - \lambda_v v(x)\ ,\ \lambda_v = 0 \tag{2.4.2.20-1}$$

$$\nabla\mathcal{L}(x,\lambda_v) = \begin{bmatrix} \nabla_x \mathcal{L}(x,\lambda_v) \\ \nabla_{\lambda_v} \mathcal{L}(x,\lambda_v) \end{bmatrix} = \begin{bmatrix} \nabla f(x) - \mathbf{J}_v(x)^T \times 0 \\ -v(x) \times 0 \end{bmatrix} \tag{2.4.2.20-2}$$

$$\nabla\mathcal{L}(x,\lambda_v) = \begin{bmatrix} \left[\mathbf{J}_f^{(D)}(x)\right]^T - \left[\mathbf{J}_v^{(D)}(x)\right]^T \times 0 \\ -v(x) \times 0 \end{bmatrix} = 0 \tag{2.4.2.20-3}$$

$$\mathcal{L}(x) = f(x) = \mathbf{z}_f^{(D)} \circ \mathbf{z}_f^{(L=3=\text{출력})} \circ \mathbf{z}_f^{(2)} \circ \mathbf{z}_f^{(1)} \circ \mathbf{z}_f^{(N)} \tag{2.4.2.21}$$

표 2.4.2.6에 제시된 Case 1의 경우, 표 2.4.2.7에 보이듯이 3개의 초기 입력변수 (-3, 0, 3)를 식(2.4.2.20-3)의 라그랑주 1차 미분식의 해 $x^{(0)}$로 설정하였다. 초기 입력변수 $x^{(0)}$를 -3, 0, 3로 가정하였는데, 먼저 $x^{(0)}$ = -3을 적용하여 보자. 식(2.4.2.22-1)에 붉은색으로 표시하였듯이 가정된 초기 입력변수 -3을 $\mathbf{z}_f^{(N)}$에 대입한 후 구해진 값 -0.75를 식(2.4.2.22-2)의 $\mathbf{z}_f^{(1)}$ 에 대입하여 계산이 시작된다. 식(2.4.2.22-1)부터 식(2.4.2.22-4)에서는 정규화 마지막 출력층에서 목적함수 $z_f^{(L=3=\text{출력})}$를 구하였고, 이 과정에서 표2.4.2.5(a)의 가중변수 매트릭스 $\mathbf{W}_f^{(1)}$, $\mathbf{W}_f^{(2)}$, $\mathbf{W}_f^{(L=3=\text{출력})}$ 를 적용하였다. 식(2.3.6.3-2(f))와 식(2.4.2.15-5)를 사용하여 식(2.4.2.22-5)에서 $x^{(0)}$ = -3일 때, 비정규화 은닉층(*D*)에서 비정규화된 목적함수 $f(x^{(0)})=z_f^{(D)}$ 를 61.99로 구하였다. α_x와 $\alpha_{f(x)}$는 식(2.4.2.16-1)과 식(2.4.2.16-2)에서 각각 구하였다. 부등 제약함수 $v(x)$에 대해서도 동일한 과정을 따라 $x^{(0)}$ = -3일 때, 비정규화 은닉층(D)에서 비정규화된 부등 제약함수 $v(x^{(0)}) = \mathbf{z}_v^{(D)}$ 를 구할 수 있다.

식(2.3.6.6-1)부터 식(2.3.6.6-9)를 이용하여 식(2.4.2.23-1)부터 (2.4.3.23-5)까지에서 인공신경망 기반으로 제이코비 매트릭스를 순차적으로 계산할 수 있다. $\mathbf{z}_f^{(N)}$는 식(2.4.2.23-1)에서 구해지며 다시 은닉층(*D*)에서 비정규화된 $\mathbf{z}_f^{(D)}$는 식(2.3.6.6-9)에 기반하여 (2.4.2.23-5)에서 구해진다. 1차미분식 $\nabla L(x^{(0)}, \lambda_v)=\nabla f(x^{(0)})$은 식(2.4.2.23-6)에 제이코비 형태로 $[\mathbf{J}_f^{(D)}]^T$ 도출되어, 해의 수렴 여부를 판단하였고, 식(2.4.2.23-7)처럼 0으로 수렴될 때까지 반복연산 되어야 한다.

Case 1에서는 부등 제약함수가 비활성이어서 부등 제약함수는 라그랑주 함수 유도 시 무시(S = 0)되므로, 라그랑주 함수 $L(x, \lambda_v)$는 목적함수 $f(x^{(0)})$와 같게 된다. 즉

$L(x, \lambda_v)$함수가 바로 목적함수 $f(x)$가 되는 것이고, 라그랑주 함수의 1차미분식 $\nabla L(x, \lambda_v)$이 목적함수의 제이코비 $\nabla f(x)$ 또는 gradient 함수가 되는 것이다. 그러나 $x^{(0)}$=-3일 때, 식(2.4.2.23-6)에서처럼 라그랑주 1차 미분식 $\nabla f(x(0))$은 -105.596으로 계산되었으므로, 표2.4.2.7에서처럼 $\nabla L(x^{(0)}, \lambda_v)$이 0으로 수렴하지 않았고, 라그랑주의 최적값은 구해지지 않았다. $x^{(0)}$=-3로 가정된 초기 입력변수는 KKT 조건에 대해, 목적함수 최소화의 후보해로서는 적합하지 않음을 알 수 있고, 식(2.4.2.23-7)이 수렴될 때까지 초기 입력변수에 대해 반복연산하여야 한다.

$$
\begin{aligned}
&\mathbf{z}_f^{(N)} = \alpha_x \odot \left(x^{(0)} - x_{min}\right) + \bar{x}_{min} = 0.2501\left(-3 - (-4.000)\right) + (-1) && (1)\\
&\qquad = -0.75 \\
&\mathbf{z}_f^{(1)} = f_t^{(1)}\left(\mathbf{W}_f^{(1)}\mathbf{z}_f^{(N)} + \mathbf{b}_f^{(1)}\right) = f_t^{(1)}\left(\begin{bmatrix}-1.718\\ 1.685\end{bmatrix}(-0.75) + \begin{bmatrix}2.225\\ 1.985\end{bmatrix}\right) && (2)\\
&\qquad = \begin{bmatrix}0.998\\ 0.618\end{bmatrix} \\
&\mathbf{z}_f^{(2)} = f_t^{(2)}\left(\mathbf{W}_f^{(2)}\mathbf{z}_f^{(1)} + \mathbf{b}_f^{(2)}\right) && (3)\\
&\qquad = f_t^{(2)}\left(\begin{bmatrix}5.453 & -1.352\\ -1.288 & 5.484\end{bmatrix}\begin{bmatrix}0.998\\ 0.618\end{bmatrix} + \begin{bmatrix}-5.471\\ -5.460\end{bmatrix}\right) = \begin{bmatrix}-0.698\\ -0.998\end{bmatrix} \\
&\mathbf{z}_f^{(L=3=\text{출력})} = f_{lin}^{(L)}\left(\mathbf{W}_f^{(L)}\mathbf{z}_f^{(2)} + b_f^{(L)}\right) && (4)\\
&\qquad = f_{lin}^{(L)}\left(\begin{bmatrix}4.846 & 4.674\end{bmatrix}\begin{bmatrix}-0.698\\ -0.998\end{bmatrix} + 7.577\right) = -0.465 \\
&f\left(x^{(0)}\right) = \mathbf{z}_f^{(D)} = \frac{1}{\alpha_{f(x)}}\left(\mathbf{z}_f^{(L=3=\text{출력})} - \overline{f(x)}_{min}\right) + f(x)_{min} && (5)\\
&\qquad = \frac{1}{0.00819}\left(-0.465 - (-1)\right) + (-3.264) = 61.99
\end{aligned}
\tag{2.4.2.22}
$$

$$
\mathbf{J}_f^{(N)} = \frac{\partial \mathbf{z}^{(N)}}{\partial \mathbf{x}} = \frac{\partial\left(\boldsymbol{\alpha}_\mathbf{x} \odot (\mathbf{x} - \mathbf{x}_{min}) + \bar{\mathbf{x}}_{min}\right)}{\partial \mathbf{x}} = I_n \odot \alpha_x = \alpha_x = 0.2501 \tag{2.4.2.23-1}
$$

$$
\begin{aligned}
\mathbf{J}_f^{(1)} &= \left(1 - \left(\mathbf{z}_f^{(1)}\right)^2\right) \odot \mathbf{W}_f^{(1)}\mathbf{J}_f^{(N)} = \left(1 - \begin{bmatrix}0.998\\ 0.618\end{bmatrix} \odot \begin{bmatrix}0.998\\ 0.618\end{bmatrix}\right) \odot \begin{bmatrix}-1.718\\ 1.685\end{bmatrix} 0.2501 \\
&= \begin{bmatrix}-0.0015\\ 0.2607\end{bmatrix}
\end{aligned}
\tag{2.4.2.23-2}
$$

$$\mathbf{J}_f^{(2)} = \left(1 - \left(\mathbf{z}_f^{(2)}\right)^2\right) \odot \mathbf{W}_f^{(2)} \mathbf{J}_f^{(1)}$$

$$= \left(-\begin{bmatrix}-0.698\\-0.998\end{bmatrix} \odot \begin{bmatrix}-0.698\\-0.998\end{bmatrix}\right) \odot \begin{bmatrix}5.453 & -1.352\\-1.288 & 5.484\end{bmatrix} \begin{bmatrix}-0.0015\\0.2607\end{bmatrix} \quad (2.4.2.23\text{-}3)$$

$$= \begin{bmatrix}-0.1852\\0.0069\end{bmatrix}$$

$$\mathbf{J}_f^{(L=3=\text{출력})} = \mathbf{W}^{(L)} \mathbf{J}^{(2)} = [4.846 \quad 4.674] \begin{bmatrix}-0.1852\\0.0069\end{bmatrix} = -0.8649 \quad (2.4.2.23\text{-}4)$$

$$\mathbf{J}_f^{(D)} = \frac{1}{\alpha_{f(x)}} \mathbf{J}_f^{(L)} \quad (2.4.2.13\text{-}5,\ 2.3.6.6\text{-}9)$$

$$\nabla \mathcal{L}\left(x^{(0)}, \lambda_v\right) = \nabla f\left(x^{(0)}\right) = \left[\mathbf{J}_f^{(D)}\right]^T = \left[\frac{1}{\alpha_{f(x)}} \mathbf{J}_f^{(L)}\right]^T = \frac{-0.8649}{0.00819}$$

$$= -105.596 \quad (2.4.2.23\text{-}6)$$

$$\nabla f(x) = \left[\mathbf{J}_f^{(D)}\right]^T = 0 \quad (2.4.2.23\text{-}7)$$

• 반복연산

지금부터는 초기 입력변수 $x^{(0)}$=-3을 다음 단계인 $x^{(1)}$로 업데이트하여 보자. 식(2.3.4.1-5)에서 다음 단계인 1단계(Iteration 1)의 $x^{(1)}$으로 업데이트하기 위해서는 목적함수의 헤시안 매트릭스의 계산이 필요하다. 헤시안 매트릭스는 식(2.3.6.10)부터 식(2.3.6.16)을 기반으로 식(2.4.2.24-1)부터 식(2.4.2.24-5)에 의해 구한다. 헤시안 매트릭스($\mathbf{H}_f^{(l)}$)의 계산은 식(2.4.2.22-2)에서 계산된 $\mathbf{z}_f^{(l)}$ 을 붉은색으로 표시하고, 식(2.4.2.23-1)에서 계산된 $\mathbf{J}_f^{(N)}$을 파란색으로 표시하여, 식(2.4.2.24-2)에 대입함으로써 시작된다. 이때 보라색으로 표시된 목적함수의 가중변수 매트릭스 $\mathbf{W}_f^{(l)}$ 는 표2.4.2.5(a)에서 구해진다.

식(2.3.6.16-2)로부터 목적함수의 헤시안 매트릭스 $\mathbf{H}_f^{(p)}$가 계산된다. 자세한 계산과정은 식(2.4.2.24-1)부터 식(2.4.2.24-5)의 연산과정에 계산되어 있다. 최종적으로, 식(2.4.2.23-6)의 $\nabla f(x^{(0)})$과 식(2.4.2.24-5)의 $\mathbf{H}_f^{(p)}$를 식(2.3.4.1-5)에 대입하여 초기 입력변수 $x^{(0)}$는 입력 $x^{(1)}$으로 식(2.4.2.25-1)와 (2.4.2.25-2)에서 업데이트된다.

$$\mathbf{H}_f^{(N)} = 0 \quad (2.4.2.24\text{-}1,\ 2.3.6.10)$$

$$\mathbf{H}_f^{(1)} = -2\mathbf{z}_f^{(1)} \odot \left(1 - \left(\mathbf{z}_f^{(1)}\right)^2\right) \odot \mathbf{J}_f^{(N)} \odot \left(\mathbf{W}_f^{(1)}\right)^2 \mathbf{J}_f^{(N)}$$

$$= -2\begin{bmatrix}0.998\\0.618\end{bmatrix} \odot \left(1 - \begin{bmatrix}0.998\\0.618\end{bmatrix} \odot \begin{bmatrix}0.998\\0.618\end{bmatrix}\right) \odot 0.2501 \begin{bmatrix}-1.718\\1.685\end{bmatrix} \odot \begin{bmatrix}-1.718\\1.685\end{bmatrix} 0.2501 \quad (2.4.2.24\text{-}2,\ 2.3.6.11\text{-}4)$$

$$= \begin{bmatrix}-0.0013\\-0.1357\end{bmatrix}$$

$$\mathbf{H}_f^{(2)} = -2\mathbf{z}_f^{(2)} \odot \left(1 - \left(\mathbf{z}_f^{(2)}\right)^2\right) \odot \mathbf{J}_f^{(1)} \odot \left(\mathbf{W}_f^{(2)}\right)^2 \mathbf{J}_f^{(1)}$$

$$+ \left(1 - \left(\mathbf{z}_f^{(2)}\right)^2\right) \odot \mathbf{W}_f^{(2)} \mathbf{H}_f^{(1)} = \begin{bmatrix}-0.1837\\-0.0162\end{bmatrix} \quad (2.4.2.24\text{-}3,\ 2.3.6.14)$$

$$\mathbf{H}_f^{(L)} = \mathbf{W}_f^{(L)} \mathbf{H}_f^{(2)} = [4.846 \quad 4.674] \begin{bmatrix}-0.1837\\-0.0162\end{bmatrix} = 0.9656 \quad (2.4.2.24\text{-}4,\ 2.3.6.15\text{-}2)$$

$$\mathbf{H}_f^{(D)} = \frac{\mathbf{H}_f^{(L)}}{\alpha_{f(x)}} = 117.89 \quad (2.4.2.24\text{-}5,\ 2.3.6.16\text{-}2)$$

$$x^{(1)} = x^{(0)} - \mathbf{H}_f\left(x^{(0)}\right)^{-1} \nabla f\left(x^{(0)}\right) \quad (2.4.2.25\text{-}1)$$

$$x^{(1)} = -3 - \frac{(-105.596)}{117.89} = -2.104 \quad (2.4.2.25\text{-}2)$$

表 2.4.2.7에서 보이듯이 Iteration 1 반복연산에서 라그랑주 함수의 1차 미분식 $\nabla f(x^{(1)})$이 -28.988로 감소하였고, 이는 최초에 가정된 식(2.4.2.23-6)의 -105.596의 경우와 비교하여 상당히 0으로 접근하였다. 식(2.4.2.25-2)에서 업데이트 된 $x^{(1)}$=-2.104를 식(2.4.2.22-1)에 대입하여 식(2.4.2.22), (2.4.2.23)의 과정을 반복하여 (1)단계에서의 해를 구한 후, 식(2.4.2.23-6)에서 0에 수렴하는지를 다시 확인하고, 수렴하지 않으면 식(2.4.2.25)⇒식(2.4.2.22)⇒식(2.4.2.23) 과정을 수렴할 때까지 반복한다. 이 과정은 그림 2.3.6.3에 자세히 도시되어 있으니 참고 바란다. 5번째 반복연산을 거쳐 식(2.4.2.23-6)의 라그랑주 함수의 1차미분식 $\nabla L(x, \lambda_v)$은 $-2.0E-05$로 거의 0에 수렴하였고, 최소화 해는 x=-1.384로 수렴하였다. 이때 목적함수값 $f(x)$=-3.282가 도출되었다.

표 2.4.2.7 비활성 Case 1 KKT 초기 입력변수에 기반한 뉴턴-랩슨 반복 연산 결과

반복 연산	초기 입력벡터 $x_{(0)} = -3$			초기 입력벡터 $x_{(0)} = 0$			초기 입력벡터 $x_{(0)} = 3$		
	$x_{(k)}$	$\nabla f(x_k)$	$f(x_k)$	$x_{(k)}$	$\nabla f(x_k)$	$f(x_k)$	$x_{(k)}$	$\nabla f(x_k)$	$f(x_k)$
0	-3	-105.96	61.99	0	4.829	4.946	3	62.148	38.018
1	-2.104	-28.988	5.658	0.637	-0.103	6.418	2.238	16.784	9.981
2	-1.607	-6.339	-2.614	0.6215	9.5E-04	6.419	1.811	4.218	5.783
3	-1.417	-0.820	-3.269	0.6216	7.7E-08	6.419	1.602	0.815	5.285
4	-1.384	-0.023	-3.282	0.6216	2.4E-14	6.419	1.537	0.068	5.258
5	-1.384	-2.0E-05	-3.282	0.6216	-2.4E-14	6.419	1.531	6.7E-04	5.257

그림 2.4.2.6에 보이는 대로 3개의 초기 입력변수 $x_{(0)}$ = (-3, 0, 3)에 대하여 오차함수 $f(x_0)$ = -105.96, 4.829, 62.148를 보인 후 $x_{(0)}$ = (-3, 0, 3)은 Iteration 5에서 3개의 $x_{(5)}$ 와 목적함수 최저점 $f(x_5)$ = (-1.384, -3.282), (0.6216, 6.419), (1.531, 5.257)에 수렴하였다. 그러나 식(2.4.2.3)와 식(2.4.2.17)의 부등 제약조건 $v(x)=\mathbf{z}_v^{(D)} \circ \mathbf{z}_v^{(L=3=출력)} \circ \mathbf{z}_v^{(2)} \circ \mathbf{z}_v^{(1)} \circ \mathbf{z}_v^{(N)} \geq 0$이 만족되지 않은 Case 1의 첫 번째 KKT 조건이 그림 2.4.2.6에 도식화되었다. 식(2.4.2.11-2) 또는 식(2.4.2.12-2)에 제시된 대로 부등 제약조건은 $x_{(5)} \geq 2$와 $x_{(5)} \leq -2$ 사이에서 목적함수의 최적값이 도출되어야 하나, 초기 입력변수가 $-2 < x_{(5)} < 2$인 -1.384, 0.6216, 1.5로 수렴하였다. 따라서 Case 1의 첫 번째 KKT 조건은 부등 제약조건인 $v(x)$을 만족시키지 못하였고, 목적함수의 최소값이 식(2.4.2.18-5)의 $v(x)$ 영역에서 구해지지 못하였다.

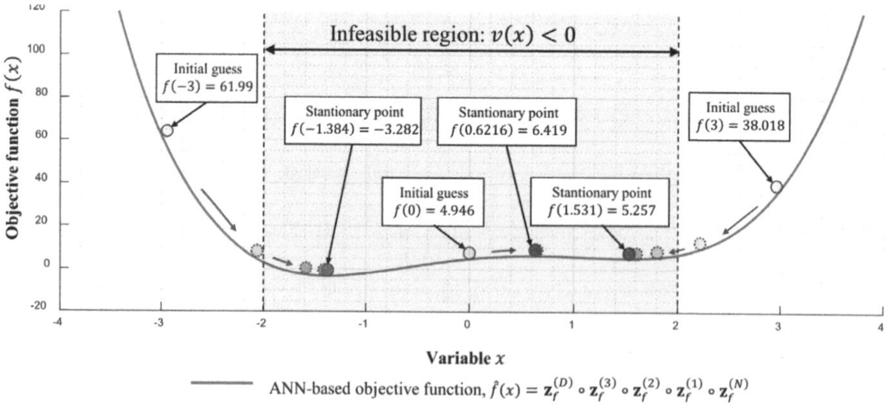

그림 2.4.2.6 부등 제약조건 $v(x)=z_v^{(D)} \circ z_v^{(L=3=출력)} \circ z_v^{(2)} \circ z_v^{(1)} \circ z_v^{(N)} \geq 0$을 만족시키지 못한 비활성 Case 1 KKT 조건: $-2 < x_{(5)} < 2$에서 수렴함

b) Case 2: 활성 부등 제약 $v(x)$

부등 제약조건이 활성조건으로 가정된 Case 2의 KKT 조건에서는 목적함수 $f(x)$의 최소화가 부등 제약조건인 $v(x)$에 의해 제약을 받는다. 라그랑주 함수는 식(2.4.2.26-1)에 유도되었고, 라그랑주 함수의 1차 미분식은 수학식 기반에서는 식(2.4.2.26-2)에, 인공신경망 기반에서는 식(2.4.2.26-3)에 기술되었다. 여기서 $\mathbf{J}_f^{(D)}(x)$와 $\mathbf{J}_v^{(D)}(x)$는 각각 비 정규화 은닉층(D)에서, 인공신경망에 기반한 목적함수 $f(x)$와 부등 제약함수 $v(x)$의 비정규화 제이코비 매트릭스이다. $\mathbf{J}_f^{(D)}(x)$와 $\mathbf{J}_v^{(D)}(x)$의 계산과정은 식(2.3.6.6-1) 부터 (2.3.6.6-9)에 자세히 설명되어 있다. 그림2.4.2.7은 그림 2.4.2.2과 동일한 그림으로써, 2.4.2.7(a)는 수학식 기반에서 라그랑주 승수 λ_v와 입력 파라미터 x에 대해 도시된 라그랑주 함수 $L(x^{(k)}, \lambda_v^{(k)})$의 컨투어이고, 그림2.4.2.7(b)는 인공신경망 기반에서 도시한 라그랑주 함수 $L(x^{(k)}, \lambda_v^{(k)})$의 컨투어로서, 2.4.2.7와 그림 2.4.2.2의 두 컨투어가 매우 유사하게 도출되었음을 알 수 있다. 식(2.4.2.21)과 식(2.3.6.3-2)를 이용하여 라그랑주 함수 $L(x^{(k)}, \lambda_v^{(k)})$를 유도하였다.

$$\mathcal{L}(x,\lambda_v) = f(x) - \lambda_v v(x) \tag{2.4.2.26-1}$$

$$\nabla\mathcal{L}(x,\lambda_v) = \begin{bmatrix} \nabla_x \mathcal{L}(x,\lambda_v) \\ \nabla_{\lambda_v}\mathcal{L}(x,\lambda_v) \end{bmatrix} = \begin{bmatrix} \nabla f(x) - [\mathbf{J}_v(x)]^T S\lambda_v \\ -Sv(x) \end{bmatrix} \tag{2.4.2.26-2}$$

$$\nabla\mathcal{L}(x,\lambda_v) = \begin{bmatrix} \left[\mathbf{J}_f^{(D)}(x)\right]^T - \left[\mathbf{J}_v^{(D)}(x)\right]^T S\lambda_v \\ -Sv(x) \end{bmatrix} = 0 \tag{2.4.2.26-3}$$

(a) 수학식 기반의 라그랑주 함수, $L(x,\lambda_v)$

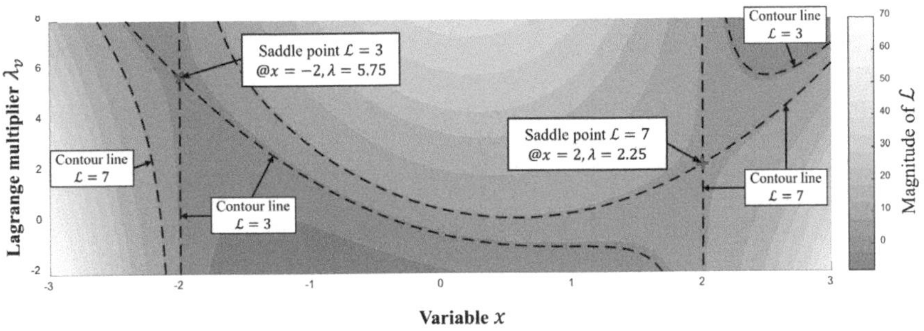

(b) ANN 기반의 라그랑주 함수, $L(x,\lambda_v)$

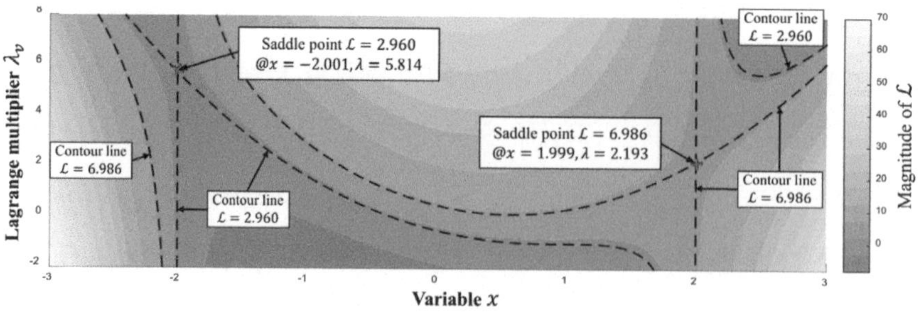

그림 2.4.2.7 활성 Case 2 KKT 조건 인공신경망 기반 라그랑주 함수와 수학식으로 구해진 라그랑주 함수의 비교

식(2.3.4.3-1)부터 식(2.3.4.3-8)에 기반하여 라그랑주 함수의 헤시안 매트릭스 $\mathbf{H}_L(x^{(k)}, \lambda_c^{(k)}, \lambda_v^{(k)})$가 구해진다. 인공신경망 기반에서 라그랑주 함수의 헤시안 매트릭스를 의미하는 식(2.3.4.3-2b)를 본 예제에 맞게 수정하면 식(2.4.2.28-1)이 된다. 이유는 본 예제에서는 등 제약함수 $c(x)$가 없으므로, 식(2.3.4.3-2b)에서 $c(x)$항을 삭제하면, 식(2.4.2.28-1)의 $\mathbf{H}_L(x^{(k)}, \lambda_v^{(k)})$이 되기 때문이다. 식(2.4.2.28-1) 내에 대입되는 $\mathbf{H}_L(x)$ 역시 식(2.3.4.3-3)에서 $c(x)$항을 삭제하면, 식(2.4.2.28-2)가 된다. 식(2.4.2.28-1)의 $\mathbf{H}_L(x^{(k)}, \lambda_v^{(k)})$는 입력변수 $x^{(k)}$, $\lambda_v^{(k)}$ 에 관한 함수이지만, 식(2.4.2.28-2)의 $\mathbf{H}_f(x^{(k)})$와 $\mathbf{H}_v(x^{(k)})$는 인공신경망 기반의 헤시안 매트릭스로써, $\lambda_v^{(k)}$ 의 함수는 아니고, 오직 입력변수 $x^{(k)}$에 관한 목적함수 $f(x)$ 및 부등 제약조건 $v(x)$임을 유의하여야 한다.

2.3.6절에서 설명된 대로 2개 이상의 입력변수가 고려되는 경우의 헤시안 매트릭스 계산은 매우 복잡하므로, 식(2.3.6.7-1)에서 (2.3.6.16)을 이용하여, 헤시안 매트릭스의 슬라이스 $\mathbf{H}_i(l)$를 먼저 구한 후, 식(2.3.6.17)로 통합하게 된다. 식(2.4.2.27)에 대해 식(2.3.4.1-3), (2.3.4.1-4), (2.3.4.1-5)에 기반하여 뉴턴-랩슨 반복연산을 적용하면 라그랑주 함수의 1차 미분식의 해를 찾을 수 있다. 그러나 본 예제에서는 1 개의 입력변수 x를 사용하므로 헤시안 매트릭스의 슬라이스 $\mathbf{H}_i^{(l)}$를 계산할 필요는 없다.

$$\left[x^{(k+1)},\ \lambda_v^{(k+1)}\right] = \begin{bmatrix} x^{(k)} \\ \lambda_v^{(k)} \end{bmatrix} - \mathbf{H}_{\mathcal{L}}\left(x^{(k)},\ \lambda_v^{(k)}\right)^{-1} \nabla\mathcal{L}\left(x^{(k)},\ \lambda_v^{(k)}\right) \tag{2.4.2.27}$$

$$\mathbf{H}_{\mathcal{L}}\left(x^{(k)}, \lambda_v^{(k)}\right) = \begin{bmatrix} \mathbf{H}_{\mathcal{L}}\left(x^{(k)}\right) & -\left[S\mathbf{J}_v^{(D)}\left(x^{(k)}\right)\right]^T \\ -S\mathbf{J}_v^{(D)}\left(x^{(k)}\right) & 0 \end{bmatrix}$$

$$= \begin{bmatrix} \mathbf{H}_f\left(x^{(k)}\right) - \lambda_v^{(k)}\mathbf{H}_v\left(x^{(k)}\right) & -\left[S\mathbf{J}_v^{(D)}\left(x^{(k)}\right)\right]^T \\ -S\mathbf{J}_v^{(D)}\left(x^{(k)}\right) & 0 \end{bmatrix} \tag{2.4.2.28-1}$$

$$\mathbf{H}_{\mathcal{L}}\left(x^{(k)}\right) = \mathbf{H}_f\left(x^{(k)}\right) - \lambda_v^{(k)}\mathbf{H}_v\left(x^{(k)}\right) \tag{2.4.2.28-2}$$

표 2.4.2.8의 4개 초기 입력변수 $[x^{(0)}, \lambda_v^{(0)}]$= [-3, 1], [1.5, 7], [-1.5, 8], [3, 0]를 식(2.4.2.27)에 적용하고 반복연산 기반으로 식(2.4.2.26-2)의 라그랑주 함수의 1차 미분식의 해를 찾았다. 2개의 초기 입력변수 $[x^{(0)}, \lambda_v^{(0)}]$=[-3, 1], [-1.5, 8]는 네 번째 반복연산에서 $[x^{(4)}, \lambda v^{(4)}]$=[-2.001, 5.814]에 수렴하였고, 라그랑주 함수 $L(x^{(4)}, \lambda_v^{(4)})$는 2.960에 수렴하였다. 수렴된 $[x^{(4)},\lambda_v^{(4)}]$=[-2.001, 5.814]에서 $x^{(4)}$는 -2.001에 수렴하였다. 활성으로 가정되어 등 제약함수로 전환된 부등 제약함수 $v(x) = x^2-4 = 0$에 충분히 가까운 값으로 계산되어, 부등 제약조건인 식(2.4.2.3)를 만족하여 해로서 적합함을 알 수 있다. 또 다른 2개의 초기 입력변수 $[x^{(0)}, \lambda_v^{(0)}]$=[1.5, 7], [3, 0] 역시 네 번째 반복연산에서 $[x^{(4)}, \lambda_v^{(4)}]$=[1.999, 2.193]에 수렴하였고, 라그랑주 함수 $L(x^{(4)}, \lambda_v^{(4)})$는 6.986에 수렴하였다. $[x^{(4)}, \lambda_v^{(4)}]$=[1.999, 2.193]에서 $x^{(4)}$는 1.999로 수렴하였다. 역시 활성으로 가정되어, 등 제약함수로 전환된 $v(x) = x^2-4 = 0$에 충분히 가까운 값으로 도출되었다. 따라서 부등 제약조건인 식(2.4.2.3)를 만족하여 해로서 적합함을 알 수 있다. 뉴턴-랩슨 반복연산에 기인한 Case 2 KKT 조건의 초기 입력변수의 수렴과정 추적이 표2.4.2.8와 그림 2.4.2.8에 요약되었다. 그림 2.4.2.8에서 보이듯이 KKT 조건 2에서 활성조건으로 가정된 부등 제약함수는 모두 등 제약으로 전환된 위치, 즉 [-2.001, 5.814]와 [1.999, 2.193]에 수렴함을 알 수 있다. $[x^{(4)}, \lambda_v^{(4)}]$=[-2.001, 5.814]에 수렴된 입력변수가 목적함수를 $f(x^{(4)})=L(x^{(k4)}, \lambda_v^{(4)})$=2.960으로 최소화하였다. 그림 2.4.2.8에는 가정된 초기 입력변수 1, 2, 3, 4가 수렴하는 과정이 추적되어 있다. 초기 입력변수가 적절하게 분포되지 않으

면 라그랑주 함수의 최적점을 찾는데 차질이 빚어질 수도 있음을 알 수 있다. 독자들도 넓게 분포한 임의의 초기 입력변수들을 적용하여 해가 수렴하는 과정을 스스로 학습하여 보기 바란다. 그림 2.4.2.8에서 보이듯이 초기입력 파리미터의 수렴경로가 화살표로 표시되어 있고, 최종 수렴위치가 [($x_{(k)}$, $\lambda_{(k)}$)]와 최소환된 라그랑주 L값과 함께 표시되어 있다. 그림 2.4.2.8과 그림 2.4.2.2에 인공신경망에 기반한 함수와 전통적 수학식에 기반한 함수에 대해 도출된 라그랑주 함수의 최소값이 잘 비교 되었다. 또한 수학식에 기반한 함수를 이용한 표 2.4.2.3의 결과와 표 2.4.2.8의 인공신경망에 기반한 라그랑주 함수의 최소값이 표 2.4.2.9에 잘 비교되어 있다. 두 최적값의 차이는 불과 -1.33% 정도임을 알 수 있다.

표 2.4.2.8 활성 Case 2 KKT의 초기 입력변수에 기반한 반복연산 결과

Iteration	Initial guess $x_{(0)} = -3, \lambda_{v,(0)} = 1$					Initial guess $x_{(0)} = 1.5, \lambda_{v,(0)} = 7$				
	$x_{(k)}$	$\lambda_{v,(k)}$	MSE	$\mathcal{L}$	$f(x_k)$	$x_{(k)}$	$\lambda_{v,(k)}$	MSE	$\mathcal{L}$	$f(x_k)$
0	-3	1	4971.0	56.99	61.99	1.5	7	229.36	17.508	5.262
1	-2.168	1.528	343.285	6.564	7.629	2.082	-0.99	118.36	8.145	7.810
2	-2.006	5.396	1.892	2.972	3.113	2.001	2.044	0.202	6.987	6.999
3	-2.001	5.813	2.1E-05	2.960	2.960	1.999	2.193	1.4E-07	6.986	6.986
4	-2.001	5.814	6.4E-16	2.960	2.960	1.999	2.193	1.69E-20	6.986	6.986

Iteration	Initial guess $x_{(0)} = -1.5, \lambda_{v,(0)} = 8$					Initial guess $x_{(0)} = 3, \lambda_{v,(0)} = 0$				
	$x_{(k)}$	$\lambda_{v,(k)}$	MSE	$\mathcal{L}$	$f(x_k)$	$x_{(k)}$	$\lambda_{v,(k)}$	MSE	$\mathcal{L}$	$f(x_k)$
0	-1.5	8	220.04	10.89	-3.11	3	0	1934.5	38.02	38.02
1	-2.085	3.454	90.73	3.918	5.10	2.167	-0.96	167.59	9.560	8.888
2	-2.003	5.695	0.151	2.961	3.000	2.006	1.856	1.1355	6.995	7.043
3	-2.001	5.814	1.2E-07	2.960	2.960	1.999	2.192	1.3E-05	6.986	6.986
4	-2.001	5.814	1.6E-20	2.960	2.960	1.999	2.193	3.7E-16	6.986	6.986

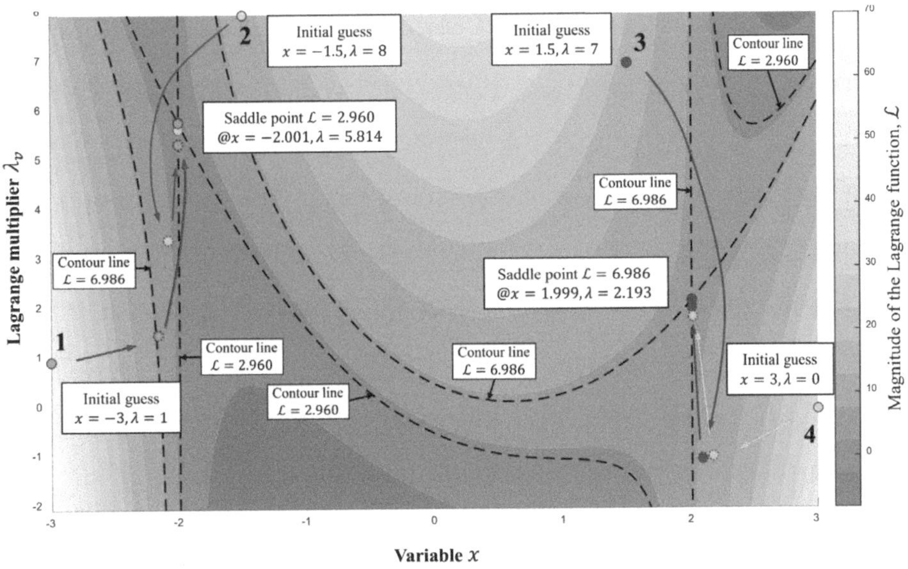

그림 2.4.2.8 인공신경망에 기반한 활성 Case 2 KKT 조건의 초기 입력변수 수렴 과정

표 2.4.2.9 인공신경망 기반의 결과와 수학식의 함수를 이용한
표 2.4.2.8과 표 2.4.2.3의 결과와의 비교

	수학식 기반의 라그랑지 함수값	인공신경망 기반의 라그랑지 함수값	차이 (%)
x	-2	-2.001	0.05
$f(x)$	3	2.960	-1.33

2.4.2.3 결론

때때로 수학식 함수에 기반하여 라그랑주 함수의 최적값을 구하는 일은 매우 어려울 수 있고, 구해진다 하더라도 많은 시간이 소요되는 작업이다. 복잡한 목적함수와 부등 제약함수를 수학적으로 표현하는 일은 상당히 어려울 수 있기 때문이다. 특히 복철근 콘크리트 보의 구조설계에서 요구되는 (L, h, b, f_y, f'_c, ρ_{rt}, ρ_{rc}, M_D, M_L)와 같은 다수의 입력변수를 갖는 목적함수와 부등 제약함수를 수학적으로 표현하는 일은

상당히 복잡해질 수 있다. 저자는 다음 저서에서 인공신경망에 기반한 철근 콘크리트의 기둥과 보에 관련된 서적을 출간할 예정이다. 이 예제에서는 전통적인 수학식에 기반한 라그랑주 최소화와 인공신경망에 기반한 라그랑주 최소화를 수행하여 비교하였다. 특히 등 제약조건 (λ_c)과 부등 제약조건 (λ_v)의 라그랑주 승수법을 인공신경망 기반 KKT 조건 하에서 적용하여 후보해를 선정해 보았다. 두 방법에 대해, 근사한 차이가 도출 되었고, 이는 인공신경망에 기반한 최소화가 때로는 매우 복잡한 과정의 수학식에 기반하는 최소화를 대체할 수 있음을 보여주고 있다. 이 예제는 4차 함수의 최적화 문제로서, 목적함수의 미분이 수월하게 기능하기 때문에, 수학식 기반의 함수나 인공신경망 기반의 함수 유도에 큰 난이도의 차이는 없어 보인다. 그러나 다음 예제에서는 수학적 기반의 난이도가 비교적 커 보인다.

특히 다음 저서에서 다룰 콘크리트 최적화 등의 공학설계 최적화 문제에서는 수학식 기반의 난이도 문제가 매우 커질 수 있다. 따라서 이와 같은 최적화 문제에서는 인공신경망 기반의 최적설계가 합리적일 수 있겠다. 2.4.3절과 2.4.4절에서는 간단한 트러스 구조설계와 비행체의 최소 비행거리를 인공신경망과 수학식에 기반한 두 가지 방법으로 도출하여 보도록 한다. 인공신경망의 학습과 뉴턴-랩슨 반복연산을 위해서 Matlab 툴박스 [14],[15],[16],[17],[18],[19]를 이용하였다.

2.4.3 부등 제약함수에 기반한 트러스 프레임의 라그랑주 최적설계

2.4.3.1 수학식 기반의 라그랑주 최적화 설계

(1) 수학식 기반의 라그랑주 함수의 유도

그림 2.4.3.1에 있는 트러스의 C절점에 수직하중 P_1=100kN과 수평하중 P_2=55 kN이 작용하는 경우, 트러스의 중량을 최소로 도출하기 위한 최적설계를 수행해 보도록 한다. 단위 중량 ρ=0.008g/mm^3 와 항복강도가 f_y=200MPa인 철골 부재를 사용한다. 라그랑주 방법을 적용하여 설계최적화를 수행하기 위해서는 먼저 최적화대상 목적함수와, 제약함수를 수학식으로 유도하여야 한다. 식(2.4.3.1)의 트러스의 중량을 최소화하는 트러스 높이 x_h, 트러스면적 x_A을 도출하여 보도록 하자. 최적화 과정을

제약하는 조건으로서, 식(2.4.3.2-1)과 (2.4.3.2-2)에 기술되어 있는 트러스 부재의 응력은 항복강도 200MPa을 넘지 않도록 해야 한다.

$$\begin{aligned} \text{minimize} \quad & f_W(\mathbf{x}) && (2.4.3.1) \\ \text{with respect to} \quad & \mathbf{x} = [x_A, x_h] \\ \text{subject to} \quad & v_1(\mathbf{x}) = -|\sigma_1| + f_y \geq 0 && (2.4.3.2\text{-}1) \\ & v_2(\mathbf{x}) = -|\sigma_2| + f_y \geq 0 && (2.4.3.2\text{-}2) \end{aligned}$$

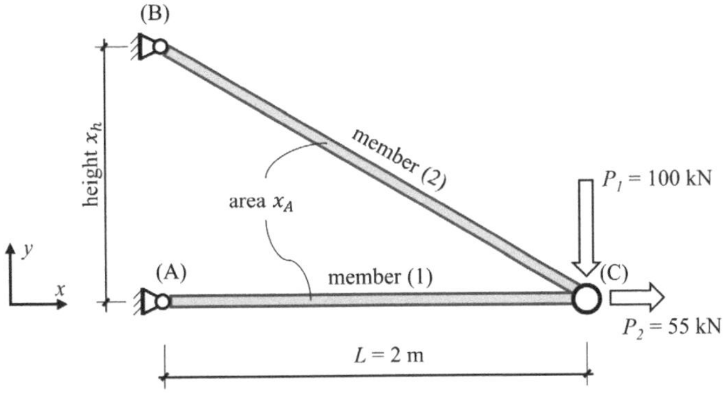

그림 2.4.3.1 전통적 수학식 기반의 라그랑주 방법에 의한 트러스의 최적설계

식(2.4.3.5-1)의 라그랑주 함수 $L(x, \lambda_v)$는 식(2.4.3.3-1)부터 식(2.4.3.3-3)에 유도된 트러스 중량을 의미하는 목적함수 $f_W(x)$와 식(2.4.3.4-8), 식(2.4.3.4-9)에 유도된 트러스 부재 응력(σ_1, σ_2)을 의미하는 부등 제약조건으로 구성된다. 첫 번째 단계로서, 라그랑주 함수 $L(x, \lambda_v)$를 수학적 기반에서 유도하도록 한다. 먼저 목적함수 $f_W(x)$를 수학적 기반에서 식(2.4.3.3-1)부터 식(2.4.3.3-3)에 유도하였다.

$$f_W(\mathbf{x}) = \rho(x_A L_1 + x_A L_2) \quad (2.4.3.3\text{-}1)$$

$$f_W(\mathbf{x}) = \rho x_A \left(L + \sqrt{x_h^2 + L^2} \right) \quad (2.4.3.3\text{-}2)$$

$$f_W(\mathbf{x}) = 0.008 x_A \left(2 + \sqrt{x_h^2 + 4} \right) \ (\text{unit: kgf}) \quad (2.4.3.3\text{-}3)$$

여기서, $L_1 = L$, $L_2 = \sqrt{x_h^2 + L^2}$ 이고 각각 부재 1, 2의 길이를 의미한다. 그림 2.4.3.2의 부재력 F_1, F_2는 C 절점에서 힘의 평형에 의해 구한다.

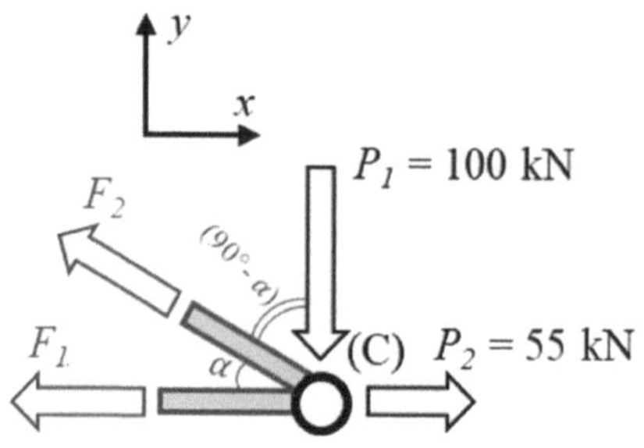

그림 2.4.3.2 *C*절점에서의 힘의 평형

Y 방향의 C 절점에서 힘의 평형에 의해 구한다.

$$\sum F_y = F_2 \cos(90° - \alpha) - P_1 = 0 \rightarrow F_2 = \frac{P_1}{\sin\alpha} \tag{2.4.3.4-1}$$

X 방향의 C 절점에서의 힘의 평형으로부터 식(2.4.3.4-2)를 구한다.

$$\sum F_x = -F_1 - F_2 \cos\alpha + P_2 = 0 \rightarrow F_1 = -F_2 \cos\alpha + P_2 \tag{2.4.3.4-2}$$

식(2.4.3.4-1)의 $F_2 = P_1/\sin\alpha$를 식(2.4.3.4-2)에 대입하면, 부재력 F_1이 식(2.4.3.4-3)에서 구해진다.

$$F_1 = -P_1 \cot\alpha + P_2 \tag{2.4.3.4-3}$$

그림 2.4.3.2의 트러스의 $\sin\alpha$와 $\cot\alpha$는 식(2.4.3.4-4)와 식(2.4.3.4-5)에서 계산된다.

$$\sin\alpha = \frac{x_h}{L_2} = \frac{x_h}{\sqrt{x_h^2 + L^2}} \tag{2.4.3.4-4}$$

$$\cot\alpha = \frac{L}{x_h} \tag{2.4.3.4-5}$$

식(2.4.3.4-4)와 (2.4.3.4-5)를 식(2.4.3.4-1)와 (2.4.3.4-3)에 대입하면 식(2.4.3.4-6)와

(2.4.3.4-7)을 얻는다. 주어진 P_1=100kN과 P_2=55kN를 대입하면, 부재력 F_1, F_2 를 x_h의 함수로 식(2.4.3.4-6)과 (2.4.3.4-7)에서 계산할 수 있다.

$$F_1 = \frac{-P_1 L}{x_h} + P_2 = \frac{-200}{x_h} + 55 \text{ (unit: kN)} \tag{2.4.3.4-6}$$

$$F_2 = \frac{-P_1\sqrt{x_h^2 + L^2}}{x_h} = \frac{-100\sqrt{x_h^2 + L^2}}{x_h} \text{ (unit: kN)} \tag{2.4.3.4-7}$$

부재응력(σ_1, σ_2)은 식(2.4.3.4-8)과 (2.4.3.4-9)에서 구해지는데, 동시에 절대값을 계산할 수 있다.

$$|\sigma_1| = \frac{|F_1|}{x_A} = \left|\frac{-200}{x_h x_A} + \frac{55}{x_A}\right| \text{ (unit: kN/mm}^2\text{)} \tag{2.4.3.4-8}$$

$$|\sigma_2| = \frac{|F_2|}{x_A} = \frac{100\sqrt{x_h^2 + 4}}{x_A |x_h|} \text{ (unit: kN/mm}^2\text{)} \tag{2.4.3.4-9}$$

(2) 목적함수와 등 제약함수의 제이코비, 헤시안 매트릭스 유도

그림 2.4.3.1에 도시되어 있는 트러스 중량에 대한 라그랑주 최적화는 식(2.4.3.4-8)과 식(2.4.3.4-9)의 부등 제약함수로 제약 받는 식(2.4.3.3-3)의 목적함수를 수학식 기반으로 최적화하는 문제로 국한된다. 식(2.4.3.5-1)은 라그랑주 함수로서, λ_{v1}과 λ_{v2}는 식(2.4.3.5-2)와 (2.4.3.5-3)에 나타나 있는 부등 제약조건 $v_1(x)=v_1(x_A, x_h)=|\sigma_1|-f_y \geq 0$과 $v_2(x)=v_2(x_A, x_h)=\sigma_2-f_y \geq 0$에 각각 적용되는 라그랑주 승수이다. S 매트릭스는 부등제약함수를 활성화 또는 비활성화하는 대각 매트릭스이다. 뉴턴-랩슨 반복연산을 이용하여, 1차 편미분방정식$\nabla L(x, \lambda_v) = \nabla L(x_A, x_h, \lambda_{v1}, \lambda_{v2})$ 또는 gradient 벡터(제이코비 매트릭스)가 0이 되는 입력변수, 즉 라그랑주 함수를 최소화시키는 x_A, x_h, λ_{v_1}, λ_{v_2}를 찾는다. 라그랑주 함수 $L(x, \lambda_v)=L(x_A, x_h, \lambda_{v_1}, \lambda_{v_2})$의 1차 편미분식 $\nabla L(x, \lambda_v) = \nabla L(x_A, x_h, \lambda_{v_1}, \lambda_{v_2})$ 또는 gradient 벡터는 식(2.3.4.2-1a)에 기반하여 식(2.4.3.6-1)에서 구해진다. 식(2.3.4.2-1a)에서 등 제약함수 $c(x)$를 제거하면 식(2.4.3.6-1)을 얻게 된다. 초기 입력변수 $[x^{(0)}, \lambda_v^{(0)}] = [x_A^{(0)}, x_h^{(0)}, \lambda_{v_1}^{(0)}, \lambda_{v_2}^{(0)}]$를 뉴턴-랩슨 반복연산의 초기값으로 이용하여 $\nabla L(x,\lambda_v)= \nabla L(x_A, x_h, \lambda_{v_1}, \lambda_{v_2})$의

1차 미분식이 0으로 수렴할 때까지, 초기 입력변수 $[x^{(0)}, \lambda_v^{(0)}] = [x_A^{(0)}, x_h^{(0)}, \lambda_{v_1}^{(0)}, \lambda_{v_2}^{(0)}]$를 업데이트 한다. 이때 식(2.4.3.7)를 이용한다.

$$\mathcal{L}(\mathbf{x}, \boldsymbol{\lambda}_v) = \mathcal{L}(x_A, x_h, \lambda_{v_1}, \lambda_{v_2}) = f_W(\mathbf{x}) - \boldsymbol{\lambda}_v^T \mathbf{S}\mathbf{v}(\boldsymbol{x})$$

$$= f_W(x_A, x_h) - [\lambda_{v_1} \quad \lambda_{v_2}] \begin{bmatrix} s_1 & 0 \\ 0 & s_2 \end{bmatrix} \begin{bmatrix} -\sigma_1 + f_y \\ -\sigma_2 + f_y \end{bmatrix} \tag{2.4.3.5-1}$$

$$v_1(x_A, x_h) = |\sigma_1| - f_y \geq 0 \tag{2.4.3.5-2}$$

$$v_2(x_A, x_h) = |\sigma_2| - f_y \geq 0 \tag{2.4.3.5-3}$$

$$\nabla\mathcal{L}(x_A, x_h, \lambda_{v_1}, \lambda_{v_2}) = \begin{bmatrix} \nabla f_W(x_A, x_h) - \mathbf{J}_\mathbf{v}(x_A, x_h)^T \mathbf{S}\boldsymbol{\lambda}_v \\ -\mathbf{S}\mathbf{v}(x_A, x_h) \end{bmatrix} \tag{2.4.3.6-1, 2.3.4.2-1a}$$

식(2.4.3.6-1)의 라그랑주 함수의 1차 미분식인 제이코비 $\nabla L(x_A, x_h, \lambda_{v_1}, \lambda_{v_2})$을 구하기 위해서는 식(2.4.3.3-3)에 기술되어 있는 목적함수를 먼저 구한 후, 식(2.4.3.6-2)에서 목적함수의 제이코비 매트릭스 $\nabla f_W(x) = \nabla f_W(x_A, x_h) = \mathbf{J}_{f_w}^{(p)}$ 를 구하고, 식(2.4.3.6-3)에서 부등 제약함수의 제이코비 매트릭스 $\mathbf{J}_v(x_A, x_h)$를 구해야 한다. 여기서 $\nabla f_W(x_A, x_h)$는 목적함수 $f_W(x_A, x_h)$의 1차 편미분식인 제이코비 매트릭스로서 식(2.3.4.2-2a)을 기반으로 식(2.4.3.6-2) 에서 구해진다. $\mathbf{J}_v(x_A, x_h)$는 부등 제약함수 $v_1(x_A,x_h)$와 $v_2(x_A,x_h)$ 의 편미분식으로서, 제이코비 매트릭스가 되며, 식(2.3.4.2-2c)을 기반으로 식(2.4.3.6-3) 에서 구해진다.

$$\nabla f_W(x_A, x_h) = \begin{bmatrix} \dfrac{\partial f_W(x_A, x_h)}{\partial x_A} \\ \dfrac{\partial f_W(x_A, x_h)}{\partial x_h} \end{bmatrix} = \begin{bmatrix} 0.016 + 0.008\sqrt{x_h^2 + 4} \\ \dfrac{0.008 x_A x_h}{\sqrt{x_h^2 + 4}} \end{bmatrix} \tag{2.4.3.6-2, 2.3.4.2-2a}$$

$$\mathbf{J_v}(x_A,\ x_h) = \begin{bmatrix} \frac{\partial v_1(x_A,\ x_h)}{\partial x_A} & \frac{\partial v_1(x_A, x_h)}{\partial x_h} \\ \frac{\partial v_2(x_A, x_h)}{\partial x_A} & \frac{\partial v_2(x_A,\ x_h)}{\partial x_h} \end{bmatrix}$$

$$= \begin{bmatrix} \frac{\sigma_1}{|\sigma_1|}\left(\frac{55}{x_A^2} - \frac{200}{x_A^2 x_h}\right) & \left(-\frac{\sigma_1}{|\sigma_1|}\frac{200}{x_h^2 x_A}\right) \\ \left(\frac{100\sqrt{x_h^2+4}}{x_A^2|x_h|}\right) & \left(\frac{100x_h\sqrt{x_h^2+4}}{x_A|x_h|^3} - \frac{100x_h}{x_A|x_h|\sqrt{x_h^2+4}}\right) \end{bmatrix} \quad (2.4.3.6\text{-}3,\ 2.3.4.2\text{-}2c)$$

식(2.4.3.5-1)의 라그랑주 함수를 최소화하는 입력변수 $[x^{(k)},\ \lambda_v^{(k)}] = [x_A^{(k)},\ x_h^{(k)},\ \lambda_{v_1}^{(k)},\ \lambda_{v_2}^{(k)}]$를 구하기 위해서는, 식(2.4.3.6-1) 에서 $\nabla L(x^{(k)},\ \lambda_v^{(k)})$를 먼저 구한 후, 식(2.4.3.8-1) 부터 식(2.4.3.8-5)에서 구한 헤시안 매트릭스 $[\mathbf{H}_L(x^{(k)},\ \lambda_v^{(k)})]^{-1}$를 식(2.4.3.7)에 대입하여 초기 입력변수 $[x^{(0)},\ \lambda_v^{(0)}]$를 식(2.4.3.6-1)이 수렴할 때까지 업데이트하여야 한다. $[\mathbf{H}_L(x^{(k)},\ \lambda_v^{(k)})]^{-1}$는 식(2.4.3.16-8)에 구하였다.

$$\begin{bmatrix} \mathbf{x}^{(k+1k} \\ \boldsymbol{\lambda}_v^{(k+1)} \end{bmatrix} = \begin{bmatrix} \mathbf{x}^{(k)} \\ \boldsymbol{\lambda}_v^{(k)} \end{bmatrix} - \left[\boldsymbol{H}_\mathcal{L}\left(\mathbf{x}^{(k)},\ \boldsymbol{\lambda}_v^{(k)}\right)\right]^{-1} \nabla\mathcal{L}\left(\mathbf{x}^{(k)},\ \boldsymbol{\lambda}_v^{(k)}\right) \quad (2.4.3.7)$$

$$\mathbf{H}_\mathcal{L}(x_A,\ x_h,\ \lambda_{v1},\ \lambda_{v2}) = \begin{bmatrix} \mathbf{H}_\mathcal{L}(x_A,\ x_h) & -\left(\mathbf{S}\boldsymbol{J}_\mathbf{v}(x_A,\ x_h)\right)^T \\ -\mathbf{S}\boldsymbol{J}_\mathbf{v}(x_A,\ x_h) & \mathbf{0} \end{bmatrix} \quad (2.4.3.8\text{-}1,\ 2.3.4.3\text{-}2a)$$

$$\mathbf{H}_\mathcal{L}(x_A,\ x_h) = \mathbf{H}_{f_W}(x_A,\ x_h) - \sum_{i=1}^{2} s_i\lambda_{v_i}\mathbf{H}_{v_i}(x_A,\ x_h) \quad (2.4.3.8\text{-}2,\ 2.3.4.3\text{-}3)$$

$$\mathbf{H}_{f_W}(x_A,\ x_h) = \begin{bmatrix} \frac{\partial^2 f_W(\mathbf{x})}{\partial x_A^2} & \frac{\partial^2 f_W(\mathbf{x})}{\partial x_A \partial x_h} \\ \frac{\partial^2 f_W(\mathbf{x})}{\partial x_h \partial x_A} & \frac{\partial^2 f_W(\mathbf{x})}{\partial x_h^2} \end{bmatrix} = \begin{bmatrix} 0 & \frac{0.008x_h}{\sqrt{x_h^2+4}} \\ \frac{0.008x_h}{\sqrt{x_h^2+4}} & \frac{0.032x_A}{(x_h^2+4)^{1.5}} \end{bmatrix} \quad (2.4.3.8\text{-}3)$$

$$\mathbf{H}_{v_1}(x_A,\ x_h) = \begin{bmatrix} \frac{\partial^2 v_1(\mathbf{x})}{\partial x_A^2} & \frac{\partial^2 v_1(\mathbf{x})}{\partial x_A \partial x_h} \\ \frac{\partial^2 v_1(\mathbf{x})}{\partial x_h \partial x_A} & \frac{\partial^2 v_1(\mathbf{x})}{\partial x_h^2} \end{bmatrix} = \begin{bmatrix} \frac{\sigma_1}{|\sigma_1|}\left(\frac{400}{x_A^3 x_h} - \frac{110}{x_A^3}\right) & \frac{\sigma_1}{|\sigma_1|}\left(\frac{200}{x_h^2 x_A^2}\right) \\ \frac{\sigma_1}{|\sigma_1|}\left(\frac{200}{x_h^2 x_A^2}\right) & \frac{\sigma_1}{|\sigma_1|}\left(\frac{400}{x_h^3 x_A}\right) \end{bmatrix} \tag{2.4.3.8-4}$$

$$\mathbf{H}_{v_2}(x_A,\ x_h) = \begin{bmatrix} \frac{\partial^2 v_2(\mathbf{x})}{\partial x_A^2} & \frac{\partial^2 v_2(\mathbf{x})}{\partial x_A \partial x_h} \\ \frac{\partial^2 v_2(\mathbf{x})}{\partial x_h \partial x_A} & \frac{\partial^2 v_2(\mathbf{x})}{\partial x_h^2} \end{bmatrix}$$

$$= \begin{bmatrix} \left(-\frac{200\sqrt{x_h^2+4}}{x_A^3|x_h|}\right) & \left(\frac{100x_h}{x_A^2|x_h|\sqrt{x_h^2+4}} - \frac{100x_h\sqrt{x_h^2+4}}{x_A^2|x_h|^3}\right) \\ \left(\frac{100x_h}{x_A^2|x_h|\sqrt{x_h^2+4}} - \frac{100x_h\sqrt{x_h^2+4}}{x_A^2|x_h|^3}\right) & \left(\frac{100|x_h|}{x_A(x_h^2+4)^{1.5}} - \frac{200\sqrt{x_h^2+4}}{x_A|x_h|^3} + \frac{100x_h}{x_A|x_h|\sqrt{x_h^2+4}}\right) \end{bmatrix} \tag{2.4.3.8-5}$$

표 2.4.3.1은 네 가지 경우의 활성 및 비활성 부등 제약함수의 KKT 조건을 제시하고 있다.

표 2.4.3.1 활성 및 비활성 부등 제약함수의 KKT 조건

CASE	S	KKT 조건
CASE 1	$\begin{bmatrix}1 & 0\\0 & 0\end{bmatrix}$	활성 부등 제약조건 $v_1(x)$ 비 활성 부등 제약조건 $v_2(x)$
CASE 2	$\begin{bmatrix}0 & 0\\0 & 1\end{bmatrix}$	비 활성 부등 제약조건 $v_1(x)$ 활성 부등 제약조건 $v_2(x)$
CASE 3	$\begin{bmatrix}1 & 0\\0 & 1\end{bmatrix}$	$v_1(x)$, $v_2(x)$ 활성 부등 제약조건
CASE 4	$\begin{bmatrix}0 & 0\\0 & 0\end{bmatrix}$	$v_1(x)$, $v_2(x)$ 비 활성 부등 제약조건

(3) Case 1 KKT 조건 해: 활성 부등 제약조건 $v_1(x)$와 비활성 부등 제약조건 $v_2(x)$

본 KKT조건에서는 활성화된 부등 제약조건 $v_1(x)=-|\sigma_1|+f_y\geq 0$이 목적함수 $f_W(x)$의 최적화 과정에 제약조건으로 작용한다고 가정하나, 비활성화된 부등 제약조건 $v_2(x)=-|\sigma_2|+f_y\geq 0$은 목적함수 $f_W(x)$의 최적화 과정에 제약조건으로 작용하지 않는다고 가정하여, 식(2.4.3.9)의 라그랑주 함수 $L(x, \lambda_v) = L(x_A, x_h, \lambda_{v1}, \lambda_{v2})$ 유도 시 생략되나, 목

적함수 $f_W(x)$의 최적화는 반드시 비활성화된 부등 제약조건 $v_2(x)=-|\sigma_2|+f_y \geq 0$을 만족해야 함을 검증하여야 한다.

1) 목적함수의 제이코비, 헤시안 매트릭스의 유도

KKT 조건하의 라그랑주 최적화 후보값은 식(2.4.3.6-1)이 0으로 수렴하는 local 최적화 saddle point인 $[x_A,\ x_h,\ \lambda_{v_1},\ \lambda_{v_2}]$을 구하는 일이 된다. 뉴턴-랩슨 반복연산에 기반하여 해를 구하기 위해서 초기 입력변수 $[x^{(0)}=x_A^{(0)},\ x_h^{(0)}]^T=[800,\ -7]^T$와 초기 라그랑주 승수 $\lambda_v^{(0)}=\lambda x_{v_1}^{(0)},\ \lambda_{v_2}^{(0)}=[0,\ 0]$을 가정한다. 따라서 전체 초기 입력변수는 $[x^{(0)},\ \lambda_v^{(0)}]^T=[800,\ -7,\ 0,\ 0]^T$이 된다. 해를 구하는 과정을 시작하도록 하자. 초기 입력변수 $[x_A^{(0)},\ x_h^{(0)}]^T$에 대한 목적함수인 $f_W(x)=f_W(x_A^{(0)},\ x_h^{(0)})$, 목적함수의 제이코비 매트릭스(목적함수의 1차 미분식, gradient 벡터)인 $\nabla f_W(x_A^{(0)},\ x_h^{(0)})=J_{fW}^{(D)}$, 헤시안 매트릭스(목적함수의 2차 미분식)인 $\mathbf{H}_{fW}(x_A^{(0)},\ x_h^{(0)})$는 식(2.4.3.3-3), (2.4.3.6-2), (2.4.3.8-3)에 기반하여, 식(2.4.3.10), (2.4.3.11), (2.4.3.12) 에서 계산되는데 초기 입력변수 붉은색으로 표시하였다.

$$\mathcal{L}(\mathbf{x},\ \boldsymbol{\lambda}_v) = \mathcal{L}(x_A,\ x_h,\ \lambda_{v_1},\ \lambda_{v_2}) = f_W(x_A,\ x_h) - \boldsymbol{\lambda}_v^T \mathbf{S}\mathrm{v}(x_A,\ x_h)$$
$$= f_W(x_A,\ x_h) - [\lambda_{v1} \quad \lambda_{v2}]\begin{bmatrix}1 & 0\\ 0 & 0\end{bmatrix}\begin{bmatrix}-\sigma_1 + f_y\\ -\sigma_2 + f_y\end{bmatrix} \tag{2.4.3.9}$$

$$f_W\left(x_A^{(0)}, x_h^{(0)}\right) = 0.008 \times 800\left(2 + \sqrt{(-7)^2 + 4}\right) = 59.393 \text{ (unit: kgf)} \tag{2.4.3.10}$$

$$\nabla f_W\left(x_A^{(0)}, x_h^{(0)}\right) = \begin{bmatrix} 0.016 + 0.008\sqrt{(-7)^2 + 4} \\ \dfrac{0.008 \times 800 \times (-7)}{\sqrt{(-7)^2 + 4}} \end{bmatrix} = \begin{bmatrix}0.0742\\ -6.154\end{bmatrix} \tag{2.4.3.11}$$

$$\mathbf{H}_{fW}\left(x_A^{(0)}, x_h^{(0)}\right) = \begin{bmatrix} 0 & \dfrac{0.008 \times (-7)}{\sqrt{(-7)^2 + 4}} \\ \dfrac{0.008 \times (-7)}{\sqrt{(-7)^2 + 4}} & \dfrac{0.032 \times 800}{((-7)^2 + 4)^{1.5}} \end{bmatrix}$$
$$= \begin{bmatrix} 0 & -0.0077 \\ -0.0077 & 0.0663 \end{bmatrix} \tag{2.4.3.12}$$

부재 내의 초기응력 $|\sigma_1^{(0)}|$과 $|\sigma_2^{(0)}|$은 식(2.4.3.4-8)과 (2.4.3.4-9)에 기반하여 식(2.4.3.13-1)과 (2.4.3.13-2)에서 계산된다.

$$\left|\sigma_1^{(0)}\right| = \left|\frac{-200}{(-7)\times 800} + \frac{55}{800}\right| = 0.1045\ (\text{unit: kN/mm}^2) \quad (2.4.3.13\text{-}1)$$

$$\left|\sigma_2^{(0)}\right| = \frac{100\sqrt{(-7)^2+4}}{800\times|-7|} = 0.1300\ (\text{unit: kN/mm}^2) \quad (2.4.3.13\text{-}2)$$

2) 부등 제약조건의 제이코비, 헤시안 매트릭스의 유도

제약함수 $v_1(x_A, x_h)$, $v_2(x_A, x_h)$ 그리고 제약함의 제이코비안 매트릭스 및 헤시안 매트릭스는 식(2.4.3.5-2), (2.4.3.5-3), (2.4.3.6-3), (2.4.3.8-4), (2.4.3.8-5)에 기반 하여 식(2.4.3.14-1)부터 (2.4.3.14-5)에서 구해진다.

$$v_1\left(x_A^{(0)}, x_h^{(0)}\right) = -\left|\sigma_1^{(0)}\right| + f_y = 0.0955 \quad (2.4.3.14\text{-}1)$$

$$v_2\left(x_A^{(0)}, x_h^{(0)}\right) = -\left|\sigma_2^{(0)}\right| + f_y = 0.0700 \quad (2.4.3.14\text{-}2)$$

$$\mathbf{J_v}\left(x_A^{(0)}, x_h^{(0)}\right) = \begin{bmatrix} 1.306\times10^{-4} & -0.0051 \\ 1.625\times10^{-4} & -0.0014 \end{bmatrix} \quad (2.4.3.14\text{-}3)$$

$$\mathbf{H}_{v_1}\left(x_A^{(0)}, x_h^{(0)}\right) = \begin{bmatrix} -3.2645\times10^{-7} & 6.3776\times10^{-6} \\ 6.3776\times10^{-6} & -0.0015 \end{bmatrix} \quad (2.4.3.14\text{-}4)$$

$$\mathbf{H}_{v_2}\left(x_A^{(0)}, x_h^{(0)}\right) = \begin{bmatrix} -4.0626\times10^{-7} & 1.752\times10^{-6} \\ 1.752\times10^{-6} & -5.856\times10^{-4} \end{bmatrix} \quad (2.4.3.14\text{-}5)$$

3) 초기 입력변수에 대한 라그랑주 함수의 제이코비 (1차 미분식, gradient 벡터) 계산

초기 입력변수 $[x_A^{(0)}, x_h^{(0)}, \lambda_{v_1}^{(0)}, \lambda_{v_2}^{(0)}]^T$= [800, -7, 0, 0]^{T}을 식(2.4.3.11)의 $\nabla f_W(x^{(0)})$, 식(2.4.3.13-1)과 식(2.4.3.14-1)의 $v_1(x_A^{(0)}, x_h^{(0)})$ 식(2.4.3.13-2)와 식(2.4.3.14-2)의 $v_2(x_A^{(0)}, x_h^{(0)})$에 대입하여 구한 후, $v(x^{(0)}) = [v_1(x_A^{(0)}, x_h^{(0)}), v_2(x_A^{(0)}, x_h^{(0)})]$ 로 통합한다. 식(2.4.3.6-3)에 초기입력변수 $[x_A^{(0)}, x_h^{(0)}, \lambda_{v_1}^{(0)}, \lambda_{v_2}^{(0)}]^T$= [800, -7, 0, 0]^{T}을 대입하여 얻은 식(2.4.3.14-3)의 $\mathbf{J}_v(x^{(0)})$를 S =

$\begin{bmatrix} 1 & 0 \\ 0 & 0 \end{bmatrix}$과 함께 식(2.4.3.6-1) 또는 식(2.4.3.15-1)에 대입하여 라그랑주 함수의 제이코비(일차 미분식, gradient 벡터)를 식(2.4.3.15-1)과 식(2.4.3.15-2)에서 구한다. 초기 입력변수는 각각의 식에 붉은색으로 표시하였다.

$$\nabla\mathcal{L}\left(x_A^{(0)},\ x_h^{(0)},\ \lambda_{v_1}^{(0)},\ \lambda_{v_2}^{(0)}\right) = \begin{bmatrix} \nabla f_W\left(\mathbf{x}^{(0)}\right) - \mathbf{J_v}\left(\mathbf{x}^{(0)}\right)^T \mathbf{S}\boldsymbol{\lambda}_v^{(0)} \\ -\mathbf{S}\mathbf{v}\left(\mathbf{x}^{(0)}\right) \end{bmatrix} \tag{2.4.3.15-1}$$

$$\begin{aligned} &\nabla\mathcal{L}\left(x_A^{(0)},\ x_h^{(0)},\ \lambda_{v_1}^{(0)},\ \lambda_{v_2}^{(0)}\right) \\ &= \begin{bmatrix} \begin{bmatrix} 0.0742 \\ -6.154 \end{bmatrix} - \begin{bmatrix} 1.306\times10^{-4} & -0.0051 \\ 1.625\times10^{-4} & -0.0014 \end{bmatrix}\begin{bmatrix} 1 & 0 \\ 0 & 0 \end{bmatrix}\begin{bmatrix} 0 \\ 0 \end{bmatrix} \\ -\begin{bmatrix} 1 & 0 \\ 0 & 0 \end{bmatrix}\begin{bmatrix} 0.0955 \\ 0.0700 \end{bmatrix} \end{bmatrix} \\ &\rightarrow \nabla\mathcal{L}\left(x_A^{(0)},\ x_h^{(0)},\ \lambda_{v_1}^{(0)},\ \lambda_{v_2}^{(0)}\right) = \begin{bmatrix} 0.0742 \\ -6.154 \\ -0.0955 \\ 0 \end{bmatrix} \neq \mathbf{0} \end{aligned} \tag{2.4.3.15-2}$$

식(2.4.3.14-1), (2.4.3.14-2)에서 부등 제약조건 $|\sigma_1^{(0)}| = v_1(x_A^{(0)}, x_h^{(0)})$과 $\sigma_2^{(0)} = v_2(x_A^{(0)}, x_h^{(0)})$이 0.0955 $\frac{kN}{mm^2}$ 0.0700$\frac{kN}{mm^2}$로 각각 구해졌고, f_y = 0.2$\frac{kN}{mm^2}$ 보다 작게 도출되어 표 2.4.3.1의 KKT 조건이 만족되었다. 따라서 $x_A^{(0)}$ = 800, $x_h^{(0)}$ = -7은 주어진 하중조건을 견딜 수 있는 것으로 보이나, 식(2.4.3.15-2)의 KKT 조건에서는 초기 입력변수 [$x_A^{(0)}$, $x_h^{(0)}$, $\lambda_{v_1}^{(0)}$, $\lambda_{v_2}^{(0)}$]가 라그랑주 함수의 1차 미분식을 0으로 수렴하지 못하였다. 결과적으로, 이 KKT 조건의 초기 입력변수는 목적함수의 최적점 도출에는 실패하였고. 식(2.4.3.15-2)가 0으로 수렴할 때까지 식(2.4.3.16-1)에 기반하여 초기 입력변수 $[x_A^{(0)}, x_h^{(0)}, \lambda_{v_1}^{(0)}, \lambda_{v_2}^{(0)}]^T=[800,-7,0,0]^T$를 업데이트하여야 한다.

4) 초기 입력변수(0단계)의 업데이트를 위한 라그랑주 함수의 헤시안 매트릭스 계산

라그랑주 함수의 헤시안 매트릭스 $\mathbf{H}_L(x^{(0)}, \lambda_v^{(0)}) = \mathbf{H}_L(x_A^{(0)}, x_h^{(0)}, \lambda_{v_1}^{(0)}, \lambda_{v_2}^{(0)})$는 초기 입력변수 $[x_A^{(0)}, x_h^{(0)}, \lambda_{v_1}^{(0)}, \lambda_{v_2}^{(0)}]^T = [800,-7,0,0]^T$를 식(2.3.4.3-2a)에 기반한 식(2.4.3.16-2)에 대입하여 계산된다. 식(2.4.3.16-2)에서 도출된 라그랑주 함수의 헤시안 매트릭스 $\mathbf{H}_L(x^{(0)}, \lambda_v^{(0)})=\mathbf{H}_L(x_A^{(0)},$

$x_h^{(0)}$, $\lambda_{v_1}^{(0)}$, $\lambda_{v_2}^{(0)}$)는 식(2.4.3.16-1)에 기반하여 1단계(Iteration)의 입력변수 [$x_A^{(1)}$, $x_h^{(1)}$,$\lambda_{v_1}^{(1)}$, $\lambda_{v_2}^{(1)}$]로 업데이트 된다.

$$\begin{bmatrix}\mathbf{x}^{(1)}\\ \boldsymbol{\lambda}_v^{(1)}\end{bmatrix} = \begin{bmatrix}\mathbf{x}^{(0)}\\ \boldsymbol{\lambda}_v^{(0)}\end{bmatrix} - \left[\mathbf{H}_{\mathcal{L}}\left(\mathbf{x}^{(0)},\ \boldsymbol{\lambda}_v^{(0)}\right)\right]^{-1} \nabla\mathcal{L}\left(\mathbf{x}^{(0)},\ \boldsymbol{\lambda}_v^{(0)}\right) \tag{2.4.3.16-1}$$

또는,

$$\begin{bmatrix}x_A^{(1)}, x_h^{(1)}\\ \lambda_{v_1}^{(1)}, \lambda_{v_2}^{(1)}\end{bmatrix} = \begin{bmatrix}x_A^{(0)}, x_h^{(0)}\\ \lambda_{v_1}^{(0)}, \lambda_{v_2}^{(0)}\end{bmatrix}$$

$$- \left[\mathbf{H}_{\mathcal{L}}\left(x_A^{(0)}, x_h^{(0)}, \lambda_{v_1}^{(0)}, \lambda_{v_2}^{(0)}\right)\right]^{-1} \nabla\mathcal{L}\left(x_A^{(0)}, x_h^{(0)}, \lambda_{v_1}^{(0)}, \lambda_{v_2}^{(0)}\right)$$

또는,

$$\begin{bmatrix}x_A^{(1)}\\ x_h^{(1)}\\ \lambda_{v_1}^{(1)}\\ \lambda_{v_2}^{(1)}\end{bmatrix} = \begin{bmatrix}x_A^{(0)}\\ x_h^{(0)}\\ \lambda_{v_1}^{(0)}\\ \lambda_{v_2}^{(0)}\end{bmatrix} - \left[\mathbf{H}_{\mathcal{L}}\left(x_A^{(0)}, x_h^{(0)}, \lambda_{v_1}^{(0)}, \lambda_{v_2}^{(0)}\right)\right]^{-1} \nabla\mathcal{L}\left(x_A^{(0)}, x_h^{(0)}, \lambda_{v_1}^{(0)}, \lambda_{v_2}^{(0)}\right)$$

여기서,

$$\mathbf{H}_{\mathcal{L}}\left(\mathbf{x}^{(0)},\ \boldsymbol{\lambda}_v^{(0)}\right) = \mathbf{H}_{\mathcal{L}}\left(x_A^{(0)},\ x_h^{(0)},\ \lambda_{v_1}^{(0)},\ \lambda_{v_2}^{(0)}\right),$$

$$\nabla\mathcal{L}\left(\mathbf{x}^{(0)},\ \boldsymbol{\lambda}_v^{(0)}\right) = \nabla\mathcal{L}\left(x_A^{(0)},\ x_h^{(0)},\ \lambda_{v_1}^{(0)},\ \lambda_{v_2}^{(0)}\right)$$

$$\mathbf{H}_{\mathcal{L}}\left(\mathbf{x}^{(0)},\ \boldsymbol{\lambda}_v^{(0)}\right) = \mathbf{H}_{\mathcal{L}}\left(x_A^{(0)},\ x_h^{(0)},\ \lambda_{v_1}^{(0)},\ \lambda_{v_2}^{(0)}\right)$$

$$= \begin{bmatrix}\mathbf{H}_{\mathcal{L}}\left(\mathbf{x}^{(0)}\right) & -\left(\mathbf{SJ_v}\left(\mathbf{x}^{(0)}\right)\right)^T\\ -\mathbf{SJ_v}\left(\mathbf{x}^{(0)}\right) & \mathbf{0}\end{bmatrix} \tag{2.4.3.16-2}$$

라그랑주 함수의 헤시안 매트릭스 $\mathbf{H}_L(x^{(0)}, \lambda_v^{(0)}) = \mathbf{H}_L(x_A^{(0)}, x_h^{(0)}, \lambda_{v_1}^{(0)}, \lambda_{v_2}^{(0)})$의 자세한 계산 과정은 다음과 같다.

먼저 식(2.4.3.12), (2.4.3.14-4), (2.4.3.14-5)의 $\mathbf{H}_{fW}(x^{(0)}) = \mathbf{H}_{fW}(x_A^{(0)}, x_h^{(0)})$, $\mathbf{H}_{v_1}(x^{(0)}) = \mathbf{H}_{v1}(x_A^{(0)}, x_h^{(0)})$, $\mathbf{H}_{v_2}(x^{(0)}) = \mathbf{H}_{v2}(x_A^{(0)}, x_h^{(0)})$를 식(2.4.3.16-3)에 대입하여 $\mathbf{H}_L(x^{(0)}) = \mathbf{H}_L(x_A^{(0)}, x_h^{(0)})$를 식(2.4.3.16-4)에서 구한다. 식(2.4.3.16-3)의 파란색 1은 Case 1 KKT 조건에 의해서 부등 제약조건 $v_1(x)$를 활성화시키는 S매트릭스이고, 0은 부등 제약조건 $v_2(x)$ 을 비활성화시키는 S매트릭스이다. 파란색 다음의 붉은색 숫자는 초기 입력변수 $[x_A^{(0)}, x_h^{(0)}, \lambda_{v_1}^{(0)}, \lambda_{v_2}^{(0)}]^T = [800, -7, 0, 0]^T$에서 가정된 0의 라그랑주 승수들이다. 식(2.4.3.16-3)에는 헤시안 매트릭스 $\mathbf{H}_L(x^{(0)}) = \mathbf{H}_L(x_A^{(0)}, x_h^{(0)})$ 계산을 쉽게 추적할 수 있도록 화살표로 표시하였다.

$$\mathbf{H}_{\mathcal{L}}(\mathbf{x}^{(0)}) = \mathbf{H}_{fW}(\mathbf{x}^{(0)}) \tag{2.4.3.16-3}$$

$$\mathbf{H}_{\mathcal{L}}(\mathbf{x}^{(0)}) = \mathbf{H}_{fW}(\mathbf{x}^{(0)}) - \sum_{i=1}^{2} s_i \lambda_{v_i} \mathbf{H}_{v_i}(\mathbf{x}^{(0)})$$

$$\mathbf{H}_{\mathcal{L}}(\mathbf{x}^{(0)}) = \begin{bmatrix} 0 & -0.0077 \\ -0.0077 & 0.0663 \end{bmatrix}$$

$$- 1 \times 0 \times \begin{bmatrix} -3.2645 \times 10^{-7} & 6.3776 \times 10^{-6} \\ 6.3776 \times 10^{-6} & -0.0015 \end{bmatrix} \tag{2.4.3.16-4}$$

$$- 0 \times 0 \times \begin{bmatrix} -4.0626 \times 10^{-7} & 1.752 \times 10^{-6} \\ 1.752 \times 10^{-6} & -5.856 \times 10^{-4} \end{bmatrix}$$

$$= \begin{bmatrix} 0 & -0.0077 \\ -0.0077 & 0.0663 \end{bmatrix}$$

$S = \begin{bmatrix} 1 & 0 \\ 0 & 0 \end{bmatrix}$ 및 식(2.4.3.16-4)와 (2.4.3.14-3)의 $\mathbf{H}_L(x^{(0)})$와 $J_v(x)$을 식(2.4.3.16-2)에 대입하여 $\mathbf{H}_L(x^{(0)}, \lambda_v^{(0)}) = \mathbf{H}_L(x_A^{(0)}, x_h^{(0)}, \lambda_{v_1}^{(0)}, \lambda_{v_2}^{(0)})$를 식(2.4.3.16-5)와 (2.4.3.16-6)에서 구한다.

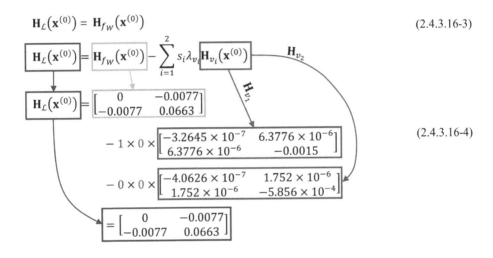

$$\mathbf{H}_{\mathcal{L}}\left(\mathbf{x}^{(0)},\boldsymbol{\lambda}_{v}^{(0)}\right)=\mathbf{H}_{\mathcal{L}}\left(x_{A}^{(0)},x_{h}^{(0)},\lambda_{v_1}^{(0)},\lambda_{v_2}^{(0)}\right)$$

$$=\begin{bmatrix} \begin{bmatrix} 0 & -0.0077 \\ -0.0077 & 0.0063 \end{bmatrix} & -\left(\begin{bmatrix} 1 & 0 \\ 0 & 0 \end{bmatrix}\begin{bmatrix} 1.306\times10^{-4} & -0.0051 \\ 1.625\times10^{-4} & -0.0014 \end{bmatrix}\right)^{T} \\ -\begin{bmatrix} 1 & 0 \\ 0 & 0 \end{bmatrix}\begin{bmatrix} 1.306\times10^{-4} & -0.0051 \\ 1.625\times10^{-4} & -0.0014 \end{bmatrix} & \mathbf{0} \end{bmatrix} \quad (2.4.3.16\text{-}5)$$

$$=\begin{bmatrix} 0 & -0.0077 & 1.036\times10^{-4} & 0 \\ -0.0077 & 0.0663 & -0.0051 & 0 \\ 1.036\times10^{-4} & -0.0051 & 0 & 0 \\ 0 & 0 & 0 & 0 \end{bmatrix} \quad (2.4.3.16\text{-}6)$$

식(2.4.3.16-1)을 이용하기 위해서는 $\mathbf{H}_L(x_A^{(0)}, x_h^{(0)}, \lambda_{v_1}^{(0)}, \lambda_{v_2}^{(0)})$의 역행렬을 구해야 한다. 그러나 부등 제약함수 $v_2(x)=|\sigma_2|-f_y\geq0$이 KKT 조건에서 비활성 부등 제약조건으로 가정되었으므로 라그랑주 함수의 1차 미분식 $\nabla L(x_A, x_h, \lambda_{v1}, \lambda_{v2})$ 작성 시 라그랑주 승수(λ_{v2})가 0으로 무시되었고, 식(2.4.3.16-6)의 헤시안 매트릭스 $\mathbf{H}_L(x^{(0)}, \lambda_v^{(0)})=\mathbf{H}_L(x_A^{(0)}, x_h^{(0)}, \lambda_{v_1}^{(0)}, \lambda_{v_2}^{(0)})$는 네 번째 행과 열이 0이 되는 싱귤러 매트릭스가 되었다. 따라서, 네 번째 행과 열을 무시하고 헤시안 매트릭스 $\mathbf{H}_L(x_A^{(0)}, x_h^{(0)}, \lambda_{v_1}^{(0)}, \lambda_{v_2}^{(0)})$의 역행렬을 구한다. 식(2.4.3.16-7)과 (2.4.3.16-8)의 헤시안 매트릭스 $\mathbf{H}_L(x_A^{(0)}, x_h^{(0)}, \lambda_{v_1}^{(0)}, \lambda_{v_2}^{(0)})$에서와 같이, 부등 제약함수 $v_2(x)=|\sigma_2|-f_y\geq0$을 비활성화하는 네 번째 행과 열을 제외하고 3x3 헤시안 매트릭스 $\mathbf{H}_L(x_A^{(0)}, x_h^{(0)}, \lambda_{v_1}^{(0)}, \lambda_{v_2}^{(0)})$의 역행렬을 구하였다.

$$\mathbf{H}_{\mathcal{L}}\left(\mathbf{x}^{(0)},\boldsymbol{\lambda}_{v}^{(0)}\right)^{-1}=\begin{bmatrix} \begin{bmatrix} 0 & -0.0077 & 1.036\times10^{-4} \\ -0.0077 & 0.0663 & -0.0051 \\ 1.036\times10^{-4} & -0.0051 & 0 \end{bmatrix}^{-1} & \begin{matrix} 0 \\ 0 \\ 0 \end{matrix} \\ \begin{matrix} 0 & 0 & 0 \end{matrix} & 0 \end{bmatrix} \quad (2.4.3.16\text{-}7)$$

$$\mathbf{H}_{\mathcal{L}}\left(\mathbf{x}^{(0)},\boldsymbol{\lambda}_{v}^{(0)}\right)^{-1}=\begin{bmatrix} -2854.8 & -73.066 & -3354.0 & 0 \\ -73.066 & -1.870 & 110.159 & 0 \\ -3354.0 & 110.159 & -6489.2 & 0 \\ 0 & 0 & 0 & 0 \end{bmatrix} \quad (2.4.3.16\text{-}8)$$

5) 1단계(Iteration 1) 입력변수에 대한 라그랑주 함수의 제이코비 (1차 미분식, gradient 벡터) 계산

식(2.4.3.15-2)의 $\nabla L(x_A^{(0)}, x_h^{(0)}, \lambda_{v_1}^{(0)}, \lambda_{v_2}^{(0)})$와 식(2.4.3.16-8)의 $\mathbf{H}_L(x^{(0)}, \lambda_v^{(0)})^{-1}$=$\mathbf{H}_L(x_A^{(0)}, x_h^{(0)}, \lambda_{v_1}^{(0)}, \lambda_{v_2}^{(0)})^{-1}$을 식(2.4.3.16-1)에 대입하면 1단계에서 업데이트된 $x_A^{(0)}, x_h^{(0)}, \lambda_{v_1}^{(0)}, \lambda_{v_2}^{(0)}$ 를 식(2.4.3.17)이 구해진다.

$$\begin{bmatrix} x_A^{(1)} \\ x_h^{(1)} \\ \lambda_{v_1}^{(1)} \\ \lambda_{v_2}^{(1)} \end{bmatrix} = \begin{bmatrix} 800 \\ -7 \\ 0 \\ 0 \end{bmatrix} - \begin{bmatrix} -2854.8 & -73.066 & -3354.0 & 0 \\ -73.066 & -1.870 & 110.159 & 0 \\ -3354.0 & 110.159 & -6489.2 & 0 \\ 0 & 0 & 0 & 0 \end{bmatrix} \begin{bmatrix} 0.0742 \\ -6.154 \\ -0.0955 \\ 0 \end{bmatrix}$$

$$\rightarrow \begin{bmatrix} x_A^{(1)} \\ x_h^{(1)} \\ \lambda_{v_1}^{(1)} \\ \lambda_{v_2}^{(1)} \end{bmatrix} = \begin{bmatrix} 241.891 \\ -2.559 \\ 306.942 \\ 0 \end{bmatrix} \tag{2.4.3.17}$$

1단계에서의 $[x_A^{(1)}, x_h^{(1)}, \lambda_{v_1}^{(1)}, \lambda_{v_2}^{(1)}]$=[241.891, -2.559, 306.942, 0]에 대해 업데이트된 라그랑주 함수의 제이코비(1차 미분식, gradient 벡터)인 $\nabla L(x_A^{(1)}, x_h^{(1)}, \lambda_{v_1}^{(1)}, \lambda_{v_2}^{(1)})$은 식(2.3.4.2-1a)에 기반하여 식(2.4.3.18)에서 구해진다. 즉 1단계(Iteration 1)로 업데이트된 $[x_A^{(1)}, x_h^{(1)}]$=[241.891, -2.559]을 식(2.4.3.4-8), 식(2.4.3.4-9) 및 식(2.4.3.5-2), 식(2.4.3.5-3)에 대입하여 $v(x_A^{(1)}, x_h^{(1)})$를 구한다. 식(2.4.3.6-2)와 식(2.4.3.6-3)에서는 각각 $\nabla f_W(x_A^{(1)}, x_h^{(1)})$와 $\mathbf{J}_v(x_A^{(1)}, x_h^{(1)})^T$를 구한다. 구해진 $\nabla f_W(x_A^{(1)}, x_h^{(1)})$, $-\mathbf{J}_v(x_A^{(1)}, x_h^{(1)})^T$, $-\boldsymbol{v}(x_A^{(1)}, x_h^{(1)})$를 식(2.3.4.2-1a)에 대입하여 식(2.4.3.18)에서 Iteration 1의 라그랑주 함수의 1차 미분식(제이코비 매트릭스) $\nabla L(x_A^{(1)}, x_h^{(1)}, \lambda_{v_1}^{(1)}, \lambda_{v_2}^{(1)})$를 구한다. 그러나, 식(2.4.3.18)은 아직 0에 수렴하지 못하고 KKT 조건을 만족시키지 못하고 있으므로, 다음 2단계의 반복연산을 수행해야 할 것이다.

$$\nabla\mathcal{L}\left(x_A^{(1)},\, x_h^{(1)},\, \lambda_{v_1}^{(1)},\, \lambda_{v_2}^{(1)}\right) = \begin{bmatrix} \nabla f_W\left(x_A^{(1)}, x_h^{(1)}\right) - \mathbf{J_v}\left(x_A^{(1)}, x_h^{(1)}\right)^T \mathbf{S}\boldsymbol{\lambda}_v^{(1)} \\ -\mathbf{Sv}\left(x_A^{(1)}, x_h^{(1)}\right) \end{bmatrix}$$

$$= \begin{bmatrix} -0.6565 \\ 37.2272 \\ -0.3505 \\ 0 \end{bmatrix} \neq \mathbf{0} \tag{2.4.3.18}$$

6) 수렴 시까지의 반복연산 계산과 결과의 분석

KKT 조건은 9번째(Iteration 9) 반복연산에서 $[x_A^{(9)},\ x_h^{(9)},\ \lambda_{v_1}^{(9)},\ \lambda_{v_2}^{(9)}]$=[558.12, -3.532, 135.266, 0]을 도출하였고, $\nabla L(x_A^{(9)}, x_h^{(9)}, \lambda_{v_1}^{(9)}, \lambda_{v_2}^{(9)})$ = 0에 수렴하였다. 그림 2.4.3.3에서처럼 최소화된 $f_W(x_A,x_h)$ = 27.05kgf을 도출하였다. 마지막 연산단계에서 도출된 $[x_A^{(9)},\ x_h^{(9)},\ \lambda_{v_1}^{(9)},\ \lambda_{v_2}^{(9)}]$=[558.12, -3.532, 135.266, 0]은 식(2.4.3.2-2)의 부등 제약조건 $v_2(x_A,\ x_h)$을 만족하여야 하나 식(2.4.3.19)에서 보이는 대로 본 KKT Case 1조건은 부등 제약조건 $v_2(x_A^{(9)},\ x_h^{(9)})$ 만족하지 못하였고, 목적함수의 최적값의 도출에는 실패하였다. 부등 제약조건 $v_2(x_A^{(9)},\ x_h^{(9)})$은 식(2.4.3.19)의 붉은색으로 표시된 대로 최종 수렴된 $[x_A^{(9)},\ x_h^{(9)},\ \lambda_{v_1}^{(9)},\ \lambda_{v_2}^{(9)}]$=[558.12 -3.532 135.266, 0]를 대입하여 도출하였다.

$$|\sigma_2| = \frac{100\sqrt{(-3.532)^2 + 4}}{558.12 \times |-3.532|} = 0.2059 \geq f_y \ \left(\text{unit:} \frac{\text{kN}}{\text{mm}^2}\right) \tag{2.4.3.19}$$

그림 2.4.3.3에 도시된 것과 같이 Case 1의 목적함수인 트러스 중량의 최소점을 찾기 위해서 5개의 초기 입력변수 $x_A^{(0)}$, $x_h^{(0)}$ 를 추가 선택하였다. 라그랑주 승수 $\lambda_v^{(0)}=[\lambda_{v_1}^{(0)},\ \lambda_{v_2}^{(0)}]$의 5개 초기 입력값은 모두 [0, 0]을 선택하였다. 6개 초기입력값 중 그림 2.4.3.3에서 1, 2, 3으로 표시된 3개의 초기 입력값 $[x_A^{(0)}\ ,\ x_h^{(0)}\ ,\ \lambda_{v_1}^{(0)},\ \lambda_{v_2}^{(0)}]$=[800,-7, 0, 0], [600,-8, 0, 0], [300,-2, 0, 0]에 대해서는 9번째 반복연산에서 $[x_A^{(9)},\ x_h^{(9)}]$=558.12, -3.532에 동시에 수렴하였고, 이때, 최소화된 목적함수인 트러스의 중량은 $f_W(x_A^{(9)},\ x_h^{(9)})$=27.05kgf 이었다. 그러나 식(2.4.3.19)에서처럼 1, 2, 3으로 표시된 3개의 초기 입력값 모두 부등 제약조

건 $v_2(x_A^{(9)}, x_h^{(9)})$을 만족하지는 못하였고, 목적함수의 최적값의 도출에는 실패하였다. 그림 2.4.3.3의 4, 5, 6으로 표시된 나머지 3개 초기 입력변수 $[x_A^{(0)}, x_h^{(0)}, \lambda_{v_1}^{(0)}, \lambda_{v_2}^{(0)}]$=[1000, -2, 0, 0], [400, 6, 0, 0], [1200, 6, 0, 0]는 잘못 선택되어 발산하여 $\nabla L(x_A^{(k)}, x_h^{(k)}, \lambda_{v_1}^{(k)}, \lambda_{v_2}^{(k)}) = 0$로 수렴하는 x_A, x_h값을 찾지 못하였다.

6개의 초기 입력변수가 트러스의 높이(x_h)와 단면적(x_A)에 대해서 수렴하는 과정이 그림2.4.3.3에 화살표로 추적되었다. 파란색 곡선은 부등 제약조건 $v_1(x_A^{(9)}, x_h^{(9)})$을, 붉은색 곡선은 부등 제약조건 $v_2(x_A^{(9)}, x_h^{(9)})$을 각각 표시하고 있다. 1, 2, 3으로 표시된 초기 입력변수는 $[x_A^{(9)}, x_h^{(9)}, \lambda_{v_1}^{(9)}, \lambda_{v_2}^{(9)}]$=[558.12,-3.532, 135.266, 0]을 의미하는 핑크색 점에 수렴하는데, 모두 파란색 곡선인 부등 제약조건 $v_1(x_A^{(9)}, x_h^{(9)})=-|\sigma_1|+f_y=0$ 상에 수렴하는 것을 알 수 있다. 이는 이 Case 1의 KKT 조건에서는 부등 제약조건 $v_1(x_A^{(9)}, x_h^{(9)})$이 등 제약조건으로 binding 되어 $|\sigma_1|=0.2\frac{kN}{mm^2}=f_y$ 로 전환되었기 때문이다. 그러나 그림 2.4.3.3에 보이듯이 1, 2, 3으로 표시된 초기 입력변수가 수렴하는 핑크색 점은 붉은색 곡선의 빗금 친 부분에 존재한다. 범례에서 보이듯이 붉은색 곡선의 빗금 친 부분은 부등 제약조건 $v_2(x_A^{(9)}, x_h^{(9)})=|-\sigma_2|+f_y\geq0$에 해당하는 부분으로, 부등 제약조건 $v_2(x_A^{(9)}, x_h^{(9)})$를 만족하지 못하고 있음을 보여주고 있고, 목적함수가 최소화되는 위치를 찾는 데는 실패하였다는 의미이다. 4, 5, 6으로 표시된 초기 입력변수는 발산하였고, 목적함수 $f_w(x_A, x_h)$가 최소화되는 위치 파악에 역시 실패하였다. 그림 2.4.3.3의 초록색 색상은 트러스 중량을 의미하는 목적함수 $f_W(x_A, x_h)$의 크기를 나타내고 있는데, $f_W(x_A^{(9)}, x_h^{(9)})$가 27.05kgf에서 최소점을 형성하는 것을 알 수 있다. 이 경우, $x_A^{(9)} = 558.12$에 대해 $x_h^{(9)} = -3.532$가 도출되었다. 부등 제약조건 $v_2(x_A^{(9)}, x_h^{(9)})$가 비활성 조건으로 가정되는 본 KKT 조건에서는, 9번째 반복연산(Iteration 9)에서 활성 부등 제약조건으로 가정된 $v_1(x)$의 라그랑주 승수 $\lambda_{v_1}^{(9)}$ 는 0보다 큰 수인 135.266로 수렴하였고, 비활성 부등 제약조건으로 가정된 $v_2(x)$의 초기 라그랑주 승수 $\lambda_{v_2}^{(9)}$는 0으로 도출되었다. 그러나 부등 제약조건 $v_2(x_A^{(9)}, x_h^{(9)})$을 만족하지 못하고 있으므로 큰 의미는 없게 되었다. 그림 2.4.3.4는 Case 1의 KKT 조건 하에서의 트러스 배치 형상을 보여주고 있으나, 부등 제약조건 $v_2(x_A^{(9)}, x_h^{(9)})$를 만족하지 못하고 있으므로 역시 큰 의미는 없다.

Region for $|\sigma_1| \leq f_y$
Region for $|\sigma_1| > f_y$: Active constraint: $v_1(\mathbf{x}) = -|\sigma_1| + f_y \geq 0$

Satisfied region $|\sigma_2| \leq f_y$
Unsatisfied region $|\sigma_2| > f_y$: Inactive constraint: $v_2(\mathbf{x}) = -|\sigma_2| + f_y \geq 0$

● : Initial vector **1**, $x_A^{(0)} = 800, x_h^{(0)} = -7$

○ : Initial vector **2**, $x_A^{(0)} = 600, x_h^{(0)} = -8$

● : Initial vector **3**, $x_A^{(0)} = 300, x_h^{(0)} = -2$

● : Initial vector **4**, $x_A^{(0)} = 400, x_h^{(0)} = 6$

● : Initial vector **5**, $x_A^{(0)} = 1200, x_h^{(0)} = 6$

● : Initial vector **6**, $x_A^{(0)} = 1000, x_h^{(0)} = -2$

● : Local optimum $f_W(\mathbf{x}) = 27.05$ @ $x_A = 558.12, x_h = -3.532$. However, the solution does not satisfy $v_2(\mathbf{x}) = -|\sigma_2| + f_y \geq 0$

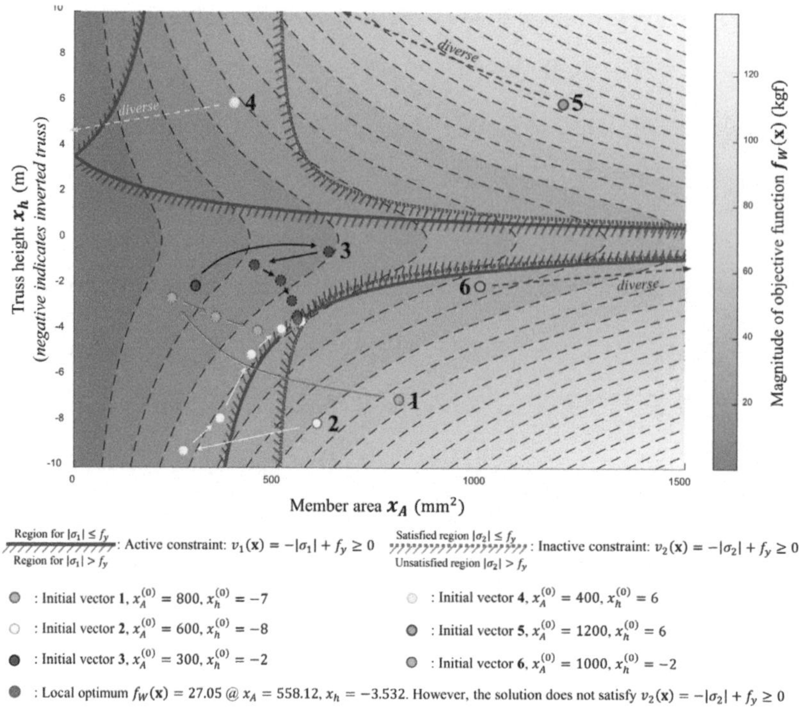

그림 2.4.3.3 Case 1 KKT 조건에서의 라그랑주 함수 최적화를 위한 입력변수
$[x_A^{(9)}, x_h^{(9)}, x_{v1}^{(9)}, x_{v2}^{(9)}]$=[558.12, -3.532, 135.266, 0]의 수렴 과정:
부등 제약조건 $v_1(x)$=-$|\sigma_1|$+f_y=0은 만족되나,
$v_2(x)$=-$|\sigma_2|$+f_y≥0을 만족시키지 못함

(1) $F_1 = 111.6$ kN, $|\sigma_1| = 0.2$ kN/mm$^2 = f_y$
(2) $F_2 = -114.9$kN, $|\sigma_2| = 0.206$ kN/mm$^2 > f_y$

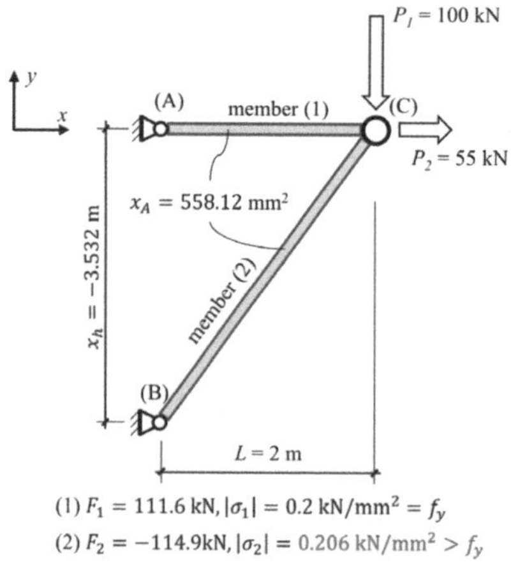

그림 2.4.3.4 Case 1 KKT 조건에서의 라그랑주 함수 최적화를 위한 트러스 배치 형상:
부등 제약조건 $v_1(x)$=-$|\sigma_1|$+f_y=0은 만족되나, $v_2(x)$=-$|\sigma_2|$+f_y≥0을 만족시키지 못함

(4) Case 2: 비활성 부등 제약조건 $v_1(x)$와 활성 부등 제약조건 $v_2(x)$

1) 수렴 시까지의 반복연산 계산과 결과의 분석

목적함수를 최적화하는 과정은 Case 1의 KKT 조건과 유사하므로 생략하기로 하고 초기 입력변수의 수렴결과에 대해서 살펴보기로 하자. Case 2의 KKT 조건은 부등 제약조건 $v_1(x) = v_1(x_A, x_h)$를 비활성화로 가정하고 $v_2(x) = v_2(x_A, x_h)$를 활성화로 가정하였다. Case 1과 동일하게 초기 입력변수 $x^{(0)} = [x_A^{(0)}, x_h^{(0)}]$와 라그랑주 승수 $\lambda_v^{(0)} = [\lambda_{v_1}^{(0)}, \lambda_{v_2}^{(0)}]=0, 0$가 결합된 $[x^{(0)}, \lambda_v^{(0)}] = [x_A^{(0)}, x_h^{(0)}, \lambda_{v_1}^{(0)}, \lambda_{v_2}^{(0)}]$를 뉴턴-랩슨 반복연산의 초기값으로 이용하여 $\nabla L(x,\lambda_v) = \nabla L(x_A, x_h, \lambda_{v1}, \lambda_{v2})$의 1차 미분식이 0으로 수렴할 때까지, 식 (2.4.3.7)에 기반하여 입력변수 $[x^{(0)}, \lambda_v^{(0)}] = [x_A^{(0)}, x_h^{(0)}, \lambda_{v_1}^{(0)}, \lambda_{v_2}^{(0)}]$를 업데이트한다. 6개의 초기 입력변수가 라그랑주 함수를 최적화하는 입력변수로 수렴하는지를 뉴턴-랩슨 반복연산에 기반하여 추적해 보기로 한다. Case 1과 동일하게 전체 초기 입력변수 $[x_A^{(0)}, x_h^{(0)}, \lambda_{v_1}^{(0)}, \lambda_{v_2}^{(0)}]^T = [x_A^{(0)}, x_h^{(0)}, 0, 0]^T$ 중, 그림 2.4.3.5에서 1과 2로 표시된 2개의 초기 입력변수 $[x_A^{(0)}, x_h^{(0)}, \lambda_{v_1}^{(0)}, \lambda_{v_2}^{(0)}]^T = [900, 5, 0, 0]^T$와 $[1000, -7, 0, 0]^T$는 $[x_A^{(k)}, x_h^{(k)}, \lambda_{v_1}^{(k)}, \lambda_{v_2}^{(k)}] = [636.01, 2.544, 0, 133.21]$과 $[636.01, -2.544, 0, 133.21]$로 각각 수렴하는데, 1로 표시된 초기 입력변수는 10번째(Iteration 10)반복연산에서, 2로 표시된 초기 입력변수는 11번째 반복연산에서 각각 수렴하였다. 최적화된 목적함수값은 동시에 동일한 컨투어 색상을 갖는 $f_W(x) = f_W(x_A^{(k)}, x_h^{(k)}) = 26.64$kgf 로 수렴하였다. 그림 2.4.3.5의 1(하늘색), 2(분홍색)로 표시된 초기 입력변수는 모두 붉은색 곡선인 부등 제약조건 $v_2(x_A^{(k)}, x_h^{(k)}) = -|\sigma_2|+f_y \geq 0$ 상에 수렴하는 것을 알 수 있다. 이는 KKT Case 2 조건에서는 부등 제약조건 $v_2(x_A^{(k)}, x_h^{(k)})$가 등 제약조건으로 binding되어 $|\sigma_1|=0.2\frac{\mathrm{kN}}{\mathrm{mm}^2}=f_y$ 로 전환 되었기 때문이다. 1(하늘색)로 표시된 초기 입력변수는 파란색 곡선의 빗금 친 반대 부분에 존재하고 있고, 부등 제약조건 $v_1(x_A^{(10)}, x_h^{(10)})=|-\sigma_1|+f_y \geq 0$을 만족 하고 있어 Case 2 KKT의 후보해로서의 자격을 갖추었다. 그러나 2로 표시된 초기 입력변수는 파란색 곡선의 빗금 친 부분에 존재하고 있고, 부등 제약조건 $v_1(x_A^{(11)}, x_h^{(11)})=-|\sigma_1|+f_y \geq 0$을 만족하지 못하였다. 따라서 라그랑주 함수의 최적점 예측에는 실패하였다. 그림 2.4.3.5의 초록색 색상은 트러스 중량을 의미하는 목적함수 $f_W(x_A, x_h)$의 크기를 나타내고 있는데, 1(하늘색)로 표시된 초기 입력변수에 의해 $f_W(x_A^{(10)}, x_h^{(10)})$가 26.64kgf에서 최소점으로 수렴하는 것을 알 수

있다. 그림 2.4.3.6(a)는 $v_2(x_A^{(10)}, x_h^{(10)}=-|\sigma_2|+f_y\geq 0$이 활성일 경우, 부등 제약조건 $v_1(x_A^{(10)}, x_h^{(10)})$이 만족되는 조건 하에서의 트러스 배치 형상을 보여 주고 있다. 그림 2.4.3.6(b)는 부등 제약조건 $v_1(x_A^{(10)}, x_h^{(10)})$이 만족되지 않는 조건 하에서의 트러스 배치 형상을 보여 주고 있다. 3, 4, 5, 6으로 표시된 초기 입력변수는 발산하고 있어 라그랑주 함수의 최적점 예측에는 실패하였고, 트러스 형상은 의미 없음을 알 수 있다.

2) Case 2에서 도출된 트러스의 배치

그림 2.4.3.5와 그림 2.4.3.6에서 보이듯이 1(하늘색), 2(분홍색)로 표시된 2개의 해 모두는 부등 제약조건 $v_1(x_A^{(k)}, x_h^{(k)})=-|\sigma_1|+f_y\geq 0$을 만족해야 한다. 그림 2.4.3.6(a)의 첫 번째 해는 1번 부재응력 ($|\sigma_1|$=0.037kN/mm^2=f_y)에 관한 v_1 부등 제약조건을 만족하였고, 트러스의 중량 최소값 $f_W(x_A^{(10)}, x_h^{(10)})$=26.64kgf을 찾아내었다. 그림 2.4.3.6(b)의 두 번째 해는 1번 부재응력이 210kN/mm^{2}로 f_y=0.2kN/mm^{2}보다 크게 계산되어 부재응력에 관한 v_1 부등 제약조건을 만족하지 못하였고, 그림 2.4.3.6(b)의 트러스 형상은 가능하지 않게 되었다. 즉 트러스 형상이 트러스의 중량 $f_W(x_A^{(11)}, x_h^{(11)})$=26.64kgf인 최소값을 산출하였으나 의미는 없게 되었다. 두 해 모두 KKT Case 2 조건에서는 부등 제약조건 $v_2(x_A^{(k)}, x_h^{(k)})$이 활성조건으로 가정되었으므로, 등 제약조건으로 binding 되어 $|\sigma_2|$=0.2kN/mm^2=f_y 로 변환되었다. 따라서 그림 2.4.3.5의 2개의 초기 입력변수는 붉은색 곡선인 부등 제약조건 $v_2(x_A^{(k)}, x_h^{(k)})=-|\sigma_2|+f_y=0$ 상에 1(하늘색), 2(분홍색)로 수렴하는 것을 알 수 있다.

그림 2.4.3.6의 두 가지 트러스 형상 중 $v_1(x_A^{(10)}, x_h^{(10)}) = -|\sigma 1|+f_y \geq 0$을 만족하는 그림 2.4.3.6(a)의 트러스 형상이 트러스의 중량 $f_W(x_A^{(10)}, x_h^{(10)})$ = 26.64 kgf을 최소화하였다. 그림 2.4.3.6(a)는 $v_1(x_A^{(10)}, x_h^{(10)})=-|\sigma_1|+f_y\geq 0$ 과 $v_2(x_A^{(10)}, x_h^{(10)}) = -|\sigma_2|+f_y = 0$의 부등 제약과 관련된 KKT Case 2 조건을 모두 만족하였고, 트러스 단면적 x_A=636.01mm^{2}과 트러스 높이 $|x_h|$=2.544m를 도출하였다. 라그랑주 함수를 통한 최적화는 트러스의 중량을 최적화하는 트러스의 형상을 도출하였다. 그러나 2(분홍색)로 표시된 두 번째 해는 그림2.4.3.6(a)와 동일하게 트러스의 중량 $f_W(x_A^{(11)}, x_h^{(11)})$ = 26.64kgf과 트러스 단면적 x_A=636.01mm^{2}은 도출하였으나 부재응력에 관한 v_1 부등 제약조건을 만족하지 못하

였고, 트러스 높이 $|x_h|$=-2.544m도 다르게 계산되었다. 따라서 최적화 도출에는 이르지 못하였고, 그림 2.4.3.6(b)에서 보이는 트러스의 배치 형태는 가능하지 않게 되었다.

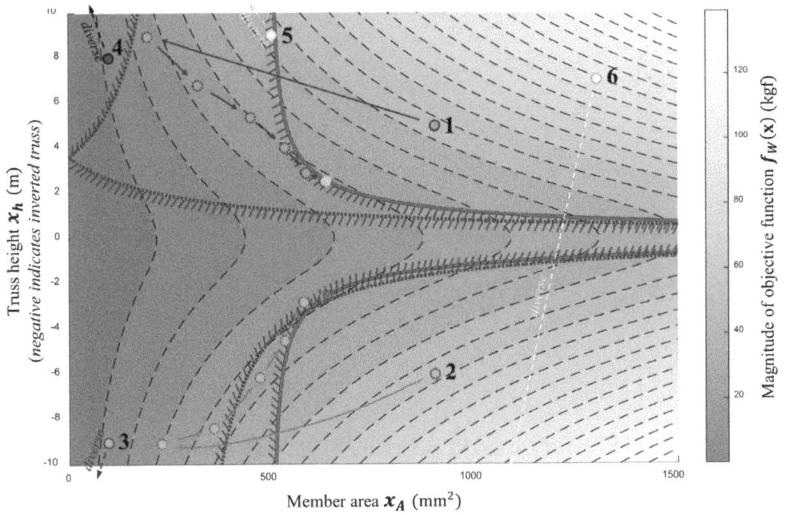

Satisfied region $|\sigma_1| \le f_y$: Inactive constraint: $v_1(\mathbf{x}) = -|\sigma_1| + f_y \ge 0$ Unsatisfied region $|\sigma_1| > f_y$

Region for $|\sigma_2| \le f_y$: Active constraint: $v_2(\mathbf{x}) = -|\sigma_2| + f_y \ge 0$ Region for $|\sigma_2| > f_y$

- : Initial vector **1**, $x_A^{(0)} = 900$, $x_h^{(0)} = 5$
- : Initial vector **2**, $x_A^{(0)} = 1000$, $x_h^{(0)} = -7$
- : Initial vector **3**, $x_A^{(0)} = 100$, $x_h^{(0)} = -9$
- : Initial vector **4**, $x_A^{(0)} = 100$, $x_h^{(0)} = 8$
- : Initial vector **5**, $x_A^{(0)} = 500$, $x_h^{(0)} = 9$
- : Initial vector **6**, $x_A^{(0)} = 1300$, $x_h^{(0)} = 7$
- : Local optimum $f_W(\mathbf{x}) = 26.64$ @ $x_A = 636.01$, $x_h = -2.544$. However, the solution does not satisfy $v_2(\mathbf{x}) = -|\sigma_2| + f_y \ge 0$
- : Local optimum $f_W(\mathbf{x}) = 26.64$ @ $x_A = 636.01$, $x_h = 2.544$.

그림 2.4.3.5 Case 2 KKT 조건에서의 라그랑주 함수 최적화를 위한 입력변수 $[x_A, x_h, \lambda_{v_1}, \lambda_{v_2}]$의 수렴: $v_1(x)=-|\sigma_1|+f_y\ge0$, $v_2(x)=-|\sigma_2|+f_y=0$가 만족되어야 함

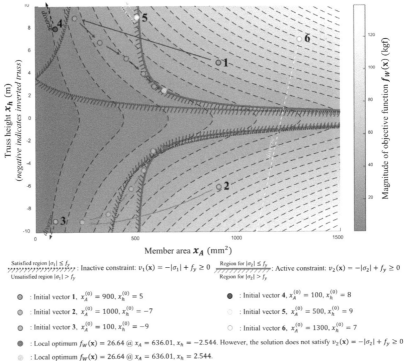

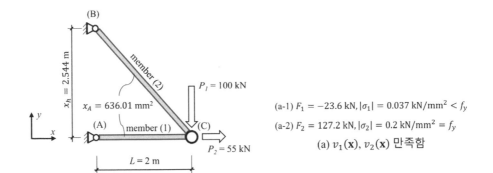

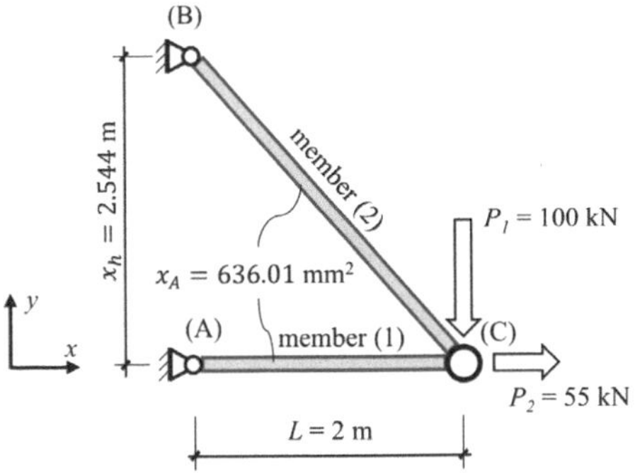

(a-1) $F_1 = -23.6$ kN, $|\sigma_1| = 0.037$ kN/mm$^2 < f_y$

(a-2) $F_2 = 127.2$ kN, $|\sigma_2| = 0.2$ kN/mm$^2 = f_y$

(a) $v_1(\mathbf{x})$, $v_2(\mathbf{x})$ 만족함

(b-1) $F_1 = 133.6kN$, $|\sigma_1| = 0.210 \text{ kN/mm}^2 > f_y$

(b-2) $F_2 = -127.2 \text{ kN}$, $|\sigma_2| = 0.2 \text{ kN/mm}^2 = f_y$

(b) $v_1(\mathbf{x})$ 은 만족하나, $v_2(\mathbf{x})$ 는 만족하지 못함

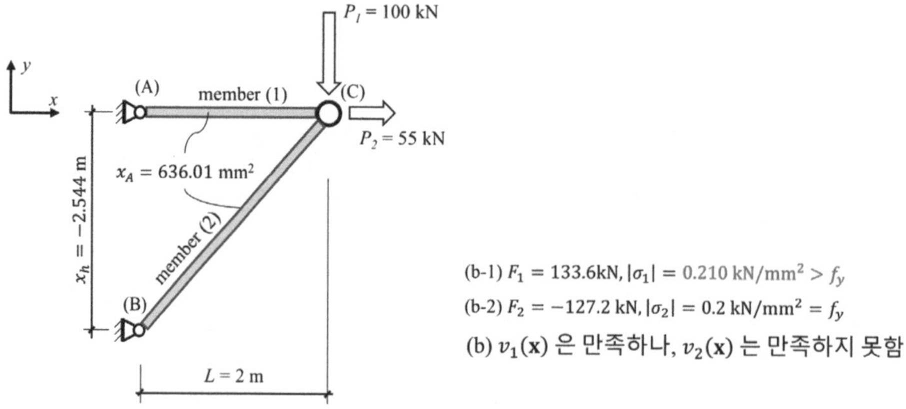

그림 2.4.3.6 Case 2 KKT 조건 에서의 라그랑주 함수 최적화를 위한 트러스 배치 형상: $v_1(x)=-|\sigma_1|+f_y \geq 0$, $v_2(x)=-|\sigma_2|+f_y=0$가 만족 되어야 함

(5) Case 3: 부등 제약조건 $v_1(x)$와 $v_2(x)$ 모두 활성인 경우

목적함수를 최적화하는 과정은 Case 1의 KKT 조건과 유사하므로 생략하기로 하고 초기 입력변수의 수렴결과에 대해서 살펴보기로 하자. Case 1과 2의 KKT 조건과 유사하게, 그림 2.4.3.7에서처럼 6개의 초기 입력변수 $x(0) = [x_A^{(0)}, x_h^{(0)}]$를 라그랑주 승수 입력변수 $\lambda_v^{(0)} = [\lambda_{v_1}^{(0)}, \lambda_{v_2}^{(0)}] = [0, 0]$와 함께 조합하였고, 라그랑주 함수의 최소점 $\nabla L(x, \lambda_v) = \nabla L(x_A^{(0)}, x_h^{(0)}, \lambda_{v_1}^{(0)}, \lambda_{v_2}^{(0)}) = 0$을 뉴턴-랩슨 반복연산에 기반하여 찾는다. 따라서 초기 입력변수 1, 2는 $[x_A^{(0)}, x_h^{(0)}, \lambda_{v_1}^{(0)}, \lambda_{v_2}^{(0)}]^T = [1000, -4, 0, 0]^T$ 와 $[200, 8, 0, 0]^T$ 가 되고 KKT 조건의 해(입력변수 $x_A^{(k)}$, $x_h^{(k)}$ 와 라그랑주 승수 $\lambda_{v_1}^{(k)}, \lambda_{v_2}^{(k)}$의 조합)를 찾기 위해 1과 2로 표시된 초기 입력변수는 각각 8(Iteration 8) ,7번(Iteration 7)의 반복연산에서, 동일한 좌표 $x_A^{(k)}$, $x_h^{(k)}$, $\lambda_{v_1}^{(k)}$, $\lambda_{v_2}^{(k)} = [592.05, -3.154, 97.03, 38.77]$로 수렴한다. 라그랑주 승수 $\lambda_{v_1}^{(k)}$, $\lambda_{v_2}^{(k)}$는 양수로 계산되었고, 트러스의 중량은 $f_W(\lambda_{v_1}^{(k)}, \lambda_{v_2}^{(k)}) = 27.16kgf$로서 트러스 중량을 의미하는 목적함수 $f_W(x_A, x_h)$의 크기를 초록색 색상으로 그림 2.4.3.7에 도시하였다. 그러나 트러스의 중량이 Case 2 KKT 조건의 중량인 26.64 kgf 보다는 크게 도출되었으므 $\lambda_{v_1}^{(0)}$, $\lambda_{v_2}^{(0)}$로 트러스프레임을 최소화하지는 못하였다. 그림 2.4.3.7에의 1, 2로 표시된 초기 입력변수는 활성조건으로 변환된 부등 제약조건 $v_1(x)=-|\sigma_1|+f_y=0$과 $v_2(x)=-|\sigma_2|+f_y=0$을 표시하는 파란색과 붉은색 곡선 상에 동시에 위치하고 있다. 활성조건 가정을 통해 v_1과 v_2부등 제약조

건을 등 제약조건으로 동시에 binding 하기 때문이다. 따라서 1, 2 트러스 부재의 응력은 모두 f_y=0.2kN/mm^{2}이 된다. 3, 4, 5, 6으로 표시된 초기 입력변수는 라그랑주 최적점으로부터 발산하였다. 그림 2.4.3.8은 Case 3 KKT 조건의 트러스의 배치 형상을 보여주고 있으나 의미는 없게 되었다.

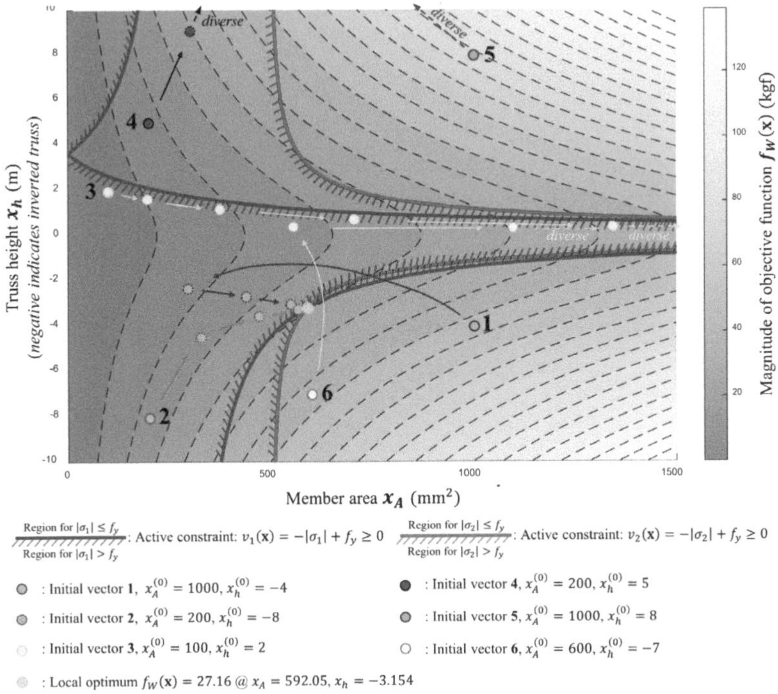

그림 2.4.3.7 Case 3 KKT 조건에서의 라그랑주 함수 최적화를 위한 입력변수 $[x_A, x_h, \lambda_{v1}, \lambda_{v2}]$의 수렴: $v_1(x)=-|\sigma_1|+f_y=0$, $v_2(x)=-|\sigma_2|+f_y=0$

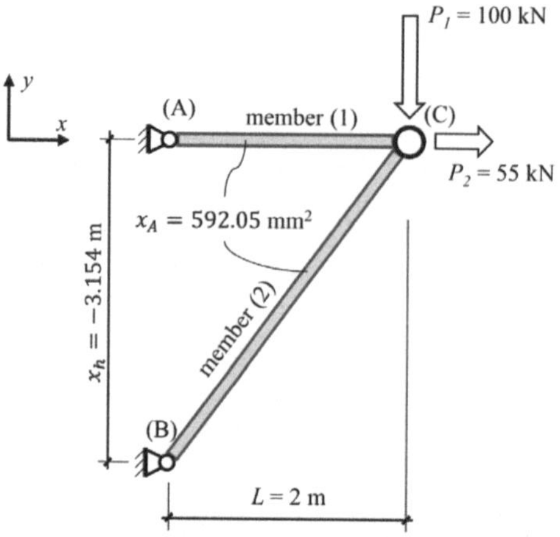

그림 2.4.3.8 Case 3 KKT 조건에서의 라그랑주 함수 최적화를 위한 트러스 배치 형상: $v_1(x)=-|\sigma_1|+f_y=0$, $v_2(x)=-|\sigma_2|+f_y=0$

(6) Case 4: 부등 제약조건 $v_1(x)$와 $v_2(x)$ 모두 비활성인 경우

목적함수를 최적화하는 과정은 Case 1의 KKT 조건과 유사하므로 생략하기로 하고 초기 입력변수의 수렴결과에 대해서 살펴 보기로 하자. 부등 제약조건 $v_1(x)$와 $v_2(x)$ 모두 비활성인 경우에는 식(2.4.3.20-1)의 라그랑주 함수와 식(2.4.3.20-2)의 1차 미분 방정식 또는 제이코비(gradient 벡터) 계산 시 부등 제약조건 $v_1(x)$와 $v_2(x)$ 모두 무시되어 $L(x, \lambda_v) = L(x_A, x_h, \lambda_{v_1}, \lambda_{v_2})$와 $f_W(x) = f_W(x_A, x_h)$는 같아진다. 따라서 $\nabla L(x, \lambda_v)$는 $\nabla f_W(x)$이 된다. 즉 식(2.3.4.2-1a)와 식(2.4.3.6-2)에 기반해서 식(2.4.3.20-1)와 (2.4.3.20-2)에서 계산된다. 이때 목적함수 $f_W(x, \lambda_{v_1}^{(k)}, \lambda_{v_2}^{(k)})$만이 고려된다.

$$\mathcal{L}(x_A, x_h, \lambda_{v_1}, \lambda_{v_2}) = f_W(x_A, x_h) = 0.008x_A\left(2 + \sqrt{x_h^2 + 4}\right) \text{ (unit: kgf)} \tag{2.4.3.20-1}$$

$$\nabla\mathcal{L}(x_A, x_h, \lambda_{v_1}, \lambda_{v_2}) = \nabla f_W(x_A, x_h) = \begin{bmatrix} 0.016 + 0.008\sqrt{x_h^2 + 4} \\ \dfrac{0.008x_A x_h}{\sqrt{x_h^2 + 4}} \end{bmatrix} \tag{2.4.3.20-2}$$

그림 2.4.3.9의 1, 2로 표시된 2개의 입력변수 $[x^{(0)}, \lambda_v^{(0)}]=[x_A^{(0)}, x_h^{(0)}, \lambda_{v_1}^{(0)}, \lambda_{v_2}^{(0)}]=[300, 5, 0, 0]$과 $[700, -6, 0, 0]$에 대해서, 식(2.4.3.20-2)을 최소화하는 입력변수를 뉴턴-랩슨 반복연산에 기반하여 도출하려 하였으나 모두 발산하였다. 즉 $x_A^{(k)}$, $x_h^{(k)}$ 값을 도출할 수 없었고, 라그랑주 함수의 최소값을 찾을 수 없었다. 수학적으로는 $x_A=0$ 과 $x_h=0$ 모두 트러스의 중량 $0.008x_A x_h/\sqrt{x_h^2+4}=0$을 최소화하는값이겠지만 의미가 없는 경우이다.

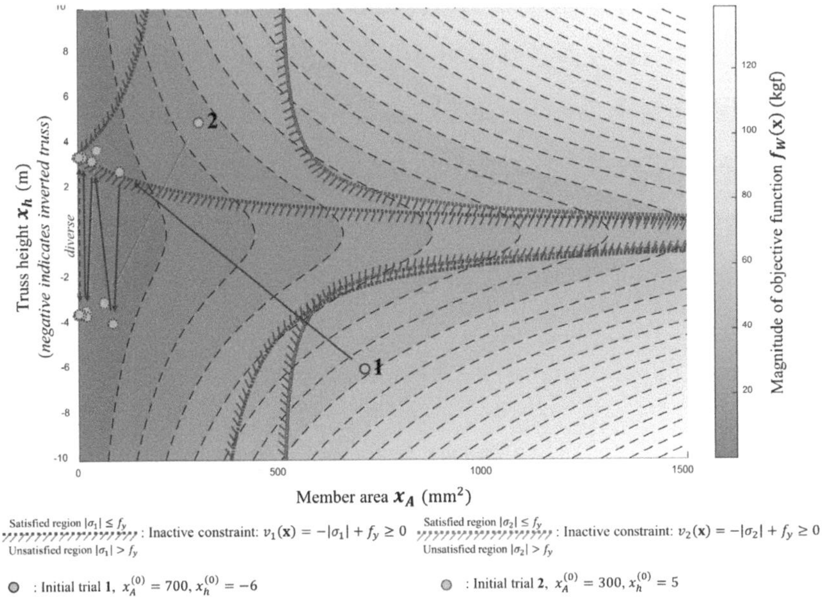

그림 2.4.3.9 Case 4 KKT 조건에서의 라그랑주 함수 최적화를 위한 입력 변수 $[x_A, x_h, \lambda_{v1}, \lambda_{v2}]$의 수렴 과정: $v_1(x)=-|\sigma_1|+f_y\ge 0$, $v_2(x)=-|\sigma_2|+f_y\ge 0$를 만족해야 함

(7) 수학식 기반의 라그랑주 최적화 요약

Case 2의 KKT 조건하에서의 수학식 기반 라그랑주 최적화에 의해 26.64kgf로 도출된 트러스 최소중량이 표 2.4.3.2에 정리되어 있다. 이 경우 트러스의 형태도 그림 2.4.3.6(a)에 도시하였다. 본 예제에서 정리된 바와 같이 수학식 기반의 라그랑주 방법에 의해 최소값을 찾는 일은 간단한 트러스의 경우라 할지라도 긴 시간과 노력

이 요구되는 일이라 할 수 있다.

특히 목적함수는 식(2.4.3.3-3)에서, 제약함수는 식(2.4.3.4-8)과 식(2.4.3.4-9)에서 수학적으로 유도되어야 하고, 편미분을 통해 목적함수의 제이코비는 식(2.4.3.6-2)에서, 제약함수의 제이코비는 식(2.4.3.6-3)에서, 목적함수의 헤시안은 식(2.4.3.8-3)에서, 제약함수의 헤시안은 (2.4.3.8-4)와 (2.4.3.8-5)처럼 직접 도출해야 한다. 이와 같은 식들은 2개의 부재를 갖는 매우 단순한 트러스 프레임에서 유도된 식들이지만, 일반적인 공학적 문제의 최적화 도출을 위해서는 복잡성을 갖는 함수들과 그들의 미분식을 유도하여야 한다. 그러나 이와 같은 시도는 현실성이 없고, 따라서 일상에서 필요한 공학적인 문제의 최적화 도출은 매우 어려워 보인다. 부록 B2에는 수학식 기반에서 라그랑주 최적화 과정을 도출하는 코드가 소개되어 있으니 참고 바란다. 이와 같은 어려움은 인공신경망에 기반한 라그랑주 최적화 방법으로 개선할 수 있다. 다음 예제에서는 동일한 트러스 구조에 대하여, 인공신경망에 기반한 신속하고 정확한 라그랑주 최적화 방법에 대해서 알아보도록 한다.

표 2.4.3.2 수학식 기반의 라그랑주 최적화에 의해 도출된 트러스 최소

Conventional Lagrange Optimization

Parameters	Case 1	Case 2	Case 3	Case 4
1 x_A (mm)	*N/A*	**636.01**	592.05	*N/A*
2 x_h (m)	*N/A*	**2.544**	-3.154	*N/A*
3 $\|\sigma_1\|$ (kN/mm^2)	*N/A*	**0.037**	0.2	*N/A*
4 $\|\sigma_2\|$ (kN/mm^2)	*N/A*	**0.2**	0.2	*N/A*
Objective f_W (kgf)	*N/A*	**26.64**	27.16	*N/A*

Note: Case 1 – 활성 부등 제약조건 $v_1(\mathbf{x})$
Case 2 – 활성 부등 제약조건 $v_2(\mathbf{x})$
Case 3 – 둘다 활성 부등 제약조건
Case 4 – 둘다 비활성 부등 제약조건

2.4.3.2 인공신경망 기반의 목적함수와 부등 제약함수를 이용한 트러스 중량의 최적화

이 예제에서는 2.4.3.1절에서 전통적 라스랑주 방법으로 최적화되었던 동일한 트러스 구조에 대하여, 인공신경망 기반에서 목적함수와 부등 제약함수를 이용하여 트러스 최소 중량을 도출하고자 한다. 제이코비와 헤시안 매트릭스를 인공신경망 기반으로 유도하여 트러스 최소 중량을 도출하도록 하였고, 수학식 기반의 라그랑주 최적화에 의해 도출된 결과와 비교하였다.

(1) Step 1: 인공신경망의 학습을 위한 빅데이터의 생성

비선형 함수로 주어진 식(2.4.3.21)의 목적함수 $f_W(x_A, x_h)$와 식(2.4.3.22)의 부등 제약함수 $v_1(x_A, x_h)$, $v_2(x_A, x_h)$를 인공신경망에 기반하여 수학식 기반의 함수를 대체하도록 해보자. 빅데이터의 생성 개수와 입력, 출력 파라미터는 목적함수와 부등 제약함수의 수학적인 복잡성을 고려하여 적절하게 선정하여야 하며. 충분히 넓은 범위의 데이터를 생성하여, 인공신경망을 학습하여 가중변수 및 편향변수 매트릭스를 도출하여야 한다. 그림 2.4.3.10과 표 2.4.3.3에 보이는 대로, 트러스 부재의 단면적 x_A는 100mm^{2}에서 3000mm^2 사이에서, 트러스 높이 x_h 는 -30m에서 30m 사이에서 20,000개의 데이터를 생성하여 인공신경망을 학습하였다. 생성된 데이터의 최대 및 최소 범위도 표 2.4.3.3에 제시하였다. 표 2.4.3.3(a)에는 정규화 되기 전의 20,000개의 데이터와, 1과 +1 사이에서 정규화된 데이터가 표 2.4.3.3(b)에 제시되었다. 트러스 중량을 최적화하는 식(2.4.3.21)의 목적함수 $f_W(x_A, x_h)$와 트러스 부재의 응력을 제약하는 식(2.4.3.22-1)과 (2.4.3.22-2)의 $|\sigma_1|$, $|\sigma_2|$는, 인공신경망에 기반에서 수학식의 함수를 대체하도록 유도되었다.

$$\text{Minimize} \quad f_W(\mathbf{x}) = f_W(x_A, x_h) \tag{2.4.3.21}$$

with respect to $\mathbf{x} = [x_A, x_h]$

subject to $\boldsymbol{v_1}(\mathbf{x}) = v_1(x_A, x_h) = -|\sigma_1| + f_y \geq 0$ (2.4.3.22-1)

$\boldsymbol{v_2}(\mathbf{x}) = v_2(x_A, x_h) = -|\sigma_2| + f_y \geq 0$ (2.4.3.22-2)

부등 제약함수만 고려된 본 예제에서의 라그랑주 함수는, 식(2.4.3.23)에 유도되어 있고, 수학식에 기반한 라그랑주 함수의 1차미분식(gradient 벡터)은 식(2.4.3.24-1)에, 인공신경망에 기반한 라그랑주 함수의 1차 미분식(gradient 벡터)은 식(2.4.3.24-2)에 유도되었다.

$$\mathcal{L}(\mathbf{x}, \boldsymbol{\lambda}_v) = \mathcal{L}(x_A, x_h, \lambda_{v_1}, \lambda_{v_2}) = f_W(\mathbf{x}) - \boldsymbol{\lambda}_v^T \mathbf{S}\mathbf{v}(\boldsymbol{x}) \tag{2.4.3.23-1}$$

$$\mathcal{L}(\mathbf{x}, \boldsymbol{\lambda}_v) = f_W(x_A, x_h) - [\lambda_{v_1} \quad \lambda_{v_2}] \begin{bmatrix} s_1 & 0 \\ 0 & s_2 \end{bmatrix} \begin{bmatrix} -|\sigma_1| + f_y \\ -|\sigma_2| + f_y \end{bmatrix} \tag{2.4.3.23-2}$$

$$\nabla\mathcal{L}(\mathbf{x}, \boldsymbol{\lambda}_v) = \nabla\mathcal{L}(x_A, x_h, \lambda_{v_1}, \lambda_{v_2}) = \begin{bmatrix} \nabla f_W(x_A, x_h) - \mathbf{J_v}(x_A, x_h)^T \mathbf{S}\boldsymbol{\lambda}_v \\ -\mathbf{S}\mathbf{v}(x_A, x_h) \end{bmatrix} \tag{2.4.3.24-1}$$

$$= \begin{bmatrix} \left[\mathbf{J}_{fW}^{(D)}(x_A, x_h)\right]^T - \left[\mathbf{J}_{\mathbf{v}}^{(D)}(x_A, x_h)\right]^T \mathbf{S}\boldsymbol{\lambda}_v \\ -\mathbf{S}\mathbf{v}(x_A, x_h) \end{bmatrix} \tag{2.4.3.24-2}$$

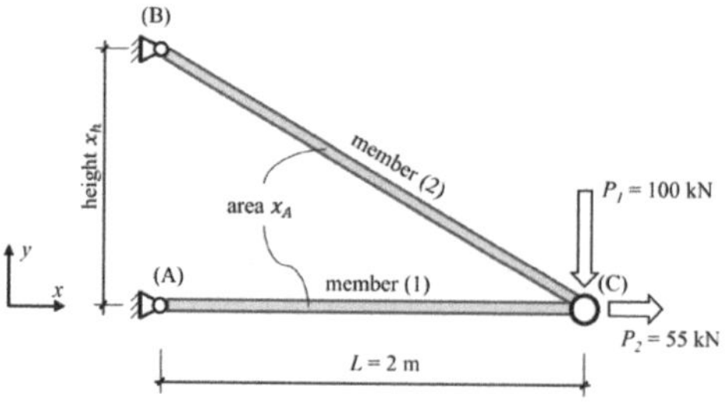

그림 2.4.3.10 AI 기반 라그랑주 방법으로 설계되는 트러스 프레임

표 2.4.3.3 빅데이터의 생성

(a) 비정규화

20,000 DATASETS (non-normalized)

Data	x_A (mm²)	x_h (m)	$\|\sigma_1\|$ (kN/mm²)	$\|\sigma_2\|$ (kN/mm²)	f_W (g)
1	206.4	13.85	0.196	0.489	26.40
2	2728.7	19.38	0.016	0.037	468.95
3	1726.5	-3.08	0.069	0.069	78.40
4	1842.1	-10.68	0.040	0.055	189.57
5	970.3	13.62	0.042	0.104	122.36
6	583.0	19.30	0.077	0.172	99.80
7	1546.3	6.47	0.016	0.068	108.48
8	1945.2	13.90	0.021	0.052	249.68
9	681.2	7.93	0.044	0.151	55.44
10	630.1	-25.10	0.100	0.159	137.00
11	500.6	29.90	0.097	0.200	128.02
12	1539.4	-26.00	0.041	0.065	345.78
13	1399.6	-24.27	0.045	0.072	295.09
14	1823.5	17.82	0.024	0.055	290.80
15	2347.3	11.15	0.016	0.043	250.34
16	2454.9	-6.34	0.035	0.043	169.79
17	1637.7	-19.54	0.040	0.061	283.58
18	1017.4	12.00	0.038	0.100	115.28
...	...	...	...	...	...
20,000	2340.2	8.56	0.014	0.044	201.97
x_{max} (y_{max})	2999.9	30.00	6.905	7.445	765.82
x_{min} (y_{min})	100.2	-30.00	0.000	0.033	3.26
x_{mean} (y_{mean})	1552.9	-0.04	0.080	0.133	216.52

(b) 정규화

20,000 DATASETS (normalized)

Data	x_A (mm²)	x_h (m)	$\lvert\sigma_1\rvert$ (kN/mm²)	$\lvert\sigma_2\rvert$ (kN/mm²)	f_W (g)
1	-0.927	0.462	-0.943	-0.877	-0.939
2	0.813	0.646	-0.995	-0.999	0.221
3	0.122	-0.103	-0.980	-0.990	-0.803
4	0.201	-0.356	-0.988	-0.994	-0.511
5	-0.400	0.454	-0.988	-0.981	-0.688
6	-0.667	0.643	-0.978	-0.962	-0.747
7	-0.003	0.216	-0.995	-0.991	-0.724
8	0.273	0.463	-0.994	-0.995	-0.354
9	-0.599	0.264	-0.987	-0.968	-0.863
10	-0.635	-0.837	-0.971	-0.966	-0.649
11	-0.724	0.997	-0.972	-0.955	-0.673
12	-0.007	-0.867	-0.988	-0.991	-0.102
13	-0.104	-0.809	-0.987	-0.990	-0.235
14	0.189	0.594	-0.993	-0.994	-0.246
15	0.550	0.372	-0.995	-0.997	-0.352
16	0.624	-0.211	-0.990	-0.997	-0.563
17	0.060	-0.652	-0.988	-0.992	-0.265
18	-0.367	0.400	-0.989	-0.982	-0.706
...	...	...	...	...	...
20,000	0.545	0.285	-0.996	-0.997	-0.479
$\bar{x}_{max}$ ($\bar{y}_{max}$)	1.000	1.000	1.000	1.000	1.000
$\bar{x}_{min}$ ($\bar{y}_{min}$)	-1.000	-1.000	-1.000	-1.000	-1.000
$\bar{x}_{mean}$ ($\bar{y}_{mean}$)	0.002	-0.001	-0.977	-0.973	-0.441
α_x (α_y)	0.0007	0.0333	0.2896	0.2699	0.0026

(2) Step 2: 인공신경망의 학습

본 단계에서는 좋은 학습 정확도의 가중변수 및 편향변수 매트릭스를 얻기 위해 은닉층, 뉴런, 에폭 등 적절한 학습 파라미터를 결정한다. 트러스의 중량을 최소화하기 위한 목적함수 $f_W(x_A, x_h)$와 트러스의 부재응력 $|\sigma_1|$, $|\sigma_2|$을 제약하기 위한 부등 제약함수 $v_1(x_A, x_h)$, $v_2(x_A, x_h)$를 식(2.4.3.25) 및 그림 2.4.3.11에서와 같이 5개의 은닉층과 10개의 뉴런을 갖는 인공신경망을 기반으로 학습한다. 그림 2.4.3.11(a)의 인공신경망은 다수의 입력 데이터로부터 1개의 출력 파라미터를 도출하는 PTM 학습방법[7]

을 활용하고 있다. 목적함수 $f_W(x_A, x_h)$와 부등 제약함수 $v_1(x_A, x_h)$, $v_1(x_A, x_h)$는 인공신경망 기반에서 일반화되어 매우 효율적으로 수학식 기반의 함수를 대체할 것이다. 그림 2.4.3.11(b)부터 그림2.4.3.11(d)에서, $f_W(x)$, $|\sigma_1|$, $|\sigma_2|$의 테스트 MSE.Tperf(mean square errors of test subset)의 학습 정확도가 각각 1.56E-7, 1.07E-7, 2.27E-8로 구해졌다.

(a) PTM 학습방법을 활용하여 한 개의 출력 파라미터를 도출하는 인공신경망

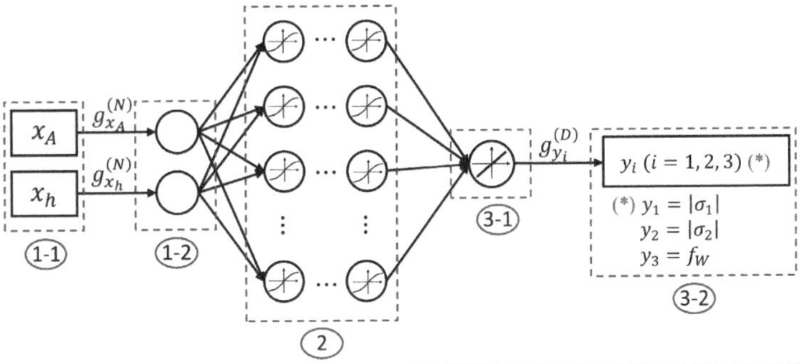

(1-1) Non-normalized input layer, $\mathbf{x} = [x_C, x_A]^T$
(1-2) Normalized input layer, $\mathbf{z}_{y_i}^{(N)} = \mathbf{g}^{(N)}(\mathbf{x})$
(2) Five hidden layers with 10 neurons, $\mathbf{z}_{y_i}^{(l)} = f_t^{(l)}(\mathbf{W}_{y_i}^{(l)}\mathbf{z}_{y_i}^{(l-1)} + \mathbf{b}_{y_i}^{(l)})$, $l = \{1, 2, \ldots, 5\}$
(3-1) Normalized output layer, $\mathbf{z}^{(L=6)} = f_{lin}^{(6)}(\mathbf{W}_{y_i}^{(6)}\mathbf{z}_{y_i}^{(5)} + b_{y_i}^{(6)})$
(3-2) De-normalized output layer, $y_i = \mathbf{z}_{y_i}^{(D)} = g_{y_i}^{(D)}\left(\mathbf{z}_{y_i}^{(L=6)}\right)$

(b) 부재응력 $|\sigma_1|$의 학습 정확도(MSE.Tperf)

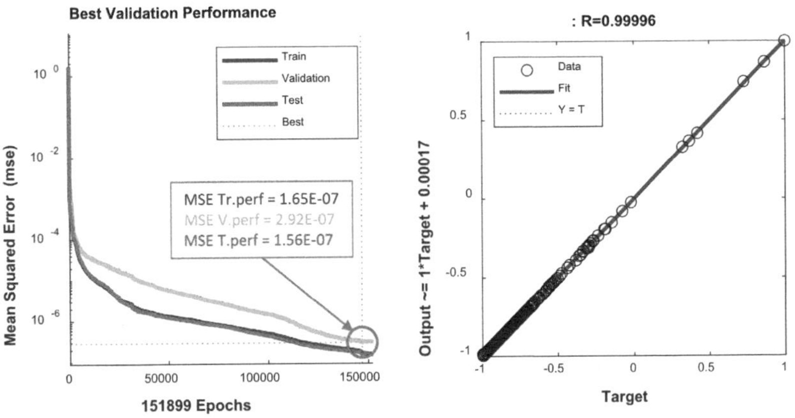

(c) 부재응력 $|\sigma_1|$의 학습 정확도(MSE.Tperf)

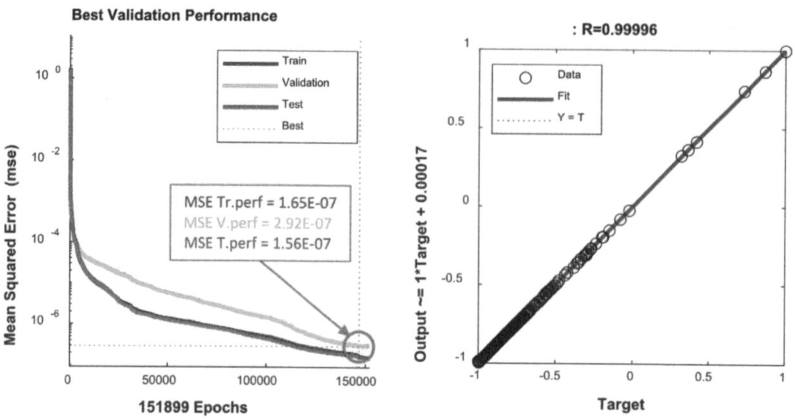

(d) 목적 함수 $fw(x)$의 학습 정확도(MSE.Tperf)

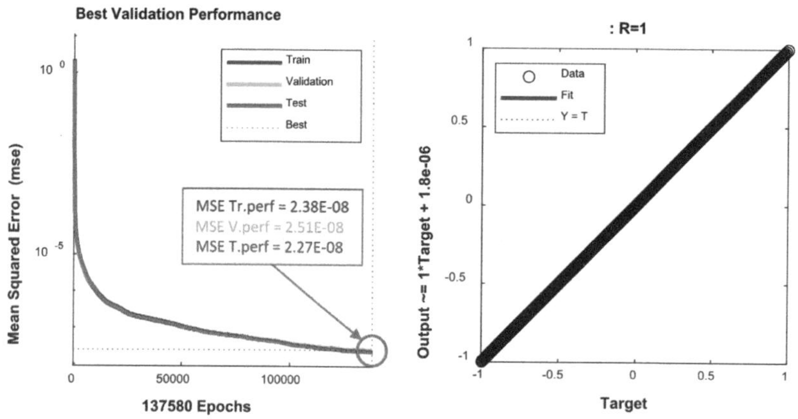

그림 2.4.3.11 트러스 중량 최소화를 위한 가중변수 매트릭스와 편향변수 매트릭스 유도를 위해 5개의 은닉층, 1개의 출력층 및 10개의 뉴런을 갖는 인공신경망

(3) Step 3: 라그랑주 승수법을 이용한 인공신경망 기반의 목적함수 최적화

식(2.4.3.21)의 목적함수 $f_W(x)$와 트러스의 부재응력 $|\sigma_1|$, $|\sigma_2|$을 제약하는 (2.4.3.22 -1), (2.4.3.22 -2)의 부등 제약함수 $v_1(x_A,\ x_h)$, $v_2(x_A,\ x_h)$가 인공신경망 기반으로 식(2.4.3.25-1) 부터 (2.4.3.25-3)에 유도 되었다. 본 예제에서는 목적함수 $f_W(x)$와 트러스

의 부재응력 $|\sigma_1|$, $|\sigma_2|$을 제약하는 부등 제약함수 $v_1(x_A, x_h)$, $v_2(x_A, x_h)$는 적용되고 있지만, 등 제약 조건 $c(x)$는 적용하지 않는다. 식(2.4.3.25-1) 부터 (2.4.3.25-3)의 입력변수 x는 트러스의 단면적 x_A 및 트러스의 높이를 구성하는 x_h, L은 은닉층, 출력층의 개수를 나타낸다. $\mathbf{W}^l$은 l-1 과 l 은닉층 간의 가중변수 매트릭스, b^l은 l 은닉층에서의 편향변수 매트릭스를 나타낸다. g^N와 g^D는 입력변수들의 정규화 및 비정규화로의 변환을 위한 함수를 의미한다. 그림 2.3.3.1의 tansig 또는 tanh 활성함수 f_t^l가 l은닉층에 적용되었다. 활성함수는 본 저자의 저서 "인공지능기반 철근콘크리트 구조설계" 1.4.2.2절에 자세히 설명되어 있듯이, 각 은닉층에서 예측된 뉴런값들을 비선형화하는 역할을 담당한다. 반면에 출력층에는 선형 활성함수 f_{lin}^L를 적용하여 최종 출력하였다. 본 예제에서는, 초기 입력변수 $x(0)=[x_A^{(0)},\ x_h^{(0)}]^T=[800,\ -7]^T$의 [2x1]매트릭스가 식(2.4.3.25-1)에 붉은색으로 표시된 입력변수 x 위치에 입력되어 초기 단계에서의 목적함수($\underbrace{W}_{[1\times1]}$) 및 부등 제약함수($\underbrace{|\sigma_1|}_{[1\times1]}$, $\underbrace{|\sigma_2|}_{[1\times1]}$)의 인공신경망이 도출된다.

$$\underbrace{W}_{[1\times1]} = g_W^D\left(f_l^L\left(\underbrace{\mathbf{W}_W^L}_{[1\times10]} f_t^{L-1}\left(\underbrace{\mathbf{W}_W^{L-1}}_{[10\times10]} \cdots f_t^1\left(\underbrace{\mathbf{W}_W^1}_{[10\times2]}\ \underbrace{\mathbf{g}_\mathbf{x}^N(\mathbf{x})}_{[2\times1]} + \underbrace{\mathbf{b}_W^1}_{[10\times1]}\right) \cdots + \underbrace{\mathbf{b}_W^{L-1}}_{[10\times1]}\right)\right.\right. \tag{2.4.3.25-1}$$

$$\left.\left. + \underbrace{b_W^L}_{[1\times1]}\right)\right)$$

$$\underbrace{|\sigma_1|}_{[1\times1]} = g_{|\sigma_1|}^D\left(f_l^L\left(\underbrace{\mathbf{W}_{|\sigma_1|}^L}_{[1\times10]} f_t^{L-1}\left(\underbrace{\mathbf{W}_{|\sigma_1|}^{L-1}}_{[10\times10]} \cdots f_t^1\left(\underbrace{\mathbf{W}_{|\sigma_1|}^1}_{[10\times2]}\ \underbrace{\mathbf{g}_\mathbf{x}^N(\mathbf{x})}_{[2\times1]} + \underbrace{\mathbf{b}_{|\sigma_1|}^1}_{[10\times1]}\right) \cdots + \underbrace{\mathbf{b}_{|\sigma_1|}^{L-1}}_{[10\times1]}\right) + \underbrace{b_{|\sigma_1|}^L}_{[1\times1]}\right)\right) \tag{2.4.3.25-2}$$

$$\underbrace{|\sigma_2|}_{[1\times1]} = g_{|\sigma_2|}^D\left(f_l^L\left(\underbrace{\mathbf{W}_{|\sigma_2|}^L}_{[1\times10]} f_t^{L-1}\left(\underbrace{\mathbf{W}_{|\sigma_2|}^{L-1}}_{[10\times10]} \cdots f_t^1\left(\underbrace{\mathbf{W}_{|\sigma_2|}^1}_{[10\times2]}\ \underbrace{\mathbf{g}_\mathbf{x}^N(\mathbf{x})}_{[2\times1]} + \underbrace{\mathbf{b}_{|\sigma_2|}^1}_{[10\times1]}\right) \cdots + \underbrace{\mathbf{b}_{|\sigma_2|}^{L-1}}_{[10\times1]}\right) + \underbrace{b_{|\sigma_2|}^L}_{[1\times1]}\right)\right) \tag{2.4.3.25-3}$$

여러 KKT 조건 하에서 부재응력 $|\sigma_1|$, $|\sigma_2|$의 제약을 받는 트러스 중량 $f_W(x)$을 뉴턴-랩슨 기반으로 최소화하기 위해서는 제이코비와 헤시안 매트릭스를 구하여야 하는데, 이를 위해 유연한 거동을 보이는 목적함수와 부등 제약함수를 식(2.4.3.25-1) 부터 (2.4.3.25-3)으로부터 유도하였고, 그림 2.4.3.12, 그림 2.4.3.13, 그림 2.4.3.14에 인공신경망 기반에서 일반화된 목적함수(트러스의 중량) $f_W(x)$와 부등 제약함수 $v_1(x_A, x_h)$, $v_2(x_A, x_h)$를 수

학식 기반에서 유도된 함수와 각각 비교하였고, 두 종류의 함수는 매우 유사하게 도출되었다. 수학식에 기반한 트러스의 중량과 응력은 식(2.4.3.3-3), 식(2.4.3.4-8), (2.4.3.4-9)에 각각 유도되었다.

(a) 트러스 중량 최소화를 위한 수학식 기반의 목적함수, *fw*(*x*)

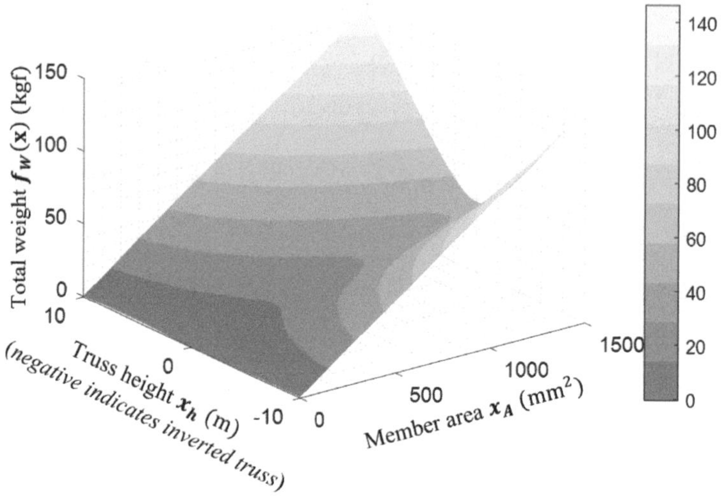

(b) 트러스 중량 최소화를 위한 AI 기반의 목적함수, *fw*(*x*)

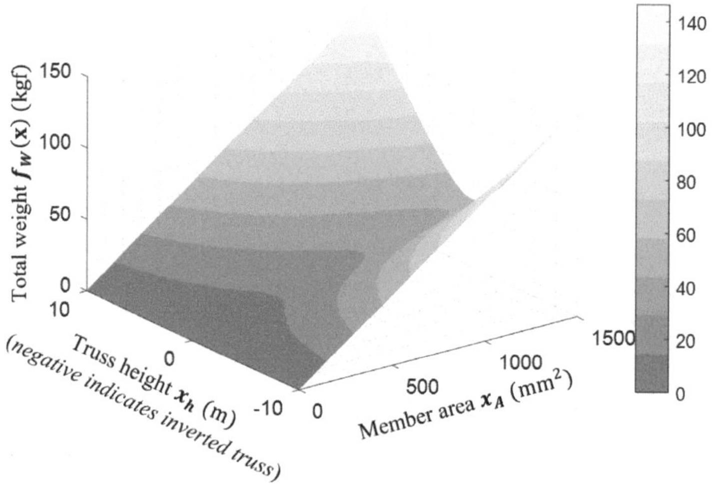

그림 2.4.3.12 수학식 기반과 인공신경망 기반에서 일반화된 목적함수 *fw*(*x*)의 비교

(a) 수학식 기반의 stress $|\sigma_1|$

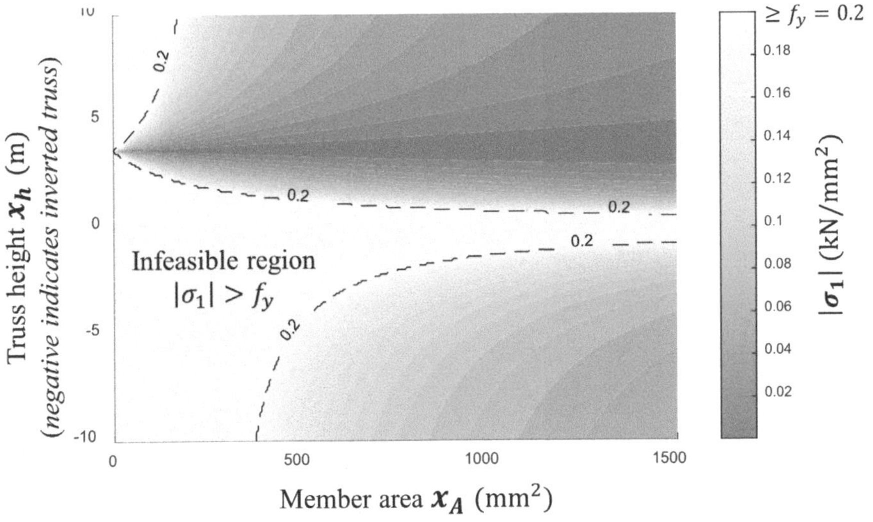

(b) AI 기반의 stress $|\sigma_1|$

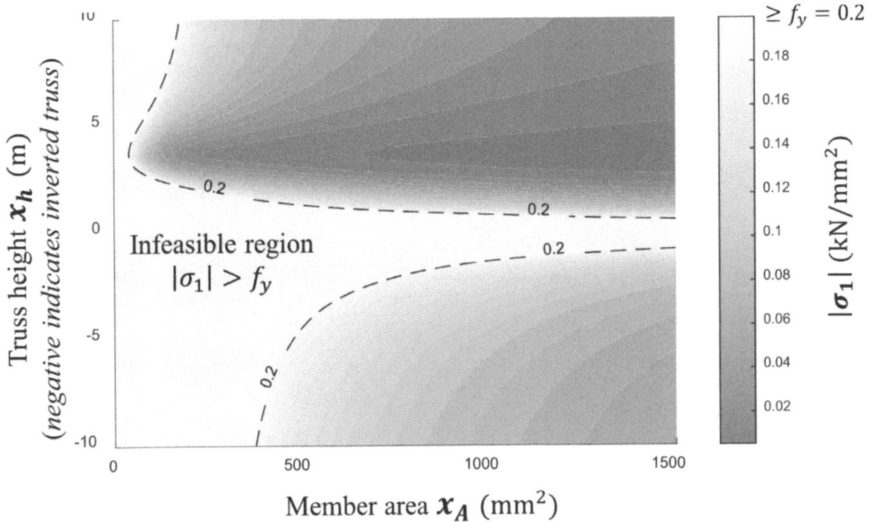

그림 2.4.3.13 수학식 기반과 인공신경망 기반에서 일반화된 부등 제약함수 $|\sigma_1|$의 비교

(a) 수학식 기반의 stress $|\sigma_2|$

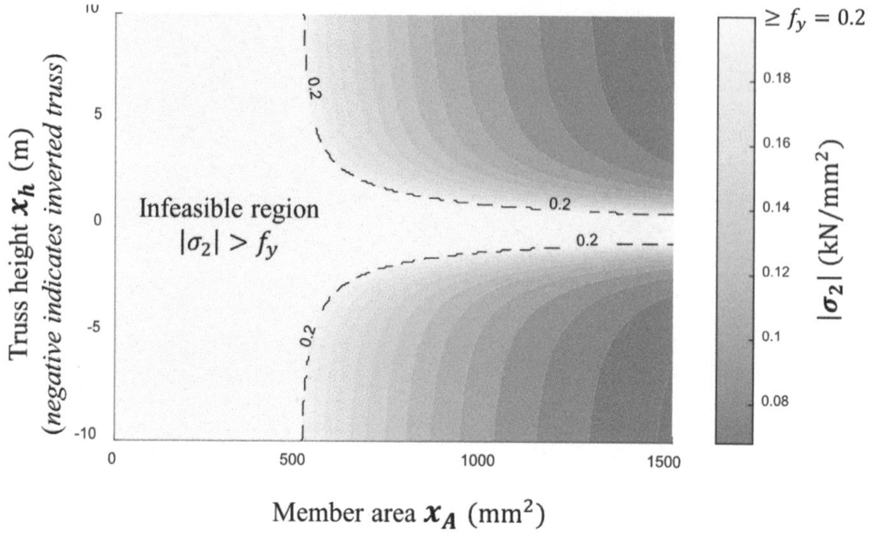

(b) AI 기반의 stress $|\sigma_2|$

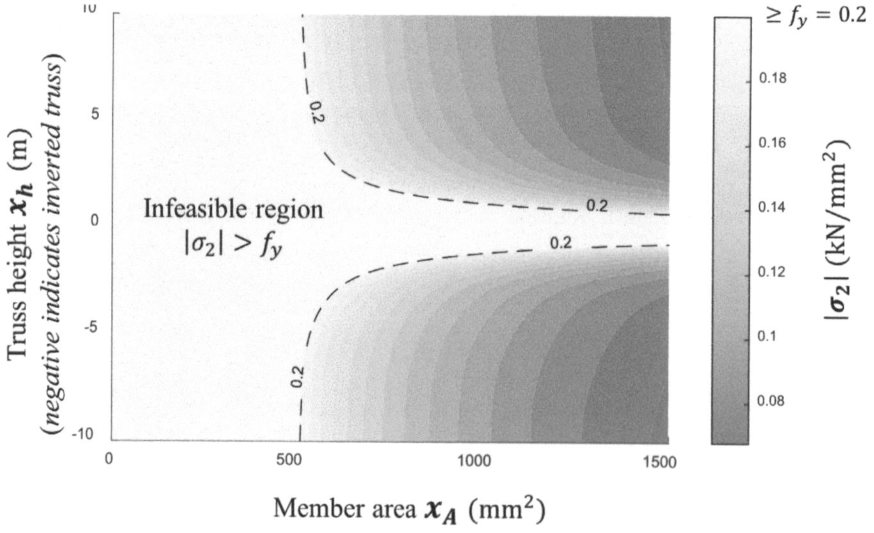

그림 2.4.3.14 수학식 기반과 인공신경망 기반에서 일반화된 부등 제약함수 $|\sigma_2|$의 비교

(4) Case 1 KKT 조건의 해: 활성 부등 제약조건 $v_1(x)$와 비활성 부등 제약조건 $v_2(x)$

1) 인공신경망의 설정

Case 1의 KKT 조건에서는 활성조건으로 설정된 부등 제약조건 $v_1(x)$은 $-|\sigma_1|+f_y = 0$ 으로 binding되어, 목적함수 최적화 시 목적함수를 제약한다. 그러나 비활성 조건으로 설정된 $v_2(x)$은 목적함수 최적화 시 목적함수를 제약하지 않는 반면, 목적함수의 최적화는 반드시 부등 제약조건 $v_2(x)=-|\sigma_2|+f_y\geq 0$ 범위 내에서 도출되어야 한다. 즉 목적함수의 최대값 또는 최소값은 부등 제약조건 $v_2(x)=-|\sigma_2|+f_y\geq 0$ 범위 내에서 도출되어야 한다. 반복연산 기반으로 초기 입력변수를 적용하여 식(2.4.3.24-2)의 해로 수렴시킨다. 초기 입력변수는 $x(0)=[x_A^{(0)}, x_h^{(0)}]^T=[800, -7]^T$와 초기 라그랑주 승수변수 $\lambda_v^{(0)}=[\lambda_{v_1}^{(0)}, \lambda_{v_2}^{(0)}]^T=[0, 0]^T$로 구성된 전체 입력변수인 $[x^{(0)}, \lambda_v^{(0)}]^T= [x_A^{(0)}, x_h^{(0)}, \lambda_{v_1}^{(0)}, \lambda_{v_2}^{(0)}]^T=[800, -7, 0, 0]^T$로 설정된다.

식(2.4.3.25-1) 부터 (2.4.3.25-3)으로부터 유도된 목적함수 $f_W(x)$와 부등 제약함수 $v(x)$는 식(2.3.6.3-1) 기반으로 식(2.4.3.26-1)부터 식(2.4.3.26-3) 에 일련의 복합기호로 유도되었다. 복합연산 기호로 유도된 식(2.4.3.26-1)에서 다시 한번 설명하여 보기로 하자. 복합연산기호로 유도된 식(2.4.3.26-1)은 5개의 은닉층, 1개의 출력층과 10개의 뉴런을 갖는 인공신경망으로 구성되어 있고, 마지막 은닉층은 $5=L$ 이며, 6은 출력층$(6=L)$을 의미한다. 최적화 과정에서 목적함수 $f_W(x)$, 등 제약함수 $c(x)$, 부등 제약 $v(x)$ 함수 등 고려해야 하는 파라미터는 출력층에서 계산된다. 마지막 단계로서, 비정규화 단계(D)가 더 추가되어 본 예제에서의 인공신경망에는 모두 1개의 정규화 단계(N), 5개의 정규화된 은닉층과 정규화된 1개의 출력층, 1개의 비정규화 단계(D)가 존재한다. 식(2.4.3.26-1)의 목적함수, 식(2.4.3.26-2)의 부등 제약함수 $v_1(x)$, 식(2.4.3.26-3)의 부등 제약함수 $v_2(x)$에 대해서, 그림 2.4.3.11의 인공신경망에 의해 표 2.4.3.3에서 생성된 빅데이터로 학습하여 각 은닉층과 출력층에서 도출된 가중변수와 편향변수 매트릭스를 표 2.4.3.4에 기술하였다. 이들 매트릭스로부터 목적함수 및 목적함수들의 제이코비 및 헤시안을 도출한다. 인공신경망으로부터 목적함수는 각 식에 $[x^{(0)}, \lambda_v^{(0)}]^T=[x_A^{(0)}, x_h^{(0)}, \lambda_{v_1}^{(0)}, \lambda_{v_2}^{(0)}]^T=[800, -7, 0, 0]^T$을 대입하여, 비정규화층인 D층에서 59.3664가 도출 [식(2.4.3.26-1) 참조] 되었다. 트러스의 부재응력 $|\sigma_1|$, $|\sigma_2|$을 제약하는 부등 제약함수 $\boldsymbol{v_1}(x_A, x_h)$,

$\boldsymbol{v}_2(x_A, x_h)$는 비정규화층인 D층에서 각각 0.0957, 0.0701로 구해졌다 (식(2.4.3.26-2)와 식(2.4.3.26-3) 참조). 식(2.4.3.26-2)와 식(2.4.3.26-3)은 식(2.4.3.5-2)와 식(2.4.3.5-3)의 부등 제약함수 $v_1(x)$, $v_2(x)$에 기반한다.

$$f_W\left(x_A^{(0)},\ x_h^{(0)}\right) = \mathbf{z}_{f_W}^{(D)} \circ \mathbf{z}_{f_W}^{(L=6=\text{출력})} \circ \mathbf{z}_{f_W}^{(5)} \circ \ldots \circ \mathbf{z}_{f_W}^{(1)} \circ \mathbf{z}_{f_W}^{(N)} = 59.3664 \tag{2.4.3.26-1}$$

$$\begin{aligned} \boldsymbol{v}_{\mathbf{1}}\left(x_A^{(0)},\ x_h^{(0)}\right) &= -\left|\sigma_1\left(x_A^{(0)}, x_h^{(0)}\right)\right| + f_y \\ &= -\mathbf{z}_{|\sigma_1|}^{(D)} \circ \mathbf{z}_{|\sigma_1|}^{(L=6=\text{출력})} \circ \mathbf{z}_{|\sigma_1|}^{(5)} \circ \ldots \circ \mathbf{z}_{|\sigma_1|}^{(1)} \circ \mathbf{z}_{|\sigma_1|}^{(N)} + 0.2 \\ &= 0.0957 \end{aligned} \tag{2.4.3.26-2}$$

$$\begin{aligned} \boldsymbol{v}_{\mathbf{2}}\left(x_A^{(0)},\ x_h^{(0)}\right) &= -\left|\sigma_2\left(x_A^{(0)}, x_h^{(0)}\right)\right| + f_y \\ &= -\mathbf{z}_{|\sigma_2|}^{(D)} \circ \mathbf{z}_{|\sigma_2|}^{(L=6=\text{출력})} \circ \mathbf{z}_{|\sigma_2|}^{(5)} \circ \ldots \circ \mathbf{z}_{|\sigma_2|}^{(1)} \circ \mathbf{z}_{|\sigma_2|}^{(N)} + 0.2 \\ &= 0.0701 \end{aligned} \tag{2.4.3.26-3}$$

$$\mathbf{v}\left(x_A^{(0)}, x_h^{(0)}\right) = \begin{bmatrix} \boldsymbol{v}_{\mathbf{1}}\left(x_A^{(0)}, x_h^{(0)}\right) \\ \boldsymbol{v}_{\mathbf{2}}\left(x_A^{(0)}, x_h^{(0)}\right) \end{bmatrix} = \begin{bmatrix} 0.0957 \\ 0.0701 \end{bmatrix} \tag{2.4.3.26-4}$$

표 2.4.3.4 식(2.4.3.26-1)~식(2.4.3.26-3)의 인공신경망 기반으로 도출된 가중변수 및 편향변수 매트릭스

(a) 부등 제약함수 v_1: 부재응력 $|\sigma_1|$, 은닉층(L=1~5), 1개 출력(L=6)

(a-1)은닉층 #1

$\mathbf{W}^{(1)}_{\|\sigma_1\|}$	
3.171	-2.368
3.142	2.788
-1.255	-3.906
-3.739	-1.534
-1.563	0.341
1.900	3.271
-0.063	6.069
2.277	-5.321
3.740	0.436
-2.581	2.857

[10 x 2]

$\mathbf{b}^{(1)}_{\|\sigma_1\|}$
-4.649
-3.701
2.248
1.623
-0.357
0.373
-0.041
2.863
4.403
-4.334

[10 x 1]

(a-2) 은닉층 #2

$\mathbf{W}^{(2)}_{\|\sigma_1\|}$									
-0.365	-0.030	0.081	-0.286	-0.611	-0.275	0.030	0.043	-1.072	-0.101
-0.389	-0.312	0.375	-0.610	0.992	0.407	-0.026	0.428	0.712	-0.836
-0.599	-1.016	0.426	-0.425	-0.529	0.096	1.346	0.441	0.948	-0.749
0.818	0.152	0.127	0.384	0.716	-0.976	-0.322	-0.286	-0.414	1.430
0.067	-0.052	0.021	0.128	0.483	0.132	0.645	-0.096	-1.149	0.326
-0.195	-0.211	-0.289	0.079	-0.694	-0.647	-4.522	-1.354	0.931	0.037
0.244	1.149	-0.015	0.548	0.705	0.207	-1.142	0.591	-0.492	0.696
-0.262	0.130	-0.557	-0.025	0.481	0.488	3.318	0.914	-0.118	-0.555
0.101	-0.175	-0.300	0.553	-1.371	0.668	1.478	-0.796	1.466	-1.210
0.441	0.229	0.612	0.043	0.396	-0.360	-0.193	0.124	0.081	-0.449

[10 x 10]

$\mathbf{b}^{(2)}_{\|\sigma_1\|}$
2.022
1.500
1.377
-0.850
0.385
-0.444
-1.262
-1.175
1.798
2.054

[10 x 1]

(a-3) 은닉층 #3

$\mathbf{W}^{(3)}_{\|\sigma_1\|}$									
-0.186	0.247	0.844	-0.122	0.321	0.255	-0.806	-0.679	-0.231	-0.755
0.423	0.829	-0.337	0.506	-1.040	0.631	0.003	0.726	0.350	0.536
-0.774	-0.645	-0.732	0.459	-1.325	-1.913	-0.102	-0.928	0.900	0.130
0.053	-0.509	0.897	-0.049	1.178	-0.482	-0.022	0.217	0.709	1.006
-1.093	-0.435	0.383	0.790	-1.244	-2.663	-0.087	-2.965	-1.617	-0.116
0.219	0.552	-0.438	-0.766	-0.438	-0.999	-0.495	1.635	-0.810	-0.235
-0.901	0.312	0.761	0.599	-0.377	0.234	0.492	0.347	-0.977	-0.323
-0.065	0.411	-0.203	0.321	-0.782	0.228	0.942	-0.416	0.798	-0.754
-0.201	-0.398	-1.265	0.265	-0.690	1.214	1.366	-0.539	-1.452	-0.636
0.861	-0.367	0.958	1.429	1.336	-0.444	-0.759	-0.783	-0.782	-0.010

[10 x 10]

$\mathbf{b}^{(3)}_{\|\sigma_1\|}$
1.949
-1.087
0.311
-0.367
0.000
-0.339
-0.987
-1.005
1.039
-1.273

[10 x 1]

(a-4) 은닉층 #4

$\mathbf{W}^{(4)}_{\|\sigma_1\|}$									
0.777	-0.406	0.226	-0.328	2.719	-0.363	-0.651	0.434	-0.305	-0.200
-1.209	0.219	-1.290	0.832	2.729	-0.520	0.347	-0.188	-1.299	1.084
0.115	0.777	-0.807	0.089	0.277	0.185	-0.657	0.051	1.177	-0.545
-0.565	0.919	-0.734	-0.287	1.239	1.504	-0.422	-0.506	0.503	1.005
0.682	-0.666	0.443	0.607	-1.092	0.530	-0.172	0.149	0.323	-0.731
0.586	0.297	-0.661	-0.302	0.055	-0.181	-0.654	0.876	-0.203	-1.465
0.687	-0.470	-0.411	0.134	0.112	-0.205	-0.830	-0.897	-0.588	-0.641
-0.410	0.537	-0.274	0.773	-1.917	0.076	0.447	-0.828	-0.772	0.236
-0.224	0.574	-0.744	-0.230	-1.242	-0.846	0.019	0.426	-1.089	-0.439
-0.826	-0.297	0.193	0.636	-1.492	-0.669	-0.125	-0.836	0.938	-0.642

[10 x 10]

$\mathbf{b}^{(4)}_{\|\sigma_1\|}$
-1.739
1.208
-1.122
0.585
-0.102
0.133
0.638
-0.785
-1.573
-1.789

[10 x 1]

(a-5) 은닉층 #5

$\mathbf{W}^{(5)}_{\|\sigma_1\|}$									
-0.857	-0.180	-0.949	1.002	-0.058	0.457	-0.226	0.361	0.097	-0.172
0.718	1.234	-0.399	0.178	0.598	-0.475	-0.642	-1.325	-0.500	-1.208
-1.083	-0.029	1.149	-0.389	0.702	-1.271	0.439	-0.445	0.275	0.177
0.195	0.454	-0.744	0.952	0.620	0.139	0.463	0.934	-0.117	-0.024
0.021	1.102	0.325	0.599	0.149	-0.587	0.292	0.190	-0.042	-1.447
0.168	-1.000	-0.028	1.610	0.453	-0.635	-0.663	0.228	0.228	-0.503
1.780	2.364	-0.176	0.831	0.505	0.256	-0.331	-1.104	1.932	-1.502
-0.239	-0.560	-0.279	-0.075	0.163	-0.615	0.612	-0.835	0.582	-0.280
1.096	-0.458	-1.174	-0.155	-0.385	-0.656	0.372	1.244	-0.544	-1.185
-0.078	0.393	-0.007	-0.297	-0.818	-0.868	0.999	0.048	0.519	0.299

[10 x 10]

$\mathbf{b}^{(5)}_{\|\sigma_1\|}$
1.795
-1.291
0.808
-0.678
0.016
0.302
0.736
-1.209
1.190
-1.776

[10 x 1]

(a-6) 정규화된 출력층

$\mathbf{W}^{(6)}_{\|\sigma_1\|}$									
-0.289	1.001	1.623	0.909	0.882	-0.440	2.337	-0.184	1.894	0.319

[1 x 10]

$b^{(6)}_{\|\sigma_1\|}$
0.037

[1 x 1]

$\mathbf{W}^{(6)}_{\|\sigma_1\|}$									
-0.289	1.001	1.623	0.909	0.882	-0.440	2.337	-0.184	1.894	0.319

[1 x 10]

$b^{(6)}_{\|\sigma_1\|}$
0.037

[1 x 1]

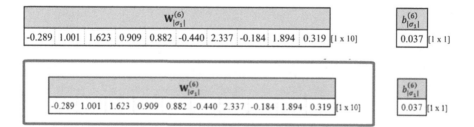

(b) 부등 제약함수 v_2: 부재응력 $|\sigma_2|$, 은닉층(L=1~5), 1개 출력(L=6)

(b-1) 은닉층 #1

$\mathbf{W}^{(1)}_{\|\sigma_2\|}$	
-3.540	1.762
-2.252	3.362
-2.530	-2.066
2.728	-2.515
-0.034	-4.876
2.585	-2.420
2.506	-2.581
2.063	4.362
3.132	0.021
2.093	3.691

[10 x 2]

$\mathbf{b}^{(1)}_{\|\sigma_2\|}$
4.836
3.860
1.711
-1.441
-0.176
0.768
2.232
2.395
3.188
4.266

[10 x 1]

(b-2) 은닉층 #2

$\mathbf{W}^{(2)}_{\|\sigma_2\|}$									
0.067	0.056	-0.413	-0.256	0.785	0.857	-0.359	-0.536	0.243	-0.461
0.074	0.769	-0.355	-0.398	-2.159	-0.160	-0.163	0.880	0.020	-0.309
0.111	0.273	-0.118	-0.266	1.872	0.083	-0.256	-0.842	0.944	1.503
0.722	0.828	-0.533	0.412	0.222	0.667	0.454	0.732	0.625	0.428
-0.457	0.320	0.887	-0.297	0.850	-0.569	-0.819	-0.167	0.424	-0.439
0.384	0.678	0.639	-0.112	-0.764	-0.062	0.004	-0.483	-0.447	0.356
-0.152	0.116	0.463	0.562	1.118	0.435	0.049	0.909	0.616	-0.279
-0.060	0.040	-0.279	-0.153	0.607	-0.220	-0.223	0.144	-1.695	0.924
0.617	-0.360	0.549	0.209	0.572	-0.214	-0.188	0.697	-0.690	-1.077
-0.796	0.292	0.647	-0.618	-0.183	-0.312	0.014	-0.610	0.792	0.424

[10 x 10]

$\mathbf{b}^{(2)}_{\|\sigma_2\|}$
-1.846
-1.336
-1.207
-0.198
0.022
0.096
-0.550
-0.906
1.308
-1.757

[10 x 1]

(b-3) 은닉층 #3

$\mathbf{W}^{(3)}_{\|\sigma_2\|}$									
0.567	0.742	-0.473	0.607	-0.034	-0.733	0.662	0.710	0.124	-0.118
-0.370	-1.116	0.352	0.297	0.123	-0.398	0.331	1.049	0.432	0.762
-0.831	-0.239	-0.570	-0.020	0.089	0.957	0.735	-0.078	-0.156	0.479
-0.259	0.275	-0.606	0.789	-0.520	0.141	1.007	0.254	0.594	0.719
-0.231	-0.762	-0.149	1.001	-0.423	0.565	0.168	0.979	0.437	-0.627
-0.466	1.718	-1.267	0.363	-1.041	0.178	-0.670	0.183	0.325	0.631
0.129	-0.129	0.922	1.351	0.321	-0.723	0.493	0.330	0.902	-0.347
-0.481	-0.830	1.021	-0.071	0.823	-0.147	1.110	0.321	-0.206	-0.657
-0.095	0.327	0.738	0.581	-0.075	-0.785	0.458	-0.016	-0.598	0.014
0.903	-0.244	-0.619	-0.318	-0.086	0.292	0.068	0.671	-0.006	-0.997

[10 x 10]

$\mathbf{b}^{(3)}_{\|\sigma_2\|}$
-1.873
1.389
1.248
0.762
0.137
-0.317
-0.832
-1.102
1.290
1.925

[10 x 1]

(b-4) 은닉층 #4

$\mathbf{W}^{(4)}_{\lvert\sigma_2\rvert}$										
0.399	-0.407	-0.472	0.657	-0.537	0.857	0.409	-0.788	0.371	0.218	
0.448	-0.038	-0.563	-1.147	-0.352	-0.241	-1.035	0.492	-0.677	0.869	
-0.011	-0.705	-0.157	-0.429	-0.410	-0.032	-1.091	0.616	0.080	-0.981	
0.454	0.361	-0.928	0.014	1.434	0.058	0.301	-0.168	-1.885	-0.586	
0.855	0.270	-0.262	-0.395	-0.427	0.550	0.439	0.472	1.008	-0.402	
0.673	0.286	0.719	-1.273	0.150	-0.400	0.615	-0.277	-0.343	-0.747	
-0.762	-0.365	-0.186	0.307	-0.575	0.876	0.596	0.249	0.137	-0.546	
0.778	1.118	-0.540	-1.198	0.895	-1.686	0.959	1.485	1.031	-0.401	
-0.244	-0.106	0.595	0.169	0.937	-0.760	-0.208	0.508	0.372	-0.506	
0.317	1.012	-0.779	0.496	-0.212	0.175	-0.275	-0.125	0.721	0.760	[10 x 10]

$\mathbf{b}^{(4)}_{\lvert\sigma_2\rvert}$	
-1.843	
-1.309	
-0.961	
0.052	
-0.290	
0.353	
-0.657	
0.910	
-1.437	
1.707	[10 x 1]

(b-5) 은닉층 #5

$\mathbf{W}^{(5)}_{\lvert\sigma_2\rvert}$										
0.350	-0.009	-0.122	-0.390	-0.015	-0.735	0.585	-0.568	0.913	-0.875	
0.930	0.131	-0.828	0.193	0.022	0.869	-0.131	0.179	-0.518	-0.623	
0.759	0.802	-0.318	0.594	0.814	0.003	-0.551	-0.136	0.149	-0.652	
0.940	0.325	0.111	-1.467	-0.403	-0.827	-0.216	-1.252	-0.826	-0.629	
-0.669	-0.086	-0.233	0.048	-0.735	0.963	0.506	0.432	-0.084	0.707	
0.250	0.551	-0.766	1.628	-0.466	-0.471	-0.120	-1.259	-0.674	0.439	
-0.757	-0.070	-0.111	0.078	0.776	-1.066	0.773	-0.963	-0.150	-0.295	
-0.114	0.094	-0.397	0.163	0.818	0.144	-0.524	-0.017	-0.969	-0.894	
-0.489	0.811	-0.278	-0.509	-0.509	0.493	0.207	0.774	-1.046	-0.803	
-0.137	-0.536	0.827	-0.424	1.027	-0.113	0.613	0.234	0.090	-0.481	[10 x 10]

$\mathbf{b}^{(5)}_{\lvert\sigma_2\rvert}$	
-1.795	
-1.431	
-0.981	
-0.565	
0.121	
0.404	
-0.576	
-0.999	
-1.398	
-1.954	[10 x 1]

(b-6) 정규화된 출력층

$\mathbf{W}^{(6)}_{\lvert\sigma_2\rvert}$										
-0.138	-0.118	-0.252	-1.716	0.497	2.246	-0.446	0.003	0.611	0.949	[1 x 10]

$b^{(6)}_{\lvert\sigma_2\rvert}$	
-0.388	[1 x 1]

(c) 목적함수 $fw(x)$: 트러스 중량, 은닉층(L=1~5), 1개 출력(L=6)

(c-1) 은닉층 #1

$\mathbf{W}_{fw}^{(1)}$	
3.171	-2.368
3.142	2.788
-1.255	-3.906
-3.739	-1.534
-1.563	0.341
1.900	3.271
-0.063	6.069
2.277	-5.321
3.740	0.436
-2.581	2.857

[10 x 2]

$\mathbf{b}_{fw}^{(1)}$
-4.649
-3.701
2.248
1.623
-0.357
0.373
-0.041
2.863
4.403
-4.334

[10 x 1]

(c-2) 은닉층 #2

$\mathbf{W}_{fw}^{(2)}$									
-0.365	-0.030	0.081	-0.286	-0.611	-0.275	0.030	0.043	-1.072	-0.101
-0.389	-0.312	0.375	-0.610	0.992	0.407	-0.026	0.428	0.712	-0.836
-0.599	-1.016	0.426	-0.425	-0.529	0.096	1.346	0.441	0.948	-0.749
0.818	0.152	0.127	0.384	0.716	-0.976	-0.322	-0.286	-0.414	1.430
0.067	-0.052	0.021	0.128	0.483	0.132	0.645	-0.096	-1.149	0.326
-0.195	-0.211	-0.289	0.079	-0.694	-0.647	-4.522	-1.354	0.931	0.037
0.244	1.149	-0.015	0.548	0.705	0.207	-1.142	0.591	-0.492	0.696
-0.262	0.130	-0.557	-0.025	0.481	0.488	3.318	0.914	-0.118	-0.555
0.101	-0.175	-0.300	0.553	-1.371	0.668	1.478	-0.796	1.466	-1.210
0.441	0.229	0.612	0.043	0.396	-0.360	-0.193	0.124	0.081	-0.449

[10 x 10]

$\mathbf{b}_{fw}^{(2)}$
2.022
1.500
1.377
-0.850
0.385
-0.444
-1.262
-1.175
1.798
2.054

[10 x 1]

(c-3) 은닉층 #3

$\mathbf{W}_{\vert\sigma_1\vert}^{(3)}$									
-0.186	0.247	0.844	-0.122	0.321	0.255	-0.806	-0.679	-0.231	-0.755
0.423	0.829	-0.337	0.506	-1.040	0.631	0.003	0.726	0.350	0.536
-0.774	-0.645	-0.732	0.459	-1.325	-1.913	-0.102	-0.928	0.900	0.130
0.053	-0.509	0.897	-0.049	1.178	-0.482	-0.022	0.217	0.709	1.006
-1.093	-0.435	0.383	0.790	-1.244	-2.663	-0.087	-2.965	-1.617	-0.116
0.219	0.552	-0.438	-0.766	-0.438	-0.999	-0.495	1.635	-0.810	-0.235
-0.901	0.312	0.761	0.599	-0.377	0.234	0.492	0.347	-0.977	-0.323
-0.065	0.411	-0.203	0.321	-0.782	0.228	0.942	-0.416	0.798	-0.754
-0.201	-0.398	-1.265	0.265	-0.690	1.214	1.366	-0.539	-1.452	-0.636
0.861	-0.367	0.958	1.429	1.336	-0.444	-0.759	-0.783	-0.782	-0.010

[10 x 10]

$\mathbf{b}_{\vert\sigma_1\vert}^{(3)}$
1.949
-1.087
0.311
-0.367
0.000
-0.339
-0.987
-1.005
1.039
-1.273

[10 x 1]

(c-4) 은닉층 #4

$\mathbf{W}_{f_W}^{(4)}$									
0.777	-0.406	0.226	-0.328	2.719	-0.363	-0.651	0.434	-0.305	-0.200
-1.209	0.219	-1.290	0.832	2.729	-0.520	0.347	-0.188	-1.299	1.084
0.115	0.777	-0.807	0.089	0.277	0.185	-0.657	0.051	1.177	-0.545
-0.565	0.919	-0.734	-0.287	1.239	1.504	-0.422	-0.506	0.503	1.005
0.682	-0.666	0.443	0.607	-1.092	0.530	-0.172	0.149	0.323	-0.731
0.586	0.297	-0.661	-0.302	0.055	-0.181	-0.654	0.876	-0.203	-1.465
0.687	-0.470	-0.411	0.134	0.112	-0.205	-0.830	-0.897	-0.588	-0.641
-0.410	0.537	-0.274	0.773	-1.917	0.076	0.447	-0.828	-0.772	0.236
-0.224	0.574	-0.744	-0.230	-1.242	-0.846	0.019	0.426	-1.089	-0.439
-0.826	-0.297	0.193	0.636	-1.492	-0.669	-0.125	-0.836	0.938	-0.642

[10 x 10]

$\mathbf{b}_{f_W}^{(4)}$
-1.739
1.208
-1.122
0.585
-0.102
0.133
0.638
-0.785
-1.573
-1.789

[10 x 1]

(c-5) 은닉층 #5

$\mathbf{W}_{f_W}^{(5)}$									
-0.857	-0.180	-0.949	1.002	-0.058	0.457	-0.226	0.361	0.097	-0.172
0.718	1.234	-0.399	0.178	0.598	-0.475	-0.642	-1.325	-0.500	-1.208
-1.083	-0.029	1.149	-0.389	0.702	-1.271	0.439	-0.445	0.275	0.177
0.195	0.454	-0.744	0.952	0.620	0.139	0.463	0.934	-0.117	-0.024
0.021	1.102	0.325	0.599	0.149	-0.587	0.292	0.190	-0.042	-1.447
0.168	-1.000	-0.028	1.610	0.453	-0.635	-0.663	0.228	0.228	-0.503
1.780	2.364	-0.176	0.831	0.505	0.256	-0.331	-1.104	1.932	-1.502
-0.239	-0.560	-0.279	-0.075	0.163	-0.615	0.612	-0.835	0.582	-0.280
1.096	-0.458	-1.174	-0.155	-0.385	-0.656	0.372	1.244	-0.544	-1.185
-0.078	0.393	-0.007	-0.297	-0.818	-0.868	0.999	0.048	0.519	0.299

[10 x 10]

$\mathbf{b}_{f_W}^{(5)}$
1.795
-1.291
0.808
-0.678
0.016
0.302
0.736
-1.209
1.190
-1.776

[10 x 1]

(c-6) 정규화된 출력층

$\mathbf{W}_{f_W}^{(6)}$									
-0.289	1.001	1.623	0.909	0.882	-0.440	2.337	-0.184	1.894	0.319

[1 x 10]

$b_{f_W}^{(6)}$
0.037

[1 x 1]

2) 0단계(Iteration 0)의 초기 입력변수를 기반으로한 목적함수, 제이코비 및 헤시안 매트릭스의 도출

이 절에서는 0단계(Iteration 0)의 초기 입력변수를 기반으로 하여 목적함수 $y_{f_W} = f_W(x_A^{(0)}, x_h^{(0)}) = z_{f_W}^{(D)}$, 제이코비 $\nabla f_W(x) = \mathbf{J}_{f_W}^{(D)}(x_A^{(0)}, x_h^{(0)})$, $\mathbf{J}_v(x_A^{(0)}, x_h^{(0)})$ 및 헤시안 매트릭스 $\mathbf{H}_{f_W}^{(D)}$,

$\mathbf{H}_{v_1}^{(D)}(x_A^{(0)}, x_h^{(0)})$, $\mathbf{H}_{v_2}^{(D)}(x_A^{(0)}, x_h^{(0)})$을 도출하도록 한다.

식(2.4.3.25-1)부터 (2.4.3.25-3) 또는 식(2.4.3.26-1)부터 식(2.4.3.26-3)에서 작성된 인공신경망을 학습하여 도출된 가중변수 및 편향변수 매트릭스가 표 2.4.3.4에서 제시되었다. 학습에는 표 2.4.3.3의 빅데이터를 이용하였다. 표 2.4.3.4에는 목적함수 $f_W(x)$와 부등 제약함수 $v_1(x)$, $v_2(x)$ (트러스의 부재응력 $|\sigma 1|$, $|\sigma_2|$)에 대한 가중변수와 편향변수 매트릭스를 기술하였다. 은닉층 (1)부터 은닉층 (5), 출력층 (6)까지에 대해, 가중변수 매트릭스 $\boldsymbol{W}$와 편향변수 매트릭스 $\boldsymbol{b}$가 유도되었다. 식들에 기입되어 있는 위, 아래 첨자들을 설명하여 보자. 예를 들어 위 첨자(N)과 (1)은 정규화 단계와 은닉층(1)을 의미하고, 위첨자(D)는 비정규화 단계를 의미한다. 0단계(Iteration 0)의 입력변수에 대해, 목적함수 $y_{f_W} = f_W(x_A^{(0)}, x_h^{(0)}) = z_{f_W}^{(D)}$, 부등 제약함수 $v_1(x_A^{(0)}, x_h^{(0)})$, $v_2(x_A^{(0)}, x_h^{(0)})$는 표 2.4.3.4의 가중변수와 편향변수 매트릭스를 이용하여, 식(2.4.3.26-1)부터 식(2.4.3.26-3)에서 구하여진다. 이들 함수로부터, 식(2.4.3.26-5a) 부터 식(2.4.3.26-14c)를 이용하여 제이코비 $\nabla f_W(x) = \mathbf{J}_{f_W}^{(D)}(x_A^{(0)}, x_h^{(0)})$, $\mathbf{J}_{v_1}^{(D)}(x_A^{(0)}, x_h^{(0)})$, $\mathbf{J}_{v_2}^{(D)}(x_A^{(0)}, x_h^{(0)})$ 및 헤시안 매트릭스 $\mathbf{H}_{f_W}^{(D)}$, $\mathbf{H}_{v_1}^{(D)}(x_A^{(0)}, x_h^{(0)})$, $\mathbf{H}_{v_2}^{(D)}(x_A^{(0)}, x_h^{(0)})$를 유도할 수 있다. 이때 제이코비 매트릭스는 식(2.3.6.6-1)의 N단계부터 식(2.3.6.6-9)의 D단계까지 순차적으로 기반하여 식(2.4.3.26-5a)부터 식(2.4.3.26-14c)에서 계산한다. 초기 입력변수(Iteration 0)에서, 해당 인공신경망을 기반으로 가중변수와 편향변수 매트릭스가 사용되는 연산과정은 은닉층 (1)부터 출력층까지 식(2.4.3.26-5a)부터 식(2.4.3.26-14c)에 자세히 설명되어 있다.

식(2.4.3.26)의 과정에서는 표 2.4.3.4(a)에 유도되어 있는 σ_1가중변수 및 편향변수 매트릭스를 적용하였다. 초기 입력변수(Iteration 0)에 대한, $|\sigma_1|$ 함수, $|\sigma_1|$에 대한 제이코비 $\mathbf{J}_{v_1}^{(D)}(x_A^{(0)}, x_h^{(0)})$ 및 헤시안 매트릭스 $\mathbf{H}_{v_1}^{(D)}(x_A^{(0)}, x_h^{(0)})$ 과정만 식(2.4.3.26-5a)부터 식(2.4.3.26-12e)에서 기술하였다.

$|\sigma_1|$과 $|\sigma_2|$ 함수 유도과정은 유사하므로, 독자들에게 Iteration 0에 대한 $|\sigma_2|$ 함수 과정의 유도를 추천한다. 반면에, 1단계에 대해서는 식(2.4.3.26-25a)에서 (2.4.3.26-31d)까지에서, $|\sigma_2|$ 함수, $|\sigma_2|$에 대한 $\mathbf{J}_{v_2}^{(D)}(x_A^{(0)}, x_h^{(0)})$ 및 헤시안 매트릭스 $\mathbf{H}_{v_2}^{(D)}(x_A^{(0)}, x_h^{(0)})$에 대한 과정만 기술하였다. 2.3.6절의 전 과정을 기반으로 수행하였으니 참고하기 바

란다. 계산은 식(2.4.3.26-5a)에서 시작되며, 입력변수에 대해 정규화를 단계(N)에서 수행하여, 입력변수 $\mathbf{z}^{(N)}_{|\sigma_1|}$ 로 전환한다. 초기 입력변수 $x^{(0)}=[x^{(0)}_A,\ x^{(0)}_h]^T=[800,\ -7]^T$는 식(2.4.3.26-5a)처럼 붉은색으로 입력된다.

(a) Iteration 0: 입력변수의 정규화를 위한 단계(N), $\mathbf{z}^{(N)}_{|\sigma_1|}$

식(2.3.6.3-2a), 식(2.3.6.6-1), 식(2.3.6.10) 기반으로 식(2.4.3.26-5a), 식(2.4.3.26-5b), 식(2.4.3.26-5c)에서 $\mathbf{z}^{(N)}_{|\sigma_1|}$, $\mathbf{J}^{(N)}_{|\sigma_1|}$, $\mathbf{H}^{(N)}_{|\sigma_1|}$ 을각각 구한다.

$$\mathbf{z}^{(N)}_{|\sigma_1|} = \mathbf{g}^{(N)}(\mathbf{x}^{(0)}) = \boldsymbol{\alpha}_\mathbf{x} \odot (\mathbf{x} - \mathbf{x}_{min}) + \bar{\mathbf{x}}_{min}$$

$$= \begin{bmatrix} 0.0007 \\ 0.0333 \end{bmatrix} \odot \left(\begin{bmatrix} 800 \\ -7 \end{bmatrix} - \begin{bmatrix} 100.2 \\ -30 \end{bmatrix} \right) + \begin{bmatrix} -1 \\ -1 \end{bmatrix} = \begin{bmatrix} -0.5173 \\ -0.2334 \end{bmatrix} \quad (2.4.3.26\text{-}5a,\ 2.3.6.3\text{-}2a)$$

$$\mathbf{J}^{(N)}_{|\sigma_1|} = I_2 \odot \boldsymbol{\alpha}_\mathbf{x} = \begin{bmatrix} 0.0007 & 0 \\ 0 & 0.0333 \end{bmatrix} \quad (2.4.3.26\text{-}5b,\ 2.3.6.6\text{-}1)$$

$$\mathbf{H}^{(N)}_{|\sigma_1|} = \begin{bmatrix} 0 & 0 \\ 0 & 0 \end{bmatrix} \quad (2.4.3.26\text{-}5c,\ 2.3.6.10)$$

(b) Iteration 0: 정규화 은닉층, $\mathbf{z}^{(l)}_{|\sigma_1|}\ \forall l \in \{1, 2, 3, 4, 5\}$

(b-1) Iteration 0: 정규화 은닉층(1), $\mathbf{z}^{(l)}_{|\sigma_1|}$

2.3.6.3(2)절에서 설명하였듯이 먼저 정규화 은닉층(1)에 대해 수식을 유도해 보기로 한다. 뉴턴-랩슨 반복연산을 위한 과정은 식(2.3.4.1-1) 부터 식(2.3.4.1-5)까지 유도된다. 이때 제이코비 및 헤시안 매트릭스는 $\mathbf{z}^{(N)} \Rightarrow \mathbf{J}^{(N)} \Rightarrow \mathbf{H}^{(N)}$, $\mathbf{z}^{(l)} \Rightarrow \mathbf{J}^{(l)} \Rightarrow \mathbf{H}^{(l)}$, $\mathbf{z}^{(L)} \Rightarrow \mathbf{J}^{(L)} \Rightarrow \mathbf{H}^{(L)}$, $\mathbf{z}^{(D)} \Rightarrow \mathbf{J}^{(D)} \Rightarrow \mathbf{H}^{(D)}$ 의 순서로 계산되는데, 식 번호와 함께 그림 2.3.6.2에 정리되어 있다.

식(2.3.6.3-2b)에 기반한 식(2.4.3.26-6a)에는 목적함수에 대한 각 매트릭스의 차원이 표시되어 있다. 즉 Iteration 0에서, 가중변수 매트릭스 $\mathbf{W}^{(l)}_{|\sigma_1|}$, $\mathbf{z}^{(N)}_{|\sigma_1|}$, $\mathbf{b}^{(l)}_{|\sigma_1|}$ 는각각 [10×2], [2×1], [10×1]이 되어, 은닉층 (1)에서의 최종값 $\mathbf{z}^{(l)}_{|\sigma_1|}$ 의 매트릭스는[10×1]이 된다.

$$\mathbf{z}_{|\sigma_1|}^{(1)} = f_t^{(1)}\left(\underbrace{\mathbf{W}_{|\sigma_1|}^{(1)}}_{[10\times2]}\underbrace{\mathbf{z}_{|\sigma_1|}^{(N)}}_{[2\times1]} + \underbrace{\mathbf{b}_{|\sigma_1|}^{(1)}}_{[10\times1]}\right) = \begin{bmatrix} -1.0000 \\ -1.0000 \\ 0.9990 \\ 0.9992 \\ 0.3552 \\ -0.8794 \\ -0.8907 \\ 0.9943 \\ 0.8926 \\ -0.9987 \end{bmatrix}_{[10\times1]} \quad (2.4.3.26\text{-}6a,\ 2.3.6.3\text{-}2b)$$

식(2.3.6.6-3)에 기반한 식(2.4.3.26-6b)에는 목적함수의 제이코비 매트릭스에 대한 각 매트릭스의 차원이 표시되어 있다. 즉 Iteration 0에서, $\mathbf{z}_{|\sigma_1|}^{(1)}$, 가중변수 매트릭스 $\mathbf{W}_{|\sigma_1|}^{(1)}$, $\mathbf{J}_{|\sigma_1|}^{(N)}$는 각각 [10×1], [10×2], [2×2]가 되어 은닉층 (1)에서의 최종값 $\mathbf{J}_{|\sigma_1|}^{(1)}$의 매트릭스는 [10×2]이 된다.

$$\mathbf{J}_{|\sigma_1|}^{(1)} = \left(1 - \underbrace{\left(\mathbf{z}_{|\sigma_1|}^{(1)}\right)^2}_{[10\times1]}\right) \odot \underbrace{\mathbf{W}_{|\sigma_1|}^{(1)}}_{[10\times2]}\underbrace{\mathbf{J}_{|\sigma_1|}^{(N)}}_{[2\times2]} = \begin{bmatrix} 0.0000 & -0.0000 \\ 0.0000 & 0.0000 \\ -0.0000 & -0.0003 \\ -0.0000 & -0.0001 \\ 0.0009 & 0.0099 \\ 0.0003 & 0.0247 \\ -0.0000 & 0.0418 \\ 0.0000 & -0.0020 \\ 0.0001 & 0.0005 \\ -0.0000 & 0.0002 \end{bmatrix}_{[10\times2]} \quad (2.4.3.26\text{-}6b,\ 2.3.6.6\text{-}3)$$

2개 이상의 입력변수를 갖는 식(2.3.4.3-1)의 헤시안 행렬을 구하기 위해서는 인공신경망 기반에서 일반화된 슬라이스 형태의 헤시안 행렬을 먼저 구한 후, 2.3.6.3절의 식(2.3.6.17)에서 통합 된다. 식(2.3.6.14)에 기반한 식(2.4.3.26-6c)에는 목적함수의 슬라이스($1=\sigma_1$) 헤시안 매트릭스에 대한 각 매트릭스의 차원이 표시되어 있다. 슬라이스($1=\sigma_1$) 헤시안 매트릭스는 식 (2.4.3.26-12e)에서 글로벌 헤시안 매트릭스로 통합된다. 즉 Iteration 0에서, $\mathbf{z}_{|\sigma_1|}^{(1)}$, $\mathbf{i}_1^{(N)}$, 가중변수 매트릭스 $\mathbf{W}_{|\sigma_1|}^{(1)}$, $\mathbf{J}_{|\sigma_1|}^{(N)}$, $\mathbf{H}_{|\sigma_1|,1}^{(N)}$ 는 각각 [10×1], [2×1], [10×2], [2×2], [2×2]이 되어 은닉층 (1)에서의 최종 슬라이스 헤시안 매트릭스는 [$2\,\mathbf{H}_{|\sigma_1|,1}^{(1)}$ ×2]의 매트릭스는 [10×2]가 된다.

$$\mathbf{H}^{(1)}_{|\sigma_1|,1} = -2 \underbrace{\mathbf{z}^{(1)}_{|\sigma_1|}}_{[10\times1]} \odot \left(1 - \underbrace{\left(\mathbf{z}^{(1)}_{|\sigma_1|}\right)^2}_{[10\times1]}\right) \odot \underbrace{\mathbf{i}^{(N)}_1}_{[2\times1]} \odot \underbrace{\left(\mathbf{W}^{(1)}_{|\sigma_1|}\right)^2}_{[10\times2]} \underbrace{\mathbf{J}^{(N)}_{|\sigma_1|}}_{[2\times2]}$$

$$+\left(1 - \underbrace{\left(\mathbf{z}^{(1)}_{|\sigma_1|}\right)^2}_{[10\times1]}\right) \odot \underbrace{\mathbf{W}^{(1)}_{|\sigma_1|}}_{[10\times2]} \underbrace{\mathbf{H}^{(N)}_{|\sigma_1|,1}}_{[2\times2]}$$

$$= 10^{-4} \times \begin{bmatrix} 0.0000 & -0.0001 \\ 0.0000 & 0.0001 \\ -0.0000 & -0.0044 \\ -0.0002 & -0.0042 \\ 0.0072 & 0.0762 \\ 0.0068 & 0.5697 \\ 0.0000 & -0.0322 \\ -0.0006 & 0.0633 \\ -0.0045 & -0.0255 \\ 0.0002 & -0.0089 \end{bmatrix}_{[10\times2]} \qquad (2.4.3.26\text{-}6c,\ 2.3.6.14)$$

식(2.3.6.14)에 기반한 식(2.4.3.26-6d)에는 목적함수의 슬라이스(2=σ_2) 헤시안 매트릭스에 대한 각 매트릭스의 차원이 표시되어 있다. 슬라이스(2=σ_2) 헤시안 매트릭스는 식(2.4.3.26-14c)에서 글로벌 헤시안 매트릭스로 통합된다. 즉 Iteration 0에서, $\mathbf{z}^{(1)}_{|\sigma_1|}$, $\mathbf{i}^{(N)}_2$ 가중변수 매트릭스 $\mathbf{W}^{(1)}_{|\sigma_1|}$, $\mathbf{J}^{(N)}_{|\sigma_1|}$, $\mathbf{H}^{(N)}_{|\sigma_1|,2}$는 각각 $[10\times1]$, $[2\times1]$, $[10\times2]$, $[2\times2]$, $[2\times2]$이 되어 은닉층 (1)에서의 최종 슬라이스 헤시안 매트릭스는 $\mathbf{H}^{(1)}_{|\sigma_1|,2}$ $[10\times2]$가 된다.

$$\mathbf{H}^{(1)}_{|\sigma_1|,2} = -2 \underbrace{\mathbf{z}^{(1)}_{|\sigma_1|}}_{[10\times1]} \odot \left(1 - \underbrace{\left(\mathbf{z}^{(1)}_{|\sigma_1|}\right)^2}_{[10\times1]}\right) \odot \underbrace{\mathbf{i}^{(N)}_2}_{[2\times1]} \odot \underbrace{\left(\mathbf{W}^{(1)}_{|\sigma_1|}\right)^2}_{[10\times2]} \underbrace{\mathbf{J}^{(N)}_{|\sigma_1|}}_{[2\times2]}$$

$$+\left(1 - \underbrace{\left(\mathbf{z}^{(1)}_{|\sigma_1|}\right)^2}_{[10\times1]}\right) \odot \underbrace{\mathbf{W}^{(1)}_{|\sigma_1|}}_{[10\times2]} \underbrace{\mathbf{H}^{(N)}_{|\sigma_1|,2}}_{[2\times2]} = \begin{bmatrix} -0.0000 & 0.0000 \\ 0.0000 & -0.0001 \\ -0.0000 & -0.0000 \\ -0.0000 & -0.0001 \\ 0.0000 & 0.0047 \\ 0.0001 & 0.0047 \\ -0.0000 & 0.0151 \\ 0.0000 & -0.0007 \\ -0.0000 & -0.0000 \\ -0.0000 & 0.0000 \end{bmatrix}_{[10\times2]} \qquad (2.4.3.26\text{-}6d,\ 2.3.6.14)$$

(b-2) Iteration 0: 정규화 은닉층(2), $\mathbf{z}_{|\sigma_1|}^{(2)}$

정규화 은닉층(1)과 유사한 방법으로 은닉층(2)에 대해 수식들을 유도해 보자. 식(2.4.3.26-7a)에는 목적함수, 식(2.4.3.26-7b)에는 목적함수의 제이코비, 식(2.4.3.26-7c)와 식(2.4.3.26-7d)에는 슬라이스($1=\sigma_1$), 슬라이스($2=\sigma_2$) 헤시안 매트릭스가 각각 유도되어 있다.

$$\mathbf{z}_{|\sigma_1|}^{(2)} = f_t^{(2)}\left(\mathbf{W}_{|\sigma_1|}^{(2)}\mathbf{z}_{|\sigma_1|}^{(1)} + \mathbf{b}_{|\sigma_1|}^{(2)}\right) = \begin{bmatrix} 0.8620 \\ 0.9993 \\ 0.9986 \\ -0.9661 \\ -0.9140 \\ 0.9986 \\ -0.9255 \\ -0.9981 \\ 0.9202 \\ 0.9974 \end{bmatrix} \tag{2.4.3.26-7a}$$

$$\mathbf{J}_{|\sigma_1|}^{(2)} = \left(1 - \left(\mathbf{z}_{|\sigma_1|}^{(2)}\right)^2\right) \odot \mathbf{W}_{|\sigma_1|}^{(2)}\mathbf{J}_{|\sigma_1|}^{(1)} = \begin{bmatrix} 0.0001 & -0.0032 \\ -0.0000 & 0.0000 \\ 0.0000 & 0.0001 \\ -0.0001 & -0.0020 \\ -0.0001 & 0.0057 \\ 0.0000 & -0.0006 \\ -0.0001 & -0.0053 \\ -0.0000 & 0.0006 \\ 0.0002 & 0.0102 \\ -0.0000 & -0.0001 \end{bmatrix} \tag{2.4.3.26-7b}$$

$$\mathbf{H}_{|\sigma_1|,1}^{(2)} = -2\mathbf{z}_{|\sigma_1|}^{(2)} \odot \left(1 - \left(\mathbf{z}_{|\sigma_1|}^{(2)}\right)^2\right) \odot \mathbf{i}_1^{(1)} \odot \left(\mathbf{W}_{|\sigma_1|}^{(2)}\right)^2 \mathbf{J}_{|\sigma_1|}^{(1)}$$

$$+ \left(1 - \left(\mathbf{z}_{|\sigma_1|}^{(2)}\right)^2\right) \odot \mathbf{W}_{|\sigma_1|}^{(2)}\mathbf{H}_{|\sigma_1|,1}^{(1)}$$

$$= 10^{-4} \times \begin{bmatrix} 0.0012 & -0.0226 \\ -0.0000 & 0.0009 \\ -0.0000 & -0.0018 \\ -0.0000 & 0.0046 \\ 0.0007 & -0.0368 \\ 0.0013 & 0.0054 \\ -0.0000 & 0.0978 \\ 0.0008 & -0.0027 \\ -0.0060 & -0.2774 \\ -0.0001 & -0.0015 \end{bmatrix}_{[10\times 2]} \tag{2.4.3.26-7c}$$

$$\mathbf{H}^{(2)}_{|\sigma_1|,2} = -2\mathbf{z}^{(2)}_{|\sigma_1|} \odot \left(1-\left(\mathbf{z}^{(2)}_{|\sigma_1|}\right)^2\right) \odot \mathbf{i}^{(1)}_2 \odot \left(\mathbf{W}^{(2)}_{|\sigma_1|}\right)^2 \mathbf{J}^{(1)}_{|\sigma_1|}$$

$$+\left(1-\left(\mathbf{z}^{(2)}_{|\sigma_1|}\right)^2\right) \odot \mathbf{W}^{(2)}_{|\sigma_1|} \mathbf{H}^{(1)}_{|\sigma_1|,2} = \begin{bmatrix} -0.0000 & -0.0003 \\ 0.0000 & 0.0000 \\ -0.0000 & 0.0000 \\ 0.0000 & -0.0005 \\ -0.0000 & 0.0021 \\ 0.0000 & -0.0004 \\ 0.0000 & -0.0020 \\ -0.0000 & 0.0004 \\ -0.0000 & 0.0027 \\ -0.0000 & -0.0000 \end{bmatrix}_{[10\times 2]} \quad (2.4.3.26\text{-}7d)$$

(b-3) Iteration 0: 정규화 은닉층(3), $\mathbf{z}^{(3)}_{|\sigma_1|}$

정규화 은닉층(1)과 유사한 방법으로 은닉층(3)에 대해 수식들을 유도해 보자. 은닉층 (3)에 대해, 식(2.4.3.26-8a)에는 목적함수, 식(2.4.3.26-8b)에는 목적함수의 제이코비, 식(2.4.3.26-8c)와 식(2.4.3.26-8d)에는 슬라이스(1=σ_1), 슬라이스(2=σ_2) 헤시안 매트릭스가 각각 유도되어 있고, 매트릭스의 차원도 함께 표시되어 있다.

$$\mathbf{z}^{(3)}_{|\sigma_1|} = f_t^{(3)}\left(\underbrace{\mathbf{W}^{(3)}_{|\sigma_1|}}_{[10\times 10]} \underbrace{\mathbf{z}^{(2)}_{|\sigma_1|}}_{[10\times 1]} + \underbrace{\mathbf{b}^{(3)}_{|\sigma_1|}}_{[10\times 1]}\right) = \begin{bmatrix} 0.9978 \\ 0.7567 \\ -0.7149 \\ 0.0162 \\ -0.9511 \\ -0.9672 \\ -0.9913 \\ -0.6004 \\ -0.9568 \\ -0.9772 \end{bmatrix}_{[10\times 1]} \quad (2.4.3.26\text{-}8a)$$

$$\mathbf{J}^{(3)}_{|\sigma_1|} = \left(1-\underbrace{\left(\mathbf{z}^{(3)}_{|\sigma_1|}\right)^2}_{[10\times 1]}\right) \odot \underbrace{\mathbf{W}^{(3)}_{|\sigma_1|}}_{[10\times 10]} \underbrace{\mathbf{J}^{(2)}_{|\sigma_1|}}_{[10\times 2]} = \begin{bmatrix} -0.0000 & 0.0000 \\ 0.0001 & -0.0020 \\ 0.0001 & 0.0020 \\ 0.0001 & 0.0145 \\ -0.0000 & -0.0020 \\ -0.0000 & -0.0004 \\ -0.0000 & -0.0002 \\ 0.0001 & -0.0013 \\ -0.0000 & -0.0023 \\ -0.0000 & -0.0001 \end{bmatrix}_{[10\times 2]} \quad (2.4.3.26\text{-}8b)$$

$$\mathbf{H}_{|\sigma_1|,1}^{(3)} = -2 \underbrace{\mathbf{z}_{|\sigma_1|}^{(3)}}_{[10\times1]} \odot \left(1 - \left(\underbrace{\mathbf{z}_{|\sigma_1|}^{(3)}}_{[10\times1]}\right)^2\right) \odot \underbrace{\mathbf{i}_1^{(2)}}_{[10\times1]} \odot \left(\underbrace{\mathbf{W}_{|\sigma_1|}^{(3)}}_{[10\times10]}\right)^2 \underbrace{\mathbf{J}_{|\sigma_1|}^{(2)}}_{[10\times2]}$$

$$+ \left(1 - \left(\underbrace{\mathbf{z}_{|\sigma_1|}^{(3)}}_{[10\times1]}\right)^2\right) \odot \underbrace{\mathbf{W}_{|\sigma_1|}^{(3)}}_{[10\times10]} \underbrace{\mathbf{H}_{|\sigma_1|,1}^{(2)}}_{[10\times2]} = \begin{bmatrix} 0.0000 & -0.0001 \\ -0.0013 & -0.0216 \\ -0.0034 & -0.0904 \\ -0.0028 & -0.2509 \\ 0.0011 & 0.0656 \\ 0.0002 & 0.0117 \\ 0.0001 & 0.0079 \\ -0.0029 & -0.0620 \\ 0.0011 & 0.0689 \\ 0.0004 & 0.0039 \end{bmatrix} \times 10^{-4} \qquad (2.4.3.26\text{-}8c)$$

$$\mathbf{H}_{|\sigma_1|,2}^{(3)} = -2 \underbrace{\mathbf{z}_{|\sigma_1|}^{(3)}}_{[10\times1]} \odot \left(1 - \left(\underbrace{\mathbf{z}_{|\sigma_1|}^{(3)}}_{[10\times1]}\right)^2\right) \odot \underbrace{\mathbf{i}_2^{(2)}}_{[10\times1]} \odot \left(\underbrace{\mathbf{W}_{|\sigma_1|}^{(3)}}_{[10\times10]}\right)^2 \underbrace{\mathbf{J}_{|\sigma_1|}^{(2)}}_{[10\times2]}$$

$$+ \left(1 - \left(\underbrace{\mathbf{z}_{|\sigma_1|}^{(3)}}_{[10\times1]}\right)^2\right) \odot \underbrace{\mathbf{W}_{|\sigma_1|}^{(3)}}_{[10\times10]} \underbrace{\mathbf{H}_{|\sigma_1|,2}^{(2)}}_{[10\times2]} = \begin{bmatrix} -0.0000 & 0.0000 \\ -0.0000 & -0.0007 \\ -0.0000 & 0.0002 \\ -0.0000 & 0.0047 \\ 0.0000 & -0.0006 \\ 0.0000 & -0.0000 \\ 0.0000 & -0.0001 \\ -0.0000 & -0.0011 \\ 0.0000 & -0.0006 \\ 0.0000 & 0.0001 \end{bmatrix} \qquad (2.4.3.26\text{-}8d)$$

(b-4) Iteration 0: 정규화 은닉층(4), $\mathbf{z}_{|\sigma_1|}^{(4)}$

정규화 은닉층(1)과 유사한 방법으로 은닉층(4)에 대해 수식들을 유도해 보자. 은닉층(4)에 대해, 식(2.4.3.26-9a)에는 목적함수, 식(2.4.3.26-9b)에는 목적함수의 제이코비, 식(2.4.3.26-9c), 식(2.4.3.26-9d)에는 슬라이스($1=\sigma_1$), 슬라이스($2=\sigma_2$) 헤시안 매트릭스가 각각 유도되어 있다.

$$\mathbf{z}_{|\sigma_1|}^{(4)} = f_t^{(4)}\left(\mathbf{W}_{|\sigma_1|}^{(4)}\mathbf{z}_{|\sigma_1|}^{(3)} + \mathbf{b}_{|\sigma_1|}^{(4)}\right) = \begin{bmatrix} -0.9927 \\ 0.7766 \\ -0.2509 \\ -0.9725 \\ 0.6527 \\ 0.9972 \\ 0.9992 \\ 0.9393 \\ 0.9824 \\ -0.4958 \end{bmatrix} \tag{2.4.3.26-9a}$$

$$\mathbf{J}_{|\sigma_1|}^{(4)} = \left(1 - \left(\mathbf{z}_{|\sigma_1|}^{(4)}\right)^2\right) \odot \mathbf{W}_{|\sigma_1|}^{(4)}\mathbf{J}_{|\sigma_1|}^{(3)} = \begin{bmatrix} -0.0000 & -0.0001 \\ -0.0001 & 0.0026 \\ -0.0001 & -0.0048 \\ -0.0000 & -0.0006 \\ 0.0001 & 0.0070 \\ 0.0000 & -0.0000 \\ -0.0000 & 0.0000 \\ 0.0000 & 0.0019 \\ 0.0000 & -0.0000 \\ 0.0000 & 0.0094 \end{bmatrix} \tag{2.4.3.26-9b}$$

$$\mathbf{H}_{|\sigma_1|,1}^{(4)} = -2\mathbf{z}_{|\sigma_1|}^{(4)} \odot \left(1 - \left(\mathbf{z}_{|\sigma_1|}^{(4)}\right)^2\right) \odot \mathbf{i}_1^{(3)} \odot \left(\mathbf{W}_{|\sigma_1|}^{(4)}\right)^2 \mathbf{J}_{|\sigma_1|}^{(3)}$$

$$+ \left(1 - \left(\mathbf{z}_{|\sigma_1|}^{(4)}\right)^2\right) \odot \mathbf{W}_{|\sigma_1|}^{(4)}\mathbf{H}_{|\sigma_1|,1}^{(3)} = \begin{bmatrix} 0.0000 & 0.0030 \\ 0.0018 & -0.0044 \\ 0.0025 & 0.1186 \\ 0.0004 & 0.0173 \\ -0.0022 & -0.1441 \\ -0.0000 & 0.0003 \\ 0.0000 & 0.0001 \\ -0.0003 & -0.0392 \\ -0.0001 & -0.0028 \\ -0.0004 & -0.1225 \end{bmatrix} \times 10^{-4} \tag{2.4.3.26-9c}$$

$$\mathbf{H}_{|\sigma_1|,2}^{(4)} = -2\mathbf{z}_{|\sigma_1|}^{(4)} \odot \left(1 - \left(\mathbf{z}_{|\sigma_1|}^{(4)}\right)^2\right) \odot \mathbf{i}_2^{(3)} \odot \left(\mathbf{W}_{|\sigma_1|}^{(4)}\right)^2 \mathbf{J}_{|\sigma_1|}^{(3)}$$

$$+ \left(1 - \left(\mathbf{z}_{|\sigma_1|}^{(4)}\right)^2\right) \odot \mathbf{W}_{|\sigma_1|}^{(4)}\mathbf{H}_{|\sigma_1|,2}^{(3)} = \begin{bmatrix} 0.0000 & -0.0000 \\ -0.0000 & 0.0012 \\ 0.0000 & -0.0012 \\ 0.0000 & -0.0001 \\ -0.0000 & 0.0020 \\ 0.0000 & -0.0000 \\ 0.0000 & 0.0000 \\ -0.0000 & 0.0006 \\ -0.0000 & -0.0000 \\ -0.0000 & 0.0035 \end{bmatrix} \tag{2.4.3.26-9d}$$

(b-5) Iteration 0: 정규화된 마지막 은닉층(5), $\left(\mathbf{z}^{(5)}_{|\sigma_1|}\right)$

정규화 은닉층(1)과 유사한 방법으로 은닉층(5)에 대해 수식들을 유도해 보자. 은닉층(5)에 대해, 식(2.4.3.26-10a)에는 목적함수, 식(2.4.3.26-10b)에는 목적함수의 제이코비, 식(2.4.3.26-10c), 식(2.4.3.26-10d)에는 슬라이스(1=σ_1), 슬라이스(2=σ_2) 헤시안 매트릭스가 각각 유도되어 있다.

$$\mathbf{z}^{(5)}_{|\sigma_1|} = f_t^{(5)}\left(\mathbf{W}^{(5)}_{|\sigma_1|}\mathbf{z}^{(4)}_{|\sigma_1|} + \mathbf{b}^{(5)}_{|\sigma_1|}\right) = \begin{bmatrix} 0.9920 \\ -0.9999 \\ 0.8829 \\ -0.1811 \\ -0.6993 \\ -0.7437 \\ -0.9436 \\ -0.3470 \\ 0.9203 \\ -0.9364 \end{bmatrix} \tag{2.4.3.26-10a}$$

$$\mathbf{J}^{(5)}_{|\sigma_1|} = \left(1 - \left(\mathbf{z}^{(5)}_{|\sigma_1|}\right)^2\right) \odot \mathbf{W}^{(5)}_{|\sigma_1|}\mathbf{J}^{(4)}_{|\sigma_1|} = \begin{bmatrix} 0.0000 & 0.0000 \\ -0.0000 & -0.0000 \\ -0.0000 & 0.0001 \\ 0.0001 & 0.0098 \\ -0.0000 & -0.0057 \\ 0.0000 & -0.0021 \\ -0.0000 & -0.0007 \\ 0.0000 & -0.0028 \\ 0.0000 & -0.0011 \\ -0.0000 & -0.0002 \end{bmatrix} \tag{2.4.3.26-10b}$$

$$\mathbf{H}^{(5)}_{|\sigma_1|,1} = -2\mathbf{z}^{(5)}_{|\sigma_1|} \odot \left(1 - \left(\mathbf{z}^{(5)}_{|\sigma_1|}\right)^2\right) \odot \mathbf{i}^{(4)}_1 \odot \left(\mathbf{W}^{(5)}_{|\sigma_1|}\right)^2 \mathbf{J}^{(4)}_{|\sigma_1|}$$

$$+ \left(1 - \left(\mathbf{z}^{(5)}_{|\sigma_1|}\right)^2\right) \odot \mathbf{W}^{(5)}_{|\sigma_1|}\mathbf{H}^{(4)}_{|\sigma_1|,1} = \begin{bmatrix} -0.0000 & -0.0013 \\ 0.0000 & 0.0000 \\ 0.0002 & 0.0044 \\ -0.0022 & -0.1873 \\ 0.0017 & 0.1056 \\ -0.0009 & 0.0048 \\ 0.0005 & 0.0169 \\ -0.0015 & 0.0070 \\ -0.0004 & 0.0042 \\ 0.0003 & 0.0088 \end{bmatrix} \times 10^{-4} \tag{2.4.3.26-10c}$$

$$\mathbf{H}_{|\sigma_1|,2}^{(5)} = -2\mathbf{z}_{|\sigma_1|}^{(5)} \odot \left(1-\left(\mathbf{z}_{|\sigma_1|}^{(5)}\right)^2\right) \odot \mathbf{i}_2^{(4)} \odot \left(\mathbf{W}_{|\sigma_1|}^{(5)}\right)^2 \mathbf{J}_{|\sigma_1|}^{(4)}$$

$$+\left(1-\left(\mathbf{z}_{|\sigma_1|}^{(5)}\right)^2\right) \odot \mathbf{W}_{|\sigma_1|}^{(5)} \mathbf{H}_{|\sigma_1|,2}^{(4)} = \begin{bmatrix} -0.0000 & 0.0000 \\ 0.0000 & -0.0000 \\ 0.0000 & 0.0001 \\ -0.0000 & 0.0029 \\ 0.0000 & -0.0018 \\ 0.0000 & -0.0009 \\ 0.0000 & -0.0002 \\ 0.0000 & -0.0013 \\ 0.0000 & -0.0005 \\ 0.0000 & -0.0000 \end{bmatrix} \tag{2.4.3.26-10d}$$

(c) Iteration 0: 정규화 출력층, $z_{|\sigma_1|}^{(L=6=\text{출력층})}$

정규화 은닉층(1)과 유사한 방법으로 은닉층(6)에 대해 수식들을 유도해 보자. 은닉층 (6)에 대해, 식(2.4.3.26-11a)에는 목적함수, 식(2.4.3.26-11b)에는 목적함수의 제이코비, 식(2.4.3.26-11c), 식(2.4.3.26-11d)에는 슬라이스(1=σ_1), 슬라이스(2=σ_2) 헤시안 매트릭스가 각각 유도되어 있다.

$$\mathbf{z}_{|\sigma_1|}^{(L=6=\text{출력층})} = f_{lin}^{(6)}\left(\underbrace{\mathbf{W}_{|\sigma_1|}^{(6)}}_{[1\times10]}\ \underbrace{\mathbf{z}_{|\sigma_1|}^{(5)}}_{[10\times1]} + \underbrace{b_{|\sigma_1|}^{(6)}}_{[1\times1]}\right) = -0.9698 \tag{2.4.3.26-11a}$$

$$\mathbf{J}_{|\sigma_1|}^{(L=6=\text{출력층})} = \underbrace{\mathbf{W}_{|\sigma_1|}^{(6)}}_{[1\times10]}\ \underbrace{\mathbf{J}_{|\sigma_1|}^{(5)}}_{[10\times2]} = [-0.0000 \quad 0.0016]_{[1\times2]} \tag{2.4.3.26-11b}$$

$$\mathbf{H}_{|\sigma_1|,1}^{(L=6=\text{출력층})} = \underbrace{\mathbf{W}_{|\sigma_1|}^{(6)}}_{[1\times10]}\ \underbrace{\mathbf{H}_{|\sigma_1|,1}^{(5)}}_{[10\times2]} = [-0.0095\times10^{-5} \ -0.2270\times10^{-5}]_{[1\times2]} \tag{2.4.3.26-11c}$$

$$\mathbf{H}_{|\sigma_1|,2}^{(L=6=\text{출력층})} = \underbrace{\mathbf{W}_{|\sigma_1|}^{(6)}}_{[1\times10]}\ \underbrace{\mathbf{H}_{|\sigma_1|,2}^{(5)}}_{[10\times2]} = [-0.0023\times10^{-3} \quad 0.4716\times10^{-3}]_{[1\times2]} \tag{2.4.3.26-11d}$$

표 2.4.3.4(a-6)에 도시되어 있듯이, 출력층에서의 가중변수 매트릭스 $\mathbf{W}_{\sigma_1}^{(L=6=\text{출력층})}$는 1개의 행과 10개의 열을 갖는 (1x10) 매트릭스로서, 식(2.4.3.26-11a)에서는 (1x1)의 스칼

라 출력값, 식(2.4.3.26-11b)에서 식(2.4.3.26-11d)에서는 [1x2]의 스칼라값을 도출한다. 그림 2.4.3.11(a)에서 처럼 트러스의 중량을 최소화하기 위해 5개의 은닉층, 1개의 출력층 및 10개의 뉴런을 갖는 인공신경망은 PTM기법으로 학습되어서, 학습시 한 개의 스칼라 출력값을 계산한다.

(d) Iteration 0: 비정규화 단계(D, 6=L)

이 절은 비정규화 단계이다. $|\sigma_1|$에 대해서 식(2.4.3.26-12a) 부터 식(2.4.3.26-12e)에 비정규화 되어있다. 식(2.4.3.26-12b)에는 $|\sigma_1|$의 제이코비 매트릭스가 비정규화되어 있고, 식(2.4.3.26-12c), 식(2.4.3.26-12d)에는 σ_1에 대한 슬라이스 헤시안 매트릭스가 비정규화되어 있다. 식(2.4.3.26-12e)는 식(2.3.6.17)에서 유도된 글로벌 헤시안 매트릭스로서, σ_1에 대한 슬라이스 헤시안 매트릭스의 식(2.4.3.26-12c), 식(2.4.3.26-12d)를 통합하였다. 식(2.4.3.26-13c)과 식(2.4.3.26-14c)는 목적함수 f_W와 $|\sigma_2|$에 대한 통합된 글로벌 헤시안 매트릭스이다. 유도기반이 되는 수식은 해당 수식과 함께 표기되어 있다. $|\sigma_1|$와 유사하게, 목적함수 $y_{f_W} = f_W(x_A^{(0)}, x_h^{(0)}) = \mathbf{z}_{f_W}^{(D)}$, 목적함수의 제이코비 $\nabla f_W(x) = \mathbf{J}_{f_W}^{(D)}(x_A^{(0)}, x_h^{(0)})$, 헤시안 매트릭스 $\mathbf{H}_{f_W}^{(D)}$는 식(2.4.3.26-13a) 부터 식(2.4.3.26-13c)에 비정규화되어 있고, 유도기반이 되는 수식은 해당 수식과 함께 표기되어 있다. $|\sigma_2|$에 대해서도 부등 제약함수 $|\sigma_2| = z_{|\sigma_2|}^{(D)}$, 부등 제약함수의 제이코비 $\mathbf{J}_{v_2}^{(D)}(x_A^{(0)}, x_h^{(0)})$, 헤시안 $\mathbf{H}_{v_2}^{(D)}(x_A^{(0)}, x_h^{(0)})$은 식(2.4.3.26-14a) 부터 식(2.4.3.26-14c)에 비 정규화 되어있고, 유도 기반이 되는 수식은 해당 수식과 함께 표기 되어있다. 해당과정에서 표 2.4.3.4(a), 2.4.3.4(c)와 표 2.4.3.4(b)에 유도되어 있는 σ_1, $f_W(x)$, σ_2의 가중변수 및 편향변수 매트릭스를 적용하였다.

$$|\sigma_1| = \mathbf{z}_{|\sigma_1|}^{(D)} = g_{|\sigma_1|}^{(D)}\left(\mathbf{z}_{|\sigma_1|}^{(6)}\right) = 0.1043 \qquad (2.4.3.26\text{-}12a,\ 2.3.6.3\text{-}2f)$$

$$\mathbf{J}_{|\sigma_1|}^{(D)} = \frac{1}{\alpha_{|\sigma_1|}}\mathbf{J}_{|\sigma_1|}^{(6)} = [-1.282 \times 10^{-4} \quad 0.0056] \qquad (2.4.3.26\text{-}12b,\ 2.3.6.6\text{-}9)$$

$$\mathbf{H}_{|\sigma_1|,1}^{(D)} = \frac{1}{\alpha_{|\sigma_1|}}\mathbf{H}_{|\sigma_1|,1}^{(6)} = [3.28 \times 10^{-7} \quad -7.84 \times 10^{-6}] \qquad (2.4.3.26\text{-}12c,\ 2.3.6.16\text{-}2)$$

$$\mathbf{H}^{(D)}_{|\sigma_1|,2} = \frac{1}{\alpha_{|\sigma_1|}}\mathbf{H}^{(6)}_{|\sigma_1|,2} = [-7.84\times10^{-6} \quad 0.0016] \qquad (2.4.3.26\text{-}12d,\ 2.3.6.16\text{-}2)$$

$$\mathbf{H}^{(D)}_{|\sigma_1|} = \begin{bmatrix}\mathbf{H}^{(D)}_{|\sigma_1|,1}\\ \mathbf{H}^{(D)}_{|\sigma_1|,2}\end{bmatrix} = \begin{bmatrix}3.28\times10^{-7} & -7.84\times10^{-6}\\ -7.84\times10^{-6} & 0.0016\end{bmatrix} \qquad (2.4.3.26\text{-}12e,\ 2.3.6.17)$$

$$y_{fw} = \mathbf{z}^{(D)}_{fw} = g^{(D)}_{fw}\left(\mathbf{z}^{(6)}_{fw}\right) = 59.366 \qquad (2.4.3.26\text{-}13a,\ 2.3.6.3\text{-}2f)$$

$$\mathbf{J}^{(D)}_{fw} = \frac{1}{\alpha_{fw}}\mathbf{J}^{(6)}_{fw} = [0.0742 \quad -6.1504] \qquad (2.4.3.26\text{-}13b,\ 2.3.6.6\text{-}9)$$

$$\mathbf{H}^{(D)}_{fw} = \begin{bmatrix}\mathbf{H}^{(D)}_{fw,1}\\ \mathbf{H}^{(D)}_{fw,2}\end{bmatrix} = \begin{bmatrix}-2.00\times10^{-6} & -0.0080\\ -0.0080 & 0.1243\end{bmatrix} \qquad (2.4.3.26\text{-}13c,\ 2.3.6.17)$$

$$|\sigma_2| = \mathbf{z}^{(D)}_{|\sigma_2|} = g^{(D)}_{|\sigma_2|}\left(\mathbf{z}^{(6)}_{|\sigma_2|}\right) = 0.1299 \qquad (2.4.3.26\text{-}14a,\ 2.3.6.3\text{-}2f)$$

$$\mathbf{J}^{(D)}_{|\sigma_2|} = \frac{1}{\alpha_{|\sigma_2|}}\mathbf{J}^{(6)}_{|\sigma_2|} = [-1.598\times10^{-4} \quad 0.0013] \qquad (2.4.3.26\text{-}14b,\ 2.3.6.6\text{-}9)$$

$$\mathbf{H}^{(D)}_{|\sigma_2|} = \begin{bmatrix}\mathbf{H}^{(D)}_{|\sigma_2|,1}\\ \mathbf{H}^{(D)}_{|\sigma_2|,2}\end{bmatrix} = \begin{bmatrix}3.60\times10^{-7} & -8.36\times10^{-7}\\ -8.36\times10^{-7} & 9.11\times10^{-4}\end{bmatrix} \qquad (2.4.3.26\text{-}14c,\ 2.3.6.17)$$

(e) Iteration 0: 제이코비, 헤시안 매트릭스를 통한 라그랑주 함수의 수렴 검증

이상 구해진 인공신경망 기반의 매트릭스들을 식(2.4.3.26-18)의 $\nabla L(x_A^{(0)}, x_h^{(0)}, \lambda_{v_1}^{(0)}, \lambda_{v_2}^{(0)})$에 대입하여 수렴 여부를 확인하여 보도록 하자. 먼저 부등 제약함수와 관련된 수식을 유도하도록 한다. 초기 입력변수 $x^{(0)}=[x_A^{(0)}, x_h^{(0)}]^T=[800, -7]^T$에 대해, 식(2.4.3.26-12a), 식(2.4.3.26-14a)로 부터 식(2.4.3.26-15a), 식(2.4.3.26-15b)를 구한 후 식(2.4.3.26-15c)의 부등 제약함수 $\boldsymbol{v}(\boldsymbol{x})=v(x_A^{(0)}, x_h^{(0)})$로 통합한다. 부등 제약함수 $\boldsymbol{v}(\boldsymbol{x})=[v_1(x), v_2(x)]^T$의 제이코비인 $\mathbf{J}_{v_1}^{(D)}(x_A^{(0)}, x_h^{(0)})$, $\mathbf{J}_{v_2}^{(D)}(x_A^{(0)}, x_h^{(0)})$를 식(2.4.3.26-12b)와 식(2.4.3.26-14b)에 기반하여 식(2.4.3.26-16a), 식(2.4.3.26-16b), 식(2.4.3.26-16c)에서 구한다. 즉 부등 제약함수의 제이코비 매트릭스를 구하기 위해 $-|\sigma_1|+f_y$ 또는 $-|\sigma_2|+f_y$ 를 각각 σ_1 과 σ_2 에 관해서 미분하면 f_y 는 상수처리되어

0이 된다. 부등 제약함수 $\boldsymbol{v}(\boldsymbol{x})=[v_1(x),\ v_2(x)]^T$의 헤시안인 $\mathbf{H}_{v_1}^{(D)}(x_A^{(0)},\ x_h^{(0)})$, $\mathbf{H}_{v_2}^{(D)}(x_A^{(0)},\ x_h^{(0)})$를 식(2.4.3.26-12e)와 식(2.4.3.26-14c)에 기반하여 식(2.4.3.26-17a), 식(2.4.3.26-17b)에서 구한다. 부등 제약함수의 헤시안 매트릭스도 유사하게 유도된다.

$$\boldsymbol{v_1}\left(x_A^{(0)},\ x_h^{(0)}\right) = -\left|\sigma_1\left(x_A^{(0)},\ x_h^{(0)}\right)\right| + f_y = -|\sigma_1| + 0.2 = 0.0957 \tag{2.4.3.26-15a}$$

$$\boldsymbol{v_2}\left(x_A^{(0)},\ x_h^{(0)}\right) = -\left|\sigma_2\left(x_A^{(0)},\ x_h^{(0)}\right)\right| + f_y = -|\sigma_2| + 0.2 = 0.0701 \tag{2.4.3.26-15b}$$

$$\mathbf{v}\left(x_A^{(0)},\ x_h^{(0)}\right) = \begin{bmatrix} \boldsymbol{v_1}\left(x_A^{(0)},\ x_h^{(0)}\right) \\ \boldsymbol{v_2}\left(x_A^{(0)},\ x_h^{(0)}\right) \end{bmatrix} = \begin{bmatrix} 0.0957 \\ 0.0701 \end{bmatrix} \tag{2.4.3.26-15c}$$

$$\mathbf{J}_{v_1}^{(D)}\left(x_A^{(0)},\ x_h^{(0)}\right) = \mathbf{J}_{(-|\sigma_1|+f_y)}^{(D)}\left(x_A^{(0)},\ x_h^{(0)}\right) = -\mathbf{J}_{|\sigma_1|}^{(D)}\left(x_A^{(0)},\ x_h^{(0)}\right)$$

$$= [1.282 \times 10^{-4} \quad -0.0056] \tag{2.4.3.26-16a}$$

$$\mathbf{J}_{v_2}^{(D)}\left(x_A^{(0)},\ x_h^{(0)}\right) = \mathbf{J}_{(-|\sigma_2|+f_y)}^{(D)}\left(x_A^{(0)},\ x_h^{(0)}\right) = -\mathbf{J}_{|\sigma_2|}^{(D)}\left(x_A^{(0)},\ x_h^{(0)}\right)$$

$$= [1.598 \times 10^{-4} \quad -0.0013] \tag{2.4.3.26-16b}$$

$$\mathbf{J}_{\mathbf{v}}\left(x_A^{(0)},\ x_h^{(0)}\right) = \begin{bmatrix} \mathbf{J}_{v_1}^{(D)}\left(x_A^{(0)},\ x_h^{(0)}\right) \\ \mathbf{J}_{v_2}^{(D)}\left(x_A^{(0)},\ x_h^{(0)}\right) \end{bmatrix} = \begin{bmatrix} 1.282 \times 10^{-4} & -0.0056 \\ 1.598 \times 10^{-4} & -0.0013 \end{bmatrix} \tag{2.4.3.26-16c}$$

$$\mathbf{H}_{v_1}^{(D)}\left(x_A^{(0)},\ x_h^{(0)}\right) = \mathbf{H}_{(-|\sigma_1|+f_y)}^{(D)}\left(x_A^{(0)},\ x_h^{(0)}\right) = -\mathbf{H}_{|\sigma_1|}^{(D)}\left(x_A^{(0)},\ x_h^{(0)}\right)$$

$$= \begin{bmatrix} -3.28 \times 10^{-7} & 7.84 \times 10^{-6} \\ 7.84 \times 10^{-6} & -0.0016 \end{bmatrix} \tag{2.4.3.26-17a}$$

$$\mathbf{H}_{v_2}^{(D)}\left(x_A^{(0)},\ x_h^{(0)}\right) = \mathbf{H}_{(-|\sigma_2|+f_y)}^{(D)}\left(x_A^{(0)},\ x_h^{(0)}\right) = -\mathbf{H}_{|\sigma_2|}^{(D)}\left(x_A^{(0)},\ x_h^{(0)}\right)$$

$$= \begin{bmatrix} -3.60 \times 10^{-7} & 8.36 \times 10^{-7} \\ 8.36 \times 10^{-7} & -9.11 \times 10^{-4} \end{bmatrix} \tag{2.4.3.26-17b}$$

따라서 초기 입력변수 $x^{(0)}=[x_A^{(0)},\ x_h^{(0)}]^T=[800,\ -7]^T$에 대한, 라그랑주 함수의 1차 미분식(grdhkadient) 변수인 제이코비 매트릭스는, 식(2.4.3.26-13b)의 $\mathbf{J}_{f\,w}^{(D)}$, 식

(2.4.3.26-15c)의 $v(x_A^{(0)}, x_h^{(0)})$, 식(2.4.3.26-16c)의 $\mathbf{J}v(x_A^{(0)}, x_h^{(0)})$, $\lambda_v^{(0)}[\lambda_{v_1}^{(0)}, \lambda_{v_2}^{(0)}]^T = [0,0]^T$, $S = \begin{bmatrix} 1 & 0 \\ 0 & 0 \end{bmatrix}$를 식(2.4.3.24-1) 또는 식(2.4.3.26-18)에 대입하여 구해진다.

$$\nabla\mathcal{L}\left(x_A^{(0)}, x_h^{(0)}, \lambda_{v_1}^{(0)}, \lambda_{v_2}^{(0)}\right) = \begin{bmatrix} \left[\mathbf{J}_{fW}^{(D)}\left(x_A^{(0)}, x_h^{(0)}\right)\right]^T - \mathbf{J}_\mathbf{v}\left(x_A^{(0)}, x_h^{(0)}\right)^T \mathbf{S}\boldsymbol{\lambda}_v \\ -\mathbf{S}\mathbf{v}\left(x_A^{(0)}, x_h^{(0)}\right) \end{bmatrix}$$

$$= \begin{bmatrix} \begin{bmatrix} 0.0742 \\ -6.1504 \end{bmatrix} - \begin{bmatrix} 1.282\times10^{-4} & 1.598\times10^{-4} \\ -0.0056 & -0.0013 \end{bmatrix} \begin{bmatrix} 1 & 0 \\ 0 & 0 \end{bmatrix} \begin{bmatrix} 0 \\ 0 \end{bmatrix} \\ -\begin{bmatrix} 1 & 0 \\ 0 & 0 \end{bmatrix} \begin{bmatrix} 0.0957 \\ 0.0701 \end{bmatrix} \end{bmatrix} \qquad (2.4.3.26\text{-}18)$$

$$= \begin{bmatrix} 0.0742 \\ -6.1504 \\ -0.0957 \\ 0 \end{bmatrix} \neq \mathbf{0}$$

초기 입력변수 $[x_A^{(0)}, x_h^{(0)}, \lambda_{v_1}^{(0)}, \lambda_{v_2}^{(0)}]^T=[800,\ -7,\ 0,\ 0]^T$에 대해서, 식(2.4.3.26-18)의 $\nabla L(x_A^{(0)}, x_h^{(0)}, \lambda_{v_1}^{(0)}, \lambda_{v_2}^{(0)})$는 식(2.4.3.15-2)의 수학식 기반의 결과와 유사한 결과를 도출하였다. 그러나 식(2.4.3.26-18)은 초기 입력변수 $[x_A^{(0)}, x_h^{(0)}, \lambda_{v_1}^{(0)}, \lambda_{v_2}^{(0)}]^T=[800,\ -7,\ 0,\ 0]^T$에 대해 0으로 수렴하지 못하므로, 해당 KKT 조건에 대한 후보해를 아직 도출하지 못하였고, 목적함수를 최적화하지 못하였다. 따라서, 식(2.4.3.26-18)의 $\nabla L(x_A^{(0)}, x_h^{(0)}, \lambda_{v_1}^{(0)}, \lambda_{v_2}^{(0)})$와 식(2.4.3.26-23)의 $[\mathbf{H}_L(x_A^{(0)}, x_h^{(0)}, \lambda_{v_1}^{(0)}, \lambda_{v_2}^{(0)}]^{-1}$를 이용하여 Iteration 1에서 업데이트된 입력변수를 식(2.4.3.26-19)에서 구한다.

$$\begin{bmatrix} x_A^{(1)} \\ x_h^{(1)} \\ \lambda_{v_1}^{(1)} \\ \lambda_{v_2}^{(1)} \end{bmatrix} = \begin{bmatrix} x_A^{(0)} \\ x_h^{(0)} \\ \lambda_{v_1}^{(0)} \\ \lambda_{v_2}^{(0)} \end{bmatrix} - \left[\mathbf{H}_\mathcal{L}\left(x_A^{(0)}, x_h^{(0)}, \lambda_{v_1}^{(0)}, \lambda_{v_2}^{(0)}\right)\right]^{-1} \nabla\mathcal{L}\left(x_A^{(0)}, x_h^{(0)}, \lambda_{v_1}^{(0)}, \lambda_{v_2}^{(0)}\right) \qquad (2.4.3.26\text{-}19)$$

식(2.4.3.26-23)의 $[\mathbf{H}_L(x_A^{(0)}, x_h^{(0)}, \lambda_{v_1}^{(0)}, \lambda_{v_2}^{(0)})]^{-1}$ 를 구하기 위해서는 인공신경망 기반의 $\mathbf{H}_L(x_A^{(0)}, x_h^{(0)}, \lambda_{v_1}^{(0)}, \lambda_{v_2}^{(0)})$ 를 먼저 식(2.4.3.26-20b)에서 구하여야 하는데, 계산에 사용되는 $\mathbf{H}_L(x_A^{(0)}, x_h^{(0)})$ 는 식(2.4.3.26-21b)에서 구하게 된다. 이때 식(2.4.3.26-13c)의 $\mathbf{H}_{fW}^{(D)}(x_A^{(0)}, x_h^{(0)})$, 식(2.4.3.26-17a)의 $\mathbf{H}_{v_1}^{(D)}(x_A^{(0)}, x_h^{(0)})$, 식(2.4.3.26-17b)의 $\mathbf{H}_{v_2}^{(D)}(x_A^{(0)}, x_h^{(0)})$를 식(2.4.3.26-21a)에 대입하여 식(2.4.3.26-21b)에

서 $\mathbf{H}_L(x_A^{(0)}, x_h^{(0)})$ 를 구한다. 식(2.4.3.26-21b)에서 구한 $\mathbf{H}_L(x_A^{(0)}, x_h^{(0)})$ 와 함께 식(2.4.3.26-16c)의 $\mathbf{J}_v(x_A^{(0)}, x_h^{(0)})$, $S=\begin{bmatrix} 1 & 0 \\ 0 & 0 \end{bmatrix}$를 식(2.4.3.26-20b)에 대입하여, 식(2.4.3.26-22)에서 $\mathbf{H}_L(x_A^{(0)}, x_h^{(0)}, \lambda_{v_1}^{(0)}, \lambda_{v_2}^{(0)})$를 구한다.

$$\mathbf{H}_\mathcal{L}\left(x_A^{(0)}, x_h^{(0)}, \lambda_{v_1}^{(0)}, \lambda_{v_2}^{(0)}\right) = \begin{bmatrix} \mathbf{H}_\mathcal{L}\left(x_A^{(0)}, x_h^{(0)}\right) & -\left(\mathbf{SJ_v}\left(x_A^{(0)}, x_h^{(0)}\right)\right)^T \\ -\mathbf{SJ_v}\left(x_A^{(0)}, x_h^{(0)}\right) & \mathbf{0} \end{bmatrix} \tag{2.4.3.26-20a}$$

$$\mathbf{H}_\mathcal{L}\left(x_A^{(0)}, x_h^{(0)}, \lambda_{v_1}^{(0)}, \lambda_{v_2}^{(0)}\right) = \begin{bmatrix} \mathbf{H}_\mathcal{L}\left(x_A^{(0)}, x_h^{(0)}\right) & -\left[\mathbf{SJ}_\mathbf{v}^{(D)}\left(x_A^{(0)}, x_h^{(0)}\right)\right]^T \\ -\mathbf{SJ}_\mathbf{v}^{(D)}\left(x_A^{(0)}, x_h^{(0)}\right) & \mathbf{0} \end{bmatrix} \tag{2.4.3.26-20b}$$

$$\mathbf{H}_\mathcal{L}\left(x_A^{(0)}, x_h^{(0)}\right) = \mathbf{H}_{fw}\left(x_A^{(0)}, x_h^{(0)}\right) - \sum_{i=1}^{2} s_i \lambda_{v_i} \mathbf{H}_{v_i}\left(x_A^{(0)}, x_h^{(0)}\right) \tag{2.4.3.26-21a}$$

$$\begin{aligned} \mathbf{H}_\mathcal{L}\left(x_A^{(0)}, x_h^{(0)}\right) &= \begin{bmatrix} -2.00\times10^{-6} & -0.0080 \\ -0.0080 & 0.1243 \end{bmatrix} \\ &- 1\times0\times\begin{bmatrix} -3.28\times10^{-7} & 7.84\times10^{-6} \\ 7.84\times10^{-6} & -0.0016 \end{bmatrix} \\ &- 0\times0\times\begin{bmatrix} -3.60\times10^{-7} & 8.36\times10^{-7} \\ 8.36\times10^{-7} & -9.11\times10^{-4} \end{bmatrix} \\ &= \begin{bmatrix} -2.00\times10^{-6} & -0.0080 \\ -0.0080 & 0.1243 \end{bmatrix} \end{aligned} \tag{2.4.3.26-21b}$$

$$\begin{aligned} &\mathbf{H}_\mathcal{L}\left(x_A^{(0)}, x_h^{(0)}, \lambda_{v_1}^{(0)}, \lambda_{v_2}^{(0)}\right) \\ &= \begin{bmatrix} \begin{bmatrix} -2.00\times10^{-6} & -0.0080 \\ -0.0080 & 0.1243 \end{bmatrix} & -\left(\begin{bmatrix} 1 & 0 \\ 0 & 0 \end{bmatrix}\begin{bmatrix} 1.282\times10^{-4} & -0.0056 \\ 1.598\times10^{-4} & -0.0013 \end{bmatrix}\right)^T \\ -\begin{bmatrix} 1 & 0 \\ 0 & 0 \end{bmatrix}\begin{bmatrix} 1.282\times10^{-4} & -0.0056 \\ 1.598\times10^{-4} & -0.0013 \end{bmatrix} & \mathbf{0} \end{bmatrix} \end{aligned} \tag{2.4.3.26-22a}$$

$$\mathbf{H}_\mathcal{L}\left(x_A^{(0)}, x_h^{(0)}, \lambda_{v_1}^{(0)}, \lambda_{v_2}^{(0)}\right) = \begin{bmatrix} -2.00\times10^{-6} & -0.0080 & 1.282\times10^{-4} & 0 \\ -0.0080 & 0.1243 & -0.0056 & 0 \\ 1.282\times10^{-4} & -0.0056 & 0 & 0 \\ 0 & 0 & 0 & 0 \end{bmatrix} \tag{2.4.3.26-22b}$$

해당 KKT 조건에서는 $v_2(x_A, x_h)=-|\sigma_2|+f_y\geq 0$ 를 비활성으로 가정하여, 라그랑주 승수 λ_{v_2}가 0으로 설정되었기 때문에 식(2.4.3.26-22b)의 $\mathbf{H}_L(x_A^{(0)}, x_h^{(0)}, \lambda_{v_1}^{(0)}, \lambda_{v_2}^{(0)})$ 매트릭스는 싱귤러 매트릭스로 구해진다. 따라서 4번째 행렬의 0을 제거한 후 역 행렬을 구해도 무방하므로, $\mathbf{H}_L(x_A^{(0)}, x_h^{(0)}, \lambda_{v_1}^{(0)}, \lambda_{v_2}^{(0)})$은 (3x3) 매트릭스가 되고 식(2.4.3.24-23)에서 역 매트릭스 $\mathbf{H}_L(x_A^{(0)}, x_h^{(0)}, \lambda_{v_1}^{(0)}, \lambda_{v_2}^{(0)})^{-1}$가 도출되었다.

$$\mathbf{H}_{\mathcal{L}}\left(x_A^{(0)}, x_h^{(0)}, \lambda_{v_1}^{(0)}, \lambda_{v_2}^{(0)}\right)^{-1}$$

$$= \begin{bmatrix} \begin{bmatrix} -2.00\times 10^{-6} & -0.0080 & 1.282\times 10^{-4} \\ -0.0080 & 0.1243 & -0.0056 \\ 1.282\times 10^{-4} & -0.0056 & 0 \end{bmatrix}^{-1} & \begin{matrix} 0 \\ 0 \\ 0 \end{matrix} \\ \begin{matrix} 0 & \quad 0 & \quad 0 \end{matrix} & 0 \end{bmatrix} \tag{2.4.3.26-23a}$$

$$\mathbf{H}_{\mathcal{L}}\left(x_A^{(0)}, x_h^{(0)}, \lambda_{v_1}^{(0)}, \lambda_{v_2}^{(0)}\right)^{-1} = \begin{bmatrix} -3328.3 & -75.751 & -3039.9 & 0 \\ -75.751 & -1.724 & 108.415 & 0 \\ -3039.9 & 108.415 & -6695.7 & 0 \\ 0 & 0 & 0 & 0 \end{bmatrix} \tag{2.4.3.26-23b}$$

식(2.4.3.26-18)과 식(2.4.3.26-23b)를 식(2.4.3.26-19)에 대입하여, Iteration 1에서 사용될 업데이트된 입력변수를 식(2.4.3.26-24)에서 도출한다. 식(2.4.3.26-23b)의 $\mathbf{H}_L(x_A^{(0)}, x_h^{(0)}, \lambda_{v_1}^{(0)}, \lambda_{v_2}^{(0)})^{-1}$는 Iteration 0에서 구한 식(2.4.3.26-5a)부터 식(2.4.3.26-14c)까지를 기반으로 구한다.

$$\begin{bmatrix} x_A^{(1)} \\ x_h^{(1)} \\ \lambda_{v_1}^{(1)} \\ \lambda_{v_2}^{(1)} \end{bmatrix} = \begin{bmatrix} 800 \\ -7 \\ 0 \\ 0 \end{bmatrix} - \begin{bmatrix} -3328.3 & -75.751 & -3039.9 & 0 \\ -75.751 & -1.724 & 108.415 & 0 \\ -3039.9 & 108.415 & -6695.7 & 0 \\ 0 & 0 & 0 & 0 \end{bmatrix} \begin{bmatrix} 0.0742 \\ -6.1504 \\ -0.0957 \\ 0 \end{bmatrix}$$

$$\begin{bmatrix} x_A^{(1)} \\ x_h^{(1)} \\ \lambda_{v_1}^{(1)} \\ \lambda_{v_2}^{(1)} \end{bmatrix} = \begin{bmatrix} 290.063 \\ -1.607 \\ 251.444 \\ 0 \end{bmatrix} \tag{2.4.3.26-24}$$

3) 0단계(Iteration 0)의 초기 입력변수를 기반으로한 목적함수, 제이코비 및 헤시안 매트릭스의 도출

이 절에서는 1단계(Iteration 1)의 초기 입력변수를 기반으로 하여 목적함수 $y_{f_W}=f_W(x_A^{(1)}, x_h^{(1)})=\mathbf{z}_{f_w}^{(D)}$, 제이코비$\nabla f_W(x)=\mathbf{J}_{f_W}^{(D)}(x_A^{(1)}, x_h^{(1)})$, $\mathbf{J}_v(x_A^{(1)}, x_h^{(1)})$ 및 헤시안 매트릭스 $\mathbf{H}_{f_W}^{(D)}$, $\mathbf{H}_{v_1}^{(D)}(x_A^{(1)}, x_h^{(1)})$, $\mathbf{H}_{v_2}^{(D)}(x_A^{(1)}, x_h^{(1)})$를 도출하도록 한다. 식(2.4.3.25-1) 부터 (2.4.3.25-3)에서 작성된 인공신경망을 학습하여 도출된 가중변수 및 편향변수 매트릭스가 표 2.4.3.4에서 제시되었다.

식(2.4.3.26-5a)부터 식(2.4.3.26-14c)까지 기반한 뉴턴-랩슨 반복연산을 수행하였으나 Iteration 0에서 라그랑주 1차 미분식이 수렴되지 않았으므로, 식(2.4.3.26-24)에서 초기입력 변수를 Iteration 1에서 사용될 입력변수 $x^{(1)}=[x_A^{(1)}, x_h^{(1)}]^T=[290.063, -1.607]^T$로 업데이트하였다. Iteration 0와 동일한 방법으로 Iteration 1에서도, $x^{(1)}=[x_A^{(1)}, x_h^{(1)}]^T=[290.063, -1.607]^T$에 대해, 입력변수를 정규화하는 단계($N$)에서부터 비정규화 단계($D$)까지 식(2.4.3.26-25a)부터 식(2.4.3.26-34c)까지를 반복하여, 라그랑주 1차미분식의 수렴여부를 다시 확인하고 수렴되지 않을 경우에는, 식(2.4.3.26-44)에서 처럼 입력변수를 Iteration 2에서 사용될 입력변수 $x^{(2)}=[x_A^{(2)}, x_h^{(2)}]^T$로 계속 업데이트한다.

Iteration 1에서의 입력변수는 식(2.4.3.26-25a)처럼 붉은색으로 입력된다. 식(2.4.3.26-25a)에서 입력변수는 정규화되어 $z_{|\sigma_2|}^{(N)}$로 전환된다. 2.3.6절의 전 과정을 기반으로 수행하니 참고하기 바란다. Iteration 1에 대해서는 식(2.4.3.26-25a)부터 (2.4.3.26-31d)에서 $|\sigma_2|$에 대한 함수, $|\sigma_2|$에 대한 $\mathbf{J}_{v_2}^{(D)}(x_A^{(1)}, x_h^{(1)})$ 및 헤시안 매트릭스 $\mathbf{H}_{v_2}^{(D)}(x_A^{(0)}, x_h^{(0)})$에 대한 과정만 기술하였다. 해당과정에서 표 2.4.3.4(b)에 유도되어 있는 σ_2의 가중변수 및 편향변수 매트릭스를 적용하였다. 독자들에게 Iteration 1에 대한 목적함수, $|\sigma_1|$에 대해서도 과정 유도를 추천한다.

(a) Iteration 1: 입력변수의 정규화를 위한 단계(N), $\mathbf{z}_{|\sigma_2|}^{(N)}$

$$\mathbf{z}_{|\sigma_2|}^{(N)} = \mathbf{g}^{(N)}\left(\mathbf{x}^{(0)}\right) = \boldsymbol{\alpha}_{\mathbf{x}} \odot (\mathbf{x} - \mathbf{x}_{min}) + \bar{\mathbf{x}}_{min}$$

$$= \begin{bmatrix} 0.0007 \\ 0.0333 \end{bmatrix} \odot \left(\begin{bmatrix} 290.063 \\ -1.607 \end{bmatrix} - \begin{bmatrix} 100.2 \\ -30 \end{bmatrix} \right) + \begin{bmatrix} -1 \\ -1 \end{bmatrix} \quad (2.4.3.26\text{-}25a)$$

$$= \begin{bmatrix} -0.8691 \\ -0.0536 \end{bmatrix}$$

$$\mathbf{J}_{|\sigma_2|}^{(N)} = I_2 \odot \boldsymbol{\alpha}_{\mathbf{x}} = \begin{bmatrix} 0.0007 & 0 \\ 0 & 0.0333 \end{bmatrix} \quad (2.4.3.26\text{-}25a)$$

$$\mathbf{H}_{|\sigma_2|}^{(N)} = \begin{bmatrix} 0 & 0 \\ 0 & 0 \end{bmatrix} \quad (2.4.3.26\text{-}25c)$$

(b) Iteration 1: 정규화 은닉층, $\mathbf{z}_{|\sigma_2|}^{(1)}$ ∀l∈{1, 2, 3, 4, 5}

(b-1) Iteration 1: 정규화 은닉층(1), $\mathbf{z}_{|\sigma_2|}^{(1)}$

$$\mathbf{z}_{|\sigma_2|}^{(1)} = f_t^{(1)}\left(\mathbf{W}_{|\sigma_2|}^{(1)} \mathbf{z}_{|\sigma_2|}^{(N)} + \mathbf{b}_{|\sigma_2|}^{(1)}\right) = \begin{bmatrix} 1.0000 \\ 1.0000 \\ 0.9994 \\ -0.9987 \\ 0.1141 \\ -0.8739 \\ 0.1901 \\ 0.3528 \\ 0.4347 \\ 0.9780 \end{bmatrix} \quad (2.4.3.26\text{-}26a)$$

$$\mathbf{J}_{|\sigma_2|}^{(1)} = \left(1 - \left(\mathbf{z}_{|\sigma_2|}^{(1)}\right)^2\right) \odot \mathbf{W}_{|\sigma_2|}^{(1)} \mathbf{J}_{|\sigma_2|}^{(N)} = \begin{bmatrix} -0.0000 & 0.0000 \\ -0.0000 & 0.0000 \\ -0.0000 & -0.0001 \\ 0.0000 & -0.0002 \\ -0.0000 & -0.1604 \\ 0.0004 & -0.0191 \\ 0.0017 & -0.0829 \\ 0.0012 & 0.1273 \\ 0.0018 & 0.0006 \\ 0.0001 & 0.0053 \end{bmatrix} \quad (2.4.3.26\text{-}26b)$$

$$\mathbf{H}_{|\sigma_2|,1}^{(1)} = -2\mathbf{z}_{|\sigma_2|}^{(1)} \odot \left(1 - \left(\mathbf{z}_{|\sigma_2|}^{(1)}\right)^2\right) \odot \mathbf{i}_1^{(N)} \odot \left(\mathbf{W}_{|\sigma_2|}^{(1)}\right)^2 \mathbf{J}_{|\sigma_2|}^{(N)}$$

$$+ \left(1 - \left(\mathbf{z}_{|\sigma_2|}^{(1)}\right)^2\right) \odot \mathbf{W}_{|\sigma_2|}^{(1)} \mathbf{H}_{|\sigma_2|,1}^{(N)} = \begin{bmatrix} -0.0000 & 0.0000 \\ -0.0000 & 0.0000 \\ -0.0000 & -0.0003 \\ 0.0000 & -0.0008 \\ -0.0000 & -0.0009 \\ 0.0013 & -0.0544 \\ -0.0011 & 0.0545 \\ -0.0013 & -0.1278 \\ -0.0033 & -0.0011 \\ -0.0002 & -0.0151 \end{bmatrix} \times 10^{-3} \qquad (2.4.3.26\text{-}26c)$$

$$\mathbf{H}_{|\sigma_2|,2}^{(1)} = -2\mathbf{z}_{|\sigma_2|}^{(1)} \odot \left(1 - \left(\mathbf{z}_{|\sigma_2|}^{(1)}\right)^2\right) \odot \mathbf{i}_2^{(N)} \odot \left(\mathbf{W}_{|\sigma_2|}^{(1)}\right)^2 \mathbf{J}_{|\sigma_2|}^{(N)}$$

$$+ \left(1 - \left(\mathbf{z}_{|\sigma_2|}^{(1)}\right)^2\right) \odot \mathbf{W}_{|\sigma_2|}^{(1)} \mathbf{H}_{|\sigma_2|,2}^{(N)} = \begin{bmatrix} 0.0000 & -0.0000 \\ 0.0000 & -0.0000 \\ -0.0000 & -0.0000 \\ -0.0000 & 0.0000 \\ -0.0000 & -0.0060 \\ -0.0001 & 0.0027 \\ 0.0001 & -0.0027 \\ -0.0001 & -0.0131 \\ -0.0000 & -0.0000 \\ -0.0000 & -0.0013 \end{bmatrix} \qquad (2.4.3.26\text{-}26d)$$

(b-2) Iteration 1: 정규화 은닉층(2), $\mathbf{z}_{|\sigma_2|}^{(2)}$

$$\mathbf{z}_{|\sigma_2|}^{(2)} = f_t^{(2)}\left(\mathbf{W}_{|\sigma_2|}^{(2)}\mathbf{z}_{|\sigma_2|}^{(1)} + \mathbf{b}_{|\sigma_2|}^{(2)}\right) = \begin{bmatrix} -0.9963 \\ -0.5153 \\ 0.7616 \\ 0.7092 \\ 0.8341 \\ 0.9528 \\ -0.5458 \\ -0.5477 \\ 0.7676 \\ -0.1976 \end{bmatrix} \tag{2.4.3.26-27a}$$

$$\mathbf{J}_{|\sigma_2|}^{(2)} = \left(1 - \left(\mathbf{z}_{|\sigma_2|}^{(2)}\right)^2\right) \odot \mathbf{W}_{|\sigma_2|}^{(2)}\mathbf{J}_{|\sigma_2|}^{(1)} = \begin{bmatrix} -0.0000 & -0.0014 \\ 0.0006 & 0.3476 \\ 0.0001 & -0.1593 \\ 0.0015 & 0.0049 \\ -0.0003 & -0.0246 \\ -0.0001 & 0.0059 \\ 0.0017 & -0.0542 \\ -0.0022 & -0.0366 \\ -0.0003 & 0.0043 \\ 0.0005 & -0.0391 \end{bmatrix} \tag{2.4.3.26-27b}$$

$$\mathbf{H}_{|\sigma_2|,1}^{(2)} = -2\mathbf{z}_{|\sigma_2|}^{(2)} \odot \left(1 - \left(\mathbf{z}_{|\sigma_2|}^{(2)}\right)^2\right) \odot \mathbf{i}_1^{(1)} \odot \left(\mathbf{W}_{|\sigma_2|}^{(2)}\right)^2 \mathbf{J}_{|\sigma_2|}^{(1)}$$

$$+ \left(1 - \left(\mathbf{z}_{|\sigma_2|}^{(2)}\right)^2\right) \odot \mathbf{W}_{|\sigma_2|}^{(2)}\mathbf{H}_{|\sigma_2|,1}^{(1)} = \begin{bmatrix} 0.0000 & 0.0015 \\ -0.0003 & 0.2171 \\ -0.0009 & 0.0907 \\ -0.0080 & -0.0788 \\ -0.0009 & -0.0411 \\ -0.0002 & 0.0209 \\ 0.0027 & -0.2406 \\ 0.0115 & 0.1077 \\ 0.0002 & -0.0236 \\ -0.0022 & 0.0785 \end{bmatrix} \times 10^{-3} \tag{2.4.3.26-27c}$$

$$\mathbf{H}_{|\sigma_2|,2}^{(2)} = -2\mathbf{z}_{|\sigma_2|}^{(2)} \odot \left(1 - \left(\mathbf{z}_{|\sigma_2|}^{(2)}\right)^2\right) \odot \mathbf{i}_2^{(1)} \odot \left(\mathbf{W}_{|\sigma_2|}^{(2)}\right)^2 \mathbf{J}_{|\sigma_2|}^{(1)}$$

$$+ \left(1 - \left(\mathbf{z}_{|\sigma_2|}^{(2)}\right)^2\right) \odot \mathbf{W}_{|\sigma_2|}^{(2)}\mathbf{H}_{|\sigma_2|,2}^{(1)} = \begin{bmatrix} 0.0000 & 0.0005 \\ 0.0002 & 0.1709 \\ 0.0001 & -0.0925 \\ -0.0001 & -0.0055 \\ -0.0000 & -0.0038 \\ 0.0000 & 0.0002 \\ -0.0002 & -0.0074 \\ 0.0001 & -0.0026 \\ -0.0000 & -0.0047 \\ 0.0001 & 0.0079 \end{bmatrix} \tag{2.4.3.26-27d}$$

(b-3) Iteration 1: 정규화 은닉층(3), $\mathbf{z}_{|\sigma_2|}^{(3)}$

$$\mathbf{z}_{|\sigma_2|}^{(3)} = f_t^{(3)}\left(\mathbf{W}_{|\sigma_2|}^{(3)}\mathbf{z}_{|\sigma_2|}^{(2)} + \mathbf{b}_{|\sigma_2|}^{(3)}\right) = \begin{bmatrix} -0.9995 \\ 0.9612 \\ 0.9740 \\ 0.2928 \\ 0.8793 \\ -0.9418 \\ 0.5762 \\ 0.2618 \\ 0.5891 \\ 0.4206 \end{bmatrix} \quad (2.4.3.26\text{-}28a)$$

$$\mathbf{J}_{|\sigma_2|}^{(3)} = \left(1 - \left(\mathbf{z}_{|\sigma_2|}^{(3)}\right)^2\right) \odot \mathbf{W}_{|\sigma_2|}^{(3)}\mathbf{J}_{|\sigma_2|}^{(2)} = \begin{bmatrix} 0.0000 & 0.0003 \\ -0.0001 & -0.0404 \\ 0.0001 & -0.0023 \\ 0.0025 & 0.1101 \\ -0.0003 & -0.0547 \\ 0.0001 & 0.0943 \\ 0.0011 & -0.1461 \\ 0.0001 & -0.4836 \\ 0.0015 & -0.0203 \\ -0.0022 & 0.0210 \end{bmatrix} \quad (2.4.3.26\text{-}28b)$$

$$\mathbf{H}_{|\sigma_2|,1}^{(3)} = -2\mathbf{z}_{|\sigma_2|}^{(3)} \odot \left(1 - \left(\mathbf{z}_{|\sigma_2|}^{(3)}\right)^2\right) \odot \mathbf{i}_1^{(2)} \odot \left(\mathbf{W}_{|\sigma_2|}^{(3)}\right)^2 \mathbf{J}_{|\sigma_2|}^{(2)}$$

$$+ \left(1 - \left(\mathbf{z}_{|\sigma_2|}^{(3)}\right)^2\right) \odot \mathbf{W}_{|\sigma_2|}^{(3)}\mathbf{H}_{|\sigma_2|,1}^{(2)} = \begin{bmatrix} 0.0000 & 0.0005 \\ 0.0003 & -0.1453 \\ -0.0002 & -0.0059 \\ -0.0052 & -0.3681 \\ 0.0007 & -0.1721 \\ -0.0002 & 0.1358 \\ -0.0059 & 0.1423 \\ 0.0068 & -0.3347 \\ -0.0069 & 0.0436 \\ 0.0061 & -0.0320 \end{bmatrix} \times 10^{-3} \quad (2.4.3.26\text{-}28c)$$

$$\mathbf{H}_{|\sigma_2|,2}^{(3)} = -2\mathbf{z}_{|\sigma_2|}^{(3)} \odot \left(1 - \left(\mathbf{z}_{|\sigma_2|}^{(3)}\right)^2\right) \odot \mathbf{i}_2^{(2)} \odot \left(\mathbf{W}_{|\sigma_2|}^{(3)}\right)^2 \mathbf{J}_{|\sigma_2|}^{(2)}$$

$$+ \left(1 - \left(\mathbf{z}_{|\sigma_2|}^{(3)}\right)^2\right) \odot \mathbf{W}_{|\sigma_2|}^{(3)}\mathbf{H}_{|\sigma_2|,2}^{(2)} = \begin{bmatrix} 0.0000 & 0.0003 \\ -0.0001 & -0.0586 \\ -0.0000 & 0.0003 \\ -0.0004 & 0.0794 \\ -0.0002 & -0.0529 \\ 0.0001 & 0.1957 \\ 0.0001 & -0.1219 \\ -0.0003 & -0.3668 \\ 0.0000 & -0.0112 \\ -0.0000 & 0.0062 \end{bmatrix} \quad (2.4.3.26\text{-}28d)$$

(b-4) Iteration 1: 정규화 은닉층(4), $\mathbf{z}_{|\sigma_2|}^{(4)}$

$$\mathbf{z}_{|\sigma_2|}^{(4)} = f_t^{(4)}\left(\mathbf{W}_{|\sigma_2|}^{(4)}\mathbf{z}_{|\sigma_2|}^{(3)} + \mathbf{b}_{|\sigma_2|}^{(4)}\right) = \begin{bmatrix} -0.9991 \\ -0.9971 \\ -0.9957 \\ -0.7512 \\ -0.8736 \\ 0.5061 \\ -0.8871 \\ 0.9994 \\ 0.7133 \\ 0.9604 \end{bmatrix} \tag{2.4.3.26-29a}$$

$$\mathbf{J}_{|\sigma_2|}^{(4)} = \left(1 - \left(\mathbf{z}_{|\sigma_2|}^{(4)}\right)^2\right) \odot \mathbf{W}_{|\sigma_2|}^{(4)}\mathbf{J}_{|\sigma_2|}^{(3)} = \begin{bmatrix} 0.0000 & 0.0010 \\ -0.0000 & -0.0011 \\ 0.0000 & -0.0014 \\ -0.0008 & -0.0089 \\ 0.0005 & -0.0710 \\ -0.0012 & -0.1217 \\ 0.0007 & -0.0125 \\ 0.0000 & -0.0014 \\ 0.0008 & -0.1647 \\ 0.0000 & 0.0113 \end{bmatrix} \tag{2.4.3.26-29b}$$

$$+ \left(1 - \left(\mathbf{z}_{|\sigma_2|}^{(4)}\right)^2\right) \odot \mathbf{W}_{|\sigma_2|}^{(4)}\mathbf{H}_{|\sigma_2|,1}^{(3)} = \begin{bmatrix} -0.0000 & 0.0052 \\ 0.0007 & 0.0151 \\ 0.0001 & -0.0005 \\ 0.0054 & -0.0876 \\ 0.0000 & -0.2020 \\ -0.0025 & 0.2047 \\ 0.0019 & -0.0303 \\ 0.0000 & -0.0001 \\ -0.0025 & 0.1553 \\ -0.0002 & -0.0257 \end{bmatrix} \times 10^{-3} \tag{2.4.3.26-29c}$$

$$\mathbf{H}_{|\sigma_2|,2}^{(4)} = -2\mathbf{z}_{|\sigma_2|}^{(4)} \odot \left(1 - \left(\mathbf{z}_{|\sigma_2|}^{(4)}\right)^2\right) \odot \mathbf{i}_2^{(3)} \odot \left(\mathbf{W}_{|\sigma_2|}^{(4)}\right)^2 \mathbf{J}_{|\sigma_2|}^{(3)}$$

$$+ \left(1 - \left(\mathbf{z}_{|\sigma_2|}^{(4)}\right)^2\right) \odot \mathbf{W}_{|\sigma_2|}^{(4)}\mathbf{H}_{|\sigma_2|,2}^{(3)} = \begin{bmatrix} 0.0000 & 0.0019 \\ 0.0000 & 0.0005 \\ -0.0000 & -0.0002 \\ -0.0001 & -0.0181 \\ -0.0002 & -0.0000 \\ 0.0002 & -0.1524 \\ -0.0000 & 0.0180 \\ -0.0000 & -0.0050 \\ 0.0002 & -0.2492 \\ -0.0000 & 0.0047 \end{bmatrix} \tag{2.4.3.26-29d}$$

(b-5) Iteration 1: 정규화된 마지막 은닉층(5=L), $\mathbf{z}_{|\sigma_2|}^{(5)}$

$$\mathbf{z}_{|\sigma_2|}^{(5)} = f_t^{(5)}\left(\mathbf{W}_{|\sigma_2|}^{(5)}\mathbf{z}_{|\sigma_2|}^{(4)} + \mathbf{b}_{|\sigma_2|}^{(5)}\right) = \begin{bmatrix} -0.9976 \\ -0.9683 \\ -0.9983 \\ -0.9964 \\ 0.9927 \\ -0.9560 \\ -0.9946 \\ -0.8592 \\ -0.8595 \\ -0.9980 \end{bmatrix} \quad (2.4.3.26\text{-}30a)$$

$$\mathbf{J}_{|\sigma_2|}^{(5)} = \left(1 - \left(\mathbf{z}_{|\sigma_2|}^{(5)}\right)^2\right) \odot \mathbf{W}_{|\sigma_2|}^{(5)}\mathbf{J}_{|\sigma_2|}^{(4)} = \begin{bmatrix} 0.0000 & -0.0004 \\ -0.0001 & -0.0017 \\ -0.0000 & -0.0003 \\ 0.0000 & 0.0020 \\ -0.0000 & -0.0007 \\ -0.0001 & 0.0169 \\ 0.0000 & 0.0009 \\ -0.0000 & 0.0023 \\ -0.0003 & 0.0364 \\ -0.0000 & -0.0003 \end{bmatrix} \quad (2.4.3.26\text{-}30b)$$

$$\mathbf{H}_{|\sigma_2|,1}^{(5)} = -2\mathbf{z}_{|\sigma_2|}^{(5)} \odot \left(1 - \left(\mathbf{z}_{|\sigma_2|}^{(5)}\right)^2\right) \odot \mathbf{i}_1^{(4)} \odot \left(\mathbf{W}_{|\sigma_2|}^{(5)}\right)^2 \mathbf{J}_{|\sigma_2|}^{(4)}$$

$$+\left(1 - \left(\mathbf{z}_{|\sigma_2|}^{(5)}\right)^2\right) \odot \mathbf{W}_{|\sigma_2|}^{(5)}\mathbf{H}_{|\sigma_2|,1}^{(4)} = \begin{bmatrix} 0.0004 & -0.0141 \\ 0.0034 & 0.1197 \\ 0.0001 & -0.0027 \\ -0.0001 & 0.0372 \\ 0.0006 & 0.0244 \\ 0.0141 & -0.7199 \\ 0.0013 & -0.0101 \\ 0.0013 & -0.1256 \\ 0.0057 & -0.4618 \\ 0.0001 & 0.0177 \end{bmatrix} \times 10^{-4} \quad (2.4.3.26\text{-}30c)$$

$$\mathbf{H}_{|\sigma_2|,2}^{(5)} = -2\mathbf{z}_{|\sigma_2|}^{(5)} \odot \left(1 - \left(\mathbf{z}_{|\sigma_2|}^{(5)}\right)^2\right) \odot \mathbf{i}_2^{(4)} \odot \left(\mathbf{W}_{|\sigma_2|}^{(5)}\right)^2 \mathbf{J}_{|\sigma_2|}^{(4)}$$

$$+\left(1 - \left(\mathbf{z}_{|\sigma_2|}^{(5)}\right)^2\right) \odot \mathbf{W}_{|\sigma_2|}^{(5)}\mathbf{H}_{|\sigma_2|,2}^{(4)} = \begin{bmatrix} -0.0000 & -0.0004 \\ 0.0000 & -0.0006 \\ -0.0000 & -0.0001 \\ 0.0000 & 0.0037 \\ 0.0000 & -0.0018 \\ -0.0001 & 0.0250 \\ 0.0000 & 0.0025 \\ -0.0000 & 0.0063 \\ -0.0000 & 0.0582 \\ -0.0000 & -0.000 \end{bmatrix} \quad (2.4.3.26\text{-}30d)$$

(c) Iteration 1: 정규화 출력층, $\mathbf{z}_{|\sigma_2|}^{(L=6=\text{출력층})}$=

$$\mathbf{z}_{|\sigma_2|}^{(L=6=\text{출력층})} = f_{lin}^{(6)}\left(\mathbf{W}_{|\sigma_2|}^{(6)}\mathbf{z}_{|\sigma_2|}^{(5)} + b_{|\sigma_2|}^{(6)}\right) = -0.8602 \quad (2.4.3.26\text{-}31a)$$

$$\mathbf{J}_{|\sigma_2|}^{(L=6=\text{출력층})} = \mathbf{W}_{|\sigma_2|}^{(6)}\mathbf{J}_{|\sigma_2|}^{(5)} = [-0.0005 \quad 0.0559] \quad (2.4.3.26\text{-}31b)$$

$$\mathbf{H}_{|\sigma_2|,1}^{(L=6=\text{출력층})} = \mathbf{W}_{|\sigma_2|}^{(6)}\mathbf{H}_{|\sigma_2|,1}^{(5)} = [3.41 \times 10^{-6} \quad -1.98 \times 10^{-4}] \times 10^{-3} \quad (2.4.3.26\text{-}31c)$$

$$\mathbf{H}_{|\sigma_2|,2}^{(L=6=\text{출력층})} = \mathbf{W}_{|\sigma_2|}^{(6)}\mathbf{H}_{|\sigma_2|,2}^{(5)} = [-1.98 \times 10^{-4} \quad 0.0836] \quad (2.4.3.26\text{-}31d)$$

(d) Iteration 1: 비 정규화 단계(*D*, 6=*L*)

이 절은 비정규화 단계이다. $|\sigma_2|$에 대해서 식(2.4.3.26-32a)부터 식(2.4.3.26-32e)에 비정규화 되어있다. 식(2.4.3.26-32b)에는 제이코비 매트릭스가 비 정규화되어 있고, 식(2.4.3.26-32c), 식(2.4.3.26-32d)에는 슬라이스 헤시안 매트릭스가 비정규화되어 있다. 식(2.4.3.26-32e)는 식(2.3.6.17)에서 유도된 글로벌 헤시안 매트릭스로서, 식(2.4.3.26-32c), 식(2.4.3.26-32d)의 슬라이스 헤시안 매트릭스를 통합하였다. 유도 기반이 되는 수식은 해당 수식과 함께 표기되어 있다. $|\sigma_2|$와 유사하게, 목적함수 $y_{f_W} = f_W(x_A^{(0)}, x_h^{(0)}) = z_{f^W}^{(D)}$, 목적함수의 제이코비 $\nabla f_W(x) = \mathbf{J}_{f_W}^{(D)}(x_A^{(0)}, x_h^{(0)})$, 헤시안 매트릭스 $\mathbf{H}_{f_W}^{(D)}$는 식(2.4.3.26-33a) 부터 식(2.4.3.26-33c)에 비 정규화 되어있고, 유도 기반이 되는 수식은 해당 수식과 함께 표기 되어있다. $|\sigma_1|$에 대해서도 부등 제약함수 $|\sigma_1| = z_{|\sigma_1|}^{(D)}$, 부등 제약함수의 제이코비 $\mathbf{J}_{v_1}^{(D)}(x_A^{(0)}, x_h^{(0)})$, 헤시안 $\mathbf{H}_{v_1}^{(D)}(x_A^{(0)}, x_h^{(0)})$은 식(2.4.3.26-34a) 부터 식(2.4.3.26-34c)에 비 정규화되어 있고, 유도 기반이 되는 수식은 해당 수식과 함께 표기 되어있다. 해당과정에서 표 2.4.3.4(a), 2.4.3.4(c)와 표 2.4.3.4(b)에 유도되어 있는 σ_1, $f_W(x)$, σ_2의 가중변수 및 편향변수 매트릭스를 적용하였다.

$$|\sigma_2| = \mathbf{z}^{(D)}_{|\sigma_2|} = g^{(D)}_{|\sigma_2|}\left(\mathbf{z}^{(6)}_{|\sigma_2|}\right) = 0.5513 \qquad \text{(2.4.3.26-32a, 2.3.6.3-2f)}$$

$$\mathbf{J}^{(D)}_{|\sigma_2|} = \frac{1}{\alpha_{|\sigma_2|}}\mathbf{J}^{(6)}_{|\sigma_2|} = [-0.0019 \quad 0.2071] \qquad \text{(2.4.3.26-32b, 2.3.6.6-9)}$$

$$\mathbf{H}^{(D)}_{|\sigma_2|,1} = \frac{1}{\alpha_{|\sigma_2|}}\mathbf{H}^{(6)}_{|\sigma_2|,1} = [1.26 \times 10^{-5} \quad -7.32 \times 10^{-4}] \qquad \text{(2.4.3.26-32c, 2.3.6.16-2)}$$

$$\mathbf{H}^{(D)}_{|\sigma_2|,2} = \frac{1}{\alpha_{|\sigma_2|}}\mathbf{H}^{(6)}_{|\sigma_2|,2} = [-7.32 \times 10^{-4} \quad 0.3098] \qquad \text{(2.4.3.26-32d, 2.3.6.16-2)}$$

$$\mathbf{H}^{(D)}_{|\sigma_2|} = \begin{bmatrix}\mathbf{H}^{(D)}_{|\sigma_2|,1} \\ \mathbf{H}^{(D)}_{|\sigma_2|,2}\end{bmatrix} = \begin{bmatrix}1.26 \times 10^{-5} & -7.32 \times 10^{-4} \\ -7.32 \times 10^{-4} & 0.3098\end{bmatrix} \qquad \text{(2.4.3.26-32e, 2.3.6.17)}$$

$$y_{fw} = \mathbf{z}^{(D)}_{fw} = g^{(D)}_{fw}\left(\mathbf{z}^{(6)}_{fw}\right) = 10.577 \qquad \text{(2.4.3.26-33a, 2.3.6.3-2f)}$$

$$\mathbf{J}^{(D)}_{fw} = \frac{1}{\alpha_{fw}}\mathbf{J}^{(6)}_{fw} = [0.0360 \quad -1.4038] \qquad \text{(2 4.3.26-33b, 2.3.6.6-9)}$$

$$\mathbf{H}^{(D)}_{fw} = \begin{bmatrix}\mathbf{H}^{(D)}_{fw,1} \\ \mathbf{H}^{(D)}_{fw,2}\end{bmatrix} = \begin{bmatrix}-7.36 \times 10^{-7} & -0.0049 \\ -0.0049 & 0.6294\end{bmatrix} \qquad \text{(2.4.3.26-33c, 2.3.6.17)}$$

$$|\sigma_1| = \mathbf{z}^{(D)}_{|\sigma_1|} = g^{(D)}_{|\sigma_1|}\left(\mathbf{z}^{(6)}_{|\sigma_1|}\right) = 0.6168 \qquad \text{(2.4.3.26-34a, 2.3.6.3-2f)}$$

$$\mathbf{J}^{(D)}_{|\sigma_1|} = \frac{1}{\alpha_{|\sigma_1|}}\mathbf{J}^{(6)}_{|\sigma_1|} = [0.0021 \quad 0.2734] \qquad \text{(2.4.3.26-34b, 2.3.6.6-9)}$$

$$\mathbf{H}^{(D)}_{|\sigma_1|} = \begin{bmatrix}\mathbf{H}^{(D)}_{|\sigma_1|,1} \\ \mathbf{H}^{(D)}_{|\sigma_1|,2}\end{bmatrix} = \begin{bmatrix}1.51 \times 10^{-5} & -8.95 \times 10^{-4} \\ -8.95 \times 10^{-4} & 0.3502\end{bmatrix} \qquad \text{(2.4.3.26-34c, 2.3.6.17)}$$

(e) Iteration 1: 제이코비, 헤시안 매트릭스를 통한 라그랑주 함수의 수렴 검증

Iteration 0의 제이코비, 헤시안 매트릭스를 통한 라그랑주 함수의 수렴 검증과 유사하게 Iteration 1에서도 검증을 수행한다. 구해진 인공신경망 기반의 매트릭스들을 식(2.4.3.26-38)의 $\nabla L(x_A^{(1)}, x_h^{(1)}, \lambda_{v_1}^{(1)}, \lambda_{v_2}^{(1)})$ 에 대입하여 수렴여부를 확인하여 보도록 하자. 1단계 입력변수 $x^{(1)}=[x_A^{(1)}, x_h^{(1)}]^T=[290.063,-1.607]^T$ 에 대해, 식(2.4.3.26-34a), 식(2.4.3.26-32a)로 부터 식(2.4.3.26-35a), 식(2.4.3.26-35b)를 구한 후 식(2.4.3.26-35c)의 부등 제약함수 $v(x)=v(x_A^{(1)}, x_h^{(1)})$ 로 통합한다. 또한 식(2.4.3.26-34b)와 식(2.4.3.26-32b)에 기반하여 부등 제약함수 $v(x)=[v_1(x),\ v_2(x)]^T$의 제이코비인 $\mathbf{J}_{v_1}^{(D)}(x_A^{(1)}, x_h^{(1)})$, $\mathbf{J}_{v_2}^{(D)}(x_A^{(1)}, x_h^{(1)})$를 식(2.4.3.26-36a), 식(2.4.3.26-36b), 식(2.4.3.26-36c)에서 구한다. 부등 제약함수 $v(x)=[v_1(x),\ v_2(x)]^T$ 헤시안인 $\mathbf{H}_{v_1}^{(D)}(x_A^{(1)}, x_h^{(1)})$, $\mathbf{H}_{v_2}^{(D)}(x_A^{(1)}, x_h^{(1)})$를 식(2.4.3.26-34c)와 식(2.4.3.26-32e)에 기반하여 식(2.4.3.26-37a), 식(2.4.3.26-37b)에서 구한다.

$$\boldsymbol{v_1}\left(x_A^{(1)}, x_h^{(1)}\right) = -\left|\sigma_1\left(x_A^{(1)}, x_h^{(1)}\right)\right| + f_y = -|\sigma_1| + 0.2 = -0.4168 \tag{2.4.3.26- 35a}$$

$$\boldsymbol{v_2}\left(x_A^{(1)}, x_h^{(1)}\right) = -\left|\sigma_2\left(x_A^{(1)}, x_h^{(1)}\right)\right| + f_y = -|\sigma_2| + 0.2 = -0.3513 \tag{2.4.3.26- 35b}$$

$$\mathbf{v}\left(x_A^{(1)}, x_h^{(1)}\right) = \begin{bmatrix} \boldsymbol{v_1}\left(x_A^{(1)}, x_h^{(1)}\right) \\ \boldsymbol{v_2}\left(x_A^{(1)}, x_h^{(1)}\right) \end{bmatrix} = \begin{bmatrix} -0.4168 \\ -0.3513 \end{bmatrix} \tag{2.4.3.26- 35c}$$

$$\mathbf{J}_{v_1}^{(D)}\left(x_A^{(1)}, x_h^{(1)}\right) = \mathbf{J}_{(-|\sigma_1|+f_y)}^{(D)}\left(x_A^{(1)}, x_h^{(1)}\right) = -\mathbf{J}_{|\sigma_1|}^{(D)}\left(x_A^{(1)}, x_h^{(1)}\right)$$
$$= [0.0021 \quad 0.2734] \tag{2.4.3.26-36a}$$

$$\mathbf{J}_{v_2}^{(D)}\left(x_A^{(1)}, x_h^{(1)}\right) = \mathbf{J}_{(-|\sigma_2|+f_y)}^{(D)}\left(x_A^{(1)}, x_h^{(1)}\right) = -\mathbf{J}_{|\sigma_2|}^{(D)}\left(x_A^{(1)}, x_h^{(1)}\right)$$
$$= [-0.0019 \quad 0.2071] \tag{2.4.3.26-36b}$$

$$\mathbf{J_v}\left(x_A^{(1)}, x_h^{(1)}\right) = \begin{bmatrix} \mathbf{J}_{v_1}^{(D)}\left(x_A^{(1)}, x_h^{(1)}\right) \\ \mathbf{J}_{v_2}^{(D)}\left(x_A^{(1)}, x_h^{(1)}\right) \end{bmatrix} = \begin{bmatrix} 0.0021 & 0.2734 \\ -0.0019 & 0.2071 \end{bmatrix} \tag{2.4.3.26-36c}$$

$$\mathbf{H}_{v_1}^{(D)}\left(x_A^{(1)}, x_h^{(1)}\right) = \mathbf{H}_{(-|\sigma_1|+f_y)}^{(D)}\left(x_A^{(1)}, x_h^{(1)}\right) = -\mathbf{H}_{|\sigma_1|}^{(D)}\left(x_A^{(1)}, x_h^{(1)}\right)$$

$$= \begin{bmatrix} 1.51 \times 10^{-5} & -8.95 \times 10^{-4} \\ -8.95 \times 10^{-4} & 0.3502 \end{bmatrix} \quad (2.4.3.26\text{- }37a)$$

$$\mathbf{H}_{v_2}^{(D)}\left(x_A^{(1)}, x_h^{(1)}\right) = \mathbf{H}_{(-|\sigma_2|+f_y)}^{(D)}\left(x_A^{(1)}, x_h^{(1)}\right) = -\mathbf{H}_{|\sigma_2|}^{(D)}\left(x_A^{(1)}, x_h^{(1)}\right)$$

$$= \begin{bmatrix} 1.26 \times 10^{-5} & -7.32 \times 10^{-4} \\ -7.32 \times 10^{-4} & 0.3098 \end{bmatrix} \quad (2.4.3.26\text{- }37b)$$

따라서, 식(2.4.3.26-33b)의 $\mathbf{J}_{f_W}^{(D)}$, 식(2.4.3.26-35c)의 $\boldsymbol{v}(x_A^{(1)}, x_h^{(1)})$, 식(2.4.3.26-36c)의 $\mathbf{J}_v(x_A^{(1)}, x_h^{(1)})$, 식(2.4.3.26-24)의 $\boldsymbol{\lambda}_v^{(1)}=[\lambda_{v_1}^{(1)}, \lambda_{v_2}^{(1)}]^T=[251.444, 0]^T$, $S=\begin{bmatrix} 1 & 0 \\ 0 & 0 \end{bmatrix}$를 식(2.4.3.24-1) 또는 식(2.4.3.26-38)에 대입하여, Iteration 1의 입력변수 $x^{(1)}=[x_A^{(1)}, x_h^{(1)}]^T=[290.063, -1.607]^T$에 대한 라그랑주 함수의 1차미분식(gradient 벡터)인 제이코비 매트릭스를 구한다.

$$\nabla\mathcal{L}\left(x_A^{(1)}, x_h^{(1)}, \lambda_{v_1}^{(1)}, \lambda_{v_2}^{(1)}\right) = \begin{bmatrix} \left[\mathbf{J}_{fW}^{(D)}\left(x_A^{(1)}, x_h^{(1)}\right)\right]^T - \mathbf{J}_\mathbf{v}\left(x_A^{(1)}, x_h^{(1)}\right)^T \mathbf{S}\boldsymbol{\lambda}_v \\ -\mathbf{S}\mathbf{v}\left(x_A^{(1)}, x_h^{(1)}\right) \end{bmatrix}$$

$$= \begin{bmatrix} \begin{bmatrix} 0.0360 \\ -1.4038 \end{bmatrix} - \begin{bmatrix} 0.0021 & 0.2734 \\ -0.0019 & 0.2071 \end{bmatrix}\begin{bmatrix} 1 & 0 \\ 0 & 0 \end{bmatrix}\begin{bmatrix} 251.444 \\ 0 \end{bmatrix} \\ -\begin{bmatrix} 1 & 0 \\ 0 & 0 \end{bmatrix}\begin{bmatrix} -0.4168 \\ -0.3513 \end{bmatrix} \end{bmatrix} \quad (2.4.3.26\text{-}38)$$

$$= \begin{bmatrix} -0.5018 \\ 67.347 \\ 0.4168 \\ 0 \end{bmatrix} \neq \mathbf{0}$$

1단계 입력변수 $[x_A^{(1)}, x_h^{(1)}, \lambda_{v_1}^{(1)}, \lambda_{v_2}^{(1)}]^T=[290.063, -1.607, 251.444, 0]^T$에 대해서, 식(2.4.3.26-38)의 $\nabla L(x_A^{(1)}, x_h^{(1)}, \lambda_{v_1}^{(1)}, \lambda_{v_2}^{(1)})$는 0으로 수렴하지 못하므로, 해당 KKT 조건에 대한 후보해를 아직 도출하지 못하였고, 목적함수를 최적화하지 못하였다. 따라서, 식(2.4.3.26-38)의 $\nabla L(x_A^{(1)}, x_h^{(1)}, \lambda_{v_1}^{(1)}, \lambda_{v_2}^{(1)})$와 식(2.4.3.26-43)의 $[\mathbf{H}_L(x_A^{(1)}, x_h^{(1)}, \lambda_{v_1}^{(1)}, \lambda_{v_2}^{(1)})]^{-1}$를 이용하여, Iteration 2에서 사용될 업데이트된 입력변수를 식(2.4.3.26-39)에서 구한다.

$$\begin{bmatrix} x_A^{(2)} \\ x_h^{(2)} \\ \lambda_{v_1}^{(2)} \\ \lambda_{v_2}^{(2)} \end{bmatrix} = \begin{bmatrix} x_A^{(1)} \\ x_h^{(1)} \\ \lambda_{v_1}^{(1)} \\ \lambda_{v_2}^{(1)} \end{bmatrix} - \left[\mathbf{H}_\mathcal{L}\left(x_A^{(1)}, x_h^{(1)}, \lambda_{v_1}^{(1)}, \lambda_{v_2}^{(1)}\right)\right]^{-1} \nabla\mathcal{L}\left(x_A^{(1)}, x_h^{(1)}, \lambda_{v_1}^{(1)}, \lambda_{v_2}^{(1)}\right) \quad (2.4.3.26\text{-}39)$$

식(2.4.3.26-43)의 $[\mathbf{H}_L(x_A^{(0)}, x_h^{(0)}, \lambda_{v_1}^{(0)}, \lambda_{v_2}^{(0)})]^{-1}$를 구하기 위해서는 인공신경망 기반의 식(2.4.3.26-40b)의 $\mathbf{H}_L(x_A^{(1)}, x_h^{(1)}, \lambda_{v_1}^{(1)}, \lambda_{v_2}^{(1)})$를 먼저 구하여야 하는데, 계산에 사용되는 $\mathbf{H}_L(x_A^{(1)}, x_h^{(1)})$는 식(2.4.3.26-33c)의 $\mathbf{H}_{f_w}^{(D)}(x_A^{(1)}, x_h^{(1)})$, 식(2.4.3.26-37a)의 $\mathbf{H}_{v_1}^{(D)}(x_A^{(1)}, x_h^{(1)})$, 식(2.4.3.26-37b)의 $\mathbf{H}_{v_2}^{(D)}(x_A^{(1)}, x_h^{(1)})$를 식(2.4.3.26-41a)에 대입하여 식(2.4.3.26-41b)에서 구한다. 식(2.4.3.26-36c)의 $\mathbf{J}_v(x_A^{(1)}, x_h^{(1)})$, $S=\begin{bmatrix} 1 & 0 \\ 0 & 0 \end{bmatrix}$를 식(2.4.3.26-41b)에서 구한 $\mathbf{H}_L(x_A^{(1)}, x_h^{(1)})$와 함께 식(2.4.3.26-40b)에 대입하여, 식(2.4.3.26-42)에서 $\mathbf{H}_L(x_A^{(1)}, x_h^{(1)}, \lambda_{v_1}^{(1)}, \lambda_{v_2}^{(1)})$를 구한다.

$$\mathbf{H}_{\mathcal{L}}\left(x_A^{(1)}, x_h^{(1)}, \lambda_{v_1}^{(1)}, \lambda_{v_2}^{(1)}\right) = \begin{bmatrix} \mathbf{H}_{\mathcal{L}}\left(x_A^{(1)}, x_h^{(1)}\right) & -\left(\mathbf{SJ_v}\left(x_A^{(1)}, x_h^{(1)}\right)\right)^T \\ -\mathbf{SJ_v}\left(x_A^{(1)}, x_h^{(1)}\right) & \mathbf{0} \end{bmatrix} \quad (2.4.3.26\text{-}40a)$$

$$\mathbf{H}_{\mathcal{L}}\left(x_A^{(1)}, x_h^{(1)}, \lambda_{v_1}^{(1)}, \lambda_{v_2}^{(1)}\right) = \begin{bmatrix} \mathbf{H}_{\mathcal{L}}\left(x_A^{(1)}, x_h^{(1)}\right) & -\left[\boldsymbol{SJ}_v^{(D)}\left(x_A^{(1)}, x_h^{(1)}\right)\right]^T \\ -\boldsymbol{SJ}_v^{(D)}\left(x_A^{(1)}, x_h^{(1)}\right) & \mathbf{0} \end{bmatrix} \quad (2.4.3.26\text{-}40b)$$

$$\mathbf{H}_{\mathcal{L}}\left(x_A^{(1)}, x_h^{(1)}\right) = \mathbf{H}_{fw}\left(x_A^{(1)}, x_h^{(1)}\right) - \sum_{i=1}^{2} s_i \lambda_{v_i} \mathbf{H}_{v_i}\left(x_A^{(1)}, x_h^{(1)}\right) \quad (2.4.3.26\text{-}41a)$$

$$\begin{aligned} &- 1 \times 251.444 \times \begin{bmatrix} 1.51 \times 10^{-5} & -8.95 \times 10^{-4} \\ -8.95 \times 10^{-4} & 0.3502 \end{bmatrix} \\ &- 0 \times 0 \times \begin{bmatrix} 1.26 \times 10^{-5} & -7.32 \times 10^{-4} \\ -7.32 \times 10^{-4} & 0.3098 \end{bmatrix} \\ &= \begin{bmatrix} 0.0038 & -0.2300 \\ -0.2300 & 88.691 \end{bmatrix} \end{aligned} \quad (2.4.3.26\text{-}41b)$$

$$\begin{aligned} &\mathbf{H}_{\mathcal{L}}\left(x_A^{(1)}, x_h^{(1)}, \lambda_{v_1}^{(1)}, \lambda_{v_2}^{(1)}\right) \\ &= \begin{bmatrix} \begin{bmatrix} 0.0038 & -0.2300 \\ -0.2300 & 88.691 \end{bmatrix} & -\left(\begin{bmatrix} 1 & 0 \\ 0 & 0 \end{bmatrix}\begin{bmatrix} 0.0021 & 0.2734 \\ -0.0019 & 0.2071 \end{bmatrix}\right)^T \\ -\begin{bmatrix} 1 & 0 \\ 0 & 0 \end{bmatrix}\begin{bmatrix} 0.0021 & 0.2734 \\ -0.0019 & 0.2071 \end{bmatrix} & \mathbf{0} \end{bmatrix} \end{aligned} \quad (2.4.3.26\text{-}42a)$$

$$\mathbf{H}_{\mathcal{L}}\left(x_A^{(1)}, x_h^{(1)}, \lambda_{v_1}^{(1)}, \lambda_{v_2}^{(1)}\right) = \begin{bmatrix} 0.0038 & -0.2300 & -0.0021 & 0 \\ -0.2300 & 88.691 & 0.2734 & 0 \\ -0.0021 & 0.2734 & 0 & 0 \\ 0 & 0 & 0 & 0 \end{bmatrix} \quad (2.4.3.26\text{-}42b)$$

Iteration 0과 유사하게, 해당 KKT 조건에서는 $v_2(x_A, x_h)=-|\sigma_2|+f_y\geq 0$ 를 비활성으로 가정하여, 라그랑주 승수 λ_{v_2}가 0으로 설정되었기 때문에 식(2.4.3.26-42b)의 $\mathbf{H}_L(x_A^{(1)}, x_h^{(1)}, \lambda_{v_1}^{(1)}, \lambda_{v_2}^{(1)})$매트릭스는 싱귤러 매트릭스로 구해진다. 따라서 4번째 행렬의 0을 제거한 후 역 행렬을 구해도 무방하므로, $\mathbf{H}_L(x_A^{(1)}, x_h^{(1)}, \lambda_{v_1}^{(1)}, \lambda_{v_2}^{(1)})$ 은 (3x3) 매트릭스가 되고 식(2.4.3.26-43)에서 역 매트릭스 $\mathbf{H}_L(x_A^{(1)}, x_h^{(1)}, \lambda_{v_1}^{(1)}, \lambda_{v_2}^{(1)})^{-1}$가 도출되었다.

$$\mathbf{H}_{\mathcal{L}}\left(x_A^{(1)}, x_h^{(1)}, \lambda_{v_1}^{(1)}, \lambda_{v_2}^{(1)}\right)^{-1} = \begin{bmatrix} \begin{bmatrix} 0.0038 & -0.2300 & -0.0021 \\ -0.2300 & 88.691 & 0.2734 \\ -0.0021 & 0.2734 & 0 \end{bmatrix}^{-1} & \begin{matrix} 0 \\ 0 \\ 0 \end{matrix} \\ \begin{matrix} 0 \quad\quad 0 \quad\quad 0 \end{matrix} & 0 \end{bmatrix} \tag{2.4.3.26- 43a}$$

$$\mathbf{H}_{\mathcal{L}}\left(x_A^{(1)}, x_h^{(1)}, \lambda_{v_1}^{(1)}, \lambda_{v_2}^{(1)}\right)^{-1} = \begin{bmatrix} 178.03 & 1.3927 & -302.00 & 0 \\ 1.3927 & 0.0109 & 1.2950 & 0 \\ -302.00 & 1.2950 & -674.06 & 0 \\ 0 & 0 & 0 & 0 \end{bmatrix} \tag{2.4.3.26- 43b}$$

식(2.4.3.26-38)과 식(2.4.3.26-43b)를 식(2.3.4.1-5)에 대입하여 식(2.4.3.26-44)에서 Iteration 2에서 사용될 업데이트된 입력변수 $[x_A^{(2)}, x_h^{(2)}, \lambda_{v_1}^{(2)}, \lambda_{v_2}^{(2)}]$을 도출한다.

$$\begin{bmatrix} x_A^{(2)} \\ x_h^{(2)} \\ \lambda_{v_1}^{(2)} \\ \lambda_{v_2}^{(2)} \end{bmatrix} = \begin{bmatrix} 290.063 \\ -1.607 \\ 251.444 \\ 0 \end{bmatrix} - \begin{bmatrix} 178.03 & 1.3927 & -302.00 & 0 \\ 1.3927 & 0.0109 & 1.2950 & 0 \\ -302.00 & 1.2950 & -674.06 & 0 \\ 0 & 0 & 0 & 0 \end{bmatrix} \begin{bmatrix} -0.5018 \\ 67.347 \\ 0.4168 \\ 0 \end{bmatrix}$$

$$\rightarrow \begin{bmatrix} x_A^{(2)} \\ x_h^{(2)} \\ \lambda_{v_1}^{(2)} \\ \lambda_{v_2}^{(2)} \end{bmatrix} = \begin{bmatrix} 411.489 \\ -2.181 \\ 293.632 \\ 0 \end{bmatrix} \tag{2.4.3.26-44}$$

따라서, Iteration 2로 업데이트된 입력변수 $x^{(2)}=[x_A^{(2)}, x_h^{(2)}, \lambda_{v_1}^{(2)}, \lambda_{v_2}^{(2)}]=[411.489, -2.181, 293.632, 0]$에 대하여 식 (2.4.3.26-25a)부터 식(2.4.3.26-34c)까지의 동일한 과정을 반복하여, $\mathbf{J}_{f_W}^{(D)}(x_A^{(2)}, x_h^{(2)})$, $v(x_A^{(2)}, x_h^{(2)})$, $\mathbf{J}_v(x_A^{(2)}, x_h^{(2)})$, $\lambda_v^{(2)}=[\lambda_{v_1}^{(2)}, \lambda_{v_2}^{(2)}]^T$를 구한 후 $S=\begin{bmatrix} 1 & 0 \\ 0 & 0 \end{bmatrix}$와 함께 식(2.4.3.26-45)에 대입하여, Iteration 2의 라그랑주 함수의 1차미분식(gradient 벡터)인 제이코비 매트릭스를 구하였으나, 아직도 0으로 수렴하지 못하였다.

$$\nabla\mathcal{L}\left(x_A^{(2)}, x_h^{(2)}, \lambda_{v_1}^{(2)}, \lambda_{v_2}^{(2)}\right) = \begin{bmatrix} \nabla f_W\left(x_A^{(2)}, x_h^{(2)}\right) - \mathbf{J_v}\left(x_A^{(2)}, x_h^{(2)}\right)^T \mathbf{S}\boldsymbol{\lambda}_v^{(1)} \\ -\mathbf{Sv}\left(x_A^{(2)}, x_h^{(2)}\right) \end{bmatrix}$$

$$= \begin{bmatrix} -0.2112 \\ 27.4112 \\ 0.1545 \\ 0 \end{bmatrix} \neq \mathbf{0} \tag{2.4.3.26-45}$$

반복연산을 수행한 결과, Iteration 9의 $[x_A^{(9)}, x_h^{(9)}, \lambda_{v_1}^{(9)}, \lambda_{v_2}^{(9)}]$=[557.595, -3.526, 139.851, 0]에서 라그랑주 1차 미분식인 제이코비 매트릭스가 $\nabla L(x_A^{(9)}, x_h^{(9)}, \lambda_{v_1}^{(9)}, \lambda_{v_2}^{(9)})=0$ 수렴하였고, 그림 2.4.3.15, 그림 2.4.3.16의 Case 1의 KKT 조건에서 보이듯이 1, 2, 3으로 표시된 초기 입력변수는 $[x, \lambda_v]$ $=[x_A^{(9)}, x_h^{(9)}, \lambda_{v_1}^{(9)}, \lambda_{v_2}^{(9)}]$=[557.595, -3.526, 139.851, 0]에 수렴하였고, $f_W(x)=f_W(x_A^{(9)}, x_h^{(9)})$=27.05kgf로 최적화된 트러스 중량을 도출하였다.

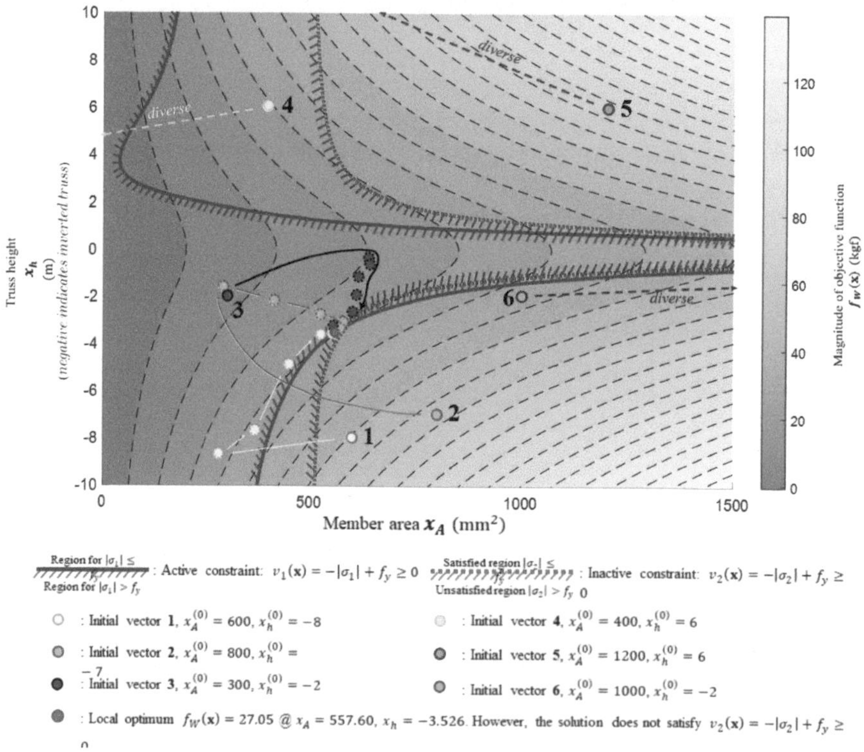

그림 2.4.3.15 Case 1 KKT 조건에서의 라그랑주 함수 최적화를 위한 초기 입력변수 $[x_A, x_h, \lambda_{v1}, \lambda_{v2}]$의 수렴 과정: $v_2(x)=-|\sigma_2|+f_y \ge 0$를 만족하지 못함

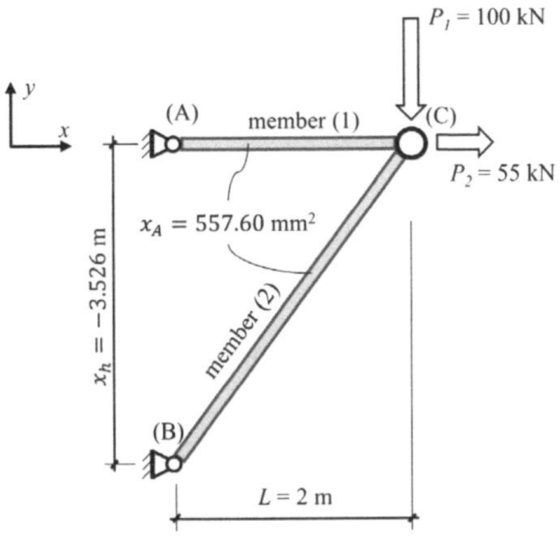

그림 2.4.3.16 Case 1 KKT 조건에서의 라그랑주 함수 최적화를 위한 트러스 배치 형상: $v_2(x)=-|\sigma_2|+f_y \geq 0$를 만족하지 못함

표 2.4.3.5 전통적인 구조설계 방식에 의한 트러스 중량 $f_W(x)$의 최적설계: Case 1 KKT 조건 검증 (5개의 은닉층과 10개의 뉴런을 갖는 인공신경망)

OPTIMIMAL f_W(x) DESIGN

(based on 5 layer with 10 neurons)

	Parameter	AI results	Check *(Analytical)*	Error
1	x_A (mm)	557.59	557.59	0.00%
2	x_h (m)	-3.526	-3.526	0.00%
3	$\|\sigma_1\|$ (kN/mm²)	0.2000 = f_y	0.2004 = f_y	-0.18%
4	$\|\sigma_2\|$ (kN/mm²)	0.2067 > f_y	0.2062 > f_y	0.25%
5	f_W (kgf)	27.05	27.00	0.17%

Note: (dotted box) 2 inputs for AI design

(dashed box) 2 inputs for Analytical calculation

그러나 그림 2.4.3.15과 표 2.4.3.5에서처럼 수렴된 목적함수는 비활성으로 가정된 부등 제약함수 $v_2(x_A^{(9)}, x_h^{(9)})$의 범위 이내에서 수렴하지 못했으므로, KKT 후보해의 조건을 만족하지 못하였다.

4) Case 1 KKT 전 과정 요약

목적함수 $f_W(x)$와 부등 제약함수 $v(x)$인 $\sigma_1(x_A^{(1)}, x_h^{(1)})$, $\sigma_2(x_A^{(1)}, x_h^{(1)})$의 인공신경망을 표 2.4.3.3에 생성된 빅데이터로 학습하여 표 2.4.3.4에서 가중변수와 편향변수 매트릭스가 유도되었다. 식(2.3.6.6-1)과 식(2.3.6.6-9) 기반으로 구한 제이코비 매트릭스인 $\nabla f_W(x)=J_{f_W}^{(D)}(x_A^{(0)}, x_h^{(0)})$와 $J_v^{(D)}(x_A^{(0)}, x_h^{(0)})$를 식(2.4.3.27-1)에서 식(2.4.3.27-4)에 요약하였다. 해당 결과는 초기 입력변수 $x^{(0)}=[x_A^{(0)}, x_h^{(0)}]^T=[800, -7]^T$에 대하여 도출되었다.

$$\nabla f_W(\mathbf{x}) = \mathbf{J}_{f_W}^{(D)}\left(x_A^{(0)}, x_h^{(0)}\right) = \mathbf{J}_{f_W}^{(D)}(800, -7) = [0.0742 \quad -6.1504] \tag{2.4.3.27-1}$$

$$\mathbf{J}_{v_1}^{(D)}\left(x_A^{(0)}, x_h^{(0)}\right) = -\mathbf{J}_{|\sigma_1|}^{(D)}\left(x_A^{(0)}, x_h^{(0)}\right) = [1.282 \times 10^{-4} \quad -0.0056] \tag{2.4.3.27-2}$$

$$\mathbf{J}_{v_2}^{(D)}\left(x_A^{(0)}, x_h^{(0)}\right) = -\mathbf{J}_{|\sigma_2|}^{(D)}\left(x_A^{(0)}, x_h^{(0)}\right) = [1.598 \times 10^{-4} \quad -0.0013] \tag{2.4.3.27-3}$$

$$\mathbf{J}_{\mathbf{v}}^{(D)}\left(x_A^{(0)}, x_h^{(0)}\right) = \begin{bmatrix} \mathbf{J}_{v_1}^{(D)}\left(x_A^{(0)}, x_h^{(0)}\right) \\ \mathbf{J}_{v_2}^{(D)}\left(x_A^{(0)}, x_h^{(0)}\right) \end{bmatrix} = \begin{bmatrix} 1.282 \times 10^{-4} & -0.0056 \\ 1.598 \times 10^{-4} & -0.0013 \end{bmatrix} \tag{2.4.3.27-4}$$

이전에 기술된 바와 같이, 식(2.3.4.1-1)에서 유도된 반복연산에 사용되는 라그랑주 함수의 헤시안 매트릭스 $[\mathbf{H}_L(x^{(k)}, \lambda_c^{(k)}, \lambda_v^{(k)})]$는 입력변수 $x^{(0)}=[x_A^{(0)}, x_h^{(0)}]^T=[800, -7]^T$에 대해 식(2.3.4.3-2b)에서 구한다. 라그랑주 함수의 헤시안 매트릭스 $[\mathbf{H}_L(x^{(k)}, \lambda_c^{(k)}, \lambda_v^{(k)})]$를 구하기 위해서는 식(2.3.4.3-3)의 목적함수 $f_W(x)$와 부등 제약함수 $v(x)$의 헤시안 매트릭스인 $\mathbf{H}_f(x)$와 $\mathbf{H}_{v_i}(x)$를 각각 구하도록 한다. 등 제약함수 $c(x)$의 헤시안 매트릭스 $\mathbf{H}_{c_i}(x)$는 본 예제에서는 고려 되지 않으므로 생략된다. 그림 2.3.6.1(c)에 도시되었듯이, 각 은닉층에서 입력변수 2개 $x_A^{(k)}$, $x_h^{(k)}$ 이상이 고려되는 글로벌 헤시안 매트릭스 $\mathbf{H}_{f_W}^{(D)}$, $\mathbf{H}_{v_1}^{(D)}$, $\mathbf{H}_{v_2}^{(D)}$는 3차원의 텐서가 되고 2차원의 공간에서는 도출이 매우 어렵게 된다. 따라서 각각 1개의 입력변수에 대해 식(2.3.6.16-1)과 식(2.3.6.16-2)에서처럼 슬라이스라 불리는 헤시안 매트릭스를 2차원 공간에서 작성하여, 식(2.3.6.17)에서 글로벌 헤시안 매트릭스로 통합된다. 그림 2.3.6.1(c)의 초록색으로 표시된 면의 헤시안 메트릭스가 슬라이스 헤시안 메트릭스가 된다. 식(2.4.3.28-1)과 식(2.4.3.28-2)에는 트러스 면적($x_A^{(k)}$)과 트러스 높이($x_h^{(k)}$)의 2개 입력변수에 대해 구해진 목적함수의 슬라이스 헤시안 매트릭스를 보여주고 있고, 식(2.4.3.28-3)에서 글로벌 헤시안 매트릭스 $\mathbf{H}_{f_W}^{(D)}$ 로 통합되었다. 입력변수 2개 $x_A^{(k)}$, $x_h^{(k)}$가 고려되는 부등 제약함수의 글로벌 헤시안 매트릭스 $\mathbf{H}_{v_1}^{(D)}$, $\mathbf{H}_{v_2}^{(D)}$는 식(2.3.6.10)부터 식(2.3.6.17)까지 기반하여, 식(2.4.3.28-4), 식(2.4.3.28-5)에서 도출되었다.

$$\mathbf{H}_{fW,(1)}^{(l)} = \frac{\partial \mathbf{J}_{fW}^{(l)}}{\partial x_A} \tag{2.4.3.28-1}$$

$$\mathbf{H}_{fW,(2)}^{(l)} = \frac{\partial \mathbf{J}_{fW}^{(l)}}{\partial x_h} \tag{2.4.3.28-2}$$

$$\mathbf{H}_{fW}^{(D)}\left(x_A^{(0)},\ x_h^{(0)}\right) = \begin{bmatrix} \mathbf{H}_{fW,(1)}^{(D)}\left(x_A^{(0)},\ x_h^{(0)}\right) \\ \mathbf{H}_{fW,(2)}^{(D)}\left(x_A^{(0)},\ x_h^{(0)}\right) \end{bmatrix} = \begin{bmatrix} -2.00\times 10^{-6} & -0.0080 \\ -0.0080 & 0.1243 \end{bmatrix} \tag{2.4.3.28-3}$$

$$\mathbf{H}_{v_1}^{(D)}\left(x_A^{(0)},\ x_h^{(0)}\right) = -\mathbf{H}_{|\sigma_1|}^{(D)}\left(x_A^{(0)},\ x_h^{(0)}\right) = -\begin{bmatrix} \mathbf{H}_{|\sigma_1|,(1)}^{(D)}\left(x_A^{(0)},\ x_h^{(0)}\right) \\ \mathbf{H}_{|\sigma_1|,(2)}^{(D)}\left(x_A^{(0)},\ x_h^{(0)}\right) \end{bmatrix}$$
$$= \begin{bmatrix} -3.28\times 10^{-7} & 7.84\times 10^{-6} \\ 7.84\times 10^{-6} & -0.0016 \end{bmatrix} \tag{2.4.3.28-4}$$

$$\mathbf{H}_{v_2}^{(D)}\left(x_A^{(0)},\ x_h^{(0)}\right) = -\mathbf{H}_{|\sigma_2|}^{(D)}\left(x_A^{(0)},\ x_h^{(0)}\right) = -\begin{bmatrix} \mathbf{H}_{|\sigma_2|,(1)}^{(D)}\left(x_A^{(0)},\ x_h^{(0)}\right) \\ \mathbf{H}_{|\sigma_2|,(2)}^{(D)}\left(x_A^{(0)},\ x_h^{(0)}\right) \end{bmatrix}$$
$$= \begin{bmatrix} -3.60\times 10^{-7} & 8.36\times 10^{-7} \\ 8.36\times 10^{-7} & -9.11\times 10^{-4} \end{bmatrix} \tag{2.4.3.28-5}$$

라그랑주 함수의 1차 미분식(gradient 벡터)은 식(2.4.3.27-1)의 $\mathbf{J}_{fW}^{(D)}(x_A^{(0)},\ x_h^{(0)})$과 식(2.4.3.27-4)의 $\mathbf{J}_v^{(D)}(x_A^{(0)},\ x_h^{(0)})$, $x^{(0)}=[x_A^{(0)}, x_h^{(0)}]^T=[800,\ -7]^T$, $\lambda_v^{(0)}=[\lambda_{v_1}^{(0)},\ \lambda_{v_2}^{(0)}]^T=[0,\ 0]^T$ $S=\begin{bmatrix} 1 & 0 \\ 0 & 0 \end{bmatrix}$를 식(2.4.3.24-2)에 대입하여 식(2.4.3.29)에서 구해진다.

$$\nabla\mathcal{L}\left(x_A^{(0)}, x_h^{(0)}, \lambda_{v_1}^{(0)}, \lambda_{v_2}^{(0)}\right) = \begin{bmatrix} \left[\mathbf{J}_{fw}^{(D)}\left(x_A^{(0)}, x_h^{(0)}\right)\right]^T - \mathbf{J}_\mathbf{v}\left(x_A^{(0)}, x_h^{(0)}\right)^T \mathbf{S}\boldsymbol{\lambda}_v \\ -\mathbf{S}\mathbf{v}\left(x_A^{(0)}, x_h^{(0)}\right) \end{bmatrix}$$

$$= \begin{bmatrix} \begin{bmatrix} 0.0742 \\ -6.1504 \end{bmatrix} - \begin{bmatrix} 1.282\times10^{-4} & 1.598\times10^{-4} \\ -0.0056 & -0.0013 \end{bmatrix} \begin{bmatrix} 1 & 0 \\ 0 & 0 \end{bmatrix} \begin{bmatrix} 0 \\ 0 \end{bmatrix} \\ -\begin{bmatrix} 1 & 0 \\ 0 & 0 \end{bmatrix} \begin{bmatrix} 0.0957 \\ 0.0701 \end{bmatrix} \end{bmatrix} \tag{2.4.3.29}$$

$$= \begin{bmatrix} 0.0742 \\ -6.1504 \\ -0.0957 \\ 0 \end{bmatrix} \neq \mathbf{0}$$

Case 1의 전체 입력변수 $[x^{(0)}, \lambda_v^{(0)}]^T=[x_A^{(0)}, x_h^{(0)}, \lambda_{v_1}^{(0)}, \lambda_{v_2}^{(0)}]^T=[800,\ -7,\ 0,\ 0]^T$에 대해 인공신경망 기반으로 도출된 식(2.4.3.29)는 수학식 기반으로 구해진 식(2.4.3.15-2)와 유사함이 입증되었다. 그러나 식(2.4.3.29)는 아직 0으로 수렴하지 못하였으므로 목적함수의 최대 혹은 최소값을 도출하지는 못했다. 따라서 초기 입력변수를 개선하여, 식(2.3.4.1-5) 및 식(2.4.3.30)에 기반하여, KKT의 해가 수렴될 때까지 반복계산을 수행해야 한다. Iteration 1 입력변수인 식(2.4.3.30)을 계산하기 위해서 입력변수 $[x^{(0)}, \lambda_v^{(0)}]^T=[x_A^{(0)}, x_h^{(0)}, \lambda_{v_1}^{(0)}, \lambda_{v_2}^{(0)}]^T=[800,\ -7,\ 0,\ 0]^T$을 식(2.4.3.31-2)에 대입하여 라그랑주 함수의 헤시안 매트릭스 $\mathbf{H}_L(x_A^{(0)}, x_h^{(0)}, \lambda_{v_1}^{(0)}, \lambda_{v_2}^{(0)})$를 계산한다. 식(2.4.3.31-1)과 식(2.4.3.31-2)는 각각 수학식 및 인공신경망에 기반한 라그랑주 함수의 헤시안 매트릭스이다.

$$\begin{bmatrix} x_A^{(1)} \\ x_h^{(1)} \\ \lambda_{v_1}^{(1)} \\ \lambda_{v_2}^{(1)} \end{bmatrix} = \begin{bmatrix} x_A^{(0)} \\ x_h^{(0)} \\ \lambda_{v_1}^{(0)} \\ \lambda_{v_2}^{(0)} \end{bmatrix} - \left[\mathbf{H}_\mathcal{L}\left(x_A^{(0)}, x_h^{(0)}, \lambda_{v_1}^{(0)}, \lambda_{v_2}^{(0)}\right)\right]^{-1} \nabla\mathcal{L}\left(x_A^{(0)}, x_h^{(0)}, \lambda_{v_1}^{(0)}, \lambda_{v_2}^{(0)}\right) \tag{2.4.3.30, 2.3.4.1-5}$$

$$\mathbf{H}_\mathcal{L}\left(x_A^{(0)}, x_h^{(0)}, \lambda_{v_1}^{(0)}, \lambda_{v_2}^{(0)}\right) = \begin{bmatrix} \mathbf{H}_\mathcal{L}\left(x_A^{(0)}, x_h^{(0)}\right) & -\left(\mathbf{S}\mathbf{J}_\mathbf{v}\left(x_A^{(0)}, x_h^{(0)}\right)\right)^T \\ -\mathbf{S}\mathbf{J}_\mathbf{v}\left(x_A^{(0)}, x_h^{(0)}\right) & \mathbf{0} \end{bmatrix} \tag{2.4.3.31-1, 2.3.4.3-2a}$$

$$\mathbf{H}_\mathcal{L}\left(x_A^{(0)}, x_h^{(0)}, \lambda_{v_1}^{(0)}, \lambda_{v_2}^{(0)}\right) = \begin{bmatrix} \mathbf{H}_\mathcal{L}\left(x_A^{(0)}, x_h^{(0)}\right) & -\left[\mathbf{S}\mathbf{J}_\mathbf{v}^{(D)}\left(x_A^{(0)}, x_h^{(0)}\right)\right]^T \\ -\mathbf{S}\mathbf{J}_\mathbf{v}^{(D)}\left(x_A^{(0)}, x_h^{(0)}\right) & \mathbf{0} \end{bmatrix} \tag{2.4.3.31-2, 2.3.4.3-2b}$$

식(2.4.3.28-3), 식(2.4.3.28-4), 식(2.4.3.28-5)의 $\mathbf{H}_{f_W}(x_A^{(0)}, x_h^{(0)})$, $\mathbf{H}_{v_1}(x_A^{(0)}, x_h^{(0)})$, $\mathbf{H}_{v_2}(x_A^{(0)}, x_h^{(0)})$를 식(2.4.3.32) 또는 식(2.3.4.3-3)에 대입하여 식(2.4.3-33)에서 라그랑주 헤시안 매트릭스 $\mathbf{H}_L(x_A^{(0)}, x_h^{(0)})$를 계산한다.

$$\mathbf{H}_{\mathcal{L}}\left(x_A^{(0)}, x_h^{(0)}\right) = \mathbf{H}_{f_W}\left(x_A^{(0)}, x_h^{(0)}\right) - \sum_{i=1}^{2} s_i \lambda_{v_i} \mathbf{H}_{v_i}\left(x_A^{(0)}, x_h^{(0)}\right) \tag{2.4.3.32, 2.3.4.3-3}$$

$$\begin{aligned} &\mathbf{H}_{\mathcal{L}}\left(x_A^{(0)}, x_h^{(0)}\right) \\ &= \begin{bmatrix} -2.00\times10^{-6} & -0.0080 \\ -0.0080 & 0.1243 \end{bmatrix} \\ &- 1\times0\times\begin{bmatrix} -3.28\times10^{-7} & 7.84\times10^{-6} \\ 7.84\times10^{-6} & -0.0016 \end{bmatrix} \\ &- 0\times0\times\begin{bmatrix} -3.60\times10^{-7} & 8.36\times10^{-7} \\ 8.36\times10^{-7} & -9.11\times10^{-4} \end{bmatrix} \\ &= \begin{bmatrix} -2.00\times10^{-6} & -0.0080 \\ -0.0080 & 0.1243 \end{bmatrix} \end{aligned} \tag{2.4.3.33}$$

식(2.4.3.33)의 $\mathbf{H}_L(x_A^{(0)}, x_h^{(0)})$와 식(2.4.3.27-4)의 $\mathbf{J}_v(x)$, $S = \begin{bmatrix} 1 & 0 \\ 0 & 0 \end{bmatrix}$을 식(2.4.3.31-2) 또는 식(2.3.4.3-2b)에 대입하여 식(2.4.3.34)와 식(2.4.3.35)에서 라그랑주 함수의 글로벌 헤시안 매트릭스 $\mathbf{H}_L(x_A^{(0)}, x_h^{(0)}, \lambda_{v_1}^{(0)}, \lambda_{v_2}^{(0)})$를 얻는다.

$$\begin{aligned} &\mathbf{H}_{\mathcal{L}}\left(x_A^{(0)}, x_h^{(0)}, \lambda_{v_1}^{(0)}, \lambda_{v_2}^{(0)}\right) \\ &= \begin{bmatrix} \begin{bmatrix} -2.00\times10^{-6} & -0.0080 \\ -0.0080 & 0.1243 \end{bmatrix} & -\left(\begin{bmatrix} 1 & 0 \\ 0 & 0 \end{bmatrix}\begin{bmatrix} 1.282\times10^{-4} & -0.0056 \\ 1.598\times10^{-4} & -0.0013 \end{bmatrix}\right)^T \\ -\begin{bmatrix} 1 & 0 \\ 0 & 0 \end{bmatrix}\begin{bmatrix} 1.282\times10^{-4} & -0.0056 \\ 1.598\times10^{-4} & -0.0013 \end{bmatrix} & \mathbf{0} \end{bmatrix} \end{aligned} \tag{2.4.3.34}$$

$$\mathbf{H}_{\mathcal{L}}\left(x_A^{(0)}, x_h^{(0)}, \lambda_{v_1}^{(0)}, \lambda_{v_2}^{(0)}\right) = \begin{bmatrix} -2.00\times10^{-6} & -0.0080 & 1.282\times10^{-4} & 0 \\ -0.0080 & 0.1243 & -0.0056 & 0 \\ 1.282\times10^{-4} & -0.0056 & 0 & 0 \\ 0 & 0 & 0 & 0 \end{bmatrix} \tag{2.4.3.35}$$

식(2.4.3.16-6)과 유사하게 식(2.4.3.35)는 부등 제약함수 $v_2(x)=-|\sigma2|+f_y\geq0$가 KKT

조건의 비활성 부등 제약조건 기반으로 유도되었으므로 라그랑주 함수의 1차미분식 $\nabla L(x_A, x_h, \lambda_{v_1}, \lambda_{v_2})$ 작성 시 라그랑주 승수(λ_{v_2})가 0으로 무시되었고, 따라서 식(2.4.3.35)의 헤시안 매트릭스 $\mathbf{H}_L(x^{(0)}, \lambda^{(0)})$는 네 번째 행과 열이 0이 되는 싱귤러 매트릭스가 된다. 따라서 부등 제약함수 $v_2(x)=-|\sigma_2|+f_y\geq 0$를 비활성화하는 네 번째 행과 열을 제외하고 3x3 헤시안 매트릭스 $\mathbf{H}_L(x^{(0)}, \lambda_v^{(0)})$의 역행렬을 구해야 할 것이다. 식(2.4.3.35)의 $\mathbf{H}_L(x_A^{(0)}, x_h^{(0)}, \lambda_{v_1}^{(0)}, \lambda_{v_2}^{(0)})$의 역행렬은 식(2.4.3.36)과 식(2.4.3.37)에서 구하였다.

$$\mathbf{H}_{\mathcal{L}}\left(x_A^{(0)}, x_h^{(0)}, \lambda_{v_1}^{(0)}, \lambda_{v_2}^{(0)}\right)^{-1}$$
$$= \begin{bmatrix} \begin{bmatrix} -2.00\times 10^{-6} & -0.0080 & 1.282\times 10^{-4} \\ -0.0080 & 0.1243 & -0.0056 \\ 1.282\times 10^{-4} & -0.0056 & 0 \end{bmatrix}^{-1} & \begin{matrix} 0 \\ 0 \\ 0 \end{matrix} \\ \begin{matrix} 0 & \quad 0 & \quad 0 \end{matrix} & 0 \end{bmatrix} \tag{2.4.3.36}$$

$$\mathbf{H}_{\mathcal{L}}\left(x_A^{(0)}, x_h^{(0)}, \lambda_{v_1}^{(0)}, \lambda_{v_2}^{(0)}\right)^{-1} = \begin{bmatrix} -3328.3 & -75.751 & -3039.9 & 0 \\ -75.751 & -1.724 & 108.415 & 0 \\ -3039.9 & 108.415 & -6695.7 & 0 \\ 0 & 0 & 0 & 0 \end{bmatrix} \tag{2.4.3.37}$$

식(2.4.3.29)와 식(2.4.3.37)을 식(2.3.4.1-5) 또는 식(2.4.3.30)에 대입하여, 식(2.4.3.38)에서 한 단계 업데이트되어 Iteration 1에서 사용될 입력변수 $[x_A^{(1)}, x_h^{(1)}, \lambda_{v_1}^{(1)}, \lambda_{v_2}^{(1)}]$=[290.063, -1.607, 251.444, 0]을 도출하였다. 이를 기반으로, 초기 Iteration 0과 동일하게, Iteration 1에서도 인공신경망을 기반으로 입력변수를 정규화하는 단계(N)에서부터 비정규화 단계(D)까지 식(2.4.3.26-25a)부터 식(2.4.3.26-32e)까지 수행하여, $y_{f_w}=f_W(x_A^{(1)}, x_h^{(1)})$, $v(x_A^{(1)}, x_h^{(1)})$를 도출한 후, 식(2.3.6.6-1)부터 식(2.3.6.6-9)까지 이용하여 제이코비 $\nabla f_W(x_A^{(1)}, x_h^{(1)})=\mathbf{J}_{f_w}^{(D)}$, $\mathbf{J}_v(x_A^{(1)}, x_h^{(1)})^T$ 매트릭스를 구하고, 식(2.3.6.7-1)부터 식(2.3.6.17)까지 이용하여 식(2.4.3.26-13c)에서 $\mathbf{H}_{f_w}^{(D)}$, 식(2.4.3.26-12e)에서 $\mathbf{H}_{|\sigma_1|}^{(D)}$, 식(2.4.3.26-14c)에서 $\mathbf{H}_{|\sigma_2|}^{(D)}$ 헤시안 매트릭스를 구한다. 이 식들을 식(2.3.4.2-1b)에 대입하여 식(2.4.3.39)에서, Iteration 1에서의 라그랑주 함수의 1차 미분식(제이코비 매트릭스)을 도출하였다. 그러나, 아직 0으로 수렴하지 못하였고, KKT 조건의 해를 도출하지 못하였다.

$$\begin{bmatrix} x_A^{(1)} \\ x_h^{(1)} \\ \lambda_{v_1}^{(1)} \\ \lambda_{v_2}^{(1)} \end{bmatrix} = \begin{bmatrix} 800 \\ -7 \\ 0 \\ 0 \end{bmatrix} - \begin{bmatrix} -3328.3 & -75.751 & -3039.9 & 0 \\ -75.751 & -1.724 & 108.415 & 0 \\ -3039.9 & 108.415 & -6695.7 & 0 \\ 0 & 0 & 0 & 0 \end{bmatrix} \begin{bmatrix} 0.0742 \\ -6.1504 \\ -0.0957 \\ 0 \end{bmatrix}$$

(2.4.3.38)

$$\rightarrow \begin{bmatrix} x_A^{(1)} \\ x_h^{(1)} \\ \lambda_{v_1}^{(1)} \\ \lambda_{v_2}^{(1)} \end{bmatrix} = \begin{bmatrix} 290.063 \\ -1.607 \\ 251.444 \\ 0 \end{bmatrix}$$

$$\nabla\mathcal{L}\left(x_A^{(1)}, x_h^{(1)}, \lambda_{v_1}^{(1)}, \lambda_{v_2}^{(1)}\right) = \begin{bmatrix} \nabla f_W\left(x_A^{(1)}, x_h^{(1)}\right) - \left[\mathbf{J_v}\left(x_A^{(1)}, x_h^{(1)}\right)\right]^T \mathbf{S}\boldsymbol{\lambda}_v^{(1)} \\ -\mathbf{Sv}\left(x_A^{(1)}, x_h^{(1)}\right) \end{bmatrix}$$

(2.4.3.39)

$$= \begin{bmatrix} -0.5018 \\ 67.3468 \\ 0.4168 \\ 0 \end{bmatrix} \neq \mathbf{0}$$

KKT 조건의 해는 9번째 단계의 연산에서 $[x_A^{(9)}, x_h^{(9)}, \lambda_{v_1}^{(9)}, \lambda_{v_2}^{(9)}]$=[557.595, -3.526, 139.851, 0]으로 수렴하여 $\nabla L(x_A^{(9)}, x_h^{(9)}, \lambda_{v_1}^{(9)}, \lambda_{v_2}^{(9)})=0$을 도출하였다. 이때 그림 2.4.3.15에 도시된 대로 최적화된 트러스의 중량은 $f_W(x_A^{(9)}, x_h^{(9)})$=27.05kgf으로 구해졌다. 수학식 기반의 결과와 비교하여 보도록 하자. 식(2.4.3.17)의 첫 번째 반복연산에서 수학식 기반의 입력변수는 $[x_A^{(1)}, x_h^{(1)}, x_{v_1}^{(1)}, x_{v_2}^{(1)}]$=[241.891, -2, 559, 306.942, 0]로 계산되었다. 식(2.4.3.38)에서 구해진 인공신경망 기반의 Iteration 1에서의 입력변수는 $[x_A^{(1)}, x_h^{(1)}, x_{v_1}^{(1)}, x_{v_2}^{(1)}]$=[290.063, -1.607, 251.444, 0]로 계산되어서, 두 방법이 초기 입력변수에 대해서는 다소의 차이를 보였지만, 최종적으로 Iteration 9에서 수렴할 때에는 수학식 기반 및 인공신경망 기반에서 거의 동일한 수렴결과를 보이는 것을 알 수 있다. 그림 2.4.3.3에 도시된 것처럼 마지막 9단계에서 수학적 기반의 입력변수는 $[x_A^{(9)}, x_h^{(9)}, x_{v_1}^{(9)}, x_{v_2}^{(9)}]$=[558.12, -3.532, 135.266, 0]에 수렴하여, 인공신경망 기반의 입력변수와 유사한 결과를 도출하였다. 이때 $\nabla L(x_A^{(9)}, x_h^{(9)}, x_{v_1}^{(9)}, x_{v_2}^{(9)})=0$ 역시 최소값으로 수렴하였다. 수학적 기반의 트러스의 중량 역시 인공신경망 기반과 같은 값인 $f_W(x_A^{(9)}, x_h^{(9)})$=27.05kgf로 최소화되었다. 그러나 그

림 2.4.3.15와 표 2.4.3.5에 서술되어 있듯이 부등 제약조건인 $v_2(x_A^{(9)}, x_h^{(9)})$은 만족되지 못하였다. 식(2.4.3.33)과 식(2.4.3.35)는 동시에 라그랑주 함수의 헤시안 매트릭스이지만, 식(2.4.3.33)은 식(2.3.4.3-2)에서 보이듯이 식(2.4.3.35)의 글로벌 헤시안 매트릭스 $\mathbf{H}_L(x_A^{(0)}, x_h^{(0)}, x_{v_1}^{(0)}, x_{v_2}^{(0)})$를 구성하는 부분 헤시안 매트릭스 $\mathbf{H}_L(x_A^{(0)}, x_h^{(0)})$이다. 즉 글로벌 헤시안 매트릭스 $\mathbf{H}_L(x_A^{(0)}, x_h^{(0)}, x_{v_1}^{(0)}, x_{v_2}^{(0)})$는 라그랑주 승수를 포함하는 전체 입력변수$(x_A^{(0)}, x_h^{(0)}, x_{v_1}^{(0)}, x_{v_2}^{(0)})$의 함수인 반면, $\mathbf{H}_L(x_A^{(0)}, x_h^{(0)})$는 라그랑주 승수를 포함하지 않는 입력변수 $(x_A^{(0)}, x_h^{(0)})$ 함수만으로 표현된다.

2.4.3절의 수학식 기반의 라그랑주 최적화에서 작성된 그림 2.4.3.3, 2.4.3.5, 2.4.3.7, 2.4.3.9에서와 유사하게, 인공신경망 기반에서도, 6개의 초기 입력변수를 사용하여 후보해 $\nabla L(x, \lambda_v)=\nabla L(x_A, x_h, \lambda_{v_1}, \lambda_{v_2})=0$의 수렴 여부를 확인하였다. 그림 2.4.3.15의 핑크색으로 표시된 입력변수는 파란색 곡선 위에 위치하였는데, 활성화된 부등 제약함수 $v_1(x)=v_1(x_A, x_h)$가 등 제약함수로 binding되어 0으로 구해졌기 때문이다. 그러나 수렴되어 핑크색으로 표시된 트러스 응력 $|\sigma_2|$이 항복강도 f_y 보다 큰 붉은색 빗금 친 부분에 위치하고 0.2067kN/mm^{2}으로 구해져서, 비활성화된 부등 제약조건인 $v_2(x)=-|\sigma 2|+f_y\geq 0$을 만족하지 못하였다. 표 2.4.3.5에 기술된 바대로, 구조역학에 기반한 구조계산과 비교하여 0.17%의 오차로 설계정확도는 정확하게 도출되었으나, 부등 제약조건을 만족하지는 못하였다. 즉 트러스의 중량이 $f_W(x)$=27.05kgf로 도출되었다 하더라도, 의미 없는 결과이다. 그림 2.4.3.15의 4, 5, 6으로 표시된 초기 입력변수는 발산하였다.

(5) Case 2 KKT 조건 해: 비활성 부등 제약조건 $v_1(x)$와 활성 부등 제약조건 $v_2(x)$

2.4.3절의 그림 2.4.3.3, 2.4.3.5, 2.4.3.7, 2.4.3.9에서 가정된 수학식기반 라그랑주 최적화용 초기 입력변수와 유사하게, 그림 2.4.3.18의 Case 2 KKT 조건하의 인공신경망 기반에서도, 6개의 초기 입력변수를 사용하여 $\nabla L(x, \lambda_v)=\nabla L(x_A, x_h, \lambda_{v_1}, \lambda_{v_2})=0$를 수렴하는 후보해를 구하였다. 그림 2.4.3.17의 Case 2의 KKT 조건에서 보이듯이 1로 표시된 초기 입력변수는 $[x_A^{(10)}, x_h^{(10)}, \lambda_{v_1}^{(10)}, \lambda_{v_2}^{(10)}]$=[642.86, -2.466, 0, 130.44]인 핑크색점에 수렴하였고, 2로 표시된 초기 입력변수는 $[x_A^{(11)}, x_h^{(11)}, \lambda_{v_1}^{(11)}, \lambda_{v_2}^{(11)}]$=[641.27, 2.473, 0, 129.18]인 하

늘색 점에 수렴하였다. 그림2.4.3.17과 그림2.4.3.18에서 보이듯이 최적화된 트러스 중량 $f_W(x)$은 각각 26.55kgf, 26.49kgf로 도출되었다. 3, 4, 5, 6으로 표시된 초기 입력변수는 발산하였다. 첫 번째 초기 입력변수 기반에서 트러스 중량 $f_W(x)$은 26.55kgf으로 계산되었다. 그림 2.4.3.17의 핑크점은 파란색 곡선의 빗금 친 부분에 위치 하였고, 이 부분은 부재응력 $|\sigma_1|$이 항복응력 f_y=0.2kN/mm^2 보다 큰 값으로 도출 되는 영역이다. 핑크색 점에 수렴한 부재응력 $|\sigma_1|$은 항복응력 f_y=0.2kN/mm^2 보다 큰 값으로 도출되었으므로, $v_1(x)=-|\sigma 1|+f_y \geq 0$을 만족시키지 못하였다.

두 번째 초기 입력변수 기반에서 하늘색 점에 수렴한 부재응력 $|\sigma_1|$은 항복응력 f_y=0.2kN/mm^2 보다 작은 값으로 도출되었으므로, $v_1(x)=-|\sigma 1|+f_y \geq 0$을 만족시키고 있다. 그림 2.4.3.17의 하늘색 점은 파란색 곡선의 빗금친 반대부분에 위치하였고, 이 부분은 부재응력 $|\sigma_1|$이 항복응력 f_y=0.2 kN/mm^2 보다 작은값으로 도출되는 영역이다. 이때 트러스 중량 $f_W(x)$은 26.49kgf으로 계산되었다. Case 2 KKT 조건에서는 활성조건으로 가정된 부등 제약조건 $v_2(x)$이 등 제약조건으로 binding 되어 0으로 전환 되었기 때문에 그림 2.4.3.17의 핑크색 점과 하늘색 점은 붉은색 곡선상에 동시에 위치하고 있다. 그림 2.4.3.18에서는 최적화된 트러스 중량 $f_W(x)$=26.49kgf이 전통적인 구조설계방식으로 구해진 26.58kgf에 의해 입증되었다. 오차는 -0.33%에 불과하였다. 또한 인공신경망 기반의 트러스 부재 1의 응력 0.0373kN/mm^{2}은 전통적인 구조설계방식으로 구해진 0.0404kN/mm^{2}과 비교하여 -8.32%의 오차를 보이고 있으나, 절대오차는 미미하다 할 수 있다.

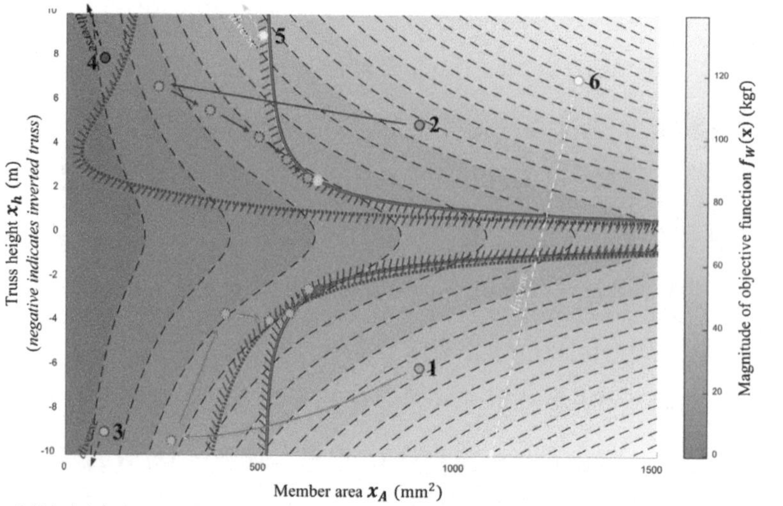

Satisfied region $|\sigma_1| \le f_y$ / Unsatisfied region $|\sigma_1| > f_y$: Inactive constraint: $v_1(\mathbf{x}) = -|\sigma_1| + f_y \ge 0$ Region for $|\sigma_2| \le f_y$ / Region for $|\sigma_2| > f_y$: Active constraint: $v_2(\mathbf{x}) = -|\sigma_2| + f_y \ge 0$

- : Initial vector **1**, $x_A^{(0)} = 900$, $x_h^{(0)} = -6$
- : Initial vector **2**, $x_A^{(0)} = 900$, $x_h^{(0)} = 5$
- : Initial vector **3**, $x_A^{(0)} = 100$, $x_h^{(0)} = -9$
- : Initial vector **4**, $x_A^{(0)} = 100$, $x_h^{(0)} = 8$
- : Initial vector **5**, $x_A^{(0)} = 500$, $x_h^{(0)} = 9$
- : Initial vector **6**, $x_A^{(0)} = 1300$, $x_h^{(0)} = 7$
- : Local optimum $f_W(\mathbf{x}) = 26.55$ @ $x_A = 642.86$, $x_h = -2.466$. However, the solution does not satisfy $v_2(\mathbf{x}) = -|\sigma_2| + f_y \ge 0$
- : Local optimum $f_W(\mathbf{x}) = 26.49$ @ $x_A = 641.27$, $x_h = 2.473$.

그림 2.4.3.17 Case 2 KKT 조건에서의 라그랑주 함수 최적화를 위한 초기 입력변수 $[x_A, x_h, \lambda_{v1}, \lambda_{v2}]$의 수렴 과정: $v_1(x)$=-$|\sigma_1|$+f_y≥0, $v_2(x)$=-$|\sigma_2|$+f_y=0가 만족되어야 함

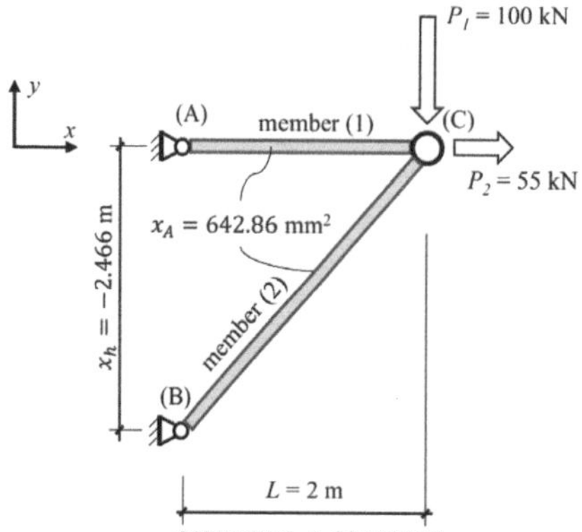

OPTIMIMAL f_W(x) DESIGN
(based on 5 layer with 10 neurons)

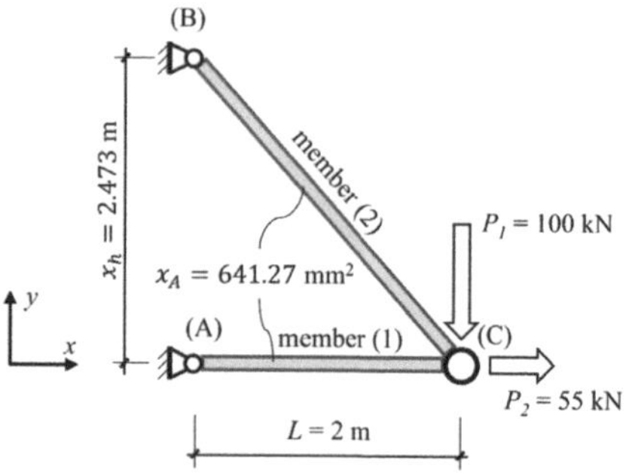

OPTIMIMAL f_W(x) DESIGN
(based on 5 layer with 10 neurons)

OPTIMIMAL f_W(x) DESIGN
(based on 5 layer with 10 neurons)

	Parameter	AI results	Check (Analytical)	Error
1	x_A (mm)	642.86	642.86	0.00%
2	x_h (m)	-2.466	-2.466	0.00%
3	$\|\sigma_1\|$ (kN/mm²)	$0.2124 > f_y$	$0.2117 > f_y$	0.32%
4	$\|\sigma_2\|$ (kN/mm²)	$0.2000 = f_y$	$0.2003 \approx f_y$	-0.13%
5	f_W (kgf)	26.55	26.62	-0.25%

Note: (dotted box) 2 inputs for AI design
(dashed box) 2 inputs for Analytical calculation

(a) KKT 조건 위배

OPTIMIMAL f_W(x) DESIGN
(based on 5 layer with 10 neurons)

	Parameter	AI results	Check (Analytical)	Error
1	x_A (mm)	641.27	641.27	0.00%
2	x_h (m)	2.473	2.473	0.00%
3	$\|\sigma_1\|$ (kN/mm²)	$0.0373 < f_y$	$0.0404 < f_y$	-8.32%
4	$\|\sigma_2\|$ (kN/mm²)	$0.2000 = f_y$	$0.2006 \approx f_y$	-0.28%
5	f_W (kgf)	26.49	26.58	-0.33%

Note: (dotted box) 2 inputs for AI design
(dashed box) 2 inputs for Analytical calculation

(b) KKT 조건 만족

그림 2.4.3.18 Case 2 KKT 조건에서의 라그랑주 함수 최적화를 위한 트러스 배치 형상: $v_1(x)=-|\sigma_1|+f_y\geq 0$, $v_2(x)=-|\sigma_2|+f_y=0$가 만족되어야 함

(6) Case 3 KKT 조건해: 부등 제약조건 $v_1(x)$, $v_2(x)$ 모두 활성 조건일 경우

Case 3의 $\nabla L(x,\lambda_v)=\nabla L(x_A, x_h, \lambda_{v_1}, \lambda_{v_2})=0$의 해를 찾기 위해, 6개의 초기 입력변수 $[x_A^{(0)}, x_h^{(0)}, \lambda_{v_1}^{(0)}, \lambda_{v_2}^{(0)}]^T=[x_A^{(0)}, x_h^{(0)}, 0, 0]^T$를 사용하였다. 그림 2.4.3.19에서처럼 2, 3으로표시된 초기 입력변수는 $[x_A^{(k)}, x_h^{(k)}, \lambda_{v_1}^{(k)}, \lambda_{v_2}^{(k)}]=[594.84, -3.125, 97.75, 40.97]$에 각각 Iteration 7과 Iteration 7에서 수렴하였고, 트러스 중량 $f_W(x)$은 27.19kgf로 계산되었다. 1, 4, 5, 6으로 표시된 초기 입력변수는 발산하였다. 2, 3으로 표시된 초기 입력변수에 의해 하늘색으로 수렴된 입력 파라미터는 파란색과 붉은색 선상에 위치하였는데. 이는 활성함수로 가정된 부등 제약조건이 등 제약조건으로 binding되었고, 따라서 부등 제약조건이 0으로 변환되었기 때문이다. 그림 2.4.3.20은 Case 3 KKT 조건에서의 트러스 중량 $f_W(x)$이 27.19kgf로 최소화될 때의 트러스 배치 형상으로, 부등 제약조건인 $v_1(x)=-|\sigma 1|+f_y=0$, $v_2(x)=-|\sigma 2|+f_y=0$이 만족되고 있다. 구조역학에 의한 트러스 중량 $f_W(x)=27.19$kgf와 비교해서 0.05% 차이만을 보이고 있다. Case 3의 KKT 조건하의 라그랑주 최소화는 도출되었으나, Case 2의 KKT 조건에서 최소화된 트러스의 중량 $f_W(x)=26.49$kgf보다는 큰 값으로 도출되어서, 최종 후보해로는 특정되지 못하였다.

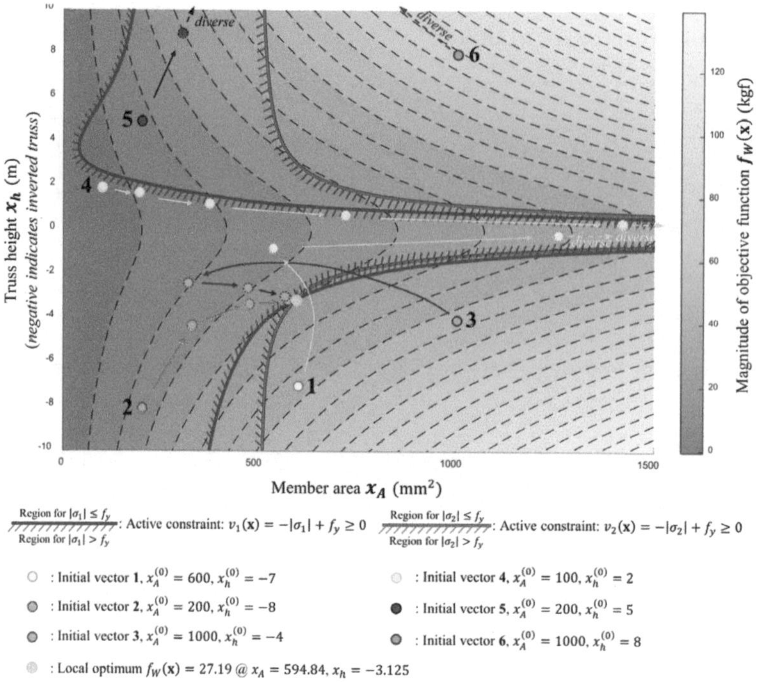

그림 2.4.3.19 Case 3 KKT 조건에서의 라그랑주 함수 최적화를 위한 초기 입력변수 $[x_A, x_h, \lambda_{v1}, \lambda_{v2}]$의 수렴 과정: $v_1(x)=-|\sigma_1|+f_y=0$, $v_2(x)=-|\sigma_2|+f_y=0$

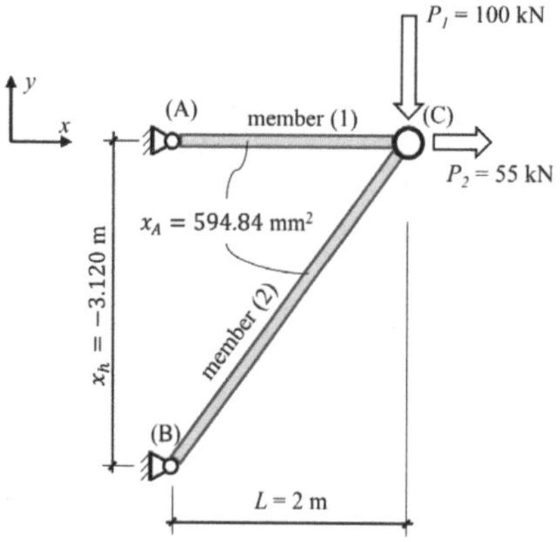

OPTIMIMAL $f_W(\mathbf{x})$ DESIGN

(based on 5 layer with 10 neurons)

	Parameter	AI results	Check (Analytical)	Error
1	x_A (mm)	594.84	594.84	0.00%
2	x_h (m)	-3.125	-3.125	0.00%
3	$\|\sigma_1\|$ (kN/mm²)	$0.2000 = f_y$	$0.2000 = f_y$	-0.02%
4	$\|\sigma_2\|$ (kN/mm²)	$0.2000 = f_y$	$0.1996 \approx f_y$	0.21%
5	f_W (kgf)	27.19	27.17	0.05%

Note: (dotted box) 2 inputs for AI design
(dashed box) 2 inputs for Analytical calculation

그림 2.4.3.20 Case 3 KKT 조건에서의 라그랑주 함수 최적화를 위한 트러스 배치 형상: $v_1(x)=-|\sigma_1|+f_y=0$, $v_2(x)=-|\sigma_2|+f_y=0$

(7) Case 4 KKT 조건 해: 부등 제약조건 $v_1(x)$, $v_2(x)$ 모두 비활성 조건일 경우

Case 4 KKT 조건에서는 부등 제약조건 $v_1(x)$, $v_2(x)$ 모두 비활성조건인 경우로써, 라그랑주 함수 $L(x, \lambda_v)$ 또는 일차 미분식(gradient벡터) $\nabla L(x, \lambda_v)$, 유도 시 부등 제약조건 $v_1(x)$, $v_2(x)$ 모두 무시되어 라그랑주 함수는 목적함수가 된다. 따라서 목적함수의 1차 미분식 $\nabla f_W(x)$을 최소화함으로써 목적함수 $f_W(x)$의 최소값을 도출하였다. 그림 2.4.3.21에서처럼 2개의 초기 입력변수 $[x^{(0)}, \lambda_v]=[x_A, x_h, \lambda_{v_1}, \lambda_{v_2}]=[300, 5, 0, 0]$와 $[700, -6, 0, 0]$를 적용하여, 뉴턴-랩슨 반복연산 기반으로 $\nabla L(x, \lambda_v)=\nabla L(x_A, x_h, \lambda_{v_1}, \lambda_{v_2})= 0$의 해를 찾고자 하였으나 모두 발산하였다.

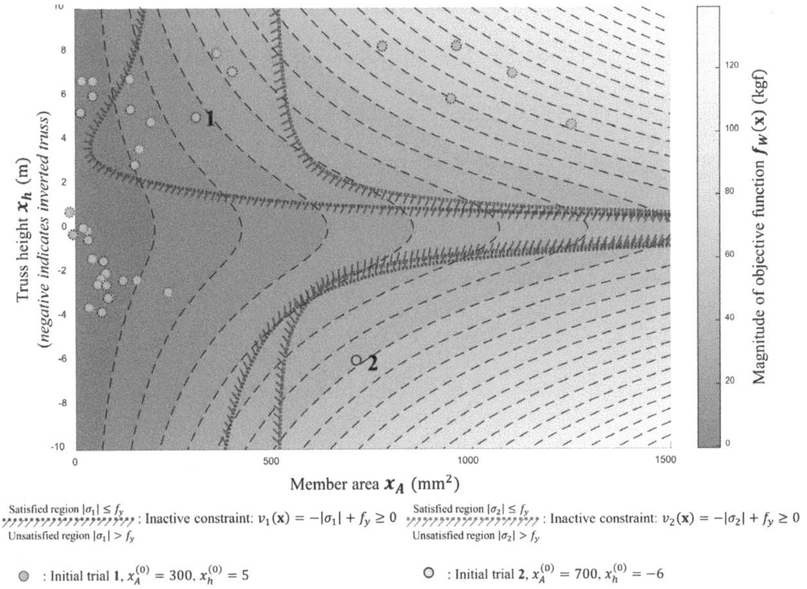

그림 2.4.3.21 Case 4 KKT 조건에서의 라그랑주 함수 최적화를 위한 초기 입력변수 $[x_A, x_h, \lambda_{v1}, \lambda_{v2}]$의 발산: $v_1(x)=-|\sigma_1|+f_y\ge0$, $v_2(x)=-|\sigma_2|+f_y\ge0$를 만족해야 함

2.4.3.3 결론

표 2.4.3.6에는 인공신경망 기반의 라그랑주 최적화 결과가 요약되어 있다. 트러스 중량은 Case 2 KKT 조건에서 최소화되었고, 동일한 결과가 표 2.4.3.2의 수학식에 기반한 라그랑주 최적화 결과에도 도출되었다. 그림 2.4.3.18(b)에는 트러스 중량이 $f_W(x)$=26.49kgf로 최소화되는 경우의 트러스 배치 형태를 보여 주었다. 이때 트러스

단면적 및 높이는 각각 x_A= 641.27mm와 x_h= 2.473m로 도출되었다. 수학식 기반의 트러스 중량은 표 2.4.3.2에 보이듯이 $f_W(x)$=26.64kgf로 최소화되었고, 트러스 단면적 및 높이는 각각 x_A= 636.01mm와 x_h=2.544m로 인공신경망 기반의 라그랑주 최적화 결과와 유사하게 도출되었다. 그림 2.4.3.22에는 인공신경망 기반의 함수로부터 도출된 트러스의 최소 중량과 100,000개의 빅데이터에 의해 도출된 트러스 중량의 하한선을 비교하였고, 두 데이터가 정확하게 일치함을 보여주고 있다. 유도하기 어려운 수학식 기반의 함수에 기반하는 최적화보다는 인공신경망 기반의 함수가 훨씬 수월하고 빠르게 최적화를 수행할 수 있음을 입증하였고, 결과 역시 매우 유사하였다. 즉 수학식 기반의 함수를 이용하는 최적화는 복잡성 때문에 제한적일 수 밖에 없는데, 인공신경망에 기반하여 일반화된 함수를 이용하면 공학문제뿐만 아니라 사회, 경제분야에서 축적된 데이터에 기반하여 최적화의 수행이 거의 제한없이 가능할 것이다.

물론 공학적 최적화에서는 인공신경망 기반으로 일반화된 함수가 수학식에 기반하는 함수를 대체할 수 있음을 보여준다. 예를 들어 구조공학 분야의 콘크리트 구조물 설계 시, 코스트, 이산화탄소 배출량, 중량, 설계규준 등의 목적함수, 등 제약 또는 부등 제약함수를 수학식 기반으로 표현하기가 어려울 수 있기 때문에 인공신경망에 기반하는 최적화 설계는 매우 유용하게 사용될 전망이다.

표 2.4.3.6 인공신경망 기반의 라그랑주 최적화 결과

ANN-based Lagrange Optimization

Parameters	Case 1	Case 2	Case 3	Case 4
1 x_A (mm)	*N/A*	**641.27**	594.84	*N/A*
2 x_h (m)	*N/A*	**26.49**	-3.125	*N/A*
3 $\|\sigma_1\|$ (kN/mm²)	*N/A*	**0.0373**	**0.2**	*N/A*
4 $\|\sigma_2\|$ (kN/mm²)	*N/A*	**0.200**	**0.2**	*N/A*
Objective f_W (kgf)	*N/A*	**26.49**	27.17	*N/A*

Note: *Case 1 – Inequality* $v_1(\mathbf{x})$ *is active*
Case 2 – Inequality $v_2(\mathbf{x})$ *is active*
Case 3 – Both inequalities are active
Case 4 – None of inequalities are active

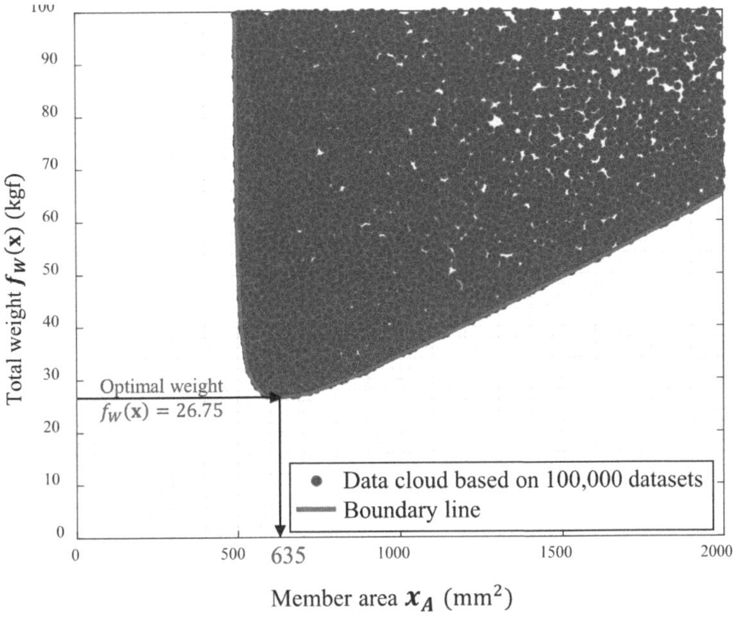

그림 2.4.3.22 인공신경망 기반으로부터 도출된 트러스의 최소 중량과 100,000개의 빅데이터에 의해 도출된 트러스의 중량의 하한선 비교

2.4.4 라그랑주법에 기반한 발사체의 비행거리 최적화

2.4.4.1 전통적 수학식 기반의 라그랑주 최적화

(1) 발사체 비행거리의 운동방정식 유도

이 절의 예제는 발사체의 최대 비행거리와 발사각도를 도출하는 문제이다. 지표면(y_C=0)에서 발사체를 초기속도 V_0=0.08km/s, 각도 θ로 발사하는 경우, 발사체의 비행 궤적이 그림 2.4.4.1에 도시되어 있다. 이때 중력은 g=9.81m/s^{2}이고 발사체의 공기저항은 무시한다. 발사체는 발사체 지표면에서 60m(y_A=0.06km)에 위치하고 있는 깃발(y_A=0.06km)에 명중하여야 한다. 높이가 40m인 소나무는 발사체 지표면에서는 100m 높이이고 발사체의 비행을 방해할 수도 있다. 이런 조건하에서 발사체와 깃발 간 비행거리(x_C)를 최대화하는 발사 각도 θ를 도출하는 문제이다.

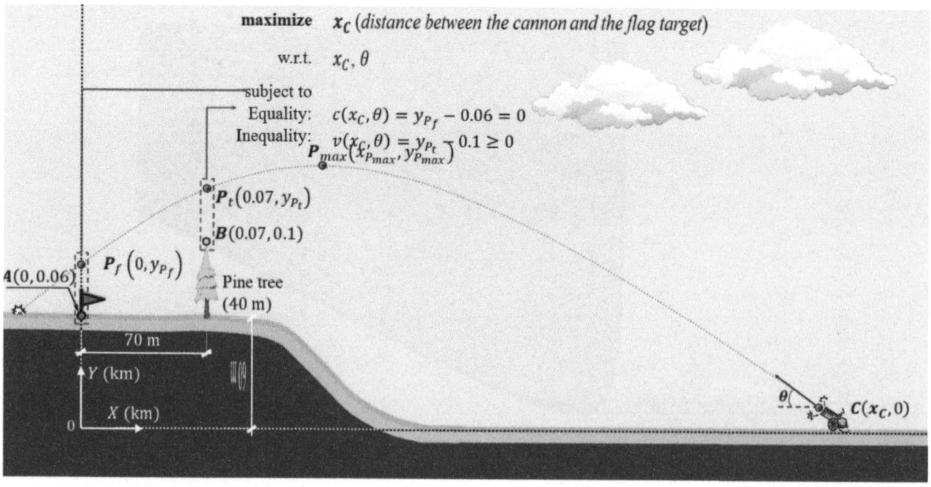

그림 2.4.4.1 수학식 기반의 라그랑주 최적화를 이용한 발사체의 최대 비행거리 도출

먼저 목적함수, 등 제약조건 및 부등 제약조건을 정의하도록 하자. 목적함수는 달성하고자 설정된 함수를 의미한다. 이 예제에서는 발사체와 깃발 간 비행거리를 최대화하려는 것이므로, 목적함수로는 최대 비행거리(x_C)를 설정한다. 발사체의 깃발 상부에서의 비행높이를 y_{P_f}라 하자. 명중시켜야 하는 깃발의 높이는 y_A=0.06km이므로, 비행높이 y_{P_f}는 깃발의 높이 y_A=0.06km와 같아야 하고, 등 제약조건 $c(x_C, \theta)$이 식(2.4.4.2)에 설정되었다. 발사체의 소나무 상부에서의 비행높이를 y_{P_t}라 한다면, 발사체는 지표면에서부터 40m의 소나무 높이(y_B=0.1km) 이상으로 비행해야 한다. 따라서 비행높이 y_{P_t}는 소나무의 높이(y_B=0.1km) 이상 되어야 하고, 부등 제약조건 $v(x_C, \theta)$이 식(2.4.4.3)에 설정되었다. 먼저 목적함수 $f_{x_C}(x_C)$, 등 제약함수 $c(x_C, \theta)$ 및 부등 제약함수 $v(x_C, \theta)$는 식(2.4.4.1), 식(2.4.4.2), (2.4.4.3)에 각각 기술되었다. 목적함수 $f_{x_C}(x_C)$는 발사체의 비행거리(x_C)만의 함수이지만, 등 제약함수 $c(x_C, \theta)$ 및 부등 제약함수 $v(x_C, \theta)$는 발사체의 비행거리(x_C)와 발사각도 (θ)의 함수이다. 비행체의 최대 비행거리를 구하기 위한 라그랑주 최적화를 수행하기 위해서 먼저 목적함수 $f_{x_C}(x_C)$, 등 제약함수 $c(x_C, \theta)$ 및 부등 제약함수 $v(x_C, \theta)$를 수학식 기반으로 유도하여야 한다. 식(2.4.4.4-1)과 식(2.4.4.4-2)에는 비행체의 비행속도를 수직방향과 수평방향으로 각각 분리하여 유도하였다.

식(2.4.4.5-1)과 식(2.4.4.5-2)는 식(2.4.4.4-1)과 식(2.4.4.4-2)를 적분하여 구한 비행체의 비행거리이다.

$$f_{x_C}(x_C) = x_C \tag{2.4.4.1}$$

$$c(x_C,\ \theta) = y_{P_f} - y_A = 0 \tag{2.4.4.2-1}$$

$$c(x_C,\ \theta) = y_{P_f} - 0.06 = 0 \tag{2.4.4.2-2}$$

$$v(x_C,\ \theta) = y_{P_t} - y_B \geq 0 \tag{2.4.4.3-1}$$

$$v(x_C, \theta) = y_{P_t} - 0.1 \geq 0 \tag{2.4.4.3-2}$$

$$V_y = V_0 \sin\theta - gt \tag{2.4.4.4-1}$$

$$V_x = V_0 \cos\theta \tag{2.4.4.4-2}$$

$$x = x_C - V_0 t \cos\theta \tag{2.4.4.5-1}$$

$$y = V_0 t \sin\theta - \frac{1}{2} g t^2 \tag{2.4.4.5-2}$$

식(2.4.4.5-1)과 식(2.4.4.5-2)에서 시간항을 소거하면 비행체의 높이궤적이 초기속도(V_0), 비행 거리(x_C)와 발사각도 (θ)의 함수로 식(2.4.4.6)에서 구해진다.

$$y = (x_C - x)\tan\theta - \frac{g(x_C - x)^2}{2V_0^2 \cos^2\theta} \tag{2.4.4.6}$$

(2) 목적함수, 등 제약 및 부등 제약함수의 유도

식(2.4.4.6)에서 구해진 비행체의 높이궤적에 깃발(x_A)과 소나무(x_B)의 위치를 대입하면, 발사체의 깃발 및 소나무 상부에서의 비행높이는 식(2.4.4.7-1)와 식(2.4.4.7-2)에서 구해진다.

$$y_{P_f} = (x_C - x_A)\tan\theta - \frac{g(x_C - x_A)^2}{2V_0^2\cos^2\theta} \tag{2.4.4.7-1}$$

$$y_{P_t} = (x_C - x_B)\tan\theta - \frac{g(x_C - x_B)^2}{2V_0^2\cos^2\theta} \tag{2.4.4.7-2}$$

식(2.4.4.2), (2.4.4.3)에 기술된 등 제약조건 $c(x_C, \theta)$ 및 부등 제약조건 $v(x_C, \theta)$은 식(2.4.4.8), 식(2.4.4.9) 에 구체적으로 기술되었다. 깃발이 비행체에 명중하기 위해서는 비행체의 높이는 깃발의 높이와 일치하여야 할 것이기 때문에, 식(2.4.4.8-1), 식(2.4.4.8-2)을 등 제약함수로 설정하여야 한다. 등 제약함수는 비행체의 비행거리 x_C와 발사각도 θ의 2개의 함수로 유도된다.

$$c(x_C, \theta) = y_{P_f} - y_A = 0 \tag{2.4.4.8-1}$$

$$c(x_C, \theta) = y_{P_f} - 0.06 = 0 \tag{2.4.4.8-2}$$

또한 비행체는 소나무에 방해받지 않고 비행해야 하므로, 소나무의 높이보다는 높거나 같도록 비행해야 한다. 그러나 너무 높으면 비행거리가 줄어들게 되므로, 비행거리를 최대로 하기 위한 비행체의 높이와 발사각도를 도출하는 것이 이 예제의 핵심이라 할 수 있다. 따라서 비행체는 식(2.4.4.9-1), 식(2.4.4.9-2)의 제약을 받으면서 비행해야 하므로, 이 식들을 부등 제약함수로 설정하여야 한다. 부등 제약함수는 비행체의 비행거리 x_C와 발사각도 θ의 2개의 입력변수 함수로 유도된다.

$$v(x_C, \theta) = y_{P_t} - y_B \geq 0 \tag{2.4.4.9-1}$$

$$v(x_C, \theta) = y_{P_t} - 0.1 \geq 0 \tag{2.4.4.9-2}$$

(3) 라그랑주 함수의 유도

식(2.4.4.1)에 설명되었듯이, 최대화하려하는 비행거리를 목적함수로 설정한다. 라그랑주 함수는 등 제약조건 및 부등 제약조건에 라그랑주 승수(λ_c, λ_v)를 적용하여 식(2.4.4.10)에서 작성된다. 식(2.4.4.8)의 등 제약조건 $c(x_C, \theta)$ 및 식(2.4.4.9)의 부등 제약조건 $v(x_C, \theta)$에 라그랑주 승수(λ_c, λ_v)를 각각 곱한 후, 목적함수 $f_{x_C}(x_C)$에서 뺀다. 그러나 제약조건 $c(x_C, \theta)$은 식(2.4.4.8)에서처럼 이미 0으로 정돈되어 있기 때문에 목적함수에 미치는 영향은 없다. 부등 제약함수는 비활성조건인 경우에는 무시되어 라그랑주 함수에 포함되지 않고, 활성조건인 경우에는, 부등 제약함수는 등 제약함수로 binding 또는 전환되기 때문에 등 제약조건 취급을 하게 된다. 따라서 식(2.4.4.10)에서 활성조건의 부등 제약조건은 등 제약조건과 유사하게 이미 0으로 정돈되어 있는 상태에서 적용되므로 목적함수에 미치는 영향은 없다. 활성 및 비활성조건의 라그랑주 최적화에 대해서는 이미 2.1, 2.2, 2.3절에서 충분하게 설명이 되어 있으므로 참조하기 바란다.

$$\begin{aligned}\mathcal{L}(x_C,\theta,\lambda_c,\lambda_v) &= f_{x_C}(x_C) - \lambda_c c(x_C,\theta) - \lambda_v s v(x_C,\theta) \\ &= x_C - \lambda_c\left(y_{P_f} - 0.06\right) - \lambda_v s\left(y_{P_t} - 0.1\right)\end{aligned} \tag{2.4.4.10}$$

(4) 제이코비 및 헤시안 매트릭스의 유도

여기서 대각 스칼라 행렬인 S 매트릭스는 활성 또는 비활성조건을 지정하는 스칼라 지정요소로 보면 된다. 즉 활성조건으로 가정하는 경우에는 1, 비활성조건으로 가정하는 경우에는 0으로 설정된다. 식(2.4.4.11)은 라그랑주 최적화에서 핵심이 되는 라그랑주 함수의 1차미분식(제이코비) 또는 gradient 벡터를 보여주고 있다. 자세한 설명은 2.1, 2.2, 2.3절을 참조하기 바란다. 식(2.4.4.11-1)은 수학식 기반의 라그랑주 함수의 1차 미분식(gradient 벡터, 제이코비)이고, 식(2.4.4.11-2)은 인공신경망 기반에서 유도된 식이다. 다음절의 인공신경망 기반의 라그랑주 최적화 예제에서 자세히 다루기로 한다.

$$\nabla \mathcal{L}(x_C,\ \theta,\ \lambda_c,\ \lambda_v) = \begin{bmatrix} \nabla f_{x_C}(x_C) - [\mathbf{J}_c(x_C,\ \theta)]^T \lambda_c - [\mathbf{J}_v(x_C,\ \theta)]^T s\lambda_v \\ -c(x_C,\ \theta) \\ -sv(x_C,\ \theta) \end{bmatrix} \tag{2.4.4.11-1}$$

$$\nabla \mathcal{L}(x_C,\ \theta,\ \lambda_c,\ \lambda_v) = \begin{bmatrix} \nabla f_{x_C}(x_C) - \left[\mathbf{J}_c^{(D)}(x_C,\ \theta)\right]^T \lambda_c - \left[\mathbf{J}_v^{(D)}(x_C,\ \theta)\right]^T s\lambda_v \\ -c(x_C,\ \theta) \\ -sv(x_C,\ \theta) \end{bmatrix} \tag{2.4.4.11-2}$$

여기서 각 항을 자세히 유도하여 보기로 한다. 식(2.4.4.12-1)의 $\nabla f_{x_C}(x_C)$는 비행체의 비행거리 x_C 함수로 구성된 목적함수의 1차미분식(제이코비, gradient 벡터)이고, 각 입력변수 x_C, θ 에 대하여 미분하여 유도된다. 식(2.4.4.12-2)와 식(2.4.4.12-3)은 등 제약조건 $c(x_C,\ \theta)$ 및 부등 제약조건 $v(x_C,\ \theta)$의 제이코비 매트릭스 $\mathbf{J}_c(x_C,\ \theta)$ 및 $\mathbf{J}_v(x_C,\ \theta)$로서, 등 제약조건 $c(x_C,\ \theta)$ 및 부등 제약조건 $v(x_C,\ \theta)$을 두 입력변수인 비행거리 x_C와 발사각도 θ로 편미분하여 도출된다. 유의할 점은 이 예제에서는 목적함수, 등 제약함수 및 부등 제약함수의 미분이 최소 두 번 가능하다면, 식(2.4.4.12-2)와 식(2.4.4.12-3)의 제이코비 또는 식(2.4.4.14), 식(2.4.4.15-1), 식(2.4.4.16-1)의 헤시안 매트릭스의 유도가 가능하여, 라그랑주 함수의 1차 미분식을 선형화할 수 있으나. 미분이 어려울 때에는 수학적 기반의 라그랑주를 적용하기가 곤란할 수 있을 것이다.

$$\nabla f_{x_C}(x_C) = \begin{bmatrix} \dfrac{\partial x_C}{\partial x_C} \\ \dfrac{\partial x_C}{\partial \theta} \end{bmatrix} = \begin{bmatrix} 1 \\ 0 \end{bmatrix} \tag{2.4.4.12-1}$$

$$\mathbf{J}_c(x_C,\ \theta) = \begin{bmatrix} \dfrac{\partial c(x_C,\ \theta)}{\partial x_C} & \dfrac{\partial c(x_C,\ \theta)}{\partial \theta} \end{bmatrix}$$
$$= \left[\left(\tan\theta - \frac{g(x_C - x_A)}{V_0^2 \cos^2\theta}\right) \quad \left((x_C - x_A)(\tan^2\theta + 1) - \frac{g(x_C - x_A)^2 \sin\theta}{V_0^2 \cos^3\theta}\right)\right] \tag{2.4.4.12-2}$$

$$\mathbf{J}_v(x_C,\theta) = \left[\frac{\partial v(x_C,\theta)}{\partial x_C} \quad \frac{\partial v(x_C,\theta)}{\partial \theta}\right]$$

$$= \left[\left(\tan\theta - \frac{g(x_C - x_B)}{V_0^2\cos^2\theta}\right) \quad \left((x_C - x_B)(\tan^2\theta + 1) - \frac{g(x_C - x_B)^2\sin\theta}{V_0^2\cos^3\theta}\right)\right] \tag{2.4.4.12-3}$$

식(2.4.4.11-1)의 라그랑주 함수의 연립 편미분방정식인 $\nabla L(x_C, \theta, \lambda_c, \lambda_v)$이 0이 되는 해 $[x_C^{(0)}, \theta^{(0)}, \lambda_c^{(0)}, \lambda_v^{(0)}]$는 뉴턴-랩슨 기반의 반복연산을 통해서 구할 수 있는데, 해당 값에서 라그랑주 함수 $L(x_C, \theta, \lambda_c, \lambda_v)$는 최대 또는 최소값을 갖는다. 부등 제약함수가 비활성인 경우에는 라그랑주 함수 유도 시, 부등 제약함수를 무시하게 되므로, 라그랑주 함수 $L(x_C, \theta, \lambda_c, \lambda_v)$는 목적함수 $f_{x_C}(x_C)$와 같게 된다. 중요한 사항은 식(2.4.4.11-1)은 비선형으로 매우 복잡하게 얽혀있는 식으로서, 직접 해를 구하기가 매우 어려워진다. 따라서 식(2.4.4.11-1)은 식(2.3.4.1-1)에서처럼 선형화한 후 뉴턴-랩슨 기반의 반복연산을 적용한다. 뉴턴-랩슨 기반에서, 식(2.4.4.11-1)의 라그랑주 함수의 1차 편미분 연립방정식(gradient 벡터)에 초기 입력변수 $[x_C^{(0)}, \theta^{(0)}, \lambda_c^{(0)}, \lambda_v^{(0)}]$를 적용하는 것으로부터 최적화는 시작된다. 초기 입력변수 $[x_C^{(0)}, \theta^{(0)}, \lambda_c^{(0)}, \lambda_v^{(0)}]$는 해가 수렴할 때까지 반복되어 업데이트되면서 최종해에 수렴해 가는 것이다. 식(2.4.4.13-1)은 뉴턴-랩슨 기반의 반복연산에 반드시 필요한 식으로써, 식(2.4.4.11-1)의 $\nabla L(x_C, \theta, \lambda_c, \lambda_v)$가 0으로 수렴하지 않을 경우, 초기 입력변수 및 초기 라그랑주 승수를 다음 단계의 입력변수로 업데이트하는 식이다. 식(2.3.4.1-1)에 다시 대입된 후, 다음 단계에서 라그랑주 함수의 1차 편미분 연립방정식(gradient 벡터)이 수렴하는지의 여부를 단계적으로 살펴보는 아주 중요한 식이다.

$$\begin{bmatrix} x_C^{(k+1)} \\ \theta^{(k+1)} \\ \lambda_c^{(k+1)} \\ \lambda_v^{(k+1)} \end{bmatrix} = \begin{bmatrix} x_C^{(k)} \\ \theta^{(k)} \\ \lambda_c^{(k)} \\ \lambda_v^{(k)} \end{bmatrix} - \left[\mathbf{H}_{\mathcal{L}}\left(x_C^{(k)}, \theta^{(k)}, \lambda_c^{(k)}, \lambda_v^{(k)}\right)\right]^{-1} \nabla\mathcal{L}\left(x_C^{(k)}, \theta^{(k)}, \lambda_c^{(k)}, \lambda_v^{(k)}\right) \tag{2.4.4.13-1}$$

식(2.4.4.13-1)을 사용하는 데 필요한 식들을 식(2.4.4.13-2)에서 식(2.4.4.16-4)까지 자세히 유도하였다. 먼저 식(2.4.4.13-2)에 적용되는 헤시안 매트릭스 $\mathbf{H}_L(x_C, \theta, \lambda_c, \lambda_v)$를 유도하는 과정을 설명하여 보자. 식(2.4.4.14), 식(2.4.4.15-1), 식(2.4.4.16-1)에서 목적함수, 등 제약함수, 부등 제약함수의 헤시안 매트릭스를 구하여 식(2.4.4.13-3)의 $\mathbf{H}_L(x_C, \theta)$에 대입한 후, 다시 식(2.4.4.13-2)에 대입하여 라그랑주 함수에 대한 글로벌 헤시안 매트릭스 $\mathbf{H}_L(x_C, \theta, \lambda_c, \lambda_v)$를 구하는 것이다. 이때 식(2.4.4.13-2)에 필요한 $\mathbf{J}_c(x_C, \theta)$과 $\mathbf{J}_c(x_C, \theta)$는 각각 식(2.4.4.12-2)과 식(2.4.4.12-3)에서 구한다. 식(2.4.4.15-1)은 식(2.4.4.15-2)부터 식(2.4.4.15-4)까지 기반하여 구하며, 식(2.4.4.16-1)은 식(2.4.4.16-2)부터 식(2.4.4.16-4)까지 기반하여 구한다. $[x_C, \theta]$의 함수인 $\mathbf{H}_L(x_C, \theta)$매트릭스는 글로벌 헤시안 매트릭스 $\mathbf{H}_L(x_C, \theta, \lambda_c, \lambda_v)$의 요소 헤시안 매트릭스로서, $\mathbf{H}_L(x_C, \theta, \lambda_c, \lambda_v)$는 전체 $[x_C, \theta, \lambda_c, \lambda_v]$ 입력변수의 함수인 반면 $\mathbf{H}_L(x_C, \theta)$는 x_C와 θ만의 함수이다. 상세한 설명은 2.1, 2.2, 2.3절을 참조하기 바란다.

$$\mathbf{H}_{\mathcal{L}}(x_C, \theta, \lambda_c, \lambda_v) = \begin{bmatrix} \mathbf{H}_{\mathcal{L}}(x_C, \theta) & -[\mathbf{J}_c(x_C, \theta)]^T & -[s\mathbf{J}_v(x_C, \theta)]^T \\ -\mathbf{J}_c(x_C, \theta) & 0 & 0 \\ -s\mathbf{J}_v(x_C, \theta) & 0 & 0 \end{bmatrix} \quad (2.4.4.13\text{-}2)$$

$$\mathbf{H}_{\mathcal{L}}(x_C, \theta) = \mathbf{H}_{f_{x_C}}(x_C, \theta) - \lambda_c \mathbf{H}_c(x_C, \theta) - s\lambda_v \mathbf{H}_v(x_C, \theta) \quad (2.4.4.13\text{-}3)$$

$$\mathbf{H}_{f_{x_C}}(x_C, \theta) = \begin{bmatrix} \dfrac{\partial^2 x_C}{\partial x_C^2} & \dfrac{\partial^2 x_C}{\partial x_C \partial \theta} \\ \dfrac{\partial^2 x_C}{\partial x_C \partial \theta} & \dfrac{\partial^2 x_C}{\partial \theta^2} \end{bmatrix} = \begin{bmatrix} 0 & 0 \\ 0 & 0 \end{bmatrix} \quad (2.4.4.14)$$

$$\mathbf{H}_c(x_C, \theta) = \begin{bmatrix} \frac{\partial^2 c(x_C, \theta)}{\partial x_C^2} & \frac{\partial^2 c(x_C, \theta)}{\partial x_C \partial \theta} \\ \frac{\partial^2 c(x_C, \theta)}{\partial x_C \partial \theta} & \frac{\partial^2 c(x_C, \theta)}{\partial \theta^2} \end{bmatrix} \tag{2.4.4.15-1}$$

$$\frac{\partial^2 c(x_C, \theta)}{\partial x_C^2} = -\frac{g}{V_0^2 \cos^2 \theta} \tag{2.4.4.15-2}$$

$$\frac{\partial^2 c(x_C, \theta)}{\partial x_C \partial \theta} = \tan^2 \theta + 1 - \frac{2g(x_C - x_A) \sin \theta}{V_0^2 \cos^3 \theta} \tag{2.4.4.15-3}$$

$$\frac{\partial^2 c(x_C, \theta)}{\partial \theta^2} = -2 \tan \theta \, (\tan^2 \theta + 1)(x_C - x_A) - \frac{g(x_C - x_A)^2}{V_0^2 \cos^2 \theta} - \frac{3g(x_C - x_A)^2 \sin^2 \theta}{V_0^2 \cos^4 \theta} \tag{2.4.4.15-4}$$

$$\mathbf{H}_v(x_C, \theta) = \begin{bmatrix} \frac{\partial^2 v(x_C, \theta)}{\partial x_C^2} & \frac{\partial^2 v(x_C, \theta)}{\partial x_C \partial \theta} \\ \frac{\partial^2 v(x_C, \theta)}{\partial x_C \partial \theta} & \frac{\partial^2 v(x_C, \theta)}{\partial \theta^2} \end{bmatrix} \tag{2.4.4.16-1}$$

$$\frac{\partial^2 v(x_C, \theta)}{\partial x_C^2} = -\frac{g}{V_0^2 \cos^2 \theta} \tag{2.4.4.16-2}$$

$$\frac{\partial^2 v(x_C, \theta)}{\partial x_C \partial \theta} = \tan^2 \theta + 1 - \frac{2g(x_C - x_B) \sin \theta}{V_0^2 \cos^3 \theta} \tag{2.4.4.16-3}$$

$$\frac{\partial^2 v(x_C, \theta)}{\partial \theta^2} = 2 \tan \theta \, (\tan^2 \theta + 1)(x_C - x_B) - \frac{g(x_C - x_B)^2}{V_0^2 \cos^2 \theta} - \frac{3g(x_C - x_B)^2 \sin^2 \theta}{V_0^2 \cos^4 \theta} \tag{2.4.4.16-4}$$

표 2.4.4.1에서처럼 부등 제약조건에 대하여, 활성과 비활성에 따른 두 가지 경우의 KKT 후보해를 구하여야 하고, 따라서 총 두 경우의 KKT 후보해 중 최적조건을 만족하는 최종해를 찾아야 한다.

표 2.4.4.1 활성 및 비활성 KKT 조건의 두 가지 경우 부등 제약함수

CASE	s	COMMENT
CASE 1	1	Inequality $v(x)$ is active
CASE 2	0	Inequality $v(x)$ is inactive

(5) Case 1 KKT 조건: 부등 제약조건 $v(x)$이 활성인 경우

부등 제약조건 $v(x_C, \theta) = y_{P_t} - 0.1 \geq 0$이 활성으로 가정되는 경우에는, 부등 제약조건을 등 제약조건으로 변환(binding)하여 부등 제약조건이 목적함수 $f_{x_C}(x_C)$가 최대점에 이르는 과정을 제약하게 되고 라그랑주 함수는 식(2.4.4.17-1)로 구해진다.

$$\mathcal{L}(x_C, \theta, \lambda_c, \lambda_v) = x_C - \lambda_c\left(y_{P_f} - 0.06\right) - \lambda_v\left(y_{P_t} - 0.1\right) \tag{2.4.4.17-1}$$

부등 제약조건이 활성일 경우, 식(2.4.4.11-1)에 기술되어 있는 라그랑주 함수의 1차 편미분연립방정식(gradient 벡터)의 KKT 조건해를 뉴턴-랩슨 기반으로 도출하여 보자. 초기 입력변수(0단계) $x^{(0)}=[x_C^{(0)}, \theta^{(0)}]^T$는 $[0.7, 40]^T$로 가정하고, 초기 라그랑주 승수는 $\lambda_c^{(0)}$, $\lambda_v^{(0)}$는 모두 0으로 가정한다. 따라서 전체 초기 입력변수 $[x_C^{(0)}, \theta^{(0)}, \lambda_c^{(0)}, \lambda_v^{(0)}]^T$는 $[0.7, 40, 0, 0]^T$으로 가정한다. 이 경우 등 제약함수 $c(x)$, 부등 제약함수 $v(x)$는 식(2.4.4.7-1)과 식(2.4.4.7-2)에 전체 초기 입력변수를 대입(붉은색으로 표시)하여, 식(2.4.4.18-1)과 식(2.4.4.18-2)에서 구한다. 이때 y_A=0.06km, y_B=0.1km를 대입한다. 등 제약함수 $c(x)$, 부등 제약함수 $v(x)$의 1차미분식인 제이코비 매트릭스는 식(2.4.4.12-2)와 식(2.4.4.12-3)에 기반하여 식(2.4.4.19)에서 구하였고, 2차 미분식인 헤시안 매트릭스는 식(2.4.4.15-

1)과 식(2.4.4.16-1)에 기반하여 식(2.4.4.20)에서 구하였다. 라그랑주 함수의 1차미분 식(gradient 벡터) $\nabla L(x_C^{(0)}, \theta^{(0)}, \lambda_c^{(0)}, \lambda_v^{(0)})$는 식(2.4.4.12-1)의 $\nabla f_{x_C}(x_C)$, 식(2.4.4.18-1)의 $c(x_C^{(0)}, \theta^{(0)})$, (2.4.4.18-2)의 $v(x_C^{(0)}, \theta^{(0)})$, 식(2.4.4.19-1)의 $\mathbf{J}_c(x_C^{(0)}, \theta^{(0)})$, (2.4.4.19-2)의 $\mathbf{J}_v(x_C^{(0)}, \theta^{(0)})$, $s = 1$을 식(2.4.4.11-1), 식(2.4.4.21-1)에 대입하여 식(2.4.4.21-2)에서 도출되었으나 0으로 수렴하지 못하였다. 따라서 Case 1의 KKT 조건 하에서 $[x_C^{(0)}, \theta^{(0)}, \lambda_c^{(0)}, \lambda_v^{(0)}]^T$=[0.7, 40, 0, 0]^{T}는 Iteration 0에서 해가 되지 못하였고, 다음 Iteration 1에서 수렴 여부를 확인하여야 한다. Iteration 1의 입력변수 $[x_C^{(1)}, \theta^{(1)}, \lambda_c^{(1)}, \lambda_v^{(1)}]$는 식(2.4.4.13-1)에 기반하여 식(2.4.4.22-1)에서 구하여야 하는데, 이를 위해서 식(2.4.4.22-2), (2.4.4.25-1), (2.4.4.25-2)에서 라그랑주 함수의 헤시안 매트릭스 $\mathbf{H}_L(x_C^{(0)}, \theta^{(0)}, \lambda_c^{(0)}, \lambda_v^{(0)})$를 구하고, 이를 위해서 식(2.4.4.23)과 식(2.4.4.24)에서 $\mathbf{H}_L(x_C^{(0)}, \theta^{(0)})$를 먼저 구하여야 한다. 식(2.4.4.14), 식(2.4.4.20-1), 식(2.4.4.20-2)에 기반하여 구한 $\mathbf{H}_{f_{x_C}}(x_C, \theta)$, $\mathbf{H}_c(x_C^{(0)}, \theta^{(0)})$, $\mathbf{H}_v(x_C^{(0)}, \theta^{(0)})$을 식(2.4.4.13-3)에 대입하면 식(2.4.4.23)과 식(2.4.4.24)에서 $\mathbf{H}_L(x_C^{(0)}, \theta^{(0)})$ 을 구할 수 있다. 따라서 $\mathbf{H}_L(x_C^{(0)}, \theta^{(0)})$을 s=1, 식(2.4.4.19-1)의 $\mathbf{J}_c(x_C^{(0)}, \theta^{(0)})$, 식(2.4.4.19-2)의 $\mathbf{J}_v(x_C^{(0)}, \theta^{(0)})$과 함께 식(2.4.4.22-2)에 대입하면 라그랑주 함수의 헤시안 매트릭스 $\mathbf{H}_L(x_C^{(0)}, \theta^{(0)}, \lambda_c^{(0)}, \lambda_v^{(0)})$를 식(2.4.4.25-1)과 식(2.4.4.25-2)에서 구할 수 있다. 그리고 (2.4.4.25-3)에서 구한 $[\mathbf{H}_L(x_C^{(0)}, \theta^{(0)}, \lambda_c^{(0)}, \lambda_v^{(0)})]^{-1}$과 식(2.4.4.21-2)에서 구한 $\nabla L(x_C^{(0)}, \theta^{(0)}, \lambda_c^{(0)}, \lambda_v^{(0)})$를 식(2.4.4.22-1)에 대입하였고, 식(2.4.4.26)에서 Iteration 1단계에서 사용될 입력변수 $[x_C^{(1)}, \theta^{(1)}, \lambda_c^{(1)}, \lambda_v^{(1)}]$가 [0.584, 39.98, -1.929, 1.126]로 개선되었다.

이 모든 방법은 이전 예제 유도과정과 동일하니 수록된 3개의 예제를 비교하여 보는 것도 좋은 방법이다.

$$c\left(x_C^{(0)},\ \theta^{(0)}\right) = \left(x_C^{(0)} - x_A\right)\tan\theta^{(0)} - \frac{g\left(x_C^{(0)} - x_A\right)^2}{2V_0^2\cos^2\theta^{(0)}} - y_A = -0.113 \tag{2.4.4.18-1}$$

$$v\left(x_C^{(0)},\ \theta^{(0)}\right) = \left(x_C^{(0)} - x_B\right)\tan\theta^{(0)} - \frac{g\left(x_C^{(0)} - x_B\right)^2}{2V_0^2\cos^2\theta^{(0)}} - y_B = -0.090 \tag{2.4.4.18-2}$$

$$\mathbf{J}_c\left(x_C^{(0)},\ \theta^{(0)}\right) = [-0.989 \quad 0.119] \tag{2.4.4.19-1}$$

$$\mathbf{J}_v\left(x_C^{(0)},\ \theta^{(0)}\right) = [-0.806 \quad 0.204] \tag{2.4.4.19-2}$$

$$\mathbf{H}_c\left(x_C^{(0)},\ \theta^{(0)}\right) = \begin{bmatrix} -2.612 & -1.364 \\ -1.364 & -1.982 \end{bmatrix} \tag{2.4.4.20-1}$$

$$\mathbf{H}_v\left(x_C^{(0)},\ \theta^{(0)}\right) = \begin{bmatrix} -2.612 & -1.058 \\ -1.058 & -1.425 \end{bmatrix} \tag{2.4.4.20-2}$$

$$\nabla\mathcal{L}\left(x_C^{(0)},\ \theta^{(0)},\ \lambda_c^{(0)},\ \lambda_v^{(0)}\right) = \begin{bmatrix} \nabla f_{x_C}\left(x_C^{(0)}\right) - \mathbf{J}_c(x_C,\ \theta)^T\lambda_c - \mathbf{J}_v(x_C,\ \theta)^T s\lambda_v \\ -c(x_C,\ \theta) \\ -sv(x_C,\ \theta) \end{bmatrix} \tag{2.4.4.21-1}$$

$$\nabla\mathcal{L}\left(x_C^{(0)},\ \theta^{(0)},\ \lambda_c^{(0)},\ \lambda_v^{(0)}\right) = \begin{bmatrix} \begin{bmatrix} 1 \\ 0 \end{bmatrix} - \begin{bmatrix} -0.989 \\ 0.119 \end{bmatrix} \times 0 - \begin{bmatrix} -0.806 \\ 0.204 \end{bmatrix} \times 1 \times 0 \\ 0.113 \\ 0.090 \end{bmatrix}$$

$$\rightarrow \nabla\mathcal{L}\left(x_C^{(0)},\ \theta^{(0)},\ \lambda_c^{(0)},\ \lambda_v^{(0)}\right) = \begin{bmatrix} 1 \\ 0 \\ 0.113 \\ 0.090 \end{bmatrix} \neq \mathbf{0} \tag{2.4.4.21-2}$$

$$\begin{bmatrix} x_C^{(1)} \\ \theta^{(1)} \\ \lambda_c^{(1)} \\ \lambda_v^{(1)} \end{bmatrix} = \begin{bmatrix} x_C^{(0)} \\ \theta^{(0)} \\ \lambda_c^{(0)} \\ \lambda_v^{(0)} \end{bmatrix} - \left[\mathbf{H}_{\mathcal{L}}\left(x_C^{(0)},\ \theta^{(0)},\ \lambda_c^{(0)},\ \lambda_v^{(0)}\right)\right]^{-1} \nabla\mathcal{L}\left(x_C^{(0)},\ \theta^{(0)},\ \lambda_c^{(0)},\ \lambda_v^{(0)}\right)$$

(2.4.4.22-1)

$$\mathbf{H}_{\mathcal{L}}\left(x_C^{(0)},\ \theta^{(0)},\ \lambda_c^{(0)},\ \lambda_v^{(0)}\right) = \begin{bmatrix} \mathbf{H}_{\mathcal{L}}\left(x_C^{(0)},\ \theta^{(0)}\right) & -\left[\mathbf{J}_c\left(x_C^{(0)},\ \theta^{(0)}\right)\right]^T & -\left[s\mathbf{J}_v\left(x_C^{(0)},\ \theta^{(0)}\right)\right]^T \\ -\mathbf{J}_c\left(x_C^{(0)},\ \theta^{(0)}\right) & 0 & 0 \\ -s\mathbf{J}_v\left(x_C^{(0)},\ \theta^{(0)}\right) & 0 & 0 \end{bmatrix}$$

(2.4.4.22-2)

$$\mathbf{H}_{\mathcal{L}}\left(\mathbf{x}^{(0)}\right) = \mathbf{H}_{\mathcal{L}}\left(x_C^{(0)},\ \theta^{(0)}\right) = \mathbf{H}_{f_{x_C}}\left(x_C^{(0)},\ \theta^{(0)}\right) - \lambda_c\mathbf{H}_c\left(x_C^{(0)},\ \theta^{(0)}\right) - s\lambda_v\mathbf{H}_v\left(x_C^{(0)},\ \theta^{(0)}\right)$$

(2.4.4.23)

$$\mathbf{H}_{\mathcal{L}}\left(\mathbf{x}^{(0)}\right) = \mathbf{H}_{\mathcal{L}}\left(x_C^{(0)},\ \theta^{(0)}\right)$$
$$= \begin{bmatrix} 0 & 0 \\ 0 & 0 \end{bmatrix} - 0 \times \begin{bmatrix} -2.612 & -1.364 \\ -1.364 & -1.982 \end{bmatrix} - 1 \times 0 \times \begin{bmatrix} -2.612 & -1.058 \\ -1.058 & -1.425 \end{bmatrix} = \begin{bmatrix} 0 & 0 \\ 0 & 0 \end{bmatrix}$$

(2.4.4.24)

$$\mathbf{H}_{\mathcal{L}}\left(x_C^{(0)},\ \theta^{(0)},\ \lambda_c^{(0)},\ \lambda_v^{(0)}\right) = \begin{bmatrix} \begin{bmatrix} 0 & 0 \\ 0 & 0 \end{bmatrix} & -\begin{bmatrix} -0.989 \\ 0.119 \end{bmatrix} & -\begin{bmatrix} -0.806 \\ 0.204 \end{bmatrix} \\ -[-0.989 \quad 0.119] & 0 & 0 \\ -[-0.806 \quad 0.204] & 0 & 0 \end{bmatrix}$$

(2.4.4.25-1)

$$\mathbf{H}_{\mathcal{L}}\left(x_C^{(0)},\ \theta^{(0)},\ \lambda_c^{(0)},\ \lambda_v^{(0)}\right) = \begin{bmatrix} 0 & 0 & 0.989 & 0.806 \\ 0 & 0 & -0.119 & -0.204 \\ 0.989 & -0.119 & 0 & 0 \\ 0.806 & -0.204 & 0 & 0 \end{bmatrix}$$

(2.4.4.25-2)

$$\left[\mathbf{H}_{\mathcal{L}}\left(x_C^{(0)},\ \theta^{(0)},\ \lambda_c^{(0)},\ \lambda_v^{(0)}\right)\right]^{-1} = \begin{bmatrix} 0 & 0 & 1.929 & -1.126 \\ 0 & 0 & 7.637 & -9.368 \\ 1.929 & 7.637 & 0 & 0 \\ -1.126 & -9.368 & 0 & 0 \end{bmatrix}$$

(2.4.4.25-3)

$$\left[\mathbf{H}_{\mathcal{L}}\left(x_C^{(0)},\ \theta^{(0)},\ \lambda_c^{(0)},\ \lambda_v^{(0)}\right)\right]^{-1} = \begin{bmatrix} 0 & 0 & 1.929 & -1.126 \\ 0 & 0 & 7.637 & -9.368 \\ 1.929 & 7.637 & 0 & 0 \\ -1.126 & -9.368 & 0 & 0 \end{bmatrix} \tag{2.4.4.25-3}$$

$$\begin{bmatrix} x_C^{(1)} \\ \theta^{(1)} \\ \lambda_c^{(1)} \\ \lambda_v^{(1)} \end{bmatrix} = \begin{bmatrix} 0.7 \\ 40 \\ 0 \\ 0 \end{bmatrix} - \begin{bmatrix} 0 & 0 & 1.929 & -1.126 \\ 0 & 0 & 7.637 & -9.368 \\ 1.929 & 7.637 & 0 & 0 \\ -1.126 & -9.368 & 0 & 0 \end{bmatrix} \begin{bmatrix} 1 \\ 0 \\ 0.113 \\ 0.090 \end{bmatrix}$$

$$\rightarrow \begin{bmatrix} x_C^{(1)} \\ \theta^{(1)} \\ \lambda_c^{(1)} \\ \lambda_v^{(1)} \end{bmatrix} = \begin{bmatrix} 0.584 \\ 39.98 \\ -1.929 \\ 1.126 \end{bmatrix} \tag{2.4.4.26}$$

식(2.4.4.27)에서 보이는 대로 Iteration 1의 라그랑주 함수 1차 미분식(gradient 벡터) $\nabla L(x_C^{(1)},\ \theta^{(1)},\ \lambda_c^{(1)},\ \lambda_v^{(1)})$ 역시 0으로 수렴하지 못하고 있다.

$$\nabla \mathcal{L}\left(x_C^{(1)},\ \theta^{(1)},\ \lambda_c^{(1)},\ \lambda_v^{(1)}\right) = \begin{bmatrix} 0.5693 \\ 40.00 \\ -3.703 \\ 3.044 \end{bmatrix} \neq \mathbf{0} \tag{2.4.4.27}$$

그림 2.4.4.2에 총 4개의 Iteration 0단계에서의 초기 입력변수 $[x_C^{(0)},\ \theta^{(0)},\ \lambda_c^{(0)},\ \lambda_v^{(0)}]$=[0.7, 40, 0, 0], [0.7, 20, 0, 0], [0.6, 60, 0, 0], [0.2, 35, 0, 0]에 대하여 수렴 과정을 추적하였다. 라그랑주 승수 $\lambda_c^{(0)}$, $\lambda_v^{(0)}$는 [0, 0]으로 설정하였다. 결과적으로, 4개의 입력변수 중 첫 번째 초기 입력변수 $[x_C^{(0)},\ \theta^{(0)},\ \lambda_c^{(0)},\ \lambda_v^{(0)}]$ =[0.7, 40, 0, 0]는 127회 반복연산 이 후에 $[x_C^{(127)},\ \theta^{(127)},\ \lambda_c^{(127)},\ \lambda_v^{(127)}]$=[0.569, 41.12, -3.591, 2.923]에 수렴하였다. MSE는 9.9E-6이었고, 부등 제약조건 $v(x_C, \theta) = y_{P_t}$-0.1≥0이 활성인 경우 상세한 발사체의 비행 궤적은 그림 2.4.4.3에 도시하였다. 그림 2.4.4.3에 보이듯이 발사체의 거리 $f_{x_C}(x_C^{(127)})$는 0.569 (km)에서 최대로 도출되었고, 이때 발사각도 $\theta^{(127)}$는 41.12°이었다. 4개의 초기 입력변수는 그림 2.4.4.2의 하늘색점인 [0.569, 41.12, -3.591, 2.923]에 모두 수렴하였다. 검정색 곡선은 등 제약함수를 의미하는 곡선이고 파란색 곡선은 부등 제약함수가 등 제약함수로 binding된 곡선을 의미한다. 부등 제약조건 $v(x_C^{(0)},\ \theta^{(0)})$이 활성인 경우에는 등 제약

조건으로 binding 되어서 $v(x_C, \theta)=y_{P_t}-0.1=0$로 변환되기 때문에 파란색 곡선 위에 수렴하는 것이다. KKT 후보 해로써 $\nabla L(x_C, \theta, \lambda_c, \lambda_v)=0$을 만족하였고, 목적함수인 비행체의 비행거리는 색상으로 알 수 있다. 목적함수는 식(2.4.4.1)에 기술되어 있듯이 비행체의 비행거리만의 함수이다. 비행체의 발사각도는 그림 2.4.4.2의 왼쪽 y축에서 읽을 수 있다. 또한 비행체의 발사각도는 식(2.4.4.7-1), 식 (2.4.4.8)의 등 제약함수로부터 구할 수 있다. 수렴된 하늘색 점은 등 제약함수를 의미하는 검정색 곡선 위와 부등 제약함수가 등 제약함수로 binding 된 파란색 점을 동시에 지나므로, Case 1의 KKT 조건을 만족하는 것으로 조사되었다. 따라서 Case 1의 KKT 후보해는 Case 2의 KKT 후보해와 비교하여 비행체의 비행거리가 최대가 되는지를 결정해야 한다.

그림 2.4.4.2에는 초기 입력변수 2.3.4에 대한 수렴횟수 및 수렴경로가 표시되어 있다.

——— : Equality constraint: $c(x_C, \theta) = 0$ $\begin{matrix} v(x_C,\theta) > 0 \\ \rule{3cm}{0.4pt} \\ v(x_C,\theta) < 0 \end{matrix}$: Active constraint: $v(x_C, \theta) \geq 0$

● : Initial vector $x_C^{(0)} = 0.7$, $\theta^{(0)} = 40 \rightarrow$ converge at $x_C^{(127)} = 0.569$, $\theta^{(127)} = 41.12$
● : Initial vector $x_C^{(0)} = 0.7$, $\theta^{(0)} = 20 \rightarrow$ converge at $x_C^{(278)} = 0.569$, $\theta^{(278)} = 41.12$
● : Initial vector $x_C^{(0)} = 0.6$, $\theta^{(0)} = 60 \rightarrow$ converge at $x_C^{(292)} = 0.569$, $\theta^{(292)} = 41.12$
● : Initial vector $x_C^{(0)} = 0.2$, $\theta^{(0)} = 35 \rightarrow$ converge at $x_C^{(219)} = 0.569$, $\theta^{(219)} = 41.12$
◉ : Local optimum $f_{x_C}(\mathbf{x}) = 0.569$ @ $x_C = 0.569$, $\theta = 41.12$

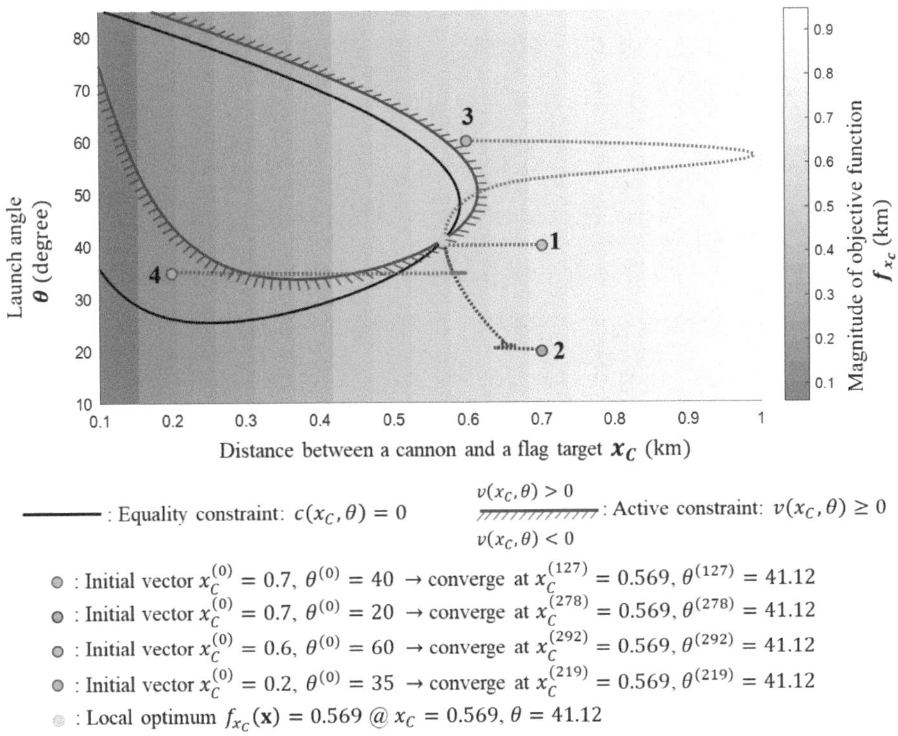

그림 2.4.4.2 수학식에 기반한 초기 입력변수 수렴 과정 Case 1의 KKT 조건:
$c(x_C, \theta)=y_{P_f}-0.06=0$, $v(x_C, \theta)=y_{P_t}-0.1\geq0$이 만족되어야 함

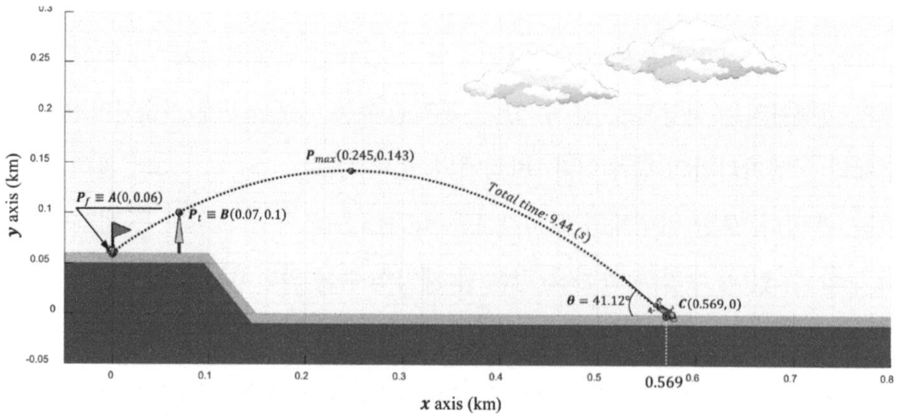

그림 2.4.4.3 Case 1의 KKT 조건 하의 비행체의 비행 궤적:
$c(x_C), \theta = y_{P_f}$-0.06=0, $v(x_C, \theta) = y_{P_t}$-0.1=0이 만족되어야 함

(6) Case 2 KKT 조건: 부등 제약조건 $v(x)$이 비활성인 경우

Case 2의 KKT 조건에 대한 후보해는 부등 제약조건 $v(x_C, \theta)=y_{P_t}-0.1\geq0$이 비활성일 때로서, 목적함수가 최대값에 도달할 때 부등 제약조건 $v(x_C, \theta)$의 제약을 받지 않는다는 의미이다. 즉 부등 제약조건 $v(x_C, \theta)$이 등 제약조건으로 binding 되지 않는다는 뜻으로써, 여유조건(slack KKT조건)이 됨을 의미한다. 즉 식(2.4.4.28-1)과 식(2.4.4.28-2)에서처럼 라그랑주 함수를 유도할 때에 부등 제약조건은 무시한다는 뜻이 된다. 그러나 Case 2의 KKT 조건에서는 목적함수의 최대값이 부등 제약조건 $v(x_C, \theta)=y_{P_t}-0.1\geq0$의 범위 내에서 구해져야 한다. Case 1과 유사한 방법으로 Case 2의 KKT 조건에 대한 후보해를 구하지만, 부등 제약조건 $v(x_C, \theta)=y_{P_t}-0.1\geq0$을 반드시 만족하는 후보해를 도출해야 하는 것이다. 라그랑주 함수는 부등 제약조건은 무시하고 등 제약 조건만을 포함시켜, s=0과 함께 식(2.4.4.28-3)에서 구해진다.

Case 1에서 이미 자세히 설명되었으므로 Case 2에서는 핵심적인 내용을 중심으로 설명하기로 한다. 부등 제약조건이 비활성일 경우, 식(2.4.4.11-1)의 KKT 조건의 해를 뉴턴-랩슨 기반으로 도출하기 위하여, 초기 입력변수 $x^{(0)}=[x_C^{(0)}, \theta^{(0)}]^T=[0.7, 40]^T$을 라그랑주 초기승수 $\lambda_C^{(0)}=-1$, $\lambda_v^{(0)}=0$과 동시에 적용하였을 경우, 전체 초기 입력변수는 $[x_C^{(0)}, \theta^{(0)}, \lambda_c^{(0)}, \lambda_v^{(0)}]^T=[0.7, 40, -1, 0]^T$이 된다. 초기 입력변수에 대해 식(2.4.4.7-1) 또는 식

(2.4.4.8)에서 $c(x_C^{(0)}, \theta^{(0)})$, 식(2.4.4.7-2) 또는 식(2.4.4.9)에서 $v(x_C^{(0)}, \theta^{(0)})$을 구하고, 식(2.4.4.12-1)에서 $\nabla f_{x_C}(x_C)$, 식(2.4.4.12-2)에서 $\mathbf{J}_c(x_C^{(0)}, \theta^{(0)})$, 식(2.4.4.12-3)에서 $\mathbf{J}_v(x_C^{(0)}, \theta^{(0)})$를 얻는다. 이 식들을 s=0와 함께 식(2.4.4.11-1)에 기반하여 식(2.4.4.28-3)에서 라그랑주 함수의 1차 미분식(gradient 벡터) $\nabla L(x_C^{(0)}, \theta^{(0)}, \lambda_c^{(0)}, \lambda_v^{(0)})$을 도출하였으나, $\nabla L(x_C^{(0)}, \theta^{(0)}, \lambda_c^{(0)}, \lambda_v^{(0)})$가 0으로 수렴하지 못하여, Case 2의 KKT 조건 하에서 Iteration 0의 초기 입력변수 $[x_C^{(0)}, \theta^{(0)}, \lambda_c^{(0)}, \lambda_v^{(0)}]^T$=[0.7, 40, -1, 0]^{T}는 후보해로 수렴하지 못하였다. 이는 $[x_C^{(0)}, \theta^{(0)}, \lambda_c^{(0)}, \lambda_v^{(0)}]$가 식(2.4.4.28-3)을 만족하지 못하여, Case 2의 KKT 조건의 해가 아니라는 의미이다. 따라서 다음 단계인 Iteration 1단계에서 수렴 여부를 확인하여야 한다. 이미 설명된 바와 같이, Iteration 1단계에서 사용될 업데이트된 입력변수 $[x_C^{(1)}, \theta^{(1)}, \lambda_c^{(1)}, \lambda_v^{(1)}]$는 식(2.4.4.29)에서 구해지고, 이어서 1차 미분식인 라그랑주 함수의 제이코비 매트릭스 $\nabla L(x_C^{(1)}, \theta^{(1)}, \lambda_c^{(1)}, \lambda_v^{(1)})$가 식(2.4.4.34)에서 0으로 수렴하는지 여부를 확인한다. 여기서 Iteration 1단계에서 사용될 식(2.4.4.29)의 입력변수 $[x_C^{(1)}, \theta^{(1)}, \lambda_c^{(1)}, \lambda_v^{(1)}]$를 구하기 위해서는, Iteration 0단계의 1차 미분식인 제이코비 매트릭스인 식(2.4.4.28-3)의 $\nabla L(x_C^{(0)}, \theta^{(0)}, \lambda_c^{(0)}, \lambda_v^{(0)})$와 식(2.4.4.32-4)의 라그랑주 함수의 역헤시안 매트릭스 $[\mathbf{H}_L(x_C^{(0)}, \theta^{(0)}, \lambda_c^{(0)}, \lambda_v^{(0)})]^{-1}$를 식(2.4.4.29)에 대입해야 한다. 식(2.4.4.30)의 라그랑주 함수의 헤시안 매트릭스 $\mathbf{H}_L(x_C^{(0)}, \theta^{(0)}, \lambda_c^{(0)}, \lambda_v^{(0)})$를 구하기 위해서는 식(2.4.4.31-1)의 $\mathbf{H}_L(x_C^{(0)}, \theta^{(0)})$을 먼저 구하여야 한다. $\mathbf{H}_L(x_C^{(0)}, \theta^{(0)})$는 식(2.4.4.14), 식(2.4.4.15-1), 식(2.4.4.16-1)에 기반해서 구한 $\mathbf{H}_{f_{x_C}}(x_C, \theta)$, $\mathbf{H}_c(x_C^{(0)}, \theta^{(0)})$, $\mathbf{H}_v(x_C^{(0)}, \theta^{(0)})$을 식(2.4.4.31-1)에 대입해서 $\mathbf{H}_L(x^{(0)})$=$\mathbf{H}_L(x_C^{(0)}, \theta^{(0)})$을 식(2.4.4.31-2)에서 구한다. 또한 식(2.4.4.12-2)과 식(2.4.4.12-3)에서 구한 $\mathbf{J}_c(x_C^{(0)}, \theta^{(0)})$, $\mathbf{J}_v(x_C^{(0)}, \theta^{(0)})$와 식(2.4.4.31-2)에서 구한 $\mathbf{H}_L(x_C^{(0)}, \theta^{(0)})$, s=0를 동시에 식(2.4.4.30)에 대입하고, 식(2.4.4.32-1)과 식(2.4.4.32-2)에서 $\mathbf{H}_L(x_C^{(0)}, \theta^{(0)}, \lambda_c^{(0)}, \lambda_v^{(0)})$를 구한다. 그리고 식(2.4.4.32-3)과 식(2.4.4.32-4)에서 $[\mathbf{H}_L(x_C^{(0)}, \theta^{(0)}, \lambda_c^{(0)}, \lambda_v^{(0)})]^{-1}$를 구한다. 식(2.4.4.28-3)의 $\nabla L(x_C^{(0)}, \theta^{(0)}, \lambda_c^{(0)}, \lambda_v^{(0)})$, 식(2.4.4.32-4)의 $[\mathbf{H}_L(x_C^{(0)}, \theta^{(0)}, \lambda_c^{(0)}, \lambda_v^{(0)})]^{-1}$를 식(2.4.4.29)에 대입하여 Iteration 1단계에서 사용될 입력변수 $[x_C^{(1)}, \theta^{(1)}, \lambda_c^{(1)}, \lambda_v^{(1)}]$=[0.584, 39.98, -1.929, 1.126]를 식(2.4.4.33)에서 도출하게 된다. 최종적으로 식(2.4.4.11-1)에 기반하여 식(2.4.4.34)에서 Iteration 1단계의 1차 미분식인 제이코비 매트릭스 $\nabla L(x_C^{(1)}, \theta^{(1)}, \lambda_c^{(1)}, \lambda_v^{(1)})$를 구하게 된다. 그러나 역시 0으로 수렴하지 않으므로 Iteration 2단계에서 연산을 반복 수행하여 KKT 후보해의 수렴 여부를 다시 확인하여야 하고 수렴할 때까

지 이와 같은 연산을 반복하여야 한다.

$$\mathcal{L}(x_C,\ \theta\ ,\ \lambda_c,\ \lambda_v) = x_C - \lambda_c\left(y_{P_f} - 0.06\right) - 0 \times \lambda_v\left(y_{P_t} - 0.1\right) \tag{2.4.4.28-1}$$

$$\mathcal{L}(x_C,\ \theta\ ,\ \lambda_c,\ \lambda_v) = x_C - \lambda_c\left(y_{P_f} - 0.06\right) \tag{2.4.4.28-2}$$

$$\nabla\mathcal{L}(x_C^{(0)},\ \theta^{(0)},\ \lambda_c^{(0)},\ \lambda_v^{(0)}) = \begin{bmatrix} \begin{bmatrix}1\\0\end{bmatrix} - \begin{bmatrix}-0.989\\0.119\end{bmatrix} \times (-1) - \begin{bmatrix}-0.806\\0.204\end{bmatrix} \times 0 \times \lambda_v^{(0)} \\ 0.113 \\ 0 \end{bmatrix}$$

$$\rightarrow \nabla\mathcal{L}\left(x_C^{(0)},\ \theta^{(0)},\ \lambda_c^{(0)},\ \lambda_v^{(0)}\right) = \begin{bmatrix}0.011\\0.119\\0.113\\0\end{bmatrix} \neq \mathbf{0} \tag{2.4.4.28-3}$$

$$\begin{bmatrix}x_C^{(1)}\\\theta^{(1)}\\\lambda_c^{(1)}\\\lambda_v^{(1)}\end{bmatrix} = \begin{bmatrix}x_C^{(0)}\\\theta^{(0)}\\\lambda_c^{(0)}\\\lambda_v^{(0)}\end{bmatrix} - \left[\mathbf{H}_\mathcal{L}\left(x_C^{(0)},\ \theta^{(0)},\ \lambda_c^{(0)},\ \lambda_v^{(0)}\right)\right]^{-1} \nabla\mathcal{L}\left(x_C^{(0)},\ \theta^{(0)},\ \lambda_c^{(0)},\ \lambda_v^{(0)}\right) \tag{2.4.4.29}$$

$$\mathbf{H}_\mathcal{L}\left(x_C^{(0)},\ \theta^{(0)},\ \lambda_c^{(0)},\ \lambda_v^{(0)}\right) = \begin{bmatrix} \mathbf{H}_\mathcal{L}\left(x_C^{(0)},\ \theta^{(0)}\right) & -\mathbf{J}_c\left(x_C^{(0)},\ \theta^{(0)}\right)^T & -\left(s\mathbf{J}_v\left(x_C^{(0)},\ \theta^{(0)}\right)\right)^T \\ -\mathbf{J}_c\left(x_C^{(0)},\ \theta^{(0)}\right) & 0 & 0 \\ -s\mathbf{J}_v\left(x_C^{(0)},\ \theta^{(0)}\right) & 0 & 0 \end{bmatrix} \tag{2.4.4.30}$$

여기서

$$\mathbf{H}_\mathcal{L}\left(\mathbf{x}^{(0)}\right) = \mathbf{H}_\mathcal{L}\left(x_C^{(0)},\ \theta^{(0)}\right) = \mathbf{H}_{f_{x_C}}\left(x_C^{(0)},\ \theta^{(0)}\right) - \lambda_c\mathbf{H}_c\left(x_C^{(0)},\ \theta^{(0)}\right) - s\lambda_v\mathbf{H}_v\left(x_C^{(0)},\ \theta^{(0)}\right) \tag{2.4.4.31-1}$$

$$\mathbf{H}_{\mathcal{L}}\left(\mathbf{x}^{(0)}\right) = \mathbf{H}_{\mathcal{L}}\left(x_C^{(0)},\ \theta^{(0)}\right)$$

$$= \begin{bmatrix} 0 & 0 \\ 0 & 0 \end{bmatrix} - (-1) \times \begin{bmatrix} -2.612 & -1.364 \\ -1.364 & -1.982 \end{bmatrix} - 1 \times 0 \times \begin{bmatrix} -2.612 & -1.058 \\ -1.058 & -1.425 \end{bmatrix}$$

$$= \begin{bmatrix} -2.612 & -1.364 \\ -1.364 & -1.982 \end{bmatrix}$$

(2.4.4.31-2)

$$\mathbf{H}_{\mathcal{L}}\left(x_C^{(0)},\ \theta^{(0)},\ \lambda_c^{(0)},\ \lambda_v^{(0)}\right) = \begin{bmatrix} \begin{bmatrix} -2.612 & -1.364 \\ -1.364 & -1.982 \end{bmatrix} & -\begin{bmatrix} -0.989 \\ 0.119 \end{bmatrix} & -0\begin{bmatrix} -0.806 \\ 0.204 \end{bmatrix} \\ -[-0.989 \quad 0.119] & 0 & 0 \\ -0 \times [-0.806 \quad 0.204] & 0 & 0 \end{bmatrix}$$

(2.4.4.32-1)

$$\mathbf{H}_{\mathcal{L}}\left(x_C^{(0)},\ \theta^{(0)},\ \lambda_c^{(0)},\ \lambda_v^{(0)}\right) = \begin{bmatrix} -2.612 & -1.364 & 0.989 & 0 \\ -1.364 & -1.982 & -0.119 & 0 \\ 0.989 & -0.119 & 0 & 0 \\ 0 & 0 & 0 & 0 \end{bmatrix} \qquad (2.4.4.32\text{-}2)$$

$$\left[\mathbf{H}_{\mathcal{L}}\left(x_C^{(0)},\ \theta^{(0)},\ \lambda_c^{(0)},\ \lambda_v^{(0)}\right)\right]^{-1} = \begin{bmatrix} \begin{bmatrix} -2.612 & -1.364 & 0.989 \\ -1.364 & -1.982 & -0.119 \\ 0.989 & -0.119 & 0 \end{bmatrix}^{-1} & \begin{matrix} 0 \\ 0 \\ 0 \end{matrix} \\ \begin{matrix} 0 \quad & 0 \quad & 0 \end{matrix} & 0 \end{bmatrix} \qquad (2.4.4.32\text{-}3)$$

$$\left[\mathbf{H}_{\mathcal{L}}\left(x_C^{(0)},\ \theta^{(0)},\ \lambda_c^{(0)},\ \lambda_v^{(0)}\right)\right]^{-1} = \begin{bmatrix} -0.0062 & -0.0512 & 0.9239 & 0 \\ -0.0512 & -0.4260 & -0.7227 & 0 \\ 0.9239 & -0.7227 & 1.4426 & 0 \\ 0 & 0 & 0 & 0 \end{bmatrix} \qquad (2.4.4.32\text{-}4)$$

$$\begin{bmatrix} x_C^{(1)} \\ \theta^{(1)} \\ \lambda_c^{(1)} \\ \lambda_v^{(1)} \end{bmatrix} = \begin{bmatrix} 0.7 \\ 40 \\ -1 \\ 0 \end{bmatrix} - \begin{bmatrix} -0.0062 & -0.0512 & 0.9239 & 0 \\ -0.0512 & -0.4260 & -0.7227 & 0 \\ 0.9239 & -0.7227 & 1.4426 & 0 \\ 0 & 0 & 0 & 0 \end{bmatrix} \begin{bmatrix} 0.011 \\ 0.119 \\ 0.113 \\ 0 \end{bmatrix}$$

(2.4.4.33)

$$\rightarrow \begin{bmatrix} x_C^{(1)} \\ \theta^{(1)} \\ \lambda_c^{(1)} \\ \lambda_v^{(1)} \end{bmatrix} = \begin{bmatrix} 0.584 \\ 39.98 \\ -1.929 \\ 1.126 \end{bmatrix}$$

(2.4.4.34)

$$\nabla\mathcal{L}\left(x_C^{(1)},\ \theta^{(1)},\ \lambda_c^{(1)},\ \lambda_v^{(1)}\right) = \begin{bmatrix} 0.6021 \\ 40.13 \\ -1.086 \\ 0 \end{bmatrix} \neq \mathbf{0}$$

(7) 요약

그림 2.4.4.4에 총 4개의 초기 입력변수 $[x_C^{(0)}, \theta^{(0)}, \lambda_c^{(0)}, \lambda_v^{(0)}]$=[0.7, 40, -1, 0], [0.6, 30, -1, 0], [0.8, 66, -1, 0], [0.2, 35, -1, 0]에 대하여 수렴 여부를 추적하였다. 라그랑주 승수 $\lambda_c^{(0)}$, $\lambda_v^{(0)}$는 [-1, 0]으로 설정하였다. 그림 2.4.4.4에서 보이듯이, 첫째 초기 입력변수 $[x_C^{(0)}, \theta^{(0)}, \lambda_c^{(0)}, \lambda_v^{(0)}]$=[0.7, 40, -1, 0]는 238번째 연산에서 $[x_C^{(238)}, \theta^{(238)}, \lambda_c^{(238)}, \lambda_v^{(238)}]$=[0.589,47.81, -1.107,0]에 수렴하였고 이때 MSE는 9.9E-6이다. 비행거리는 $f_{x_C}(x_C)$=0.589km로 계산되었다. 결과적으로, 4개의 초기 입력변수 모두는 $[x_C^{(k)}, \theta^{(k)}, \lambda_c^{(k)}, \lambda_v^{(k)}]$=[0.589, 47.81, -1.107, 0]에 수렴하여 KKT 후보해로서 $\nabla L(x_C, \theta, \lambda_c, \lambda_v)=0$을 만족하였으며, 그림 2.4.4.4의 하늘색 점인 [0.589, 47.81, -1.107, 0]에서 도출되었다. 발사체의 비행거리와 발사각도는 $[x_C^{(k)}, \theta^{(k)}]$=[0.589, 47.81]로 계산되었다. 그림 2.4.4.5에 보이듯이 발사체의 거리 $f_{x_C}(x_C^{(k)})$는 0.589km 에서 최대화되었다. 이때 발사각도 $\theta^{(k)}$는 47.81°이었다.

목적함수인 비행체의 비행거리는 색상으로 알 수 있다. 목적함수는 식(2.4.4.1)에 기술되어 있듯이 비행체의 비행거리만의 함수이다. 비행체의 발사각도는 그림 2.4.4.2의 왼쪽 y축에서 읽을 수 있다. 또한 비행체의 발사각도는 식(2.4.4.7-1), 식(2.4.4.8)의 등 제약함수로도 구할 수 있다. 검정색 곡선은 등 제약함수를 의미하는 곡선이고 파란색 곡선은 부등 제약함수가 0인 곡선을 의미한다. 수렴된 하늘색 점은 등 제약함수를 의미하는 검정색 곡선 위와 파란색 곡선의 빗금 친 반대방향에 존재하므로, 부등 제약조건 $v(x_C,\theta)=y_{P_t}-0.1\geq 0$을 만족하고 있고, Case 1 의 KKT 조건과 함께 Case 2의 KKT 조건도 후보해로서 적합함을 알 수 있다. 그러나 Case 2 의 KKT 조건하에서 도출된 목적함수인 비행체의 비행거리 0.589km가 Case 1 의 KKT 조건하의 0.569km 보다 긴 것을 알 수 있다. 따라서 이 예제에서의 목적함수의 최대값은 Case 2의 KKT 조건하에서 구해졌음을 알 수 있다. 부등 제약조건 $v(x_C,\theta)=y_{P_t}-0.1\geq 0$이 비활성일 경우의 상세한 발사체의 비행 궤적은 그림 2.4.4.5에 도시하였다. 부록 B3에는 수학식 기반에서 라그랑주 최적화 과정을 도출하는 코드가 소개되어 있으니 참고 바란다.

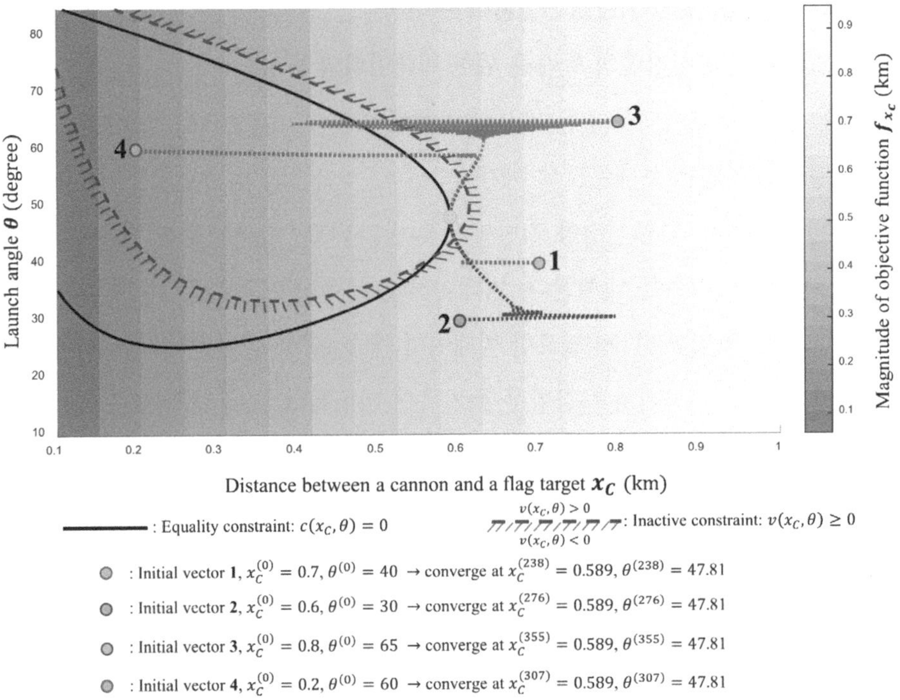

그림 2.4.4.4 수학식에 기반한 초기 입력변수 수렴 과정 Case 2 KKT 조건:
$c(x_C, \theta) = y_{P_f}-0.06=0$, $v(x_C, \theta)=y_{P_t}-0.1\geq 0$이 만족되어야 함

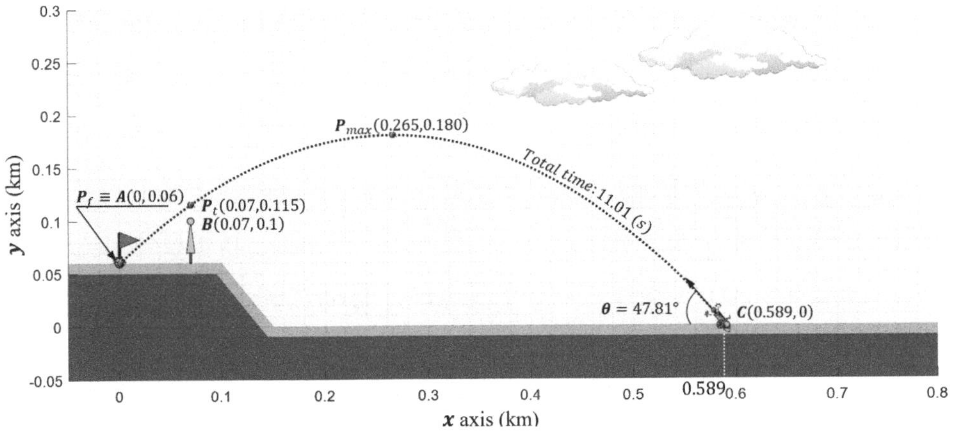

그림 2.4.4.5 Case 2 KKT조건하의 비행체의 비행 궤적:
$c(x_C, \theta)=y_{P_f}-0.06=0$, $v(x_C, \theta)=y_{P_t}-0.1\geq 0$이 만족되어야 함

2.4.4.2 인공신경망 기반의 라그랑주 최적화

(1) Step 1: 인공신경망의 학습을 위한 빅데이터의 생성

그림 2.4.4.6에 도시되어 있는 비선형 비행체의 최대 비행거리를 인공신경망 기반의 라그랑주 최적화로 구해보도록 하자. 식(2.4.4.5-2)와 식(2.4.4.6)에 유도된 비선형 비행체의 발사 궤적은 인공신경망 기반에서 일반화되고, 미분가능한 함수로 유도되어 수학식기반의 함수를 대체한다. 빅데이터가 예측하고자 하는 데이터의 복잡성에 따라, 인공신경망 학습 시 필요한 빅데이터 개수, 생성 범위 등을 결정하였다. 식(2.4.4.5-1)과 식(2.4.4.5-2)에서 시간항을 소거하면 비행체의 높이 궤적이 초기속도 (V_0), 비행거리(x_C)와 발사각도(θ)의 함수로 식(2.4.4.6)에서 구해 진다.

식(2.4.4.6)에 0.1km에서 1.2km까지의 비행거리 x_C, 10°에서 80°까지의 발사각도 θ에 대해, 1000개의 빅데이터를 무작위 입력 데이터로 대입하여, 비행거리 $0.95x_C$ 와 $0.05x_C$ 사이에서 $0.05x_C$ 간격에 대해 비행높이를 출력하였고, 표 2.4.4.2에 도출 하였다. 표 2.4.4.2(a)는 비정규화된 데이터를, 표 2.4.4.2(b)에는 정규화된 데이터를 보여주고 있다. x 좌표는 그림 2.4.4.6에서와 같이 깃발 하부 위치를 원점(0)으로 하여 오른쪽을 양의 방향으로, y 좌표는 지표면을 향한 위쪽을 양의 방향으로 설정하였다.

빅데이터는 표 2.4.4.2, 표 2.4.4.3, 그림 2.4.4.7에 기술되어 있는 것과 같이, 각 비행거리 x_C와 발사각도 θ에 대하여 비행궤적을 도시하기 위해서, 총 24개의 출력 파라미터를 1000개의 빅데이터에 대해 작성되었다. 즉 y_1부터 y_{19}까지는 각 비행거리 x_C와 발사각도 θ에 대하여, 비행체의 높이 궤적을 비행체의 수평궤적의 함수로 ($0.95x_C$ 와 $0.05x_C$사이에서 $0.05x_C$ 간격으로) 도시하고자 하기 위한 빅데이터인 것이다. 예를 들어, 1000개의 빅데이터 중 하나인 표 2.4.4.2의 빅데이터 1번(Data 1)은 포탄의 이동거리 x_1이 0.848km, 발사각도 $x_2(\theta)$가 28.15도일 때 포탄의 높이(y_1 부터 y_{19})를 도시 하기 위해 생성된 빅데이터 중 하나이다. 따라서 포탄의 높이인 y_1부터 y_{19}는 $0.95x_C$와 $0.05x_C$ 사이에서 $0.05x_C$ 간격으로 도시되는 것이다. 빅데이터 y_{20}과 y_{21}에는 깃발의 위치($x=x_A=0$, km)와 소나무($x=x_B=0.07$km)의 위치에서 비행체의 높이를 식(2.4.4.7-1)과 (2.4.4.7-2)에서 도출하였다.

y_{22}에서는 비행체의 최고 비행높이에서의 비행거리를, y_{23}에서는 비행체의 최고

비행높이를, y_{24}에서는 총 비행시간을 도출하였다.

표 2.4.4.3과 그림 2.4.4.8에는 학습결과에 의한 비행 궤적(y_1 에서 y_{24} 까지)이 작성되어 있는데, 8개의 시나리오가 주어진 비행거리(x_C)와 발사각도(θ)에 대해서 도출되어 있다. 즉 8개 인공지능 기반 비행궤적 시나리오에 대해서, 그림 2.4.4.7의 인공지능 기반에서 도출된 표 2.4.4.3과 그림 2.4.4.8이 식(2.4.4.6)으로 구해진 수학식 기반의 비행체 궤적과 표 2.4.4.3에서 비교되어 있는데, 두 비행궤적이 매우 일치함을 알 수 있다. 즉 표 2.4.4.2의 빅데이터에 의해서 학습되어 표 2.4.4.3과 그림 2.4.4.8에 도출된 8개 시나리오의 비행체 궤적은 수학식 기반의 비행체 궤적과 정확하게 일치하였다.

y_{20}의 경우는 $x=x_A=0$에서, 즉 깃발 위치에서의 발사체의 높이(y_{P_f})를 의미하는데 시나리오 1과 5 사이에서는 +의 높이를 도출한 반면, 시나리오 6과 8 사이에서는 − 높이를 도출하였다. 이는 그림 2.4.4.8에서 보이듯이 − 높이를 도출한 시나리오 6, 7, 8에 주어진 비행거리(x_C)와 발사각도(θ)에 대해서, 깃발 위치(y_{P_f})에서의 발사체의 높이는 좌표 원점(0)에서 아랫부분에 위치한다는 뜻으로서 발사체가 대포로부터 좌표 원점(0, 깃발위치)에 못 미친다는 뜻이된다. 이 예제의 목적은 그림 2.4.4.8에 도시되어 있듯이 깃발에 명중함과 동시에 발사거리를 최대화하는 발사각도를 도출하는 것이고, 이때 발사거리도 계산하려는 것이다. 정답은 가장 먼거리를 비행하여 깃발에 명중하는 4번 시나리오와 5번 시나리오 중간의 (0)으로 표시된 점이 될 것이다. 더 멀리 비행하는 발사체들이 깃발에 이르지 못한다면 본 예제에서 찾는 최적점은 아닌 것이다.

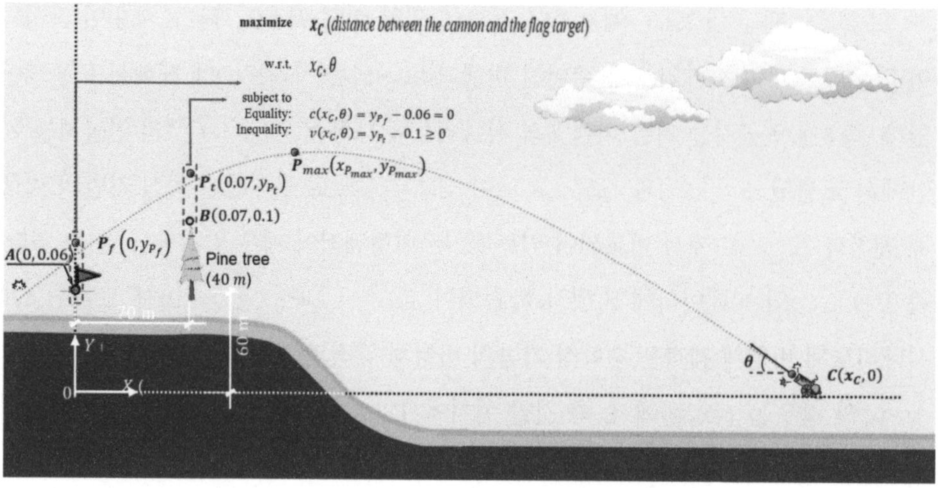

그림 2.4.4.6 인공신경망 기반의 라그랑주 최적화를 이용한 발사체 최대거리 도출

표 2.4.4.2 빅데이터의 생성

(a) 비정규화된 빅데이터(1000개)

1,000 DATASETS (non-normalized)

Data	x_1	x_2	y_1	y_2	y_3	...	y_{20}	y_{21}	y_{22}	y_{23}	y_{24}
	x_C (km)	θ (degree)	$y@x=0.95x_C$ (km)	$y@x=0.90x_C$ (km)	$y@x=0.85x_C$ (km)	...	$y_{Pf@}x=x_A=0$ (km)	$y_{Pt}@x=x_B=0.07$ (km)	$x@y_{max}$ (km)	y_{max} (km)	t (s)
1	0.848	28.15	0.021	0.038	0.052		-0.255	-0.180	0.576	0.073	12.017
2	1.110	31.02	0.030	0.054	0.071	...	-0.618	-0.503	0.822	0.087	16.186
3	0.200	68.23	0.025	0.048	0.070	...	0.278	0.232	-0.025	0.281	6.747
4	0.841	17.22	0.012	0.020	0.026	...	-0.334	-0.260	0.657	0.029	11.006
5	0.495	68.37	0.059	0.111	0.156	...	-0.135	0.052	0.272	0.282	16.795
6	0.798	63.25	0.073	0.134	0.183	...	-0.827	-0.561	0.536	0.260	22.167
7	0.696	65.08	0.070	0.129	0.178	...	-0.592	-0.343	0.446	0.268	20.635
8	1.038	18.90	0.015	0.026	0.033	...	-0.567	-0.471	0.838	0.034	13.716
9	0.757	14.90	0.009	0.015	0.020	...	-0.269	-0.205	0.595	0.022	9.797
10	0.379	38.45	0.015	0.028	0.041	...	0.121	0.126	0.061	0.126	6.042
11	0.283	68.02	0.034	0.066	0.095	...	0.263	0.279	0.056	0.280	9.443
12	0.626	18.76	0.010	0.018	0.024	...	-0.123	-0.076	0.428	0.034	8.268
13	0.255	13.29	0.003	0.006	0.008	...	0.008	0.016	0.109	0.017	3.279
14	0.131	12.24	0.001	0.003	0.004	...	0.015	0.010	-0.004	0.015	1.673
15	0.191	66.97	0.022	0.043	0.063	...	0.267	0.212	-0.044	0.276	6.115
16	0.804	50.64	0.046	0.086	0.119	...	-0.251	-0.131	0.484	0.195	15.839
17	0.202	28.85	0.005	0.011	0.016	...	0.071	0.055	-0.073	0.076	2.889
18	0.376	31.44	0.011	0.022	0.031	...	0.081	0.088	0.086	0.089	5.514
...	...	...	...	...	...	...	...	...	...	...	...
1,000	0.637	58.42	0.049	0.092	0.130	...	-0.098	0.023	0.346	0.237	15.212
x_{max} (y_{max})	1.199	80.00	0.086	0.158	0.216	...	0.309	0.315	1.081	0.316	23.59
x_{min} (y_{min})	0.100	10.00	0.001	0.002	0.003	...	-0.987	-0.799	-0.217	0.010	1.35
x_{mean} (y_{mean})	0.589	40.95	0.027	0.050	0.069	...	-0.146	-0.079	0.329	0.144	10.79

(b) 정규화된 빅데이터(1000개)

1,000 DATASETS (normalized)

Data	x_1	x_2	y_1	y_2	y_3	...	y_{20}	y_{21}	y_{22}	y_{23}	y_{24}
	x_C (km)	θ (degree)	$y@x = 0.95x_C$ (km)	$y@x = 0.90x_C$ (km)	$y@x = 0.85x_C$ (km)	... ...	$y_{Pf@}x = x_A = 0$ (km)	$y_{Pt}@x = x_B = 0.07$ (km)	$x@y_{max}$ (km)	y_{max} (km)	t (s)
1	0.361	-0.481	-0.533	-0.537	-0.541		0.130	0.111	0.223	-0.591	-0.041
2	0.838	-0.399	-0.314	-0.336	-0.362	...	-0.430	-0.469	0.600	-0.499	0.334
3	-0.818	0.664	-0.448	-0.413	-0.371	...	0.952	0.850	-0.703	0.771	-0.515
4	0.349	-0.794	-0.754	-0.770	-0.789	...	0.008	-0.033	0.346	-0.878	-0.132
5	-0.281	0.668	0.369	0.400	0.438	...	0.315	0.529	-0.246	0.775	0.389
6	0.271	0.522	0.704	0.699	0.693	...	-0.752	-0.573	0.160	0.633	0.872
7	0.084	0.574	0.621	0.629	0.639	...	-0.390	-0.181	0.022	0.686	0.735
8	0.707	-0.746	-0.662	-0.691	-0.725	...	-0.352	-0.411	0.626	-0.841	0.112
9	0.196	-0.860	-0.817	-0.830	-0.846	...	0.108	0.067	0.252	-0.923	-0.240
10	-0.493	-0.187	-0.682	-0.665	-0.645	...	0.710	0.661	-0.571	-0.241	-0.578
11	-0.667	0.658	-0.224	-0.184	-0.135	...	0.929	0.936	-0.578	0.766	-0.272
12	-0.042	-0.750	-0.796	-0.799	-0.802	...	0.334	0.299	-0.006	-0.844	-0.378
13	-0.717	-0.906	-0.959	-0.958	-0.957	...	0.535	0.463	-0.497	-0.952	-0.827
14	-0.944	-0.936	-0.995	-0.994	-0.994	...	0.545	0.453	-0.672	-0.968	-0.971
15	-0.834	0.628	-0.506	-0.473	-0.435	...	0.934	0.815	-0.732	0.738	-0.572
16	0.281	0.161	0.059	0.074	0.091	...	0.136	0.199	0.080	0.208	0.303
17	-0.814	-0.461	-0.898	-0.891	-0.882	...	0.632	0.534	-0.778	-0.569	-0.862
18	-0.497	-0.387	-0.764	-0.752	-0.738	...	0.648	0.593	-0.533	-0.485	-0.625
...	...	...	...	...	...	...	...	...	...	...	...
1,000	-0.022	0.383	0.132	0.159	0.191	...	0.371	0.477	-0.132	0.480	0.247
$\overline{x}_{max}$ ($\overline{y}_{max}$)	1.000	1.000	1.000	1.000	1.000	...	1.000	1.000	1.000	1.000	1.000
$\overline{x}_{min}$ ($\overline{y}_{min}$)	-1.000	-1.000	-1.000	-1.000	-1.000	...	-1.000	-1.000	-1.000	-1.000	-1.000
$\overline{x}_{mean}$ ($\overline{y}_{mean}$)	-0.111	-0.12	-0.396	-0.389	-0.380	...	0.297	0.293	-0.158	-0.126	-0.151
α_x (α_y)	1.8200	0.0286	23.6770	12.8729	9.4036		1.5427	1.7959	1.5402	6.5247	0.0899

(2) Step 2: 인공신경망의 학습

그림 2.4.4.7(a)에는 식(2.4.4.35)와 식(2.4.4.36)에 기반하여 4개 은닉층과 10개 뉴런을 갖는 인공신경망(Artificial neural network) 이 유도되어 있다. 표 2.4.4.2에서 생성된 빅데이터를 TED 기반으로 비행거리(x_C)와 발사각도(θ)를 24개의 출력 파라미터에 동시에 매핑하여 입출력 데이터간의 관계를 도출하였다. 그림 2.4.4.7(b)에는 15,000 에폭까지 TED 기반[7],[20]으로 학습하였을 경우의 학습 정확도를 도시하였다. 학습에는 표 2.4.4.2에서 생성된 빅데이터를 이용하였고[20], 테스트 MSE.Tperf (mean square errors of test subset) 학습 정확도가 9.1E-08로 구해졌다. TED 기반의 학습 방법은 전체의 입력 파라미터를 출력 파라미터 전부에 직접 매핑하는 방식으로, 본 저자의 "인공지능기반 철근콘크리트 구조설계(Artificial intelligence-based autonomous design of reinforced concrete structures)"[7]의 4.1.1절에 설명되었다.

(a) 표 2.4.4.2에서 생성된 빅데이터를 TED 기반으로 매핑하여 도출된 24개의 출력 파라미터

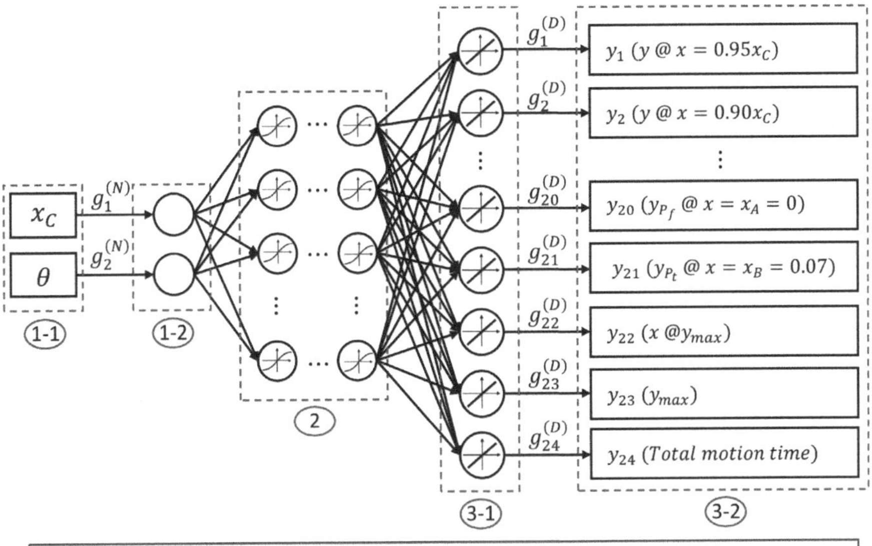

(1-1) Non-normalized input layer, $\mathbf{x} = [x_C, \theta]^T$
(1-2) Normalized input layer, $\mathbf{z}^{(N)} = \mathbf{g}^{(N)}(\mathbf{x})$
(2) Four hidden layers with 10 neurons, $\mathbf{z}^{(l)} = f_t^{(l)}(\mathbf{W}^{(l)}\mathbf{z}^{(l-1)} + \mathbf{b}^{(l)})$, $l = \{1, 2, \ldots, 4\}$
(3-1) Normalized output layers, $\mathbf{z}^{(L=5)} = f_{lin}^{(5)}(\mathbf{W}^{(5)}\mathbf{z}^{(4)} + \mathbf{b}^{(5)})$
(3-2) De-normalized output layer, $\mathbf{y} = \mathbf{z}^{(D)} = \mathbf{g}^{(D)}(\mathbf{z}^{(\mathrm{Output})})$

(b) TED에 기반하여 15,000 에폭까지 학습된 학습정확도(MSE.Tperf)

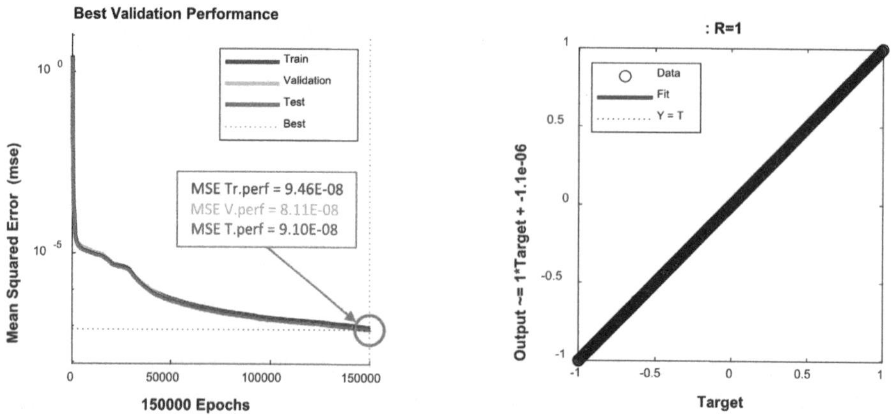

그림 2.4.4.7 식(2.4.4.35), 식(2.4.4.36)에 기반한 인공신경망(Artificial neural network): 4개 은닉층, 10개 뉴런

(3) Step 3: 인공신경망의 기반의 라그랑주 함수의 유도

1) TED 기반의 학습을 통한 24개의 출력 파라미터 도출 [7],[20]

표 2.4.4.3과 그림 2.4.4.7(a), 그림 2.4.4.8에는 발사체의 비행거리(x_C)와 발사각도 θ를 총 24가지의 출력 파라미터에 대해 매핑한 결과이고, 이때, 표 2.4.4.4의 가중변수 및 편향변수 매트릭스를 도출하였다. 이 매트릭스들은 식(2.4.4.40)부터 식(2.4.4.60)에 사용되었다. 8가지의 발사체 비행거리(x_C)와 발사각도 θ에 대해 시나리오를 작성하여 학습하였고, 비행거리(x_C)와 발사각도 θ 변수를 변화시켜 각 시나리오를 작성하였다. 인공신경망 기반의 함수 식(2.4.4.35)는 2.3.3절에 나와있는 설명을 참조하면 도움이 될 것이다. 또한 "인공지능기반 철근콘크리트 구조 설계(Artificial intelligence-based autonomous design of reinforced concrete structures)"[7]의 6.3.2절의 식(6.1)에도 기술되어 있는 내용을 여기서 다시 한번 간단히 설명하고자 한다. 식(2.4.4.35)는 다층의 은닉층을 갖는 인공신경망으로서 TED 기반으로 학습되어 유도된 함수이다. $x_i=[x_C, \theta]^T$ 는 입력변수로서 발사체의 비행거리(x_C)와 발사각도 θ이고, y_i는 각각의 발사체 비행거리(x_C)

와 발사각도 θ 대응하는 비행체의 높이를 의미하는 출력값이다. $y_1(y\ @\ x=0.95x_C)$ 부터 y_{24}(비행시간)까지 표 2.4.4.3에서 학습결과를 기술하였다.

이 절에서는 인공신경망 기반으로 목적함수 및 제약함수들이 미분 가능하도록 일반화된 함수로 도출되어, 수학식 기반의 목적함수 및 제약함수들을 대체할 것이다. 미분 가능한 인공신경망 기반의 함수는 뉴턴-랩슨 반복연산에서 필요한 제이코비 및 헤시안 매트릭스의 유도에 매우 유용하게 사용되는데, 제이코비 및 헤시안 매트릭스는 KKT 조건의 후보해를 도출하는 데 필수적인 요소이다.

표 2.4.4.3 8개의 궤적 시나리오에 대해 수학식 기반과 인공신경망 기반에서 학습된 비행체 궤적 비교

(a) 시나리오 #1, #2

FORWARD DESIGN

(based on TED with 4 layers and 10 neurons)

Parameter	Scenario 1: $x_C = 0.2$, km $\theta = 80°$			Scenario 2: $x_C = 0.3$, km $\theta = 30°$		
	AI results	Check (*Analytical*)	Error	AI results	Check (*Analytical*)	Error
x_1: x_C (km)	0.200	0.200	0.00%	0.300	0.300	0.00%
x_2: θ (degree)	80.00	80.00	0.00%	30.00	30.00	0.00%
y_1: y @ $x = 0.95x_C$ (km)	0.0541	0.0542	-0.05%	0.0084	0.0084	0.08%
y_2: y @ $x = 0.90x_C$ (km)	0.1032	0.1033	-0.05%	0.0164	0.0164	0.07%
y_3: y @ $x = 0.85x_C$ (km)	0.1472	0.1473	-0.05%	0.0239	0.0239	0.06%
y_4: y @ $x = 0.80x_C$ (km)	0.1861	0.1862	-0.05%	0.0310	0.0310	0.05%
y_5: y @ $x = 0.75x_C$ (km)	0.2200	0.2200	-0.03%	0.0376	0.0376	0.06%
y_6: y @ $x = 0.70x_C$ (km)	0.2487	0.2488	-0.03%	0.0437	0.0437	0.06%
y_7: y @ $x = 0.65x_C$ (km)	0.2724	0.2724	-0.03%	0.0494	0.0494	0.05%
y_8: y @ $x = 0.60x_C$ (km)	0.2909	0.2910	-0.04%	0.0546	0.0546	0.04%
y_9: y @ $x = 0.55x_C$ (km)	0.3045	0.3045	-0.03%	0.0593	0.0593	0.05%
y_{10}: y @ $x = 0.50x_C$ (km)	0.3129	0.3130	-0.02%	0.0636	0.0636	0.05%
y_{11}: y @ $x = 0.45x_C$ (km)	0.3162	0.3163	-0.02%	0.0675	0.0674	0.04%
y_{12}: y @ $x = 0.40x_C$ (km)	0.3146	0.3146	0.01%	0.0708	0.0708	0.05%
y_{13}: y @ $x = 0.35x_C$ (km)	0.3077	0.3077	-0.01%	0.0738	0.0737	0.04%
y_{14}: y @ $x = 0.30x_C$ (km)	0.2959	0.2958	0.01%	0.0762	0.0762	0.03%
y_{15}: y @ $x = 0.25x_C$ (km)	0.2789	0.2788	0.02%	0.0782	0.0782	0.03%
y_{16}: y @ $x = 0.20x_C$ (km)	0.2569	0.2567	0.07%	0.0797	0.0797	0.03%
y_{17}: y @ $x = 0.15x_C$ (km)	0.2298	0.2296	0.09%	0.0808	0.0808	0.02%
y_{18}: y @ $x = 0.10x_C$ (km)	0.1976	0.1973	0.12%	0.0814	0.0814	0.03%
y_{19}: y @ $x = 0.05x_C$ (km)	0.1603	0.1600	0.20%	0.0816	0.0815	0.03%
y_{20}: y_{P_f} @ $x = x_A = 0$ (km)	0.1180	0.1176	0.32%	0.0813	0.0812	0.02%
y_{21}: y_{P_t} @ $x = x_B = 0.07$ (km)	0.3079	0.3077	0.05%	0.0785	0.0787	-0.35%
y_{22}: x @y_{max} (km)	0.0901	0.0884	1.83%	0.0172	0.0175	-1.98%
y_{23}: y_{max} (km)	0.3164	0.3164	0.00%	0.0815	0.0815	-0.10%
y_{24}: 총비행시간 @ $x = x_A$, (s)	14.375	14.397	-0.16%	4.337	4.330	0.15%

Note: 2 inputs for AI design

2 inputs for Analytical calculation

(b) 시나리오 #3, #4

FORWARD DESIGN

(based on TED with 4 layers and 10 neurons)

Parameter	Scenario 3: $x_C = 0.4$, km $\theta = 70°$			Scenario 4: $x_C = 0.5$, km $\theta = 40°$		
	AI results	Check (Analytical)	Error	AI results	Check (Analytical)	Error
x_1: x_C (km)	0.400	0.400	0.00%	0.500	0.500	0.00%
x_2: θ (degree)	70.00	70.00	0.00%	40.00	40.00	0.00%
y_1: y @ $x = 0.95x_C$ (km)	0.0523	0.0523	0.00%	0.0202	0.0202	-0.03%
y_2: y @ $x = 0.90x_C$ (km)	0.0994	0.0994	0.00%	0.0387	0.0387	-0.02%
y_3: y @ $x = 0.85x_C$ (km)	0.1413	0.1413	0.00%	0.0556	0.0556	-0.02%
y_4: y @ $x = 0.80x_C$ (km)	0.1779	0.1779	-0.01%	0.0708	0.0708	-0.02%
y_5: y @ $x = 0.75x_C$ (km)	0.2092	0.2092	0.00%	0.0845	0.0845	-0.03%
y_6: y @ $x = 0.70x_C$ (km)	0.2353	0.2354	-0.01%	0.0965	0.0965	-0.02%
y_7: y @ $x = 0.65x_C$ (km)	0.2562	0.2562	-0.01%	0.1068	0.1068	-0.02%
y_8: y @ $x = 0.60x_C$ (km)	0.2718	0.2719	-0.01%	0.1156	0.1156	-0.01%
y_9: y @ $x = 0.55x_C$ (km)	0.2822	0.2823	-0.02%	0.1227	0.1227	-0.01%
y_{10}: y @ $x = 0.50x_C$ (km)	0.2874	0.2874	-0.03%	0.1281	0.1281	-0.01%
y_{11}: y @ $x = 0.45x_C$ (km)	0.2873	0.2873	-0.02%	0.1320	0.1320	-0.01%
y_{12}: y @ $x = 0.40x_C$ (km)	0.2819	0.2820	-0.03%	0.1342	0.1342	-0.01%
y_{13}: y @ $x = 0.35x_C$ (km)	0.2713	0.2714	-0.04%	0.1348	0.1348	0.00%
y_{14}: y @ $x = 0.30x_C$ (km)	0.2555	0.2556	-0.05%	0.1337	0.1337	0.00%
y_{15}: y @ $x = 0.25x_C$ (km)	0.2344	0.2346	-0.06%	0.1310	0.1310	0.00%
y_{16}: y @ $x = 0.20x_C$ (km)	0.2081	0.2083	-0.09%	0.1267	0.1267	0.01%
y_{17}: y @ $x = 0.15x_C$ (km)	0.1766	0.1768	-0.11%	0.1207	0.1207	0.00%
y_{18}: y @ $x = 0.10x_C$ (km)	0.1397	0.1400	-0.19%	0.1132	0.1131	0.04%
y_{19}: y @ $x = 0.05x_C$ (km)	0.0977	0.0980	-0.26%	0.1039	0.1039	0.03%
y_{20}: y_{P_f} @ $x = x_A = 0$ (km)	0.0504	0.0507	-0.63%	0.0931	0.0930	0.07%
y_{21}: y_{P_t}@ $x = x_B = 0.07$ (km)	0.1930	0.1932	-0.08%	0.1197	0.1193	0.31%
y_{22}: x @ y_{max} (km)	0.1903	0.1903	-0.02%	0.1786	0.1788	-0.08%
y_{23}: y_{max} (km)	0.2881	0.2880	0.03%	0.1348	0.1348	-0.02%
y_{24}: 총비행시간 @ $x = x_A$, (s)	14.616	14.619	-0.02%	8.155	8.159	-0.05%

Note: (dotted box) 2 inputs for AI design

(dashed box) 2 inputs for Analytical calculation

(c) 시나리오 #5, #6

FORWARD DESIGN

(based on TED with 4 layers and 10 neurons)

Parameter	Scenario 5: $x_C = 0.6$, km $\theta = 55°$			Scenario 6: $x_C = 0.7$, km $\theta = 55°$		
	AI results	Check *(Analytical)*	Error	AI results	Check *(Analytical)*	Error
x_1: x_C (km)	0.600	0.600	0.00%	0.700	0.700	0.00%
x_2: θ (degree)	55.00	55.00	0.00%	55.00	55.00	0.00%
y_1: $y @ x = 0.95x_C$ (km)	0.0407	0.0407	0.00%	0.0471	0.0471	-0.02%
y_2: $y @ x = 0.90x_C$ (km)	0.0773	0.0773	0.00%	0.0885	0.0886	-0.02%
y_3: $y @ x = 0.85x_C$ (km)	0.1097	0.1097	0.01%	0.1243	0.1243	-0.01%
y_4: $y @ x = 0.80x_C$ (km)	0.1378	0.1378	0.01%	0.1543	0.1543	-0.02%
y_5: $y @ x = 0.75x_C$ (km)	0.1618	0.1618	0.00%	0.1786	0.1786	-0.01%
y_6: $y @ x = 0.70x_C$ (km)	0.1816	0.1816	0.00%	0.1972	0.1972	-0.01%
y_7: $y @ x = 0.65x_C$ (km)	0.1972	0.1972	0.01%	0.2100	0.2101	-0.01%
y_8: $y @ x = 0.60x_C$ (km)	0.2086	0.2086	0.01%	0.2172	0.2172	-0.01%
y_9: $y @ x = 0.55x_C$ (km)	0.2158	0.2158	0.01%	0.2187	0.2187	-0.01%
y_{10}: $y @ x = 0.50x_C$ (km)	0.2188	0.2188	0.01%	0.2145	0.2145	0.00%
y_{11}: $y @ x = 0.45x_C$ (km)	0.2176	0.2176	0.01%	0.2045	0.2045	0.01%
y_{12}: $y @ x = 0.40x_C$ (km)	0.2122	0.2122	0.01%	0.1889	0.1889	0.01%
y_{13}: $y @ x = 0.35x_C$ (km)	0.2027	0.2026	0.02%	0.1676	0.1675	0.02%
y_{14}: $y @ x = 0.30x_C$ (km)	0.1889	0.1889	0.01%	0.1405	0.1405	0.03%
y_{15}: $y @ x = 0.25x_C$ (km)	0.1710	0.1709	0.02%	0.1078	0.1077	0.07%
y_{16}: $y @ x = 0.20x_C$ (km)	0.1488	0.1488	0.01%	0.0693	0.0692	0.10%
y_{17}: $y @ x = 0.15x_C$ (km)	0.1225	0.1224	0.03%	0.0251	0.0250	0.43%
y_{18}: $y @ x = 0.10x_C$ (km)	0.0919	0.0919	0.02%	-0.0248	-0.0249	-0.40%
y_{19}: $y @ x = 0.05x_C$ (km)	0.0572	0.0572	0.06%	-0.0803	-0.0805	-0.19%
y_{20}: $y_{P_f} @ x = x_A = 0$ (km)	0.0183	0.0182	0.15%	-0.1416	-0.1418	-0.11%
y_{21}: $y_{P_t} @ x = x_B = 0.07$ (km)	0.1023	0.1025	-0.22%	-0.0248	-0.0249	-0.41%
y_{22}: $x @ y_{max}$ (km)	0.2936	0.2935	0.03%	0.3935	0.3935	0.02%
y_{23}: y_{max} (km)	0.2189	0.2189	-0.01%	0.2189	0.2189	0.02%
y_{24}: 총비행시간 $@ x = x_A$, (s)	13.077	13.076	0.01%	15.255	15.255	0.00%

Note: (dotted box) 2 inputs for AI design

(dashed box) 2 inputs for Analytical calculation

(d) 시나리오 #7, #8

FORWARD DESIGN

(based on TED with 4 layers and 10 neurons)

Parameter	Scenario 7: $x_C = 0.8$, km $\theta = 45°$			Scenario 8: $x_C = 0.9$, km $\theta = 50°$		
	AI results	Check (Analytical)	Error	AI results	Check (Analytical)	Error
x_1: x_C (km)	0.800	0.800	0.00%	0.900	0.900	0.00%
x_2: θ (degree)	45.00	45.00	0.00%	50.00	50.00	0.00%
y_1: $y @ x = 0.95x_C$ (km)	0.0375	0.0375	-0.01%	0.0499	0.0499	0.00%
y_2: $y @ x = 0.90x_C$ (km)	0.0702	0.0702	-0.01%	0.0922	0.0922	0.00%
y_3: $y @ x = 0.85x_C$ (km)	0.0979	0.0979	-0.01%	0.1271	0.1271	0.00%
y_4: $y @ x = 0.80x_C$ (km)	0.1207	0.1208	-0.01%	0.1544	0.1544	0.00%
y_5: $y @ x = 0.75x_C$ (km)	0.1387	0.1387	-0.01%	0.1742	0.1742	0.00%
y_6: $y @ x = 0.70x_C$ (km)	0.1517	0.1517	-0.01%	0.1865	0.1866	0.00%
y_7: $y @ x = 0.65x_C$ (km)	0.1598	0.1598	-0.01%	0.1913	0.1913	0.00%
y_8: $y @ x = 0.60x_C$ (km)	0.1630	0.1630	-0.01%	0.1886	0.1886	0.00%
y_9: $y @ x = 0.55x_C$ (km)	0.1613	0.1613	-0.02%	0.1784	0.1784	-0.01%
y_{10}: $y @ x = 0.50x_C$ (km)	0.1547	0.1548	-0.02%	0.1607	0.1607	-0.01%
y_{11}: $y @ x = 0.45x_C$ (km)	0.1432	0.1432	-0.02%	0.1354	0.1354	-0.01%
y_{12}: $y @ x = 0.40x_C$ (km)	0.1268	0.1268	-0.03%	0.1026	0.1027	-0.01%
y_{13}: $y @ x = 0.35x_C$ (km)	0.1055	0.1055	-0.04%	0.0624	0.0624	-0.03%
y_{14}: $y @ x = 0.30x_C$ (km)	0.0793	0.0793	-0.06%	0.0146	0.0146	-0.13%
y_{15}: $y @ x = 0.25x_C$ (km)	0.0481	0.0482	-0.11%	-0.0407	-0.0407	0.05%
y_{16}: $y @ x = 0.20x_C$ (km)	0.0121	0.0122	-0.47%	-0.1036	-0.1035	0.03%
y_{17}: $y @ x = 0.15x_C$ (km)	-0.0288	-0.0288	0.23%	-0.1739	-0.1739	0.01%
y_{18}: $y @ x = 0.10x_C$ (km)	-0.0747	-0.0746	0.09%	-0.2517	-0.2517	0.02%
y_{19}: $y @ x = 0.05x_C$ (km)	-0.1254	-0.1254	0.06%	-0.3371	-0.3370	0.01%
y_{20}: $y_{P_f} @ x = x_A = 0$ (km)	-0.1811	-0.1810	0.04%	-0.4300	-0.4299	0.01%
y_{21}: $y_{P_t} @ x = x_B = 0.07$ (km)	-0.0868	-0.0868	-0.10%	-0.2888	-0.2887	0.02%
y_{22}: $x @ y_{max}$ (km)	0.4735	0.4738	-0.06%	0.5785	0.5788	-0.04%
y_{23}: y_{max} (km)	0.1632	0.1631	0.03%	0.1915	0.1914	0.02%
y_{24}: 총비행시간 $@ x = x_A$, (s)	14.138	14.142	-0.03%	17.498	17.502	-0.02%

Note: (dotted box) 2 inputs for AI design

(dashed box) 2 inputs for Analytical calculation

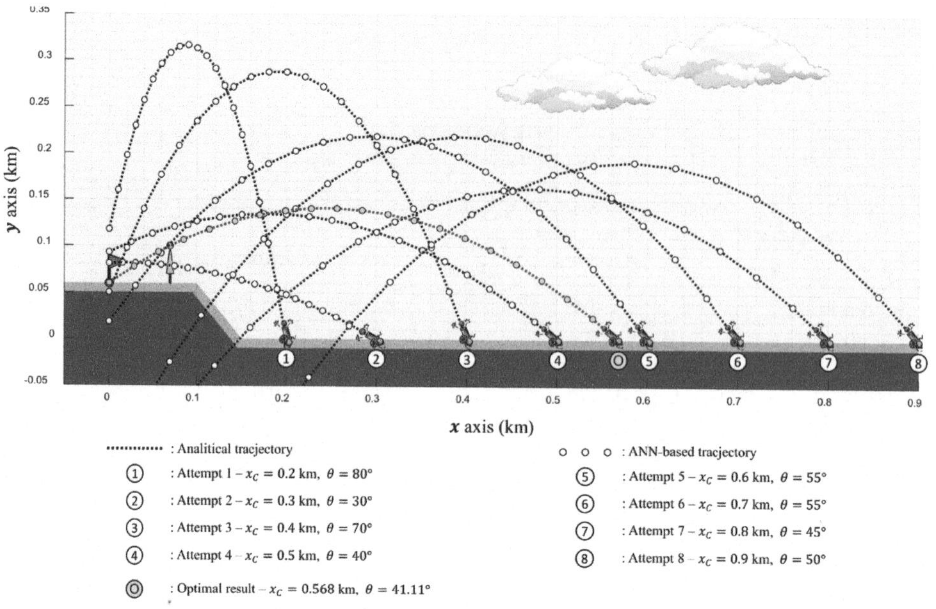

그림 2.4.4.8 8개의 궤적 시나리오에 대한 수학식 기반과 인공신경망 기반에서 학습된 비행체 궤적 비교

2) TED 기반의 인공신경망 도출

식(2.4.4.35)와 (2.4.4.35)에서 L은 은닉층과 출력층의 개수를 나타낸다. W^l은 l-1과 l 은닉층 간의 가중변수 매트릭스, b^l은 l 은닉층에서의 편향변수 매트릭스를 나타낸다. g^N와 g^D는 입력변수 및 출력값 y_i의 정규화 및 비정규화로의 변환을 위한 함수를 의미한다. 이때 그림 2.3.3.1의 tansig, tanh 활성함수 f_t^l 가 l 은닉층에 적용되었다. tansig, tanh 활성 함수는 저자의 "인공지능기반 철근콘크리트 구조 설계" 1.4.2.2절에 자세히 설명되어 있듯이, 각 은닉층에서 예측된 뉴런값들을 비선형화하는 역할을 담당한다.

$$\mathbf{y} = \mathbf{g}^D\left(f_{lin}^4(\mathbf{W}^L f_t^3(\mathbf{W}^3 \ldots f_t^1(\mathbf{W}^1\mathbf{g}^N(\mathbf{x}) + \mathbf{b}^1) \ldots + \mathbf{b}^3) + \mathbf{b}^4)\right) \quad (2.4.4.35)$$

인공신경망 기반의 함수 식(2.4.4.36)는 식(2.3.6.3-1)에서 설명된 일련의 복합수학 연산기호로 식(2.4.4.35)를 재 기술한 것이다. 즉 어떤 함수든지 $f(g(x))=(f\circ g\circ x)$로 표시하여, 각 은닉층에서 계산된 뉴런값들을 다음 은닉층에 전달하여 최종 출력층에서 출력값으로 일반화한 것이라 볼 수 있다. 식(2.4.4.35)와 (2.4.4.36)은 그림 2.4.4.7(a)에 도시되었다. 식(2.4.4.35), 식(2.4.4.36)을 기반으로 작성된 그림 2.4.4.7(a)의 인공신경망을 학습하여 도출된 식(2.4.4.1)의 목적함수, 가중변수 및 편향변수 매트릭스가 표 2.4.4.4에서 제시되었다. 표 2.4.4.2에서 생성된 빅데이터를 인공신경망의 학습에 이용하였고, 은닉층 (1)부터 출력층 (5)까지에 대해, 가중변수 매트릭스 **W**와 편향변수 매트릭스 **b**가 유도되었다. 식들에 기입되어 있는 위, 아래 첨자들을 설명하여 보자. 예를 들어 위첨자 (*N*)과 (1)은 정규화 단계와 은닉층 (1)을 의미하고, 위첨자 (*D*)는 비정규화 단계를 의미한다. 아래 첨자 1과 2는 입력변수인 x_C와 θ를 의미한다.

$$\mathbf{y} = \mathbf{z}^{(D)} \circ \mathbf{z}^{(L=5=\text{출력})} \circ \mathbf{z}^{(4)} \circ \mathbf{z}^{(3)} \circ \mathbf{z}^{(2)} \circ \mathbf{z}^{(1)} \circ \mathbf{z}^{(N)} \quad (2.4.4.36)$$

표 2.4.4.4, 식(2.4.4.35), 식(.4.4.36) 및 그림 2.4.4.7의
인공신경망 기반의 가중변수 및 편향변수 매트릭스

(a) Hidden layer #1

$\mathbf{W}^{(1)}$	
-0.922	-3.414
1.224	1.978
0.668	-0.814
0.576	-0.790
0.009	-1.491
-0.297	1.238
-0.425	-0.428
-1.934	-1.265
1.024	-0.761
-3.074	0.977

[10 x 2]

$\mathbf{b}^{(1)}$
3.730
-2.059
-2.193
-0.636
-1.214
-0.468
-0.082
-2.434
1.807
-5.114

[10 x 1]

(b) Hidden layer #2

$\mathbf{W}^{(2)}$									
-1.139	1.084	-0.670	0.553	-0.009	-0.319	-0.982	0.155	0.511	0.386
-0.409	0.507	-0.178	1.290	-0.077	0.427	-0.099	-0.847	0.652	-1.189
0.889	-0.137	-0.282	-0.051	-0.052	0.547	-0.024	0.062	0.515	0.383
0.005	-0.134	-0.474	-0.614	0.066	-0.573	-0.472	0.309	0.588	-0.758
-1.988	0.443	-0.463	-0.315	-0.165	-0.711	-0.555	-0.213	0.108	-0.274
0.382	0.948	0.930	-0.394	-0.264	-0.161	1.849	0.195	-0.203	-0.634
-0.417	-0.603	0.545	-0.150	0.534	0.543	0.156	-0.273	0.460	0.911
1.031	0.128	-0.426	-0.277	-0.176	-0.766	0.318	0.193	-0.786	1.309
0.232	-0.278	0.110	0.140	-0.157	0.547	0.294	0.087	-0.493	0.723
0.043	0.394	0.037	-0.348	0.313	-0.843	1.345	0.048	0.279	0.421

[10 x 10]

$\mathbf{b}^{(2)}$
2.376
1.548
-0.834
-0.387
-0.028
0.073
-0.688
0.013
1.691
1.935

[10 x 1]

(c) Hidden layer #3

$\mathbf{W}^{(3)}$									
-0.222	0.239	0.165	-1.013	0.886	-0.703	-0.697	-0.432	0.795	-0.491
1.194	0.708	-1.276	-0.365	0.482	0.370	0.527	-0.969	0.496	-0.535
-0.453	-0.098	-0.215	-0.563	-1.049	-0.167	1.103	0.559	-0.413	0.482
-0.370	0.190	-0.349	0.016	-0.663	-0.339	0.862	0.541	0.494	1.052
0.399	-0.227	-0.496	0.843	-0.538	0.111	-0.141	-0.359	-0.914	-0.123
0.358	0.596	0.546	-0.774	0.246	0.053	-0.752	-0.440	-0.549	-0.370
-0.505	-0.702	0.052	-0.978	-0.220	0.694	0.065	-0.411	0.251	-1.013
-1.816	-0.225	1.074	0.520	-0.656	-0.783	-1.171	0.824	-0.739	-0.331
0.767	-0.270	0.686	0.455	0.162	0.350	-0.883	-0.516	1.049	0.177
-1.966	0.774	0.179	-1.018	0.070	-1.225	-0.566	1.079	0.190	0.075

[10 x 10]

$\mathbf{b}^{(3)}$
-1.474
-1.208
0.989
0.605
-0.180
0.498
-0.807
1.138
1.872
-1.602

[10 x 1]

(d) Hidden layer #4

$\mathbf{W}^{(4)}$									
0.600	0.301	-0.431	-0.330	0.326	1.707	0.214	-0.988	1.196	-0.100
0.334	-0.440	-0.621	0.360	-0.276	1.130	-0.128	0.512	-0.141	0.009
-0.175	-0.910	0.714	0.474	0.891	-0.145	-0.238	0.287	0.974	-0.507
0.394	-0.526	0.244	-1.073	-1.076	-0.369	-0.188	1.445	-0.570	-0.460
-0.011	0.607	-0.566	-0.277	0.034	-0.835	1.156	-0.971	-0.412	0.315
-0.833	0.886	-0.432	0.024	1.208	0.023	0.184	-0.500	-1.143	-1.631
-0.334	-0.834	-0.073	0.027	-0.219	1.032	0.418	1.210	0.816	-0.245
1.293	-0.797	-0.250	0.784	0.775	0.135	0.106	-0.148	-0.697	0.003
0.140	-0.269	-0.178	1.004	0.781	0.437	-0.465	-0.380	1.105	0.260
0.552	-0.640	1.275	-0.509	0.902	0.242	0.413	-0.222	0.362	-0.171

[10 x 10]

$\mathbf{b}^{(4)}$
-1.172
-1.887
1.241
0.717
-0.094
-1.028
0.949
0.496
1.810
1.229

[10 x 1]

(e) 정규화된 출력층(5=출력)

	$\mathbf{W}^{(5)}$									
	1.219	0.596	-0.805	0.957	-0.872	0.285	-0.363	0.424	0.537	-0.162
	1.166	0.650	-0.879	0.976	0.547	0.251	0.570	0.467	0.584	-0.167
	1.106	0.715	0.090	0.998	0.374	0.210	-0.534	0.517	0.781	-0.170
	1.007	0.774	0.019	1.002	0.872	0.158	0.609	0.566	0.385	-0.173
	0.877	0.830	-0.407	0.987	-0.970	0.095	-0.072	0.607	-0.790	-0.161
	0.726	0.892	-0.981	0.969	-0.863	0.023	-0.003	0.655	-0.506	-0.152
	0.551	0.962	-0.258	0.947	0.043	-0.061	-0.224	0.712	-0.265	-0.148
	0.337	1.009	0.712	0.893	1.029	-0.153	0.374	0.755	0.482	-0.145
	0.102	1.046	-0.099	0.820	0.845	-0.249	0.023	0.783	0.396	-0.123
	-0.145	1.066	-0.569	0.731	0.620	-0.344	0.247	0.802	0.401	-0.103
	-0.396	1.076	0.327	0.632	0.447	-0.440	-0.367	0.815	0.266	-0.085
	-0.636	1.070	-0.730	0.525	-0.911	-0.526	-0.480	0.811	-0.747	-0.056
	-0.873	1.058	0.072	0.416	0.427	-0.611	-0.526	0.808	0.684	-0.041
	-1.095	1.040	0.038	0.310	0.401	-0.686	0.425	0.800	-0.409	-0.023
	-1.295	1.016	0.176	0.207	-0.016	-0.754	-0.301	0.784	-0.042	-0.002
	-1.484	0.991	-0.439	0.109	0.548	-0.815	0.183	0.769	-0.773	0.020
	-1.660	0.967	-0.215	0.017	-0.748	-0.874	-0.139	0.754	-0.773	0.037
	-1.827	0.944	-1.033	-0.071	0.829	-0.928	0.359	0.738	0.261	0.054
	-1.960	0.913	-0.867	-0.151	-0.790	-0.969	-0.510	0.716	-0.316	0.073
$\mathbf{w}_{20}^{(5)}$	-1.993	0.843	-0.827	-0.216	0.484	-0.962	0.046	0.665	-0.098	0.080
$\mathbf{w}_{21}^{(5)}$	-0.720	-0.703	-0.363	-1.991	-0.329	-3.849	-1.012	2.319	1.175	-1.894
	-0.645	0.699	-0.772	-0.942	-0.583	1.204	-0.063	0.099	0.479	-0.587
	-0.675	2.184	0.738	0.550	-1.058	0.813	-0.576	-1.978	-0.554	-1.023
	2.105	0.784	-0.014	-1.230	-0.845	-1.448	-0.383	0.086	-0.038	1.422

[24 x 10]

	$\mathbf{b}^{(5)}$
	0.124
	0.599
	0.318
	0.104
	0.513
	0.806
	0.933
	-0.468
	0.490
	0.382
	-0.069
	0.608
	-0.380
	-0.369
	-0.702
	0.594
	-0.722
	0.023
	-0.408
$b_{20}^{(5)}$	0.073
$b_{21}^{(5)}$	-0.601
	1.057
	0.755
	-0.200

[24 x 1]

이제부터는 인공신경망 기반의 라그랑주 함수를 유도해 보도록 하자. 식(2.4.4.37)은 수학식 기반 및 인공신경망 기반에서 공통으로 적용되는 라그랑주 함수의 일반적인 표현이다. 식(2.4.4.38)은 이미 여러 번 반복해서 설명되었던 라그랑주 함수의 1차 미분식으로서, 식(2.4.4.38-1)은 수학식 기반에서, 식(2.4.4.38-2)는 인공신경망 기반에서의 식이다.

$$\mathcal{L}(x_C, \theta, \lambda_c, \lambda_v) = f_{x_C}(x_C) - \lambda_c c(x_C, \theta) - \lambda_v sv(x_C, \theta) \quad (2.4.4.37)$$

$$= x_C - \lambda_c \left(y_{P_f} - 0.06\right) - \lambda_v s\left(y_{P_t} - 0.1\right)$$

$$\nabla\mathcal{L}(x_C, \theta, \lambda_c, \lambda_v) \quad (2.4.4.38\text{-}1)$$

$$= \begin{bmatrix} \nabla f_{x_C}(x_C) - \mathbf{J}_c(x_C, \theta)^T\lambda_c - \mathbf{J}_v(x_C, \theta)^T s\lambda_v \\ -c(x_C, \theta) \\ -sv(x_C, \theta) \end{bmatrix}$$

$$\nabla\mathcal{L}(x_C, \theta, \lambda_c, \lambda_v) \quad (2.4.4.38\text{-}2)$$

$$= \begin{bmatrix} \nabla f_{x_C}(x_C) - \left[\mathbf{J}_c^{(D)}(x_C, \theta)\right]^T\lambda_c - \left[\mathbf{J}_v^{(D)}(x_C, \theta)\right]^T s\lambda_v \\ -c(x_C, \theta) \\ -sv(x_C, \theta) \end{bmatrix}$$

수학적 기반에서는 식(2.4.4.7-1)과 식(2.4.4.7-2)를 식(2.4.4.12)에서처럼 함수를 직접 미분하여 제이코비 및 헤시안 매트릭스를 유도하였으나, 만약 미분이 어려운 경우에는 전통적인 라그랑주 최적화를 적용하기가 쉽지 않을 것이다. 따라서 인공신경망 기반에서는, 식(2.4.4.35), 식(2.4.4.36)과 그림 2.4.4.7(a)에서처럼 4개의 은닉층과 10개의 뉴런을 갖는 인공신경망을 사용하여 도출한 표 2.4.4.4의 가중변수와 편향변수 매트릭스를 사용하여 각종 함수, 제이코비 및 헤시안 매트릭스를 구하게 된다. 식(2.4.4.36), 표 2.4.4.3, 그림 2.4.4.7(a)에서 보이듯이, 출력층(5=출력층)의 24개 출력노드에서 정규화된 총 24개의 출력 파라미터 $y=[y_1, \cdots, y_{24}]^T$가 계산되지만, 본 예제의 라그랑주 최적화에서는 식(2.4.4.39)의 붉은색에서 보이듯이 등 제약, 부등 제약함수의 출력 파라미터 y_{20} (y_{P_f}), y_{21} (y_{P_t})만 필요하게 되므로 등 제약함수 y_{20} $(y_{P_f}) = \mathbf{z}_{y_{20}}^{(5)}$, 부등 제약함수 $y_{21}(y_{P_t}) = \mathbf{z}_{y_{21}}^{(5)}$ 만을 일반화하였고, 해당 2개의 출력값만 계산하기로 한다. 따라서 표 2.4.4.4(e)에는, $y_{20}(y_{Pf}) = \mathbf{z}_{y_{20}}^{(5)}$와 $y_{21}(y_{Pt}) = \mathbf{z}_{y_{21}}^{(5)}$의 제이코비 및 헤시안 매트릭스의 도출에 사용될 가중변수 및 편향변수 매트릭스만을 제시하였다. 그림 2.4.4.7(a)의 3-2번 박스부분에서 $y_{P_f}(y_{20})$, $y_{P_t}(y_{21})$포함한 출력값들을 도출하였고, 이들의 제이코비, 헤시안 매트릭스를 다음 절의 Step 4(인공신경망의 기반의 KKT 조건 설정 및 후보해의 계산)에서 계산하였다. 그림 2.3.6.2에 라그랑주 최적화 수행을 위한, $y_{P_f}(y_{20})$, $y_{P_t}(y_{21})$ 등 출력값과, 이들의 제이코비, 헤시안 매트릭스 공식 계산의 흐름도를 요약하였다. 유의할 점은 목적함수 $f_{x_C}(x_C)$는 식(2.4.4.1)에서와 같이 단순히 상수로 주어졌으므로, 인공신경망을 통하지 않더라도 간단하게 제이코비 $\nabla f_{x_C}(x_C)$ 및 헤시안 $H_{f_{x_C}}(x_C, \theta)$ 매트릭스를 1, 2차 미분하여 식(2.4.4.12-1) 및 식(2.4.4.14)에서 각각 얻을 수 있다. 목적함수가 단순한 선형함수로 주어지지 않을 경우에는 24개 출력 뉴런에 추가해서 학습하여 가중변수 및 편향변수 매트릭스를 구하여야 한다.

(4) Step 4: 인공신경망의 기반의 KKT 조건 설정 및 후보해의 계산

수학식 기반에 대해서 표 2.4.4.1에 기술된 활성, 비활성 KKT 조건은 인공신경망 기반의 KKT 후보해의 계산에도 동일하게 이용되며, 부등 제약조건에 대해 활성, 비활성조건 2경우의 KKT 후보해가 존재한다.

1) Case 1: 부등 제약조건 $v(x)$이 활성인 경우

부등 제약조건 $v(x_C, \theta)=y_{P_t}-0.1\geq 0$이 활성인 경우, 부등 제약조건은 목적함수 $f_{x_C}(x_C)$의 최적화 과정에 제약을 준다. 즉 부등 제약조건은 등 제약조건으로 binding 되어 등 제약조건으로 전환된다. 자세한 설명은 이전 설명을 참고하기를 바란다. 라그랑주 함수는 식(2.4.4.39)에 제시하였다.

$$\mathcal{L}(x_C, \theta, \lambda_c, \lambda_v) = x_C - \lambda_c\left(y_{P_f} - 0.06\right) - \lambda_v\left(y_{P_t} - 0.1\right) \tag{2.4.4.39}$$

초기 입력변수 $x^{(0)}=[x_C^{(0)}, \theta^{(0)}]^T=[0.7, 40]^T$, 초기 라그랑주 승수 $\lambda_c^{(0)}=0$과 $\lambda_v^{(0)}=0$로 구성된 전체 초기 입력변수 $[x_C^{(0)}, \theta^{(0)}, \lambda_c^{(0)}, \lambda_v^{(0)}]^T=[0.7, 40, 0, 0]^T$를 사용하여, 식(2.4.4.38-2)의 해를 구하고자 한다. Iteration 0단계의 반복연산에 필요한 목적함수, 등 제약, 부등 제약함수 및 이 함수들의 제이코비 및 헤시안 매트릭스는 식(2.4.4.40) 부터 식(2.4.4.48)까지 계산되었다. 인공신경망 기반에서, 뉴턴-랩슨 반복연산에 의한 라그랑

주 함수의 stationary 좌표를 찾는 방법은 그림 2.3.4.2에서 다시 복습할 수 있다.

(a) 0단계(0)에서의 입력변수 정규화를 위한 단계, $\mathbf{z}^{(N)}$

정규화 은닉층에서 입력변수는 식(2.4.4.40)에 의해 정규화된다. 정규화 함수 α_x는 입력변수인 x_C와 θ에 대해서, $\begin{bmatrix}1.820\\0.029\end{bmatrix}$로 계산되었다. α_x는 식(2.3.6.2-2)를 기반으로 구하여 지며, 표 2.4.4.2의 파란색 내의 파라미터를 참조하기를 바란다. 초기 입력변수 $x^{(0)}=[x_C^{(0)}\ ,\ \theta^{(0)}]^T=[0.7,\ 40]^T$가 식(2.4.4.40-1)에 대입되어 수렴될 때까지 반복연산을 수행한다. 식(2.4.4.40-1)에 붉은색으로 표시하였다. 식(2.4.4.40-3)은 목적함수의 글로벌 헤시안 매트릭스를 의미하며, 위의 행과 아래 행은 각각 입력변수인 x_C와 θ에 대한 슬라이스 헤시안 매트릭스를 의미한다.

$$\mathbf{z}^{(N)} = \mathbf{g}^{(N)}\left(\mathbf{x}^{(0)}\right) = \boldsymbol{\alpha}_\mathbf{x} \odot (\mathbf{x} - \mathbf{x}_{min}) + \bar{\mathbf{x}}_{min}$$
$$= \begin{bmatrix}1.820\\0.029\end{bmatrix} \odot \left(\begin{bmatrix}0.7\\40\end{bmatrix} - \begin{bmatrix}0.1\\10\end{bmatrix} \right) + \begin{bmatrix}-1\\-1\end{bmatrix} = \begin{bmatrix}0.092\\-0.143\end{bmatrix} \quad (2.4.4.40\text{-}1)$$

$$\mathbf{J}^{(N)} = I_2 \odot \boldsymbol{\alpha}_\mathbf{x} = \begin{bmatrix}1.820 & 0\\0 & 0.029\end{bmatrix} \quad (2.4.4.40\text{-}2)$$

$$\mathbf{H}^{(N)} = \begin{bmatrix}0 & 0\\0 & 0\end{bmatrix} \quad (2.4.4.40\text{-}3)$$

(b) Iteration 0: 정규화 은닉층, 1, 2, 3, 4 에서의 출력값, 제이코비, 슬라이스 헤시안 매트릭스의 계산 ($\forall l \in \{1, 2, 3, 4\}$)

(b-1) Iteration 0: 정규화 은닉층(1), $\mathbf{z}^{(1)}$

식(2.4.4.35), 식(2.4.4.36)에 기반한 은닉층 (1)의 뉴런값 $z^{(1)}$은 식(2.3.6.3-2b)를 기반으로 식(2.4.4.41-1)에서 계산되었고,제이코비 $\mathbf{J}^{(1)}$은 입력변수인 x_C와 θ에 대해서 식(2.3.6.6-7)을 기반으로 식(2.4.4.41-2)에서 계산하였다. 2개의 입력변수인 x_C와 θ에 대한 헤시안 메트릭스는 슬라이스 헤시안 매트릭스 $\mathbf{H}_1^{(1)}$ 과 $\mathbf{H}_2^{(1)}$ 로부터 유도하며, 식(2.3.6.14)을 기반으로 입력변수인 x_C와 θ에 대해서 식(2.4.4.41-3a)와 식(2.4.4.41-3b)에서 각각 계산되었다. 10개의 뉴런을 사용하므로 매트릭스의 행은 10개로 도출된다. 가중변수와 편향변수 매트릭스 $\mathbf{W}^{(1)}$ 과 $b^{(1)}$는 표2.4.4.4(a)에 나타내었다.

식(2.4.4.41-1)에는 목적함수에 대한 각 매트릭스의 차원이 표시되어 있다. 즉 가중변수 매트릭스 $\mathbf{W}^{(1)}$, $\mathbf{z}^{(N)}$, $\mathbf{b}^{(1)}$은 각각 [10×2], [2×1], [10×1]이 되어, 은닉층 (1)에서의 최종값 $\mathbf{z}^{(1)}$ 의 매트릭스는 [10×1]이 된다.

식(2.4.4.41-2)에는 목적함수의 제이코비 매트릭스에 대한 각 매트릭스의 차원이 표시되어 있다. Iteration 0단계에서, $\mathbf{z}^{(1)}$, 가중변수 매트릭스 $\mathbf{W}^{(1)}$, $\mathbf{J}^{(N)}$은 각각 [10×1], [10×2], [2×2]가 되어 은닉층(1)에서의 최종값 $\mathbf{J}^{(1)}$ 의 매트릭스는 [10×2]가 된다.

식(2.4.4.41-3a)에는 목적함수의 슬라이스($1=x_C$) 헤시안 매트릭스에 대한 각 매트릭스의 차원이 표시되어 있다. Iteration 0단계에서, $\mathbf{z}^{(1)}$, $\mathbf{i}_1^{(N)}$, 가중변수 매트릭스 $\mathbf{W}^{(1)}$, $\mathbf{J}^{(N)}$, $\mathbf{H}_1^{(N)}$는 각각 [10×1], [2×1], [10×2],[2×2], [2×2]이 되어 은닉층($1=x_C$) 에서의 최종값 $\mathbf{H}_1^{(1)}$ 의 매트릭스는 [10×2]가 된다.

식(2.4.4.41-3b)에는 목적함수의 슬라이스($2=\theta$) 헤시안 매트릭스에 대한 각 매트릭스의 차원이 표시되어 있다. Iteration 0단계에서, $\mathbf{z}^{(1)}$, $\mathbf{i}_2^{(N)}$, 가중변수 매트릭스 $\mathbf{W}^{(1)}$, $\mathbf{J}^{(N)}$, $\mathbf{H}_2^{(N)}$ 는 각각 [10×1], [2×1], [10×2], [2×2], [2×2]가 되어 은닉층($2=\theta$)에서의 최종값 $\mathbf{H}_2^{(1)}$ 의 매트릭스는 [10×2]가 된다.

$$\mathbf{z}^{(1)} = f_t^{(1)}\left(\underbrace{\mathbf{W}^{(1)}}_{[10\times2]}\underbrace{\mathbf{z}^{(N)}}_{[2\times1]} + \underbrace{\mathbf{b}^{(1)}}_{[10\times1]}\right) = \begin{bmatrix} 0.9995 \\ -0.9771 \\ -0.9651 \\ -0.4381 \\ -0.7616 \\ -0.5865 \\ -0.0596 \\ -0.9847 \\ 0.9648 \\ 1.0000 \end{bmatrix}_{[10\times1]} \tag{2.4.4.41-1}$$

$$\mathbf{J}^{(1)} = \left(1 - \underbrace{\left(\mathbf{z}^{(1)}\right)^2}_{[10\times1]}\right) \odot \underbrace{\mathbf{W}^{(1)}}_{[10\times2]}\underbrace{\mathbf{J}^{(N)}}_{[2\times2]} = \begin{bmatrix} -0.0017 & -0.0001 \\ 0.1009 & -0.0026 \\ 0.0835 & -0.0016 \\ 0.8469 & -0.0182 \\ 0.0072 & -0.0179 \\ -0.3548 & 0.0232 \\ -0.7714 & -0.0122 \\ -0.1071 & -0.0011 \\ 0.1291 & -0.0015 \\ 0.0003 & 0.0000 \end{bmatrix}_{[10\times2]} \tag{2.4.4.41-2}$$

$$\mathbf{H}_1^{(1)} = -\underbrace{2\mathbf{z}^{(1)}}_{[10\times1]} \odot \left(1 - \underbrace{\left(\mathbf{z}^{(1)}\right)^2}_{[10\times1]}\right) \odot \underbrace{\mathbf{i}_1^{(N)}}_{[2\times1]} \odot \underbrace{\left(\mathbf{W}^{(1)}\right)^2}_{[10\times2]}\underbrace{\mathbf{J}^{(N)}}_{[2\times2]}$$

$$+\left(1 - \underbrace{\left(\mathbf{z}^{(1)}\right)^2}_{[10\times1]}\right) \odot \underbrace{\mathbf{W}^{(1)}}_{[10\times2]}\underbrace{\mathbf{H}_1^{(N)}}_{[2\times2]} = \begin{bmatrix} -0.0058 & -0.0003 \\ 0.4390 & -0.0111 \\ 0.1959 & -0.0037 \\ 0.7775 & -0.0167 \\ 0.0002 & -0.0005 \\ 0.2252 & -0.0147 \\ 0.0712 & 0.0011 \\ 0.7426 & 0.0076 \\ -0.4642 & 0.0054 \\ 0.0039 & 0.0000 \end{bmatrix} \tag{2.4.4.41-3a}$$

$$\mathbf{H}_2^{(1)} = -\underbrace{2\mathbf{z}^{(1)}}_{[10\times1]} \odot \left(1 - \underbrace{\left(\mathbf{z}^{(1)}\right)^2}_{[10\times1]}\right) \odot \underbrace{\mathbf{i}_2^{(N)}}_{[2\times1]} \odot \underbrace{\left(\mathbf{W}^{(1)}\right)^2}_{[10\times2]} \underbrace{\mathbf{J}^{(N)}}_{[2\times2]}$$

$$+\left(1 - \underbrace{\left(\mathbf{z}^{(1)}\right)^2}_{[10\times1]}\right) \odot \underbrace{\mathbf{W}^{(1)}}_{[10\times2]} \underbrace{\mathbf{H}_2^{(N)}}_{[2\times2]} = \begin{bmatrix} -0.0003 & -0.0000 \\ 0.0111 & 0.0003 \\ -0.0037 & 0.0001 \\ -0.0167 & 0.0004 \\ -0.0005 & 0.0012 \\ -0.0147 & 0.0010 \\ 0.0011 & 0.0000 \\ 0.0076 & 0.0001 \\ 0.0054 & -0.0001 \\ -0.0000 & 0.0000 \end{bmatrix} \qquad (2.4.4.41\text{-}3b)$$

(b-2) Iteration 0: 정규화 은닉층(2), $\mathbf{z}^{(2)}$

식(2.4.4.42)에는 $\mathbf{z}^{(2)}$, 제이코비 $\mathbf{J}^{(2)}$, 슬라이스 (1= x_C), (2=θ)에 대한 헤시안 매트릭스 $\mathbf{H}_1^{(2)}$, $\mathbf{H}_2^{(2)}$ 가 매트릭스가 나타나있다.

$$\mathbf{z}^{(2)} = f_t^{(2)}\left(\mathbf{W}^{(2)}\mathbf{z}^{(1)} + \mathbf{b}^{(2)}\right) = \begin{bmatrix} 0.6585 \\ 0.9913 \\ 0.2501 \\ 0.9479 \\ -0.6039 \\ -0.6445 \\ -0.9569 \\ -0.2387 \\ 0.4811 \\ 0.9337 \end{bmatrix} \qquad (2.4.4.42\text{-}1)$$

$$\mathbf{J}^{(2)}=\left(1-\left(\mathbf{z}^{(2)}\right)^2\right)\odot\mathbf{W}^{(2)}\mathbf{J}^{(1)}=\begin{bmatrix}0.8175 & -0.0013\\ 0.0213 & -0.0002\\ -0.1860 & 0.0131\\ 0.0039 & 0.0002\\ 0.2915 & 0.0007\\ -0.9228 & -0.0078\\ -0.0306 & 0.0000\\ -0.3361 & -0.0109\\ -0.3047 & 0.0070\\ -0.1226 & -0.0045\end{bmatrix} \quad (2.4.4.42\text{-}2)$$

$$\mathbf{H}_1^{(2)}=-2\mathbf{z}^{(2)}\odot\left(1-\left(\mathbf{z}^{(2)}\right)^2\right)\odot\mathbf{i}_1^{(1)}\odot\left(\mathbf{W}^{(2)}\right)^2\mathbf{J}^{(1)}$$

$$+\left(1-\left(\mathbf{z}^{(2)}\right)^2\right)\odot\mathbf{W}^{(2)}\mathbf{H}_1^{(1)}=\begin{bmatrix}-1.2603 & 0.0100\\ -0.0460 & 0.0000\\ -0.2344 & -0.0031\\ -0.0854 & 0.0024\\ -0.1810 & 0.0140\\ 2.2416 & 0.0267\\ -0.0254 & -0.0012\\ 0.1660 & 0.0171\\ 0.2272 & -0.0093\\ -0.2546 & -0.0047\end{bmatrix} \quad (2.4.4.42\text{-}3a)$$

$$\mathbf{H}_2^{(2)}=-2\mathbf{z}^{(2)}\odot\left(1-\left(\mathbf{z}^{(2)}\right)^2\right)\odot\mathbf{i}_2^{(1)}\odot\left(\mathbf{W}^{(2)}\right)^2\mathbf{J}^{(1)}$$

$$+\left(1-\left(\mathbf{z}^{(2)}\right)^2\right)\odot\mathbf{W}^{(2)}\mathbf{H}_2^{(1)}=\begin{bmatrix}0.0100 & 0.0001\\ -0.0000 & 0.0000\\ -0.0031 & 0.0002\\ 0.0024 & -0.0001\\ 0.0140 & -0.0006\\ 0.0267 & 0.0000\\ -0.0012 & 0.0001\\ 0.0171 & -0.0009\\ -0.0093 & 0.0002\\ -0.0047 & -0.0003\end{bmatrix} \quad (2.4.4.42\text{-}3b)$$

(b-3) Iteration 0: 정규화 은닉층(3), $\mathbf{z}^{(3)}$

식(2.4.4.43)에는 $\mathbf{z}^{(3)}$, 제이코비 $\mathbf{J}^{(3)}$, 슬라이스 (1= x_C), (2=θ)에 대한 헤시안 매트릭스 $\mathbf{H}_1^{(3)}$, $\mathbf{H}_2^{(3)}$ 가 매트릭스 사이즈와 함께 나타나 있다.

$$\mathbf{z}^{(3)} = f_t^{(3)}\left(\underbrace{\mathbf{W}^{(3)}}_{[10\times10]}\underbrace{\mathbf{z}^{(2)}}_{[10\times1]} + \underbrace{\mathbf{b}^{(3)}}_{[10\times1]}\right) = \begin{bmatrix} -0.9340 \\ -0.8955 \\ -0.1878 \\ 0.8770 \\ 0.4243 \\ 0.6409 \\ -0.9991 \\ 0.9276 \\ 0.9994 \\ -0.9525 \end{bmatrix}_{[10\times1]} \tag{2.4.4.43-1}$$

$$\mathbf{J}^{(3)} = \left(1 - \underbrace{\left(\mathbf{z}^{(3)}\right)^2}_{[10\times1]}\right) \odot \underbrace{\mathbf{W}^{(3)}}_{[10\times10]}\underbrace{\mathbf{J}^{(2)}}_{[10\times2]} = \begin{bmatrix} 0.0870 & 0.0027 \\ 0.2477 & -0.0009 \\ -0.6181 & -0.0123 \\ -0.1388 & -0.0021 \\ 0.4726 & -0.0082 \\ 0.3577 & 0.0052 \\ -0.0017 & 0.0000 \\ -0.1579 & 0.0013 \\ 0.0001 & 0.0000 \\ -0.0826 & 0.0003 \end{bmatrix}_{[10\times2]} \tag{2.4.4.43-2}$$

$$\mathbf{H}_1^{(3)} = -\underbrace{2\mathbf{z}^{(3)}}_{[10\times1]} \odot \left(1 - \underbrace{\left(\mathbf{z}^{(3)}\right)^2}_{[10\times1]}\right) \odot \underbrace{\mathbf{i}_1^{(2)}}_{[10\times1]} \odot \underbrace{\left(\mathbf{W}^{(3)}\right)^2}_{[10\times10]}\underbrace{\mathbf{J}^{(2)}}_{[10\times2]}$$

$$+\left(1 - \underbrace{\left(\mathbf{z}^{(3)}\right)^2}_{[10\times1]}\right) \odot \underbrace{\mathbf{W}^{(3)}}_{[10\times10]}\underbrace{\mathbf{H}_1^{(2)}}_{[10\times2]} = \begin{bmatrix} -0.0385 & 0.0004 \\ 0.4775 & 0.0004 \\ 0.4737 & -0.0111 \\ -0.1903 & -0.0073 \\ -0.5058 & 0.0090 \\ -0.6025 & -0.0010 \\ 0.0080 & 0.0000 \\ -0.2685 & -0.0009 \\ -0.0004 & 0.0000 \\ 0.1351 & -0.0040 \end{bmatrix} \tag{2.4.4.43-3a}$$

$$\mathbf{H}_2^{(3)} = -\underbrace{2\mathbf{z}^{(3)}}_{[10\times1]} \odot \left(1 - \underbrace{\left(\mathbf{z}^{(3)}\right)^2}_{[10\times1]}\right) \odot \underbrace{\mathbf{i}_2^{(2)}}_{[10\times1]} \odot \underbrace{\left(\mathbf{W}^{(3)}\right)^2}_{[10\times10]}\underbrace{\mathbf{J}^{(2)}}_{[10\times2]}$$

$$+\left(1 - \underbrace{\left(\mathbf{z}^{(3)}\right)^2}_{[10\times1]}\right) \odot \underbrace{\mathbf{W}^{(3)}}_{[10\times10]}\underbrace{\mathbf{H}_2^{(2)}}_{[10\times2]} = \begin{bmatrix} 0.0004 & 0.0001 \\ 0.0004 & 0.0002 \\ -0.0111 & 0.0000 \\ -0.0073 & -0.0001 \\ 0.0090 & 0.0002 \\ -0.0010 & 0.0002 \\ 0.0000 & 0.0000 \\ -0.0009 & 0.0000 \\ 0.0000 & 0.0000 \\ -0.0040 & -0.0001 \end{bmatrix} \tag{2.4.4.43-3b}$$

(b-4) Iteration 0: 정규화 은닉층(4), $\mathbf{z}^{(4)}$

식(2.4.4.44)에는 $\mathbf{z}^{(4)}$, 제이코비 $\mathbf{J}^{(4)}$, 슬라이스 (1= x_C), (2=θ)에 대한 헤시안 매트릭스 $\mathbf{H}_1^{(4)}$, $\mathbf{H}_2^{(4)}$ 가 매트릭스가 나타나 있다.

$$\mathbf{z}^{(4)} = f_t^{(4)}\left(\mathbf{W}^{(4)}\mathbf{z}^{(3)} + \mathbf{b}^{(4)}\right) = \begin{bmatrix} -0.6736 \\ -0.3030 \\ 0.9998 \\ 0.4901 \\ -0.9994 \\ -0.5722 \\ 0.9997 \\ 0.2056 \\ 0.9997 \\ 0.7795 \end{bmatrix} \tag{2.4.4.44-1}$$

$$\mathbf{J}^{(4)} = \left(1 - \left(\mathbf{z}^{(4)}\right)^2\right) \odot \mathbf{W}^{(4)}\mathbf{J}^{(3)} = \begin{bmatrix} 0.7470 & 0.0066 \\ 0.4052 & 0.0154 \\ -0.0001 & 0.0000 \\ -0.7052 & 0.0071 \\ 0.0004 & 0.0000 \\ 0.8092 & -0.0059 \\ 0.0000 & 0.0000 \\ 0.3813 & 0.0002 \\ 0.0002 & 0.0000 \\ -0.1046 & -0.0074 \end{bmatrix} \tag{2.4.4.44-2}$$

$$\mathbf{H}_1^{(4)} = -2\mathbf{z}^{(4)} \odot \left(1 - \left(\mathbf{z}^{(4)}\right)^2\right) \odot \mathbf{i}_1^{(3)} \odot \left(\mathbf{W}^{(4)}\right)^2 \mathbf{J}^{(3)}$$

$$+ \left(1 - \left(\mathbf{z}^{(4)}\right)^2\right) \odot \mathbf{W}^{(4)}\mathbf{H}_1^{(3)} = \begin{bmatrix} 0.8516 & 0.0177 \\ -1.0383 & 0.0042 \\ -0.0002 & 0.0000 \\ -0.3617 & 0.0036 \\ 0.0014 & 0.0000 \\ 0.8029 & 0.0070 \\ -0.0008 & 0.0000 \\ -1.1449 & 0.0041 \\ -0.0008 & 0.0000 \\ -0.1174 & -0.0037 \end{bmatrix} \tag{2.4.4.44-3a}$$

$$\mathbf{H}_2^{(4)} = -2\mathbf{z}^{(4)}\odot\left(1-\left(\mathbf{z}^{(4)}\right)^2\right)\odot\mathbf{i}_2^{(3)}\odot\left(\mathbf{W}^{(4)}\right)^2\mathbf{J}^{(3)}$$

$$+\left(1-\left(\mathbf{z}^{(4)}\right)^2\right)\odot\mathbf{W}^{(4)}\mathbf{H}_2^{(3)} = \begin{bmatrix} 0.0177 & 0.0004 \\ 0.0042 & 0.0002 \\ 0.0000 & 0.0000 \\ 0.0036 & -0.0002 \\ 0.0000 & 0.0000 \\ 0.0070 & 0.0003 \\ 0.0000 & 0.0000 \\ 0.0041 & 0.0001 \\ 0.0000 & 0.0000 \\ -0.0037 & -0.0001 \end{bmatrix} \quad (2.4.4.44\text{-}3b)$$

(c) Iteration 0: 정규화 출력층, $\mathbf{z}^{(L=5=출력)}$

(5)는 출력층으로써 $\mathbf{z}^{(5=출력)}$ 이된다. 그림 2.4.4.7(a)의 인공신경망에서 보이듯이, 출력 층은 24개의 출력뉴런을 가지고 있고, 정규화된 총 24개의 출력 파라미터 $y=[y_1, \cdots, y_{24}]^T$가 계산되지만, 이 예제 식(2.4.4.39)에서의 라그랑주 최적화에서는 등 제약함수와 부등 제약함수가 관련된 2개의 출력 파라미터 $y_{20}(y_{P_j})$, $y_{21}(y_{P_l})$만 필요하게 된다. 따라서 계산량을 절감하기 위해서, 등 제약함수 $y_{20}(y_{P_j})= \mathbf{z}_{y_{20}}^{(L=5=출력)}$, 부등 제약함수 $y_{21}(y_{P_l})= \mathbf{z}_{y_{21}}^{(L=5=출력)}$의 2개 노드의 출력값만 계산하기로 한다. 식(2.3.6.3-2e)를 기반으로 $\mathbf{z}_{y_{20}}^{(5)}$는 식(2.4.4.45-1)에서 계산되었다. 출력 파라미터 $y_{20}(y_{P_j})$ 의 입력변수인 x_C와 θ에 대한 제이코비 매트릭스 $\mathbf{J}_{y_{20}}^{(L=5)}$는 식(2.3.6.6-8)에 근거하여, 식(2.4.4.45-2)에서 계산되었고, 슬라이스 헤시안 매트릭스는 $\mathbf{H}_{y_{20},1}^{(L=5=출력)}$, $\mathbf{H}_{y_{20},2}^{(L=5=출력)}$는 식(2.3.6.15-2)에 근거하여, 식(2.4.4.45-3a)와 식(2.4.4.45-3b)에서 각각 계산되었다. 유사하게, $y_{21}(y_{P_l})$ 출력 파라미터에 대한 식들도 식(2.4.4.46)에 도출되었다.

여기서, $\mathbf{w}_{20}^{(5)}$, $\mathbf{b}_{20}^{(5)}$ 와 $\mathbf{w}_{21}^{(5)}$, $\mathbf{b}_{21}^{(5)}$ 는 표 2.4.4.4(e)에 붉은색으로 도출되어 있는 가중변수와 편향변수 매트릭스로부터 구해지는데, 정규화된 출력층에서, 20번째와 21번째 행의 가중변수와 편향변수를 선택하면 된다. 즉 $\mathbf{w}_{20}^{(5)}$, $\mathbf{b}_{20}^{(5)}$ 와 $\mathbf{w}_{21}^{(5)}$, $\mathbf{b}_{21}^{(5)}$ 은 은닉층 (4)의 출력값 $\mathbf{z}^{(4)}$을 은닉층 (5)에서 정규화된 출력값 $\mathbf{z}_{y_{20}}^{(5)}$, $\mathbf{z}_{y_{21}}^{(5)}$ 으로 매핑시키는 가중변수와 편향변수 매트릭스이다. 그림 2.3.4.2에 도식화되어 있는 뉴턴-랩슨 반복연산과

정에서 목적함수, 등 제약함수 $y_{20}(y_{P_f})=\mathbf{z}_{y_{20}}^{(5)}$, 부등 제약함수 $y_{21}(y_{P_t})=\mathbf{z}_{y_{21}}^{(5)}$의 연산 알고리즘을 학습하였다. 이 절의 출력함수, $\mathbf{z}^{(5)}$, 제이코비 $\mathbf{J}^{(5)}$, 슬라이스 레시안 매트릭스 $\mathbf{H}_1$, $\mathbf{H}_2$ 등의 복습을 위해 그림 2.3.6.2를 참조하기 바란다.

$$\mathbf{z}_{y_{20}}^{(L=5=\text{출력})} = f_{lin}^{(L=5=\text{출력})}\left(\underbrace{\mathbf{w}_{20}^{(5)}}_{[1\times10]}\underbrace{\mathbf{z}^{(4)}}_{[10\times1]} + \underbrace{b_{20}^{(5)}}_{[1\times1]}\right) = 0.4418 \quad (2.4.4.45\text{-}1)$$

$$\mathbf{J}_{y_{20}}^{(L=5=\text{출력})} = \underbrace{\mathbf{w}_{20}^{(L=5=\text{출력})}}_{[1\times10]}\underbrace{\mathbf{J}^{(4)}}_{[10\times2]} = [-1.5275 \quad 0.0032] \quad (2.4.4.45\text{-}2)$$

$$\mathbf{H}_{y_{20},1}^{(L=5=\text{출력})} = \underbrace{\mathbf{w}_{20}^{(L=5=\text{출력})}}_{[1\times10]}\underbrace{\mathbf{H}_1^{(4)}}_{[10\times2]} = [-4.0374 \quad -0.0368] \quad (2.4.4.45\text{-}3a)$$

$$\mathbf{H}_{y_{20},2}^{(L=5=\text{출력})} = \underbrace{\mathbf{w}_{20}^{(L=5=\text{출력})}}_{[1\times10]}\underbrace{\mathbf{H}_2^{(4)}}_{[10\times2]} = [-0.0368 \quad -0.0009] \quad (2.4.4.45\text{-}3b)$$

$$\mathbf{z}_{y_{21}}^{(L=5=\text{출력})} = f_{lin}^{(5)}\left(\underbrace{\mathbf{w}_{21}^{(5)}}_{[1\times10]}\underbrace{\mathbf{z}^{(4)}}_{[10\times1]} + \underbrace{b_{21}^{(5)}}_{[1\times1]}\right) = 0.4161 \quad (2.4.4.46\text{-}1)$$

$$\mathbf{J}_{y_{21}}^{(L=5=\text{출력})} = \underbrace{\mathbf{w}_{21}^{(5)}}_{[1\times10]}\underbrace{\mathbf{J}^{(4)}}_{[10\times2]} = [-1.5063 \quad 0.0050] \quad (2.4.4.46\text{-}2)$$

$$\mathbf{H}_{y_{21},1}^{(L=5=\text{출력})} = \underbrace{\mathbf{w}_{21}^{(5)}}_{[1\times10]}\underbrace{\mathbf{H}_1^{(4)}}_{[10\times2]} = [-4.1680 \quad -0.0355] \quad (2.4.4.46\text{-}3a)$$

$$\mathbf{H}_{y_{21},2}^{(L=5=\text{출력})} = \underbrace{\mathbf{w}_{21}^{(5)}}_{[1\times10]}\underbrace{\mathbf{H}_2^{(4)}}_{[1\times10]} = [-0.0355 \quad -0.0009] \quad (2.4.4.46\text{-}3b)$$

(d) Iteration 0: 비정규화 단계(D, 5=L) 단계, $\mathbf{z}^{(D)}=\mathbf{z}^{(5=\text{출력})}$을 비정규화하여 $\mathbf{y}=\mathbf{z}^{(D)}$로 도출

출력 파라미터 $y_{20}=\mathbf{z}_{y_{20}}^{(D)}$ 식(2.3.6.3-2f)에 기반하여 식(2.4.4.47-1)에서 비정규화되었고, $y_{20}=\mathbf{z}_{y_{20}}^{(D)}$ 의 제이코비 매트릭스 $\mathbf{z}_{y_{20}}^{(D)}$는 식(2.3.6.6-9)에 기반하여 식(2.4.4.47-2)에서 비정규화되었으며, $y_{20}=\mathbf{z}_{y_{20}}^{(D)}$ 의 슬라이스 헤시안 매트릭스는 식(2.3.6.16-2)에 기반하

여 식(2.4.4.47-3a), 식(2.4.4.47-3b)에서 각각 비정규화되었다. 식(2.4.4.47-4)는 식(2.4.4.47-3a), 식(2.4.4.47-3b)의 슬라이스 헤시안 매트릭스가 통합된 글로벌 헤시안 매트릭스이다. 출력 파라미터 y_{21}=$\mathbf{z}_{y_{21}}^{(D)}$ 에 대해서도 식(2.4.4.48)에서 유사하게 비정규화하였고, 식(2.4.4.48-4)는 식(2.4.4.48-3a), 식(2.4.4.48-3b)의 슬라이스 헤시안 매트릭스가 통합된 글로벌 헤시안 매트릭스이다.

출력 층(5=출력)의 식(2.4.4.45-1)에서 $\mathbf{z}_{y_{20}}^{(L=5=출력)}$ = 0.4418로 계산되었고, 식(2.4.4.47-1)에서 비정규화되어 원래의 단위로 환원되었다. $\alpha_{y_{20}}$=1.5427, $\bar{y}_{20,min}$=-1, $y_{20,min}$=-0.9871은 표 2.4.4.2의 붉은색 박스 내의 파라미터를 참조하기를 바란다. 식(2.4.4.46-1)에서 $\mathbf{z}_{y_{21}}^{(L=5=출력)}$는 0.4161로 계산되었고, 식(2.4.4.48-1)에서 비정규화되어 원래의 단위로 환원되었다. $\alpha_{y_{21}}$=1.7958, $\bar{y}_{21,min}$=-1, $y_{21,min}$=-0.7988도 유사하게 표 2.4.4.2에서 구할 수 있다.

$$y_{20} = \mathbf{z}_{y_{20}}^{(D)} = g_{20}^{(D)}\left(\mathbf{z}_{y_{20}}^{(L=5=출력)}\right) = \frac{1}{\alpha_{y_{20}}}\left(\mathbf{z}_{y_{20}}^{(5)} - \bar{y}_{20,min}\right) + y_{20,min}$$
$$= \frac{1}{1.5427}(0.4418 - (-1)) + (-0.9871) = -0.0526 \tag{2.4.4.47-1}$$

$$\mathbf{J}_{y_{20}}^{(D)} = \frac{1}{\alpha_{y_{20}}}\mathbf{J}_{y_{20}}^{(L=5=출력)} = [-0.9902 \quad 0.0021] \tag{2.4.4.47-2}$$

$$\mathbf{H}_{y_{20},1}^{(D)} = \frac{1}{\alpha_{y_{20}}}\mathbf{H}_{y_{20},1}^{(L=5=출력)} = [-2.6171 \quad -0.0239] \tag{2.4.4.47-3a}$$

$$\mathbf{H}_{y_{20},2}^{(D)} = \frac{1}{\alpha_{y_{20}}}\mathbf{H}_{y_{20},2}^{(L=5=출력)} = [-0.0239 \quad -0.0006] \tag{2.4.4.47-3b}$$

$$\mathbf{H}_{y_{20}}^{(D)} = \begin{bmatrix}\mathbf{H}_{y_{20},1}^{(D)} \\ \mathbf{H}_{y_{20},2}^{(D)}\end{bmatrix} = \begin{bmatrix}-2.6171 & -0.0239 \\ -0.0239 & -0.0006\end{bmatrix} \tag{2.4.4.47-4}$$

$$y_{21} = \mathbf{z}_{y_{21}}^{(D)} = g_{21}^{(D)}\left(\mathbf{z}_{y_{21}}^{(L=5=출력)}\right) = \frac{1}{\alpha_{y_{21}}}\left(\mathbf{z}_{y_{21}}^{(5)} - \bar{y}_{21,min}\right) + y_{21,min}$$
$$= \frac{1}{1.7958}(0.4161 - (-1)) + (-0.7988) = 0.0105 \tag{2.4.4.48-1}$$

$$\mathbf{J}_{y_{21}}^{(D)} = \frac{1}{\alpha_{y_{21}}}\mathbf{J}_{y_{21}}^{(L=5=\text{출력})} = [-0.8075 \quad 0.0036] \tag{2.4.4.48-2}$$

$$\mathbf{H}_{y_{21},1}^{(D)} = \frac{1}{\alpha_{y_{21}}}\mathbf{H}_{y_{21},1}^{(L=5=\text{출력})} = [-2.6102 \quad -0.0186] \tag{2.4.4.48-3a}$$

$$\mathbf{H}_{y_{21},2}^{(D)} = \frac{1}{\alpha_{y_{21}}}\mathbf{H}_{y_{21},2}^{(L=5=\text{출력})} = [-0.0186 \quad -0.0004] \tag{2.4.4.48-3b}$$

$$\mathbf{H}_{y_{21}}^{(D)} = \begin{bmatrix} \mathbf{H}_{y_{21},1}^{(D)} \\ \mathbf{H}_{y_{21},2}^{(D)} \end{bmatrix} = \begin{bmatrix} -2.6102 & -0.0186 \\ -0.0186 & -0.0004 \end{bmatrix} \tag{2.4.4.48-4}$$

(e) Iteration 0: 제이코비, 헤시안 매트릭스를 통한 라그랑주 함수의 수렴 검증

식(2.3.4.2-1b) 또는 식(2.4.4.52)에 기반한 라그랑주 함수의 1차미분식(제이코비)의 해를 초기 입력변수 [$x_C^{(0)}$, $\theta^{(0)}$]에 대하여 구하기 위해서, 초기 입력변수 [$x_C^{(0)}$, $\theta^{(0)}$]에 대한 등 제약함수 $c(x_C^{(0)}, \theta^{(0)})$ 및 부등 제약함수 $v(x_C^{(0)}, \theta^{(0)})$는 식(2.4.4.49-3a), (2.4.4.49-3b)에서, 제이코비, 슬라이스 헤시안 매트릭스는 식(2.4.4.50)과 식(2.4.4.51)에서 각각 계산하여야 한다. 초기 입력변수 $x^{(0)}=[(x_C^{(0)}, \theta^{(0)})]^T=[0.7, 40]^T$에 대하여, 목적함수 또는 제약함수 는 식(2.3.6.3-1)과 식(2.3.6.3-2)기반으로 식(2.4.4.36)에 일련의 복합기호로 유도하였고, 발사체 궤적 $y_{P_f}(y_{20})$과 $y_{P_f}(y_{21})$의 인공신경망은 식(2.4.4.49-1a)와 식(2.4.4.49-2b)에 나타내었다. 목적함수 $f_{x_C}(x_C)$의 제이코비 및 헤시안 매트릭스는 간단하게 식(2.4.4.12-1)에서 구해진다. 이제 식(2.4.4.49-3a)와 식(2.4.4.49-3b)에서 인공신경망 기반의 등 제약 $c(x_C^{(0)}, \theta^{(0)})$, 및 부등 제약함수 $v(x_C^{(0)}, \theta^{(0)})$를 구하는 방법을 정리해 보기로 한다. 식(2.4.4.40-1)에 붉은색으로 표기된 [2x1] 초기 입력변수 $x^{(0)}=[(x_C^{(0)}, \theta^{(0)})]^T=[0.7, 40]^T$에 대하여, 식(2.4.4.40)부터 식(2.4.4.46) 과정에서 발사체 궤적 $y_{P_f}(y_{20})$과 $y_{P_f}(y_{21})$의 함수, 제이코비 및 헤시안 매트릭스를 인공신경망 기반에서 도출하였다. 즉 인공신경망 기반의 발사체 궤적 $y_{P_f}(y_{20})$과 $y_{P_t}(y_{21})$인 식(2.4.4.49-1)와 식(2.4.4.49-2)에 식(2.4.4.40-1)에서 붉은색으로 표기된 [2x1] 초기 입력변수 $x(0)=[(x_C^{(0)}, \theta^{(0)})]^T=[0.7, 40]^T$를 대입하고, 적절한 가중변수 및 편향변수 매트릭스를 사용하여 정규화하면, 식(2.4.4.40) 부터 식(2.4.4.46)을 얻게 되는 것을 학습 하였다. 이제, 발사체 궤적 $y_{P_f}(y_{20})$과 $y_{P_t}(y_{21})$을 제약하는 인공신경망 기반의 등 제약 및 부등 제약함수를 구할 수 있다. 발사체 궤적 $y_{P_f}(y_{20})$과 $y_{P_t}(y_{21})$을 식(2.4.4.47-

1)와 식(2.4.4.48-1)에서 각각 원래의 단위인 -0.0526과 0.0105로 다시 비정규화 하고, 식(2.4.4.49-3a)와 식(2.4.4.49-3b)에 대입하면 인공신경망 기반의 등 제약 및 부등 제약함수가 구하여지는 것이다.

$$\underbrace{y_{20}}_{[1\times1]} = g^D_{y_{20}}\left(f^L_{lin}\left(\underbrace{\mathbf{w}^L_{20}}_{[1\times10]} f^{L-1}_t\left(\underbrace{\mathbf{W}^{L-1}}_{[10\times10]} \cdots f^1_t\left(\underbrace{\mathbf{W}^1}_{[10\times2]} \underbrace{\mathbf{g}^N(\mathbf{x})}_{[2\times1]} + \underbrace{\mathbf{b}^1}_{[10\times1]}\right) \cdots + \underbrace{\mathbf{b}^{L-1}}_{[10\times1]}\right) + \underbrace{b^L_{20}}_{[1\times1]}\right)\right) \tag{2.4.4.49-1}$$

$$\underbrace{y_{21}}_{[1\times1]} = g^D_{y_{21}}\left(f^L_{lin}\left(\underbrace{\mathbf{w}^L_{21}}_{[1\times10]} f^{L-1}_t\left(\underbrace{\mathbf{W}^{L-1}}_{[10\times10]} \cdots f^1_t\left(\underbrace{\mathbf{W}^1}_{[10\times2]} \underbrace{\mathbf{g}^N(\mathbf{x})}_{[2\times1]} + \underbrace{\mathbf{b}^1}_{[10\times1]}\right) \cdots + \underbrace{\mathbf{b}^{L-1}}_{[10\times1]}\right) + \underbrace{b^L_{21}}_{[1\times1]}\right)\right) \tag{2.4.4.49-2}$$

$$\boldsymbol{c}\left(x_C^{(0)}, \theta^{(0)}\right) = y_{P_f} - 0.06 = y_{20} - 0.06 = -0.0526 - 0.06 = -0.1126 \tag{2.4.4.49-3a}$$

$$\boldsymbol{v}\left(x_C^{(0)}, \theta^{(0)}\right) = y_{P_1} - 0.1 = y_{21} - 0.1 = 0.0105 - 0.1 = -0.0895 \tag{2.4.4.49-3b}$$

등 제약함수 $c(x_C^{(0)}, \theta^{(0)})$와 부등 제약함수 $v(x_C^{(0)}, \theta^{(0)})$의 제이코비 매트릭스를 구해보자. 식(2.3.6.6-1)의 $\mathbf{J}^{(N)}(x_C^{(0)}, \theta^{(0)})$부터 식(2.3.6.6-8)까지 순차적으로 계산하여, 식(2.3.6.6-9)에서 $\mathbf{J}^{(D)}(x_C^{(0)}, \theta^{(0)})$을 구한다. 이미 설명된 인공신경망 기반으로 식(2.4.4.40)부터 식(2.4.4.48)까지 제이코비 매트릭스를 도출하였다. 이 과정에서 초기 입력변수 $x^{(0)}=[x_C^{(0)}, \theta^{(0)}]^T=[0.7, 40]^T$에 대해서 $y_{P_f}(y_{20})$에 대한 등 제약함수 $c(x_C^{(0)}, \theta^{(0)})$의 제이코비 매트릭스 $\mathbf{J}_c(x_C^{(0)}, \theta^{(0)})=\mathbf{J}^{(D)}_{y_{20}}$는 식(2.4.4.47-2)을 기반으로 식(2.4.4.50-1)에서, $y_{P_t}(y_{21})$에 대한 부등 제약함수 $v(x_C^{(0)}, \theta^{(0)})$의 제이코비 매트릭스 $\mathbf{J}_v(x_C^{(0)}, \theta^{(0)})=\mathbf{J}^{(D)}_{y_{21}}$는 식(2.4.4.48-2)을 기반으로 식(2.4.4.50-2)에서 구하였다. $(y_{P_t}-0.006)$을 y_{P_f}에 관해서 한 번 미분하면 상수항인 -0.006 항은 없어진다.

$$\mathbf{J}_c\left(x_C^{(0)},\ \theta^{(0)}\right) = \mathbf{J}_c^{(D)}\left(x_C^{(0)},\ \theta^{(0)}\right) = \mathbf{J}_{\left(y_{P_f}-0.06\right)}^{(D)} = \mathbf{J}_{y_{P_f}}^{(D)} = \mathbf{J}_{y_{20}}^{(D)} \tag{2.4.4.50-1}$$

$$= [-0.9902 \quad 0.0021]$$

$$\mathbf{J}_v\left(x_C^{(0)},\ \theta^{(0)}\right) = \mathbf{J}_v^{(D)}\left(x_C^{(0)},\ \theta^{(0)}\right) = \mathbf{J}_{\left(y_{P_t}-0.1\right)}^{(D)} = \mathbf{J}_{y_{P_t}}^{(D)} = \mathbf{J}_{y_{21}}^{(D)} \tag{2.4.4.50-2}$$

$$= [-0.8075 \quad 0.0036]$$

슬라이스 헤시안 매트릭스 $\mathbf{H}_i^{(D)}$는 식(2.3.6.7-1), 식(2.3.6.14), 식(2.3.6.15), 식(2.3.6.16)까지 순차적으로 계산하여 구하였다. 해당 절차에 따라서 식(2.4.4.40)부터 식(2.4.4.48)까지 헤시안 매트릭스를 도출하였다.

이 과정에서 초기 입력변수 $x^{(0)}=[x_C^{(0)}\ ,\ \theta^{(0)}]^T=[0.7,\ 40]^T$에 대해서, $y_{P_f}(y_{20})$에 대한 등 제약함수 $c(x_C^{(0)}\ ,\ \theta^{(0)})$의 헤시안 매트릭스 $\mathbf{H}_c(x_C^{(0)}\ ,\ \theta^{(0)})=\mathbf{H}_{y_{20}}^{(D)}(x_C^{(0)}\ ,\ \theta^{(0)})$는 (2.4.4.47-3), 식(2.4.4.47-4)를 기반으로 식(2.4.4.51-1)을 구하였고, $y_{P_t}(y_{21})$에 대한 부등 제약함수 $v(x_C^{(0)}\ ,\ \theta^{(0)})$의 헤시안 매트릭스 $\mathbf{H}_v(x_C^{(0)}\ ,\ \theta^{(0)})=\mathbf{H}_{y_{21}}^{(D)}(x_C^{(0)}\ ,\ \theta^{(0)})$는 식(2.4.4.48-3), 식(2.4.4.48-4)를 기반으로 식(2.4.4.51-2)에서 구하였다. 슬라이스 헤시안 매트릭스를 구한 후, 식(2.3.6.17)을 기반으로, 식(2.4.4.51-1)과 식(2.4.4.51-2)에서 글로벌 헤시안 매트릭스 $\mathbf{H}_{y_{20}}^{(D)}$, $\mathbf{H}_{y_{21}}^{(D)}$ 로 통합하였다. $(y_{P_f}$-0.006)을 y_{P_f}에 관해서 두 번 미분하면 상수항인 -0.006항은 없어진다.

$$\mathbf{H}_c\left(x_C^{(0)},\ \theta^{(0)}\right) = \mathbf{H}_c^{(D)}\left(x_C^{(0)},\ \theta^{(0)}\right) = \mathbf{H}_{y_{20}}^{(D)} = \begin{bmatrix} -2.6171 & -0.0239 \\ -0.0239 & -0.0006 \end{bmatrix} \tag{2.4.4.51-1}$$

$$\mathbf{H}_v\left(x_C^{(0)},\ \theta^{(0)}\right) = \mathbf{H}_v^{(D)}\left(x_C^{(0)},\ \theta^{(0)}\right) = \mathbf{H}_{y_{21}}^{(D)} = \begin{bmatrix} -2.6102 & -0.0186 \\ -0.0186 & -0.0004 \end{bmatrix} \tag{2.4.4.51-2}$$

초기 입력변수 $x^{(0)}=[x_C^{(0)}\ ,\ \theta^{(0)}]^T=[0.7,\ 40]^T$에 대한 라그랑주 함수의 1차미분식은 인공신경망 기반식인 식(2.4.4.52-1b)에 의해서 계산된다. 식(2.4.4.12-1)의 $\nabla f_{x_c}(x_C)$, 식(2.4.4.49-3a)의 $\boldsymbol{c}\left(x_C^{(0)},\ \theta^{(0)}\right)$, 식(2.4.4.49-3b)의 $\boldsymbol{v}\left(x_C^{(0)},\ \theta^{(0)}\right)$, 식(2.4.4.50-1)의 $\mathbf{J}_c\left(x_C^{(0)},\ \theta^{(0)}\right)$, 식(2.4.4.50-2)의 $\mathbf{J}_v\left(x_C^{(0)},\ \theta^{(0)}\right)$와 s=1을 식(2.4.4.52-1b)에 대입하면 초기 입력변수 $x(0)=[x_C^{(0)}$, $\theta^{(0)}]^T$=[0.7, 40]^{T}에 대한 라그랑주 함수의 1차미분식이 식(2.4.4.52-2)에서 계산된다. 그러나 식(2.4.4.52-2)의 $\nabla L(x_C^{(0)}\ ,\ \theta^{(0)},\ \lambda_c^{(0)}\ ,\ \lambda_v^{(0)}\ )$은 0으로 수렴하지 않으므로, 초기 입력변수

인 $[x_C^{(0)}, \theta^{(0)}]^T = [x_C^{(0)}, \theta^{(0)}, \lambda_c^{(0)}, \lambda_v^{(0)}]^T = [0.7, 40, 0, 0]^T$는 Case 1의 KKT 조건의 후보해가 될 수 없다. 따라서 식(2.4.4.53)의 반복연산을 통해 다음 Iteration 1단계로 초기 입력변수 $[x_C^{(1)}, \theta^{(1)}]^T = [x_C^{(1)}, \theta^{(1)}, \lambda_c^{(1)}, \lambda_v^{(1)}]^T$를 개선하여 식(2.4.4.59)에서 $\nabla L(x_C^{(1)}, \theta^{(1)}, \lambda_c^{(1)}, \lambda_v^{(1)})$의 수렴 여부를 다시 확인하여야 한다. 여기서 라그랑주 승수는 식(2.4.4.40-1)에는 대입되지 않고, 식(2.4.4.52-1)에서 대입되어 업데이트됨을 유의해야 한다.

이전에 이미 설명되었듯이 초기 입력변수인 $[x_C^{(0)}, \theta^{(0)}, \lambda_c^{(0)}, \lambda_v^{(0)}]$로부터 개선되어 Iteration 1단계에서 사용될 입력변수인 $[x_C^{(1)}, \theta^{(1)}, \lambda_c^{(1)}, \lambda_v^{(1)}]$를 식(2.3.4.1-5) 또는 식(2.4.4.53)에서 계산하여 보자. 식(2.4.4.14)의 $\mathbf{H}_{f_{x_C}}(x_C, \theta)$와 식(2.4.4.51-1)의 $\mathbf{H}_C^{(D)}(x_C^{(0)}, \theta^{(0)})$, 식(2.4.4.51-2)의 $\mathbf{H}_v^{(D)}(x_C^{(0)}, \theta^{(0)})$를 식(2.4.4.55)에 대입하면 식(2.4.4.56)에서 $\mathbf{H}_L(x_C^{(0)}, \theta^{(0)})$이 계산된다. 그리고 식(2.4.4.50-1)과 식(2.4.4.50-2)의 등 제약 $\mathbf{J}_c(x_C^{(0)}, \theta^{(0)})$ 및 부등 제약함수의 제이코비 매트릭스 $\mathbf{J}_v(x_C^{(0)}, \theta^{(0)})$, 식(2.4.4.56)의 라그랑주 함수의 요소 헤시안 매트릭스 $\mathbf{H}_L(x_C^{(0)}, \theta^{(0)})$와 s=1를 식(2.4.4.54-2)에 대입하여, 식(2.4.4.57)에서 $\mathbf{H}_L(x_C^{(0)}, \theta^{(0)}, \lambda_c^{(0)}, \lambda_v^{(0)})$와 $[\mathbf{H}_L(x_C^{(0)}, \theta^{(0)}, \lambda_c^{(0)}, \lambda_v^{(0)})]^{-1}$를 계산한다.

$$\nabla\mathcal{L}\left(x_C^{(0)}, \theta^{(0)}, \lambda_c^{(0)}, \lambda_v^{(0)}\right)$$

$$= \begin{bmatrix} \nabla f_{x_C}\left(x_C^{(0)}\right) - \left[\mathbf{J}_c\left(x_C^{(0)}, \theta^{(0)}\right)\right]^T \lambda_c - \left[\mathbf{J}_v\left(x_C^{(0)}, \theta^{(0)}\right)\right]^T s\lambda_v \\ -c\left(x_C^{(0)}, \theta^{(0)}\right) \\ -sv\left(x_C^{(0)}, \theta^{(0)}\right) \end{bmatrix} \tag{2.4.4.52-1a}$$

$$\nabla\mathcal{L}\left(x_C^{(0)}, \theta^{(0)}, \lambda_c^{(0)}, \lambda_v^{(0)}\right)$$

$$= \begin{bmatrix} \nabla f_{x_C}\left(x_C^{(0)}\right) - \left[\mathbf{J}_c^{(D)}\left(x_C^{(0)}, \theta^{(0)}\right)\right]^T \lambda_c - \left[\mathbf{J}_v^{(D)}\left(x_C^{(0)}, \theta^{(0)}\right)\right]^T s\lambda_v \\ -c\left(x_C^{(0)}, \theta^{(0)}\right) \\ -sv\left(x_C^{(0)}, \theta^{(0)}\right) \end{bmatrix} \tag{2.4.4.52-1b}$$

$$\nabla\mathcal{L}\left(x_C^{(0)},\ \theta^{(0)},\ \lambda_c^{(0)},\ \lambda_v^{(0)}\right)=\begin{bmatrix}\begin{bmatrix}1\\0\end{bmatrix}-\begin{bmatrix}-0.9902\\0.0021\end{bmatrix}\times 0-\begin{bmatrix}-0.8075\\0.0036\end{bmatrix}\times 1\times 0\\0.1126\\0.0895\end{bmatrix}$$

$$\rightarrow\nabla\mathcal{L}\left(x_C^{(0)},\ \theta^{(0)},\ \lambda_c^{(0)},\ \lambda_v^{(0)}\right)=\begin{bmatrix}1\\0\\0.1126\\0.0895\end{bmatrix}\neq\mathbf{0} \tag{2.4.4.52-2}$$

$$\begin{bmatrix}x_C^{(1)}\\\theta^{(1)}\\\lambda_c^{(1)}\\\lambda_v^{(1)}\end{bmatrix}=\begin{bmatrix}x_C^{(0)}\\\theta^{(0)}\\\lambda_c^{(0)}\\\lambda_v^{(0)}\end{bmatrix}-\left[\mathbf{H}_{\mathcal{L}}\left(x_C^{(0)},\ \theta^{(0)},\ \lambda_c^{(0)},\ \lambda_v^{(0)}\right)\right]^{-1}\nabla\mathcal{L}\left(x_C^{(0)},\ \theta^{(0)},\ \lambda_c^{(0)},\ \lambda_v^{(0)}\right) \tag{2.4.4.53}$$

$$\mathbf{H}_{\mathcal{L}}\left(x_C^{(0)},\ \theta^{(0)},\ \lambda_c^{(0)},\ \lambda_v^{(0)}\right)=\begin{bmatrix}\mathbf{H}_{\mathcal{L}}\left(x_C^{(0)},\ \theta^{(0)}\right) & -\left[\mathbf{J}_c\left(x_C^{(0)},\ \theta^{(0)}\right)\right]^T & -\left[s\mathbf{J}_v\left(x_C^{(0)},\ \theta^{(0)}\right)\right]^T\\-\mathbf{J}_c\left(x_C^{(0)},\ \theta^{(0)}\right) & 0 & 0\\-s\mathbf{J}_v\left(x_C^{(0)},\ \theta^{(0)}\right) & 0 & 0\end{bmatrix} \tag{2.4.4.54-1}$$

$$\mathbf{H}_{\mathcal{L}}\left(x_C^{(0)},\ \theta^{(0)},\ \lambda_c^{(0)},\ \lambda_v^{(0)}\right)=\begin{bmatrix}\mathbf{H}_{\mathcal{L}}\left(x_C^{(0)},\ \theta^{(0)}\right) & -\left[\mathbf{J}_c^{(D)}\left(x_C^{(0)},\ \theta^{(0)}\right)\right]^T & -\left[s\mathbf{J}_v^{(D)}\left(x_C^{(0)},\ \theta^{(0)}\right)\right]^T\\-\mathbf{J}_c^{(D)}\left(x_C^{(0)},\ \theta^{(0)}\right) & 0 & 0\\-s\mathbf{J}_v^{(D)}\left(x_C^{(0)},\ \theta^{(0)}\right) & 0 & 0\end{bmatrix} \tag{2.4.4.54-2}$$

$$\mathbf{H}_{\mathcal{L}}\left(x_C^{(0)},\ \theta^{(0)}\right)=\mathbf{H}_{f_{x_C}}\left(x_C^{(0)},\ \theta^{(0)}\right)-\lambda_c^{(0)}\mathbf{H}_c\left(x_C^{(0)},\ \theta^{(0)}\right)-s\lambda_v^{(0)}\mathbf{H}_v\left(x_C^{(0)},\ \theta^{(0)}\right) \tag{2.4.4.55-1}$$

$$\mathbf{H}_{\mathcal{L}}\left(x_C^{(0)},\ \theta^{(0)}\right)=\mathbf{H}_{f_{x_C}}\left(x_C^{(0)},\ \theta^{(0)}\right)-\lambda_c^{(0)}\mathbf{H}_c^{(D)}\left(x_C^{(0)},\ \theta^{(0)}\right)-s\lambda_v^{(0)}\mathbf{H}_v^{(D)}\left(x_C^{(0)},\ \theta^{(0)}\right) \tag{2.4.4.55-2}$$

$$\mathbf{H}_{\mathcal{L}}\left(x_C^{(0)},\,\theta^{(0)}\right)=\begin{bmatrix}0&0\\0&0\end{bmatrix}-0\times\begin{bmatrix}-2.6171&-0.0239\\-0.0239&-0.0006\end{bmatrix}-1\times0\times\begin{bmatrix}-2.6102&-0.0186\\-0.0186&-0.0004\end{bmatrix}$$
$$=\begin{bmatrix}0&0\\0&0\end{bmatrix}$$
(2.4.4.56)

$$\mathbf{H}_{\mathcal{L}}\left(x_C^{(0)},\,\theta^{(0)},\,\lambda_c^{(0)},\,\lambda_v^{(0)}\right)=\begin{bmatrix}\begin{bmatrix}0&0\\0&0\end{bmatrix}&-\begin{bmatrix}-0.9902\\0.0021\end{bmatrix}&-\begin{bmatrix}-0.8075\\0.0036\end{bmatrix}\\-[-0.9902\quad 0.0021]&0&0\\-[-0.8075\quad 0.0036]&0&0\end{bmatrix}$$
(2.4.4.57-1)

$$=\begin{bmatrix}0&0&0.9902&0.8075\\0&0&-0.0021&-0.0036\\0.9902&-0.0021&0&0\\0.8075&-0.0036&0&0\end{bmatrix}$$
(2.4.4.57-2)

$$\left[\mathbf{H}_{\mathcal{L}}\left(x_C^{(0)},\,\theta^{(0)},\,\lambda_c^{(0)},\,\lambda_v^{(0)}\right)\right]^{-1}=\begin{bmatrix}0&0&1.9032&-1.0955\\0&0&430.70&-528.17\\1.9032&430.70&0&0\\-1.0955&-528.17&0&0\end{bmatrix}$$
(2.4.4.57-3)

식(2.4.4.52-2)의 $\nabla L(x_C^{(0)}, \theta^{(0)}, \lambda_c^{(0)}, \lambda_v^{(0)})$와 식(2.4.4.57-3)의 $[\mathbf{H}_L(x_C^{(0)}, \theta^{(0)}, \lambda_c^{(0)}, \lambda_v^{(0)})]^{-1}$를 식(2.3.4.1-5)에 기반한 식(2.3.4.1-5) 또는 식(2.4.4.53)에 대입하면 1단계에서 업데이트된 입력변수를 식(2.4.4.58-1)에서 계산할 수 있다.

이제 부터는 뉴턴-랩슨 반복연산을 기반으로, 식(2.4.4.40)부터 식(2.4.4.48)과 유사한 연산을 라그랑주 함수의 1차미분식 $\nabla L(x_C^{(k)}, \theta^{(k)}, \lambda_c^{(k)}, \lambda_v^{(k)})$이 수렴할 때까지 반복하여야 한다. Iteration 0단계 마지막에서 계산되어 Iteration 1단계에서 사용되는 식(2.4.4.58-1)의 $[x_C^{(1)}, \theta^{(1)}, \lambda_c^{(1)}, \lambda_v^{(1)}]$=[0.584, 38.80, -1.903, 1.096]을 기반으로 식(2.4.4.40)부터 식(2.4.4.48)과 유사한 연산을 반복한다. Iteration 1단계의 식(2.4.4.40-1)에서 초기 입력변수 $x^{(0)}$에 사용했던 $[x_C^{(0)}, \theta^{(0)}]^T$=$[0.7, 40]^T$ 대신에 $[x_C^{(1)}, \theta^{(1)}]$=[0.584, 38.80]를 식(A1.1-1)에 입력하여, 부

록 식(A1.10-1)부터 식(A1.11-2)에서 Iteration 1단계의 등 제약 및 부등 제약함수 $c(x_C^{(1)}$, $\theta^{(1)})$, $v(x_C^{(1)}$, $\theta^{(1)})$와 제이코비 매트릭스 $\mathbf{J}_c(x_C^{(1)}$, $\theta^{(1)})$, $\mathbf{J}_v(x_C^{(1)}$, $\theta^{(1)})$를 유도하였다. 그 결과를 식(2.3.4.2-1b)에 기반한 식(2.4.4.58-3)에 대입하면 식(2.4.4.59) 또는 식(A1.13-2)에서 $\nabla L(x_C^{(1)}$, $\theta^{(1)}$, $\lambda_c^{(1)}$, $\lambda_v^{(1)}$)를 계산할 수 있다. 그러나, KKT 후보해는 Iteration 1단계에서도 0으로 수렴하지 못하므로, 다시 다음 단계인 Iteration 2단계로 연산을 반복해야 할 것이다. Iteration 2단계에서 사용될 입력변수는 다시 반복연산을 기반으로 Iteration 1단계 마지막인 식(A1.19)에서 $[x_C^{(2)}$, $\theta^{(2)}$, $\lambda_c^{(2)}$, $\lambda_v^{(2)}$]=[0.569, 41.07, -3.833, 3.184]로 업데이트 되었다. Iteration 2단계 역시 $[x_C^{(2)}$, $\theta^{(2)}$, $\lambda_c^{(2)}$, $\lambda_v^{(2)}$]=[0.569, 41.07, -3.833, 3.184] 에 대해서 등 제약 및 부등 제약함수인 $c(x_C^{(2)}$, $\theta^{(2)})$, $v(x_C^{(2)}$, $\theta^{(2)})$와 제이코비 매트릭스 $\mathbf{J}_c(x_C^{(2)}$, $\theta^{(2)})$, $\mathbf{J}_v(x_C^{(2)}$, $\theta^{(2)})$를 구한 후 라그랑주 함수의 1차미분식(제이코비) $\nabla L(x_C^{(2)}$, $\theta^{(2)}$, $\lambda_c^{(2)}$, $\lambda_v^{(2)}$)을 식(2.4.4.60)에서 계산하였고, 0으로 근접하였으나, 완전하게 수렴하지는 못하였다. Iteration 1단계 반복연산 전 과정은 부록 **A1**에 수록하였다.

$$\begin{bmatrix} x_C^{(1)} \\ \theta^{(1)} \\ \lambda_c^{(1)} \\ \lambda_v^{(1)} \end{bmatrix} = \begin{bmatrix} 0.7 \\ 40 \\ 0 \\ 0 \end{bmatrix} - \begin{bmatrix} 0 & 0 & 1.9032 & -1.0955 \\ 0 & 0 & 430.70 & -528.17 \\ 1.9032 & 430.70 & 0 & 0 \\ -1.0955 & -528.17 & 0 & 0 \end{bmatrix} \begin{bmatrix} 1 \\ 0 \\ 0.1126 \\ 0.0895 \end{bmatrix}$$

(2.4.4.58-1)

$$\rightarrow \begin{bmatrix} x_C^{(1)} \\ \theta^{(1)} \\ \lambda_c^{(1)} \\ \lambda_v^{(1)} \end{bmatrix} = \begin{bmatrix} 0.584 \\ 38.80 \\ -1.903 \\ 1.096 \end{bmatrix}$$

$$\nabla\mathcal{L}\left(x_C^{(1)},\, \theta^{(1)},\, \lambda_c^{(1)},\, \lambda_v^{(1)}\right)$$

$$= \begin{bmatrix} \nabla f_{x_C}\left(x_C^{(1)}\right) - \mathbf{J}_c\left(x_C^{(1)},\, \theta^{(1)}\right)^T \lambda_c - \mathbf{J}_v\left(x_C^{(1)},\, \theta^{(1)}\right)^T s\lambda_v \\ -c\left(x_C^{(1)},\, \theta^{(1)}\right) \\ -sv\left(x_C^{(1)},\, \theta^{(1)}\right) \end{bmatrix} \quad (2.4.4.58\text{-}2)$$

$$= \begin{bmatrix} \nabla f_{x_C}\left(x_C^{(1)}\right) - \left[\mathbf{J}_c^{(D)}\left(x_C^{(1)},\, \theta^{(1)}\right)\right]^T \lambda_c - \left[\mathbf{J}_v^{(D)}\left(x_C^{(1)},\, \theta^{(1)}\right)\right]^T s\lambda_v \\ -c\left(x_C^{(1)},\, \theta^{(1)}\right) \\ -sv\left(x_C^{(1)},\, \theta^{(1)}\right) \end{bmatrix} \quad (2.4.4.58\text{-}3)$$

$$\nabla\mathcal{L}\left(x_C^{(1)},\, \theta^{(1)},\, \lambda_c^{(1)},\, \lambda_v^{(1)}\right) = \begin{bmatrix} 0.2666 \\ 0.0030 \\ 0.0206 \\ 0.0198 \end{bmatrix} \neq \mathbf{0} \quad (2.4.4.59,\ \text{A1.13-2})$$

$$\nabla\mathcal{L}\left(x_C^{(2)},\, \theta^{(2)},\, \lambda_c^{(2)},\, \lambda_v^{(2)}\right) = \begin{bmatrix} -0.0289 \\ -0.0003 \\ 0.0006 \\ 0.0005 \end{bmatrix} \neq \mathbf{0} \quad (2.4.4.60)$$

(f) 요약

Case 1의 KKT 조건에서는, 5단계에 이르러 $\nabla L(x_C, \theta, \lambda_c, \lambda_v)$=0으로 수렴되었고, 수렴 정확도 MSE는 2.0E-20로 도출되었다. 그림 2.4.4.9에 도시되었듯이 초기 입력변수 [$x_C^{(5)}$, $\theta^{(5)}$, $\lambda_c^{(5)}$, $\lambda_v^{(5)}$]는 [0.568, 41.10, -3.628, 2.958]로 수렴하였다. 그림 2.4.4.9에서는 Case 1의 KKT 조건에 대하여, 초기 라그랑주 승수변수 $\lambda_C^{(0)}$, $\lambda_v^{(0)}$ 는 [0, 0]으로 가정하였고, 따라서 설정된 4개의 전체 초기 입력변수 [$x_C^{(0)}$, $\theta^{(0)}$, $\lambda_c^{(0)}$, $\lambda_v^{(0)}$]=[0.7, 40, 0, 0], [0.7, 20, 0, 0], [0.6, 60, 0, 0], [0.2, 35, 0, 0]가 각각 Iteration 5, Iteration 5, Iteration 6, Iteration 9에 수렴하는 과정이 추적되었다. 모두 다 동일한 해인 [$x_C^{(5)}$, $\theta^{(5)}$, $\lambda_c^{(5)}$, $\lambda_v^{(5)}$]=[0.568, 41.10, -3.628, 2.958]에 수렴하였고, $\nabla L(x_C, \theta, \lambda_c, \lambda_v)$ 역시 0으로 수렴하였다. 이때 목적함수 $f_{x_C}(x_C)$인 비행체의 비행거리는 그림 2.4.4.10에 보이듯이 0.568km로 수렴하였다. 그림 2.4.4.10에는 Case 1의 KKT 조건에 대한 비행물체의 비행 궤적을 보여주고 있다.

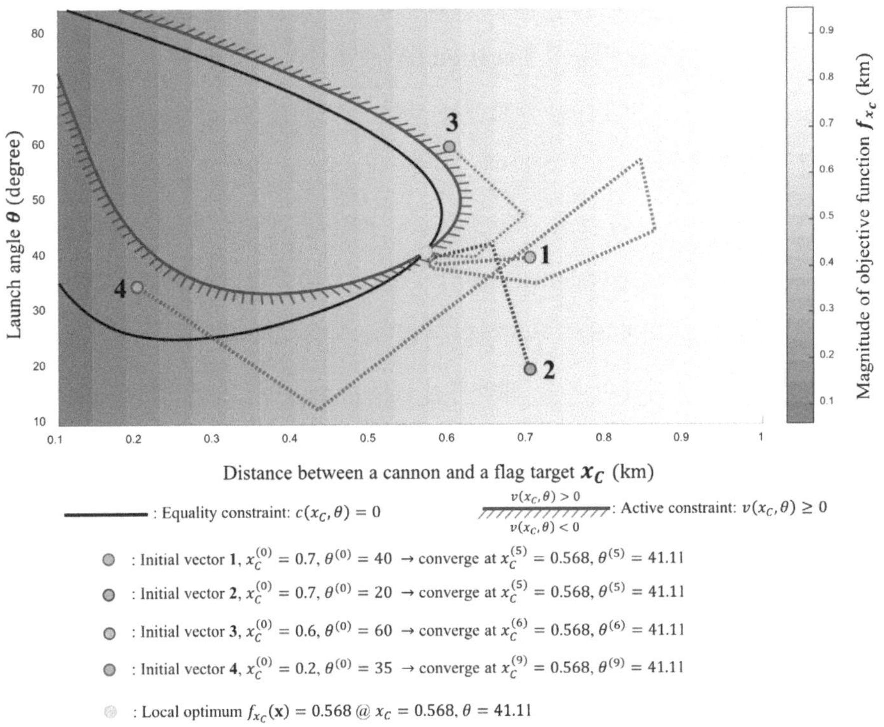
Launch angle $\boldsymbol{\theta}$ (degree)
Distance between a cannon and a flag target $\boldsymbol{x_C}$ (km)
Magnitude of objective function $\boldsymbol{f_{x_c}}$ (km)
1
2
3
4
$v(x_C, \theta) > 0$
$v(x_C, \theta) < 0$
: Equality constraint: $c(x_C, \theta) = 0$
: Active constraint: $v(x_C, \theta) \geq 0$
: Initial vector **1**, $x_C^{(0)} = 0.7$, $\theta^{(0)} = 40$ → converge at $x_C^{(5)} = 0.568$, $\theta^{(5)} = 41.11$
: Initial vector **2**, $x_C^{(0)} = 0.7$, $\theta^{(0)} = 20$ → converge at $x_C^{(5)} = 0.568$, $\theta^{(5)} = 41.11$
: Initial vector **3**, $x_C^{(0)} = 0.6$, $\theta^{(0)} = 60$ → converge at $x_C^{(6)} = 0.568$, $\theta^{(6)} = 41.11$
: Initial vector **4**, $x_C^{(0)} = 0.2$, $\theta^{(0)} = 35$ → converge at $x_C^{(9)} = 0.568$, $\theta^{(9)} = 41.11$
: Local optimum $f_{x_C}(\mathbf{x}) = 0.568$ @ $x_C = 0.568$, $\theta = 41.11$

그림 2.4.4.9 인공신경망에 기반한 초기 입력변수 수렴 과정 Case 1의 KKT 조건: $c(x_C, \theta)=y_{P_f}-0.06=0$, $v(x_C, \theta)=y_{P_t}-0.1\geq 0$이 만족되어야 함

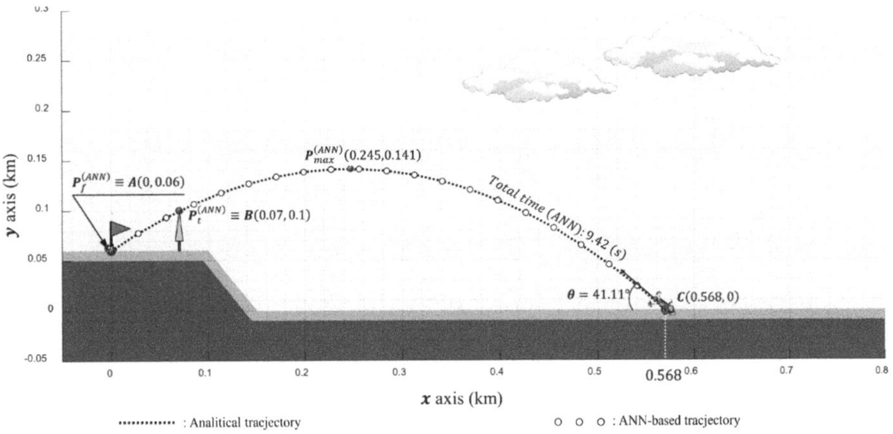
$\boldsymbol{y}$ axis (km)
$\boldsymbol{x}$ axis (km)
$P_f^{(ANN)} \equiv A(0, 0.06)$
$P_t^{(ANN)} \equiv B(0.07, 0.1)$
$P_{max}^{(ANN)}(0.245, 0.141)$
Total time (ANN): 9.42 (s)
$\theta = 41.11°$
$C(0.568, 0)$
0.568
: Analitical tracjectory
: ANN-based tracjectory

그림 2.4.4.10 Case 1의 KKT 조건하의 비행체의 비행 궤적: $c(x_C, \theta)=y_{P_f}-0.06=0$, $v(x_C, \theta)=y_{P_t}-0.1\geq 0$이 만족되어야 함

2) Case 2: 부등 제약조건 $v(x)$이 비활성인 경우

(a) 초기 입력변수를 이용한 Iteration 0단계에서의 수렴 여부

Case 2의 KKT 조건에 대한 후보해는 부등 제약조건 $v(x_C, \theta)=y_{P_t}-0.1\geq 0$이 비활성일 때로, 목적함수 $f_{x_C}(x_C)$가 최대값에 도달할 때는 부등 제약조건 $v(x_C,\theta)$의 제약을 받지 않는다는 의미이다. 즉 부등 제약조건 $v(x_C, \theta)$이 등 제약조건으로 binding 되지 않는다는 뜻으로, 여유조건(slack KKT 조건)이 됨을 의미한다. 따라서 라그랑주 함수를 유도할 때에 부등 제약조건은 무시한다는 뜻이 된다. 그러나 Case 2의 KKT 조건에서는 목적함수의 최대값이 부등 제약조건 $v(x_C, \theta)=y_{P_t}-0.1\geq 0$의 범위 내에서 구해져야 한다. Case 1과 유사한 방법으로 Case 2의 KKT 조건에 대한 후보해를 구하지만, 부등 제약조건 $v(x_C, \theta)=y_{P_t}-0.1\geq 0$을 반드시 만족하는 후보해를 도출해야 하는 것이다. 라그랑주 함수 $L(x_C, \theta, \lambda_c, \lambda_v)$는 부등 제약조건은 무시하고 등 제약 조건만을 포함시켜 식(2.4.4.61)에서 구해진다.

$$\mathcal{L}(x_C, \theta, \lambda_c, \lambda_v) = x_C - \lambda_c\left(y_{P_f} - 0.06\right) - 0 \times \lambda_v\left(y_{P_t} - 0.1\right) \qquad (2.4.4.61)$$

식(2.3.4.2-1b)에 기반한 식(2.4.4.62-1b)의 초기 입력변수 $[x_C^{(0)}, \theta^{(0)}]$에 대한 라그랑주 함수의 1차 미분식을 계산하기 위해서는 초기 입력변수 $[x_C^{(0)}, \theta^{(0)}]$에 대한 목적함수 $f_{x_C}(x_C)$, 등 제약함수 $c(x_C^{(0)}, \theta^{(0)})$ 및 부등 제약함수 $v(x_C^{(0)}, \theta^{(0)})$에서의 출력값은 식(2.4.4.49-3a), 식(2.4.4.49-3b)에서, 1차미분항인 제이코비 $\mathbf{J}_C^{(D)}(x_C^{(0)}, \theta^{(0)})$, $\mathbf{J}_v^{(D)}(x_C^{(0)}, \theta^{(0)})$는 식(2.4.4.50-1), 식(2.4.4.50-2)에서, 2차미분 항인 헤시안 매트릭스 $\mathbf{H}_C^{(D)}(x_C^{(0)}, \theta^{(0)})$, $\mathbf{H}_v^{(D)}(x_C^{(0)}, \theta^{(0)})$는 식(2.4.4.51-1), 식(2.4.4.51-2) 에서 각각 계산하여야 한다. Case 2에서는 초기 라그랑주 승수변수는 식(2.4.4.62-2)의 붉은색 입력부분처럼 $\lambda_c^{(0)}=-1$, $\lambda_v^{(0)}=0$로 가정하여, 전체 입력변수는 $[x_C^{(0)}, \theta^{(0)}, \lambda_c^{(0)}, \lambda_v^{(0)}]^T=[0.7, 40, -1, 0]^T$가 된다. 초기 입력변수 $x(0)=[x_C^{(0)}, \theta^{(0)}]^T=[0.7, 40]^T$에 대하여, 목적함수 $f_{x_C}(x_C)$ 와 등 제약함수 $c(x_C^{(0)}, \theta^{(0)})$, 부등 제약함수 $v(x_C^{(0)}, \theta^{(0)})$는 식(2.3.6.3-1)과 식(2.3.6.3-2)기반으로 식(2.4.4.36)에 일련의 복합기호로 유도되었다. 식(2.4.4.49-3a), 식(2.4.4.49-3b), 식(2.4.4.50-1), 식(2.4.4.50-2)를 $s=0$과 함께 식(2.4.4.62-1b)에 대입하면, 식(2.4.4.62-2)에서 라그랑주 함수의 1차 미분항인 제이코비를 구할 수 있다.

$$\nabla\mathcal{L}\left(x_C^{(0)},\ \theta^{(0)},\ \lambda_c^{(0)},\ \lambda_v^{(0)}\right)$$

$$=\begin{bmatrix}\nabla f_{x_C}\left(x_C^{(0)}\right)-\left[\mathbf{J}_c\left(x_C^{(0)},\ \theta^{(0)}\right)\right]^T\lambda_c-\left[\mathbf{J}_v\left(x_C^{(0)},\ \theta^{(0)}\right)\right]^T s\lambda_v\\ -c\left(x_C^{(0)},\ \theta^{(0)}\right)\\ -sv\left(x_C^{(0)},\theta^{(0)}\right)\end{bmatrix} \quad (2.4.4.62\text{-}1a)$$

$$=\begin{bmatrix}\nabla f_{x_C}\left(x_C^{(0)}\right)-\left[\mathbf{J}_c^{(D)}\left(x_C^{(0)},\ \theta^{(0)}\right)\right]^T\lambda_c-\left[\mathbf{J}_v^{(D)}\left(x_C^{(0)},\ \theta^{(0)}\right)\right]^T s\lambda_v\\ -c\left(x_C^{(0)},\ \theta^{(0)}\right)\\ -sv\left(x_C^{(0)},\ \theta^{(0)}\right)\end{bmatrix} \quad (2.4.4.62\text{-}1b)$$

$$\nabla\mathcal{L}\left(x_C^{(0)},\ \theta^{(0)},\ \lambda_c^{(0)},\ \lambda_v^{(0)}\right)=\begin{bmatrix}\begin{bmatrix}1\\0\end{bmatrix}-\begin{bmatrix}-0.9902\\0.0021\end{bmatrix}\times(-1)-\begin{bmatrix}-0.8075\\0.0036\end{bmatrix}\times 0\times 0\\ 0.1126\\ 0\times 0.0895\end{bmatrix}$$

$$\rightarrow \nabla\mathcal{L}\left(x_C^{(0)},\ \theta^{(0)},\ \lambda_c^{(0)},\ \lambda_v^{(0)}\right)=\begin{bmatrix}0.0098\\0.0021\\0.1126\\0\end{bmatrix}\neq\mathbf{0} \quad (2.4.4.62\text{-}2)$$

(b) Iteration 1단계에서 라그랑주 함수 1차 미분항의 수렴 검증

식(2.4.4.62-2)의 $\nabla L(x_C^{(0)},\ \theta^{(0)},\ \lambda_C^{(0)},\ \lambda_v^{(0)})$은 0으로 수렴하지 않으므로, 초기 입력변수인 $[x_C^{(0)},\ \theta^{(0)},\ \lambda_C^{(0)},\ \lambda_v^{(0)}]$는 Case 2의 KKT 조건의 후보해가 될 수 없다. 따라서 식(2.4.4.63)의 반복연산을 통해 Iteration 1단계에서 사용될 초기 입력변수로 개선하여 수렴 여부를 다시 확인하여야 한다. 여기서 라그랑주 승수는 식(2.4.4.40-1)에는 대입되지 않고, 식(2.4.4.62-1b)에서 대입되어 업데이트됨을 유의해야 한다.

$$\begin{bmatrix}x_C^{(1)}\\ \theta^{(1)}\\ \lambda_c^{(1)}\\ \lambda_v^{(1)}\end{bmatrix}=\begin{bmatrix}x_C^{(0)}\\ \theta^{(0)}\\ \lambda_c^{(0)}\\ \lambda_v^{(0)}\end{bmatrix}-\left[\mathbf{H}_{\mathcal{L}}\left(x_C^{(0)},\ \theta^{(0)},\ \lambda_c^{(0)},\ \lambda_v^{(0)}\right)\right]^{-1}\nabla\mathcal{L}\left(x_C^{(0)},\ \theta^{(0)},\ \lambda_c^{(0)},\ \lambda_v^{(0)}\right) \quad (2.4.4.63)$$

초기 라그랑주 승수 $\lambda_c^{(0)}$ 는 0이 아닌 수를 사용하여, 3개의 초기 입력변수 [$x_C^{(0)}$, $\theta^{(0)}$, $\lambda_c^{(0)}$, $\lambda_v^{(0)}$]=[0.7, 40, -1, 0], [0.6, 30, -1, 0], [0.8, 66, -1, 0]를 설정하였다. 식(2.4.4.66)의 붉은색 식에서 보이는 것처럼, 등 제약조건 또는 부등 제약조건에 곱해지는 라그랑주 승수 $\lambda_c^{(0)}$, $\lambda_v^{(0)}$ 2개 중 하나는 반드시 0이 아닌 초기값을 설정하였다. 이유는 부등 제약조건의 경우 S매트릭스가 0이 되므로, 라그랑주 승수 $\lambda_c^{(0)}$, $\lambda_v^{(0)}$ 모두가 0으로 설정된다면 식(2.4.4.65)와 (2.4.4.66)에서 $\mathbf{H}_L(x_C^{(0)}$, $\theta^{(0)})$ 전체가 싱귤러 매트릭스가 되고, 따라서 $\mathbf{H}_L(x_C^{(0)}$, $\theta^{(0)}$, $\lambda_c^{(0)}$, $\lambda_v^{(0)}$) 역시 싱귤러 매트릭스가 되어 해를 구할 수 없게 된다. 이와 같은 현상은 본 예제의 식(2.4.4.1)에서와 같이 목적함수 $f_{x_C}(x_C)=x_C$가 선형함수가 되는 경우에는 목적함수의 헤시안 매트릭스 역시 0이 되므로, 라그랑주 승수 $\lambda_c^{(0)}$, $\lambda_v^{(0)}$ 까지 0으로 설정되고, S매트릭스 역시 0이 되면, 설정된 $x^{(0)}$=[$x_C^{(0)}$, $\theta^{(0)}$]과 관계없이, $\mathbf{H}_L^{(0)}$=[$x_C^{(0)}$, $\theta^{(0)}$] 전체가 싱귤러 매트릭스가 되고 $\mathbf{H}_L(x_C^{(0)}, \theta^{(0)}, \lambda_c^{(0)}, \lambda_v^{(0)})$ 역시 싱귤러 매트릭스가 되기 때문에 발생한다. 목적함수 $f_{x_C}(x_C)$가 비선형 함수라면 λ는 0을 포함한 어떤 입력 된 라미터로도 설정될 수 있다.

식(2.4.4.63)의 초기 입력변수 [$x_C^{(0)}$, $\theta^{(0)}$, $\lambda_c^{(0)}$, $\lambda_v^{(0)}$] 업데이트에 필요한 라그랑주 함수의 헤시안 매트릭스 $\mathbf{H}_L(x_C^{(0)}$, $\theta^{(0)}$, $\lambda_c^{(0)}$, $\lambda_v^{(0)}$)는 식(2.4.4.64-2)에서 계산된다. 이를 위해서는, 식(2.4.4.66)에서 $\mathbf{H}_L(x_C^{(0)}$, $\theta^{(0)})$의 계산이 선행되어야 하는데, Case 1에서 설명된 것처럼, $\mathbf{H}_{f_{x_C}}(x_C)$, $\mathbf{H}_C^{(D)}(x_C^{(0)}$, $\theta^{(0)}$), $\mathbf{H}_v^{(D)}(x_C^{(0)}$, $\theta^{(0)})$를 식(2.4.4.14), (2.4.4.51-1), (2.4.4.51-2)에서 각각 구한 후 식(2.4.4.65-2)에 대입하여 식(2.4.4.66)에서 $\mathbf{H}_L(x_C^{(0)}$, $\theta^{(0)})$를 구한다. $\mathbf{H}_L(x_C^{(0)}$, $\theta^{(0)}$, $\lambda_c^{(0)}$, $\lambda_v^{(0)}$)는 식(2.4.4.66), 식(2.4.4.50-1), 식(2.4.4.50-2)로부터 각각 구해진 $\mathbf{H}_L(x_C^{(0)}$), $\mathbf{J}_C^{(D)}(x_C^{(0)}$, $\theta^{(0)})$, $\mathbf{J}_v^{(D)}(x_C^{(0)}$, $\theta^{(0)})$를 식(2.4.4.64-2)에 대입하여 식(2.4.4.67-2)에서 구해진다.

따라서 3개의 초기 입력변수 [$x_C^{(0)}$, $\theta^{(0)}$, $\lambda_c^{(0)}$, $\lambda_v^{(0)}$]=[0.7, 40, -1, 0], [0.6, 30, -1, 0], [0.8, 66, -1, 0]에 대해서 $\mathbf{H}_L(x_C^{(0)})$, $\mathbf{J}_C^{(D)}(x_C^{(0)}, \theta^{(0)})$, $\mathbf{J}_v^{(D)}(x_C^{(0)}, \theta^{(0)})$를 식(2.4.4.66), 식(2.4.4.50-1), 식(2.4.4.50-1) 에서 각각 구한 후 식(2.4.4.64-2)에 대입하여 식(2.4.4.67-2)에서 $\mathbf{H}_L(x_C^{(0)}, \theta^{(0)}, \lambda_c^{(0)}, \lambda_v^{(0)})$를 구하고, 식(2.4.4.67-4)에서 $[\mathbf{H}_L(x_C^{(0)}, \theta^{(0)}, \lambda_c^{(0)}, \lambda_v^{(0)})]^{-1}$를 구한다. $\mathbf{H}_L(x_C^{(0)}, \theta^{(0)})$는 식(2.4.4.14)의 $\mathbf{H}_{f_{x_C}}(x_C\theta)$, 식(2.4.4.51- 1)의 $\mathbf{H}_c^{(D)}(x_C^{(0)}, \theta^{(0)})$ 식(2.4.4.51-2)의 $\mathbf{H}_v^{(D)}(x_C^{(0)}, \theta^{(0)})$를 식(2.4.4.65-2)에

대입하여 식(2.4.4.66)에서 구하였다.

$$\mathbf{H}_{\mathcal{L}}\left(x_C^{(0)},\, \theta^{(0)},\, \lambda_c^{(0)},\, \lambda_v^{(0)}\right)$$

$$= \begin{bmatrix} \mathbf{H}_{\mathcal{L}}\left(x_C^{(0)},\, \theta^{(0)}\right) & -\left[\mathbf{J}_c\left(x_C^{(0)},\, \theta^{(0)}\right)\right]^T & -\left[s\mathbf{J}_v\left(x_C^{(0)},\, \theta^{(0)}\right)\right]^T \\ -\mathbf{J}_c\left(x_C^{(0)},\, \theta^{(0)}\right) & 0 & 0 \\ -s\mathbf{J}_v\left(x_C^{(0)},\, \theta^{(0)}\right) & 0 & 0 \end{bmatrix}$$

(2.4.4.64-1)

$$\mathbf{H}_{\mathcal{L}}\left(x_C^{(0)},\, \theta^{(0)},\, \lambda_c^{(0)},\, \lambda_v^{(0)}\right)$$

$$= \begin{bmatrix} \mathbf{H}_{\mathcal{L}}\left(x_C^{(0)}, \theta^{(0)}\right) & -\left[\mathbf{J}_c^{(D)}\left(x_C^{(0)}, \theta^{(0)}\right)\right]^T & -\left[s\mathbf{J}_v^{(D)}\left(x_C^{(0)}, \theta^{(0)}\right)\right]^T \\ -\mathbf{J}_c^{(D)}\left(x_C^{(0)}, \theta^{(0)}\right) & 0 & 0 \\ -s\mathbf{J}_v^{(D)}\left(x_C^{(0)}, \theta^{(0)}\right) & 0 & 0 \end{bmatrix}$$

(2.4.4.64-2)

$$\mathbf{H}_{\mathcal{L}}\left(x_C^{(0)},\, \theta^{(0)}\right) = \mathbf{H}_{f_{x_C}}\left(x_C^{(0)},\, \theta^{(0)}\right) - \lambda_c^{(0)}\mathbf{H}_c\left(x_C^{(0)},\, \theta^{(0)}\right) - s\lambda_v^{(0)}\mathbf{H}_v\left(x_C^{(0)},\, \theta^{(0)}\right)$$

(2.4.4.65-1)

$$\mathbf{H}_{\mathcal{L}}\left(x_C^{(0)},\, \theta^{(0)}\right) = \mathbf{H}_{f_{x_C}}\left(x_C^{(0)},\, \theta^{(0)}\right) - \lambda_c^{(0)}\mathbf{H}_c^{(D)}\left(x_C^{(0)},\, \theta^{(0)}\right) - s\lambda_v^{(0)}\mathbf{H}_v^{(D)}\left(x_C^{(0)},\, \theta^{(0)}\right)$$

(2.4.4.65-2)

$$\mathbf{H}_{\mathcal{L}}\left(x_C^{(0)},\, \theta^{(0)}\right)$$

$$= \begin{bmatrix} 0 & 0 \\ 0 & 0 \end{bmatrix} - (-1) \times \begin{bmatrix} -2.6171 & -0.0239 \\ -0.0239 & -0.0006 \end{bmatrix} \quad (2.4.4.66)$$

$$- 0 \times 0 \times \begin{bmatrix} -2.6102 & -0.0186 \\ -0.0186 & -0.0004 \end{bmatrix} = \begin{bmatrix} -2.6171 & -0.0239 \\ -0.0239 & -0.0006 \end{bmatrix}$$

$$\mathbf{H}_{\mathcal{L}}\left(x_C^{(0)},\, \theta^{(0)},\, \lambda_c^{(0)},\, \lambda_v^{(0)}\right)$$

$$= \begin{bmatrix} \begin{bmatrix} -2.6171 & -0.0239 \\ -0.0239 & -0.0006 \end{bmatrix} & -\begin{bmatrix} -0.9902 \\ 0.0021 \end{bmatrix} & -0 \times \begin{bmatrix} -0.8075 \\ 0.0036 \end{bmatrix} \\ -[-0.9902 \quad 0.0021] & 0 & 0 \\ -0 \times [-0.8075 \quad 0.0036] & 0 & 0 \end{bmatrix}$$

(2.4.4.67-1)

$$\mathbf{H}_{\mathcal{L}}\left(x_C^{(0)},\ \theta^{(0)},\ \lambda_c^{(0)},\ \lambda_v^{(0)}\right)=\begin{bmatrix}-2.6171 & -0.0239 & 0.9902 & 0\\ -0.0239 & -0.0006 & -0.0021 & 0\\ 0.9902 & -0.0021 & 0 & 0\\ 0 & 0 & 0 & 0\end{bmatrix} \tag{2.4.4.67-2}$$

$$\left[\mathbf{H}_{\mathcal{L}}\left(x_C^{(0)},\ \theta^{(0)},\ \lambda_c^{(0)},\ \lambda_v^{(0)}\right)\right]^{-1}=\begin{bmatrix}\begin{bmatrix}-2.6171 & -0.0239 & 0.9902\\ -0.0239 & -0.0006 & -0.0021\\ 0.9902 & -0.0021 & 0\end{bmatrix}^{-1} & \begin{matrix}0\\0\\0\end{matrix}\\ \begin{matrix}0 \quad & 0 \quad & 0\end{matrix} & 0\end{bmatrix} \tag{2.4.4.67-3}$$

$$\left[\mathbf{H}_{\mathcal{L}}\left(x_C^{(0)},\ \theta^{(0)},\ \lambda_c^{(0)},\ \lambda_v^{(0)}\right)\right]^{-1}=\begin{bmatrix}-0.006 & -2.9038 & 0.9240 & 0\\ -2.9038 & -1400.1 & -41.431 & 0\\ 0.9240 & -41.431 & 1.4432 & 0\\ 0 & 0 & 0 & 0\end{bmatrix} \tag{2.4.4.67-4}$$

식(2.4.4.62-2), 식(2.4.4.67-4)를 식(2.4.4.63)에 대입하여 Iteration 0단계 끝부분인 식(2.4.4.68)에서 Iteration 1단계에서 사용될 입력변수 $[x_C^{(1)},\ \theta^{(1)},\ \lambda_C^{(1)},\ \lambda_v^{(1)}]$=[0.6020, 47.57, -1.086, 0]을 구하였다. Iteration 1단계의 식(A2.10-1) 부터 식(A2.11-2)에서, 등 제약함수 $c(x_C^{(1)},\ \theta^{(1)})$및 부등 제약함수 $v(x_C^{(1)},\ \theta^{(1)})$, 1차미분항인 제이코비 $\mathbf{J}_c^{(D)}(x_C^{(1)},\ \theta^{(1)})$, $\mathbf{J}_v^{(D)}(x_C^{(1)},\ \theta^{(1)})$를 구하여 식(2.4.4.69)또는 식(A2.13-2)에서 라그랑주 1차 미분값 또는 제이코비 $\nabla L(x_C^{(1)},\ \theta^{(1)},\ \lambda_c^{(1)},\ \lambda_v^{(1)})$로 업데이트 [-0.0142, -0.0002, 0.0116, 0]하였으나 0으로 수렴하지 못하였다.

$$\begin{bmatrix}x_C^{(1)}\\ \theta^{(1)}\\ \lambda_c^{(1)}\\ \lambda_v^{(1)}\end{bmatrix}=\begin{bmatrix}0.7\\ 40\\ -1\\ 0\end{bmatrix}-\begin{bmatrix}-0.006 & -2.9038 & 0.9240 & 0\\ -2.9038 & -1400.1 & -41.431 & 0\\ 0.9240 & -41.431 & 1.4432 & 0\\ 0 & 0 & 0 & 0\end{bmatrix}\begin{bmatrix}0.0098\\ 0.0021\\ 0.1126\\ 0\end{bmatrix}$$

$$\rightarrow\begin{bmatrix}x_C^{(1)}\\ \theta^{(1)}\\ \lambda_c^{(1)}\\ \lambda_v^{(1)}\end{bmatrix}=\begin{bmatrix}0.6020\\ 47.57\\ -1.086\\ 0\end{bmatrix} \tag{2.4.4.68}$$

$$\nabla\mathcal{L}\left(x_C^{(1)},\ \theta^{(1)},\ \lambda_c^{(1)},\ \lambda_v^{(1)}\right)=\begin{bmatrix}-0.0142\\ -0.0002\\ 0.0116\\ 0\end{bmatrix}\neq\mathbf{0} \tag{2.4.4.69, A2.13-2}$$

같은 연산을 반복하여 Iteration 1단계의 입력변수로부터 Iteration 1단계의 끝부분에서, Iteration 2단계에 사용될 입력변수 [$x_C^{(2)}$, $\theta^{(2)}$, $\lambda_c^{(2)}$, $\lambda_v^{(2)}$]=[0.5895, 47.88, -1.106, 0]를 식(A2.19)에서 구하였다. 이때, 1단계의 입력 변수 [$x_C^{(1)}$, $\theta^{(1)}$, $\lambda_c^{(1)}$, $\lambda_v^{(1)}$]=[0.6020, 47.57, -1.086, 0]는 식(A2.1-1)에 붉은색으로 표시하였다. Iteration 2단계의 라그랑주 함수의 1차미분식(제이코비)은 식(2.4.4.70)에서 업데이트 하였고, 0으로 근접하였으나 완전하게 수렴하지는 못하였다. Iteration 1 반복연산 전 과정은 부록 A2에 수록하였다.

$$\nabla\mathcal{L}\left(x_C^{(2)},\ \theta^{(2)},\ \lambda_c^{(2)},\ \lambda_v^{(2)}\right) = \begin{bmatrix} 0.0009 \\ 0.0000 \\ 0.0002 \\ 0 \end{bmatrix} \neq \mathbf{0} \tag{2.4.4.70}$$

(c) 최종단계 입력변수의 수렴

반복연산을 계속 수행하여 초기 입력변수 중 하나인 [$x_C^{(0)}$, $\theta^{(0)}$, $\lambda_c^{(0)}$, $\lambda_v^{(0)}$]=[0.7, 40, -1, 0]은 4단계에서 [$x_C^{(4)}$, $\theta^{(4)}$, $\lambda_c^{(4)}$, $\lambda_v^{(4)}$]=[0.589, 47.90, -1.1072, 0]로 수렴했고, 이때 라그랑주 1차 미분값(제이코비) $\nabla L(x_C,\ \theta,\ \lambda_c,\ \lambda_v)$은 0으로 수렴하였다. 수렴 과정이 추적된 그림 2.4.4.11에 의하면 3개의 초기 입력변수는 모두 다 동일한 해인 [x_C, θ]=[0.589, 47.90]에 각각 Iteration 4, Iteration 8, Iteration 7에 수렴하였고, 목적함수 $f_{x_C}(x_C)$인 비행체의 비행거리도 0.589km에 동일하게 수렴하였다. 네 번째 입력변수 [$x_C^{(0)}$, $\theta^{(0)}$, $\lambda_c^{(0)}$, $\lambda_v^{(0)}$]=[0.2, 60, -1, 0]는 발산하였다. 부등 제약조건 $v(x_C,\theta)=y_{P_t}-0.1\geq0$이 비활성일 경우의 상세한 발사체의 비행 궤적은 그림 2.4.4.12에 도시하였다. 그림 2.4.4.11과 그림 2.4.4.12에서 도시되었듯이 수렴 정확도 MSE 는 2.0E-20였고 비행체의 비행거리를 의미하는 목적함수 $f_{x_C}(x_C^{(k)})$는 0.589km에서 최대화 되었다. 목적함수인 비행체의 비행거리를 의미하는 $f_{x_C}(x_C^{(k)})$ 크기는 색상으로 그림 2.4.4.1에 도시되어 있다. 이때 발사각도 $\theta^{(k)}$는 47.90°이었다. Case 2에 대한 초기 입력변수의 수렴과정은 Case 1과 매우 유사하게 도출되었다. 표 2.4.4.5와 그림 2.4.4.12에는 인공신경망 기반 라그랑주 최적화 결과를 수학식 기반의 최적화 결과와 비교하였다. 비행체의 모든 궤적에 대해서, 두 가지 방법은 거의 일치하는 최적화 결과를 도출하였다.

: Equality constraint: $c(x_C, \theta) = 0$ $\begin{array}{c} v(x_C, \theta) > 0 \\ \overline{/\!/\!/\!/\!/\!/\!/\!/\!/\!/\!/} \\ v(x_C, \theta) < 0 \end{array}$: Inactive constraint: $v(x_C, \theta) \geq 0$

◉ : Initial vector **1**, $x_C^{(0)} = 0.7$, $\theta^{(0)} = 40 \rightarrow$ converge at $x_C^{(4)} = 0.589$, $\theta^{(4)} = 47.90$

◉ : Initial vector **2**, $x_C^{(0)} = 0.6$, $\theta^{(0)} = 30 \rightarrow$ converge at $x_C^{(8)} = 0.589$, $\theta^{(8)} = 47.90$

◉ : Initial vector **3**, $x_C^{(0)} = 0.8$, $\theta^{(0)} = 65 \rightarrow$ converge at $x_C^{(7)} = 0.589$, $\theta^{(7)} = 47.90$

◉ : Initial vector **4**, $x_C^{(0)} = 0.2$, $\theta^{(0)} = 60 \rightarrow$ diverge

◯ : Local optimum $f_{x_C}(\mathbf{x}) = 0.589$ @ $x_C = 0.589$, $\theta = 47.90$

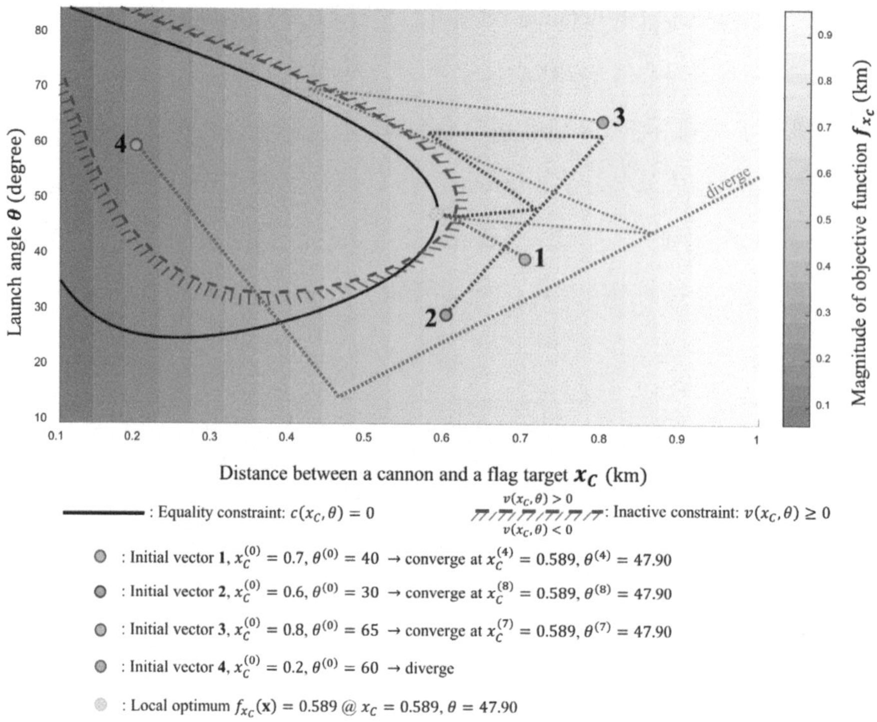

그림 2.4.4.11 인공신경망에 기반한 초기 입력변수의 수렴과정, Case 2의 KKT 조건:
$c(x_C, \theta) = y_{P_f} - 0.06 = 0$, $v(x_C, \theta) = y_{P_t} - 0.1 \geq 0$이 만족되어야 함

·········· : Analitical tracjectory   ◯ ◯ ◯ : ANN-based tracjectory

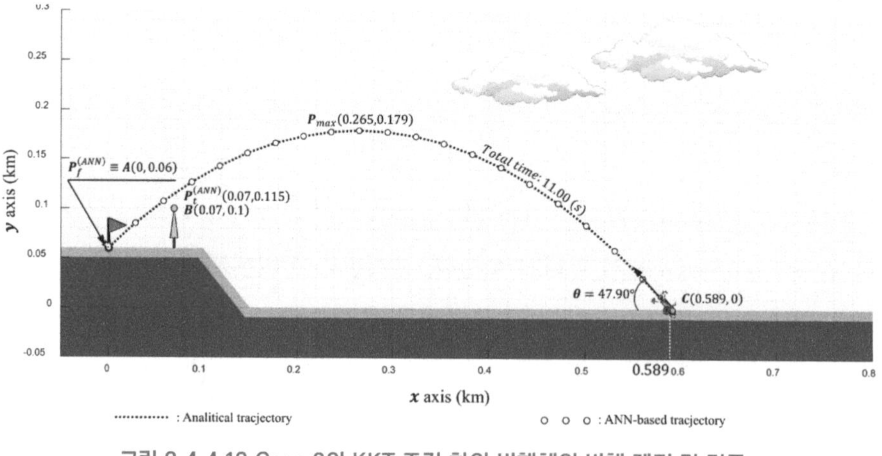

그림 2.4.4.12 Case 2의 KKT 조건 하의 비행체의 비행 궤적 및 검증:
$c(x_C, \theta) = y_{P_f} - 0.06 = 0$, $v(x_C, \theta) = y_{P_t} - 0.1 \geq 0$이 만족되어야 함

표 2.4.4.5 인공신경망 기반 라그랑주 최적화의 검증

ANN-BASED LAGRANGE OPTIMIZATION

(based on TED with 4 layers and 10 neurons)

Parameter	**Case 1**: Inequality $v(x_C, \theta)$ is active			**Case 2**: Inequality $v(x_C, \theta)$ is inactive		
	AI results	**Check** *(Analytical)*	**Error**	**AI results**	**Check** *(Analytical)*	**Error**
x_1: x_C (km)	0.568	0.568	0.00%	0.589	0.589	0.00%
x_2: θ (degree)	41.11	41.11	0.00%	47.90	47.90	0.00%
y_1: y @ $x = 0.95x_C$ (km)	0.0237	0.0237	-0.02%	0.0311	0.0311	0.00%
y_2: y @ $x = 0.90x_C$ (km)	0.0452	0.0452	-0.01%	0.0593	0.0593	0.00%
y_3: y @ $x = 0.85x_C$ (km)	0.0646	0.0646	-0.01%	0.0845	0.0845	0.00%
y_4: y @ $x = 0.80x_C$ (km)	0.0817	0.0817	-0.01%	0.1067	0.1067	0.00%
y_5: y @ $x = 0.75x_C$ (km)	0.0967	0.0967	-0.02%	0.1260	0.1260	-0.01%
y_6: y @ $x = 0.70x_C$ (km)	0.1095	0.1095	-0.01%	0.1423	0.1423	-0.01%
y_7: y @ $x = 0.65x_C$ (km)	0.1201	0.1202	-0.01%	0.1557	0.1557	-0.01%
y_8: y @ $x = 0.60x_C$ (km)	0.1286	0.1286	0.00%	0.1661	0.1661	0.00%
y_9: y @ $x = 0.55x_C$ (km)	0.1349	0.1349	0.00%	0.1735	0.1735	0.00%
y_{10}: y @ $x = 0.50x_C$ (km)	0.1390	0.1390	0.00%	0.1780	0.1780	-0.01%
y_{11}: y @ $x = 0.45x_C$ (km)	0.1409	0.1409	0.00%	0.1795	0.1796	-0.01%
y_{12}: y @ $x = 0.40x_C$ (km)	0.1406	0.1406	-0.01%	0.1781	0.1781	-0.02%
y_{13}: y @ $x = 0.35x_C$ (km)	0.1381	0.1381	0.01%	0.1737	0.1737	-0.01%
y_{14}: y @ $x = 0.30x_C$ (km)	0.1335	0.1335	0.01%	0.1663	0.1664	-0.02%
y_{15}: y @ $x = 0.25x_C$ (km)	0.1267	0.1267	0.01%	0.1560	0.1560	-0.02%
y_{16}: y @ $x = 0.20x_C$ (km)	0.1177	0.1177	0.02%	0.1427	0.1428	-0.03%
y_{17}: y @ $x = 0.15x_C$ (km)	0.1065	0.1065	0.01%	0.1265	0.1265	-0.04%
y_{18}: y @ $x = 0.10x_C$ (km)	0.0932	0.0932	0.06%	0.1073	0.1073	-0.03%
y_{19}: y @ $x = 0.05x_C$ (km)	0.0777	0.0776	0.05%	0.0851	0.0852	-0.07%
y_{20}: y_{P_f} @ $x = xA = 0$ (km)	0.0600	0.0599	0.11%	0.0600	0.0601	-0.09%
y_{21}: y_{P_t}@ $x = xB = 0.07$ (km)	0.1000	0.0996	0.36%	0.1149	0.1149	0.01%
y_{22}: x @ y_{max} (km)	0.2451	0.2451	-0.01%	0.2651	0.2648	0.13%
y_{23}: y_{max} (km)	0.1410	0.1410	-0.03%	0.1794	0.1796	-0.06%
y_{24}: *Total motion time* @ $x = xA$, (s)	9.425	9.428	-0.03%	10.988	10.986	0.01%

Note: [dotted box] 2 inputs for AI design

[dashed box] 2 inputs for Analytical calculation

(d) 요약

부등 제약조건 $v(x)$이 비활성인 경우인 Case 2의 KKT 조건에 대하여, 헤시안 매트릭스가 싱귤러 매트릭스로 유도되지 않도록, 초기 라그랑주 승수변수 $\lambda_C^{(0)}$ 는 0이 아닌 수로 설정되었고, 3개의 초기 입력변수를 [$x_C^{(0)}$, $\theta^{(0)}$, $\lambda_c^{(0)}$, $\lambda_v^{(0)}$]=[0.7, 40, -1, 0], [0.6, 30, -1, 0], [0.8, 66, -1, 0]로 설정하였다. 그림 2.4.4.11에 3개의 초기 입력변수가 하늘색 점인 [$x_C^{(k)}$, $\theta^{(k)}$, $\lambda_c^{(k)}$, $\lambda_v^{(k)}$]=[0.589, 47.90, -1.1072, 0]에 수렴하였고, 즉 발사체의 비행거리와 발사각도는 [$x_C^{(k)}$, $\theta^{(k)}$]=[0.589, 47.81]로 도출되었다. KKT 후보해로서 $\nabla L(x_C, \theta, \lambda_c, \lambda_v)=0$을 만족하였고, MSE는 2.0E-20이었다. 검정색 곡선은 등 제약함수를 의미하는 곡선이고 파란색 곡선은 부등 제약함수가 0인 곡선을 의미한다. 수렴된 하늘색 점은 등 제약함수를 의미하는 검정색 곡선 위와 파란색 곡선의 빗금친 반대방향에 존재하므로, 부등 제약조건 $v(x_C, \theta)=y_{P_t}-0.1\geq 0$을 만족하고 있다. 수학식 기반의 결론에서도 기술되었듯이, Case 1 의 KKT 조건과 함께 Case 2 의 KKT 조건도 후보해로서 적합함을 알 수 있다. 그러나 Case 2 KKT 조건하에서 목적함수인 비행체의 비행거리 0.589km가 Case 1 KKT 조건의 0.568km보다 긴 것을 알 수 있다. 따라서 본 예제에서는 인공신경망 기반의 목적함수의 최대값이 Case 2 의 KKT 조건하에서 구해졌음을 알 수 있다.

appendix

부록

인공지능 기반
Hong-Lagrange 최적화와 데이터 기반 공학설계
AI-based Data-centric Engineering (AIDE) using ANN-based Hong-Lagrange optimizations

부록 A1. 인공신경망에 기반한 Case 1의 KKT 조건에 대한 Iteration 1 과정

부록 B1. 함수식 기반의 4차함수 라그랑주 최적화 코드

Appendix A

A1. 인공신경망에 기반한 Case 1의 KKT 조건에 대한 Iteration 1 과정

식(2.4.4.40-1)의 초기 입력변수 $[x_A^{(0)}, x_h^{(0)}, \lambda_{v_1}^{(0)}, \lambda_{v_2}^{(0)}]^T$=[0.7, 40, 0, 0]^{T}은 Iteration 0단계 마지막에서 식(2.4.4.58-1)의 $[x_C^{(1)}, \theta^{(1)}, \lambda_c^{(1)}, \lambda_v^{(1)}]$=[0.584, 38.80, -1.903, 1.096]로 업데이트되었다. Iteration 1에서, $[x_C^{(1)}, \theta^{(1)}, \lambda_c^{(1)}, \lambda_v^{(1)}]$는 식(A1.1-1)의 붉은색 입력변수로 입력되어 출력함수 $y_{P_f}(y_{20})$, $y_{P_t}(y_{21})$와 제이코비 및 헤시안 매트릭스를 도출하였고, **A1**에 수록하였다. 라그랑주 승수 변수 $\lambda_c^{(1)}$ =-1.903과 $\lambda_v^{(1)}$ =1.096는 식(A1.13-2)과 식(A1.17)의 붉은색 입력값에서 보이는 것처럼 라그랑주 함수의 제이코비와 헤시만 매트릭스를 도출할 때 사용되었다. 입력변수 $[x_C^{(1)}, \theta^{(1)}, \lambda_c^{(1)}, \lambda_v^{(1)}]$는 다시 Iteration 1단계 마지막 부분의 식(A1.19)에서 $[x_C^{(2)}, \theta^{(2)}, \lambda_c^{(2)}, \lambda_v^{(2)}]^T$=[0.569, 41.07, -3.833, 3.184]^{T}으로 업데이트 되었다. 관련되는 가중변수와 편향변수 매트릭스는 표 2.4.4.4에 유도되었다. 모든 계산과정은 그림 2.3.6.2에 자세하게 정리되어 있다.

1. Iteration 1단계에서의 입력변수 정규화를 위한 단계, $\mathbf{z}^{(N)}$

$$\mathbf{z}^{(N)} = \mathbf{g}^{(N)}(\mathbf{x}^{(0)}) = \boldsymbol{\alpha}_\mathbf{x} \odot (\mathbf{x} - \mathbf{x}_{min}) + \bar{\mathbf{x}}_{min}$$
$$= \begin{bmatrix} 1.820 \\ 0.029 \end{bmatrix} \odot \left(\begin{bmatrix} 0.584 \\ 38.80 \end{bmatrix} - \begin{bmatrix} 0.1 \\ 10 \end{bmatrix} \right) + \begin{bmatrix} -1 \\ -1 \end{bmatrix} = \begin{bmatrix} -0.1194 \\ -0.1770 \end{bmatrix} \quad \text{(A1.1-1)}$$

$$\mathbf{J}^{(N)} = I_2 \odot \boldsymbol{\alpha}_\mathbf{x} = \begin{bmatrix} 1.820 & 0 \\ 0 & 0.029 \end{bmatrix} \quad \text{(A1.1-2)}$$

$$\mathbf{H}^{(N)} = \begin{bmatrix} 0 & 0 \\ 0 & 0 \end{bmatrix} \quad \text{(A1.1-3)}$$

2. Iteration 1: 정규화 은닉층, 1, 2, 3, 4 에서의 출력값, 제이코비, 슬라이스 헤시안 매트릭스의 계산, $\mathbf{z}^{(l)}\ \forall l \in \{\mathbf{1},\mathbf{2},\mathbf{3},\mathbf{4}\}$

2.1 Iteration 1: 정규화 은닉층, $\mathbf{z}^{(1)}$

$$\mathbf{z}^{(1)} = f_t^{(1)}\left(\mathbf{W}^{(1)}\mathbf{z}^{(N)} + \mathbf{b}^{(1)}\right) = \begin{bmatrix} 0.9997 \\ -0.9880 \\ -0.9721 \\ -0.5114 \\ -0.7402 \\ -0.5729 \\ -0.0449 \\ -0.9625 \\ 0.9488 \\ -0.9999 \end{bmatrix} \tag{A1.2-1}$$

$$\mathbf{J}^{(1)} = \left(1 - \left(\mathbf{z}^{(1)}\right)^2\right) \odot \mathbf{W}^{(1)}\mathbf{J}^{(N)} = \begin{bmatrix} -0.009 & -0.0001 \\ 0.0531 & 0.0013 \\ 0.0670 & -0.0013 \\ 0.7739 & -0.0167 \\ 0.0077 & -0.0193 \\ -0.3634 & 0.0238 \\ -0.7726 & -0.0122 \\ -0.2587 & -0.0027 \\ 0.1859 & -0.0022 \\ -0.0012 & 0.0000 \end{bmatrix} \tag{A1.2-2}$$

$$\mathbf{H}_1^{(1)} = -2\mathbf{z}^{(1)} \odot \left(1 - \left(\mathbf{z}^{(1)}\right)^2\right) \odot \mathbf{i}_1^{(N)} \odot \left(\mathbf{W}^{(1)}\right)^2 \mathbf{J}^{(N)} + \left(1 - \left(\mathbf{z}^{(1)}\right)^2\right) \odot \mathbf{W}^{(1)}\mathbf{H}_1^{(N)}$$

$$= \begin{bmatrix} -0.0031 & -0.0002 \\ 0.2336 & 0.0059 \\ 0.1584 & -0.0030 \\ 0.8295 & -0.0179 \\ 0.0002 & -0.0005 \\ 0.2252 & -0.0147 \\ -0.0537 & -0.0008 \\ 1.7535 & 0.0180 \\ -0.6575 & 0.0077 \\ 0.0133 & -0.0001 \end{bmatrix} \tag{A1.2-3a}$$

$$\mathbf{H}_2^{(1)} = -2\mathbf{z}^{(1)} \odot \left(1 - \left(\mathbf{z}^{(1)}\right)^2\right) \odot \mathbf{i}_2^{(N)} \odot \left(\mathbf{W}^{(1)}\right)^2 \mathbf{J}^{(N)} + \left(1 - \left(\mathbf{z}^{(1)}\right)^2\right) \odot \mathbf{W}^{(1)}\mathbf{H}_1^{(N)}$$

$$= \begin{bmatrix} -0.0002 & -0.0000 \\ 0.0059 & 0.0002 \\ -0.0030 & 0.0001 \\ -0.0179 & 0.0004 \\ -0.0005 & 0.0012 \\ -0.0147 & 0.0010 \\ -0.0008 & -0.0000 \\ 0.0180 & 0.0002 \\ 0.0077 & -0.0001 \\ -0.0001 & 0.0000 \end{bmatrix} \tag{A1.2-3b}$$

2.2 Iteration 1: 정규화 은닉층, $\mathbf{z}^{(2)}$

$$\mathbf{z}^{(2)} = f_t^{(2)}\left(\mathbf{W}^{(2)}\mathbf{z}^{(1)} + \mathbf{b}^{(2)}\right) = \begin{bmatrix} 0.5583 \\ 0.9886 \\ 0.2543 \\ 0.9470 \\ -0.6386 \\ -0.5087 \\ -0.9538 \\ -0.1833 \\ 0.5089 \\ 0.9508 \end{bmatrix} \tag{A1.3-1}$$

$$\mathbf{J}^{(2)} = \left(1 - \left(\mathbf{z}^{(2)}\right)^2\right) \odot \mathbf{W}^{(2)}\mathbf{J}^{(1)} = \begin{bmatrix} 0.9432 & -0.0026 \\ 0.0289 & -0.0002 \\ -0.1571 & 0.0131 \\ 0.0093 & -0.0001 \\ 0.3032 & -0.0001 \\ -1.2243 & -0.0109 \\ -0.0243 & 0.0001 \\ -0.3900 & -0.0118 \\ -0.3274 & 0.0077 \\ -0.0899 & -0.0035 \end{bmatrix} \tag{A1.3-2}$$

$$\mathbf{H}_1^{(2)} = -2\mathbf{z}^{(2)} \odot \left(1 - \left(\mathbf{z}^{(2)}\right)^2\right) \odot \mathbf{i}_1^{(1)} \odot \left(\mathbf{W}^{(2)}\right)^2 \mathbf{J}^{(1)} + \left(1 - \left(\mathbf{z}^{(2)}\right)^2\right) \odot \mathbf{W}^{(2)}\mathbf{H}_1^{(1)}$$

$$= \begin{bmatrix} -1.0786 & 0.0116 \\ -0.0880 & 0.0004 \\ -0.2215 & -0.0009 \\ -0.0609 & 0.0032 \\ -0.2780 & 0.0107 \\ 2.3340 & 0.0278 \\ -0.0627 & -0.0012 \\ 0.4571 & 0.0165 \\ 0.3422 & -0.0077 \\ -0.2127 & -0.0042 \end{bmatrix} \tag{A1.3-3a}$$

$$\mathbf{H}_2^{(2)} = -2\mathbf{z}^{(2)} \odot \left(1 - \left(\mathbf{z}^{(2)}\right)^2\right) \odot \mathbf{i}_2^{(1)} \odot \left(\mathbf{W}^{(2)}\right)^2 \mathbf{J}^{(1)} + \left(1 - \left(\mathbf{z}^{(2)}\right)^2\right) \odot \mathbf{W}^{(2)}\mathbf{H}_1^{(1)}$$

$$= \begin{bmatrix} 0.0116 & 0.0000 \\ -0.0004 & 0.0000 \\ -0.0009 & 0.0002 \\ 0.0032 & -0.0001 \\ 0.0107 & -0.0006 \\ 0.0278 & -0.0001 \\ -0.0012 & 0.0001 \\ 0.0165 & -0.0009 \\ -0.0077 & 0.0002 \\ -0.0042 & -0.0003 \end{bmatrix} \tag{A1.3-3b}$$

2.3 Iteration 1: 정규화 은닉층, $\mathbf{z}^{(3)}$

$$\mathbf{z}^{(3)} = f_t^{(3)}\left(\mathbf{W}^{(3)}\mathbf{z}^{(2)} + \mathbf{b}^{(3)}\right) = \begin{bmatrix} -0.9472 \\ -0.9201 \\ -0.0996 \\ 0.8935 \\ 0.3771 \\ 0.5887 \\ -0.9989 \\ 0.9425 \\ 0.9993 \\ -0.9431 \end{bmatrix} \tag{A1.4-1}$$

$$\mathbf{J}^{(3)} = \left(1 - \left(\mathbf{z}^{(3)}\right)^2\right) \odot \mathbf{W}^{(3)}\mathbf{J}^{(2)} = \begin{bmatrix} 0.0886 & 0.0024 \\ 0.1976 & -0.0010 \\ -0.6610 & -0.0109 \\ -0.1134 & -0.0012 \\ 0.5238 & -0.0095 \\ 0.4407 & 0.0051 \\ -0.0029 & 0.0000 \\ -0.1279 & 0.0013 \\ 0.0001 & 0.0000 \\ -0.0912 & 0.0010 \end{bmatrix} \tag{A1.4-2}$$

$$\mathbf{H}_1^{(3)} = -2\mathbf{z}^{(3)} \odot \left(1 - \left(\mathbf{z}^{(3)}\right)^2\right) \odot \mathbf{i}_1^{(2)} \odot \left(\mathbf{W}^{(3)}\right)^2 \mathbf{J}^{(2)} + \left(1 - \left(\mathbf{z}^{(3)}\right)^2\right) \odot \mathbf{W}^{(3)}\mathbf{H}_1^{(2)}$$

$$= \begin{bmatrix} -0.0015 & 0.0012 \\ 0.3904 & 0.0008 \\ 0.5062 & -0.0119 \\ -0.1161 & -0.0054 \\ -0.5721 & 0.0103 \\ -0.8202 & -0.0011 \\ 0.0129 & -0.0000 \\ -0.2388 & 0.0001 \\ -0.0001 & 0.0000 \\ 0.1172 & -0.0063 \end{bmatrix} \tag{A1.4-3a}$$

$$\mathbf{H}_2^{(3)} = -2\mathbf{z}^{(3)} \odot \left(1 - \left(\mathbf{z}^{(3)}\right)^2\right) \odot \mathbf{i}_2^{(2)} \odot \left(\mathbf{W}^{(3)}\right)^2 \mathbf{J}^{(2)} + \left(1 - \left(\mathbf{z}^{(3)}\right)^2\right) \odot \mathbf{W}^{(3)}\mathbf{H}_2^{(2)}$$

$$= \begin{bmatrix} 0.0012 & 0.0001 \\ -0.0008 & 0.0001 \\ -0.0119 & 0.0000 \\ -0.0054 & -0.0001 \\ 0.0103 & 0.0001 \\ -0.0011 & 0.0002 \\ -0.0000 & 0.0000 \\ 0.0001 & -0.0001 \\ 0.0000 & 0.0000 \\ -0.0063 & -0.0001 \end{bmatrix} \tag{A1.4-3b}$$

2.4 Iteration 1: 정규화 은닉층(4), $\mathbf{z}^{(4=L)}$

$$\mathbf{z}^{(4)} = f_t^{(4)}\left(\mathbf{W}^{(4)}\mathbf{z}^{(3)} + \mathbf{b}^{(4)}\right) = \begin{bmatrix} -0.7601 \\ -0.3744 \\ 0.9999 \\ 0.5615 \\ -0.9994 \\ -0.6528 \\ 0.9997 \\ 0.1549 \\ 0.9997 \\ 0.7992 \end{bmatrix} \tag{A1.5-1}$$

$$\mathbf{J}^{(4)} = \left(1 - \left(\mathbf{z}^{(4)}\right)^2\right) \odot \mathbf{W}^{(4)}\mathbf{J}^{(3)} = \begin{bmatrix} 0.6305 & 0.0043 \\ 0.5515 & 0.0144 \\ -0.0001 & -0.0000 \\ -0.6692 & 0.0069 \\ 0.0003 & 0.0000 \\ 0.7112 & -0.0069 \\ 0.0000 & 0.0000 \\ 0.5045 & -0.0012 \\ 0.0004 & -0.0000 \\ -0.0870 & -0.0069 \end{bmatrix} \tag{A1.5-2}$$

$$\mathbf{H}_1^{(4)} = -2\mathbf{z}^{(4)} \odot \left(1 - \left(\mathbf{z}^{(4)}\right)^2\right) \odot \mathbf{i}_1^{(3)} \odot \left(\mathbf{W}^{(4)}\right)^2 \mathbf{J}^{(3)} + \left(1 - \left(\mathbf{z}^{(4)}\right)^2\right) \odot \mathbf{W}^{(4)}\mathbf{H}_1^{(3)}$$

$$= \begin{bmatrix} 0.8301 & 0.0138 \\ -0.9895 & 0.0082 \\ -0.0002 & -0.0000 \\ -0.3515 & 0.0050 \\ 0.0012 & 0.0000 \\ 0.7757 & 0.0038 \\ -0.0009 & -0.0000 \\ -1.1035 & 0.0087 \\ -0.0011 & 0.0000 \\ -0.1138 & -0.0031 \end{bmatrix} \tag{A1.5-3a}$$

$$\mathbf{H}_2^{(4)} = -2\mathbf{z}^{(4)} \odot \left(1 - \left(\mathbf{z}^{(4)}\right)^2\right) \odot \mathbf{i}_2^{(3)} \odot \left(\mathbf{W}^{(4)}\right)^2 \mathbf{J}^{(3)} + \left(1 - \left(\mathbf{z}^{(4)}\right)^2\right) \odot \mathbf{W}^{(4)}\mathbf{H}_2^{(3)}$$

$$= \begin{bmatrix} 0.0138 & 0.0003 \\ 0.0082 & 0.0003 \\ -0.0000 & -0.0000 \\ 0.0050 & -0.0002 \\ 0.0000 & -0.0000 \\ 0.0038 & 0.0003 \\ 0.0000 & -0.0000 \\ 0.0087 & 0.0002 \\ 0.0000 & 0.0000 \\ -0.0031 & -0.0001 \end{bmatrix} \tag{A1.5-3b}$$

3. Iteration 1: 정규화 출력층(5 = 출력), $z^{(5=출력)}$

$$\mathbf{z}_{y_{20}}^{(L=5)} = f_{lin}^{(5)}\left(\mathbf{w}_{20}^{(5)}\mathbf{z}^{(4)} + b_{20}^{(5)}\right) = 0.5836 \quad \text{(A1.6-1)}$$

$$\mathbf{J}_{y_{20}}^{(L=5)} = \mathbf{w}_{20}^{(L=5)}\mathbf{J}^{(4)} = [-1.0326 \quad 0.0073] \quad \text{(A1.6-2)}$$

$$\mathbf{H}_{y_{20},1}^{(L=5)} = \mathbf{w}_{20}^{(L=5)}\mathbf{H}_1^{(4)} = [-3.9017 \quad -0.0197] \quad \text{(A1.6-3a)}$$

$$\mathbf{H}_{y_{20},2}^{(L=5)} = \mathbf{w}_{20}^{(L=5)}\mathbf{H}_2^{(4)} = [-0.0197 \quad -0.0005] \quad \text{(A1.6-3b)}$$

$$\mathbf{z}_{y_{21}}^{(L=5)} = f_{lin}^{(5)}\left(\mathbf{w}_{21}^{(5)}\mathbf{z}^{(4)} + b_{21}^{(5)}\right) = 0.5787 \quad \text{(A1.7-1)}$$

$$\mathbf{J}_{y_{21}}^{(L=5)} = \mathbf{w}_{21}^{(5)}\mathbf{J}^{(4)} = [-0.8860 \quad 0.0050] \quad \text{(A1.7-2)}$$

$$\mathbf{H}_{y_{21},1}^{(L=5)} = \mathbf{w}_{21}^{(5)}\mathbf{H}_1^{(4)} = [-4.5333 \quad -0.0142] \quad \text{(A1.7-3a)}$$

$$\mathbf{H}_{y_{21},2}^{(L=5)} = \mathbf{w}_{21}^{(5)}\mathbf{H}_2^{(4)} = [-0.0142 \quad -0.0004] \quad \text{(A1.7-3b)}$$

4. Iteration 1: 비 정규화 단계(D, 5=L) 단계, $z^{(D)}=z^{(5=출력)}$을 비 정규화하여 $y=z^{(D)}$로 도출

$$y_{20} = \mathbf{z}_{y_{20}}^{(D)} = g_{20}^{(D)}\left(\mathbf{z}_{y_{20}}^{(L=5)}\right) = \frac{1}{\alpha_{y_{20}}}\left(\mathbf{z}_{y_{20}}^{(5)} - \bar{y}_{20,min}\right) + y_{20,min}$$

$$= \frac{1}{1.5427}(0.5838 - (-1)\,) + (-0.9871) = 0.0394 \quad \text{(A1.8-1)}$$

$$\mathbf{J}_{y_{20}}^{(D)} = \frac{1}{\alpha_{y_{20}}}\mathbf{J}_{y_{20}}^{(L=5)} = [-0.6693 \quad 0.0047] \quad \text{(A1.8-2)}$$

$$\mathbf{H}_{y_{20},1}^{(D)} = \frac{1}{\alpha_{y_{20}}}\mathbf{H}_{y_{20},1}^{(L=5)} = [-2.5291 \quad -0.0128] \quad \text{(A1.8-3a)}$$

$$\mathbf{H}_{y_{20},2}^{(D)} = \frac{1}{\alpha_{y_{20}}}\mathbf{H}_{y_{20},2}^{(L=5)} = [-0.0128 \quad -0.0003] \quad \text{(A1.8-3b)}$$

$$\mathbf{H}_{y_{20}}^{(D)} = \begin{bmatrix}\mathbf{H}_{y_{20},1}^{(D)} \\ \mathbf{H}_{y_{20},2}^{(D)}\end{bmatrix} = \begin{bmatrix}-2.5291 & -0.0128 \\ -0.0128 & -0.0003\end{bmatrix} \quad \text{(A1.8-4)}$$

$$y_{21} = \mathbf{z}_{y_{21}}^{(D)} = g_{21}^{(D)}\left(\mathbf{z}_{y_{21}}^{(L=5)}\right) = \frac{1}{\alpha_{y_{21}}}\left(\mathbf{z}_{y_{21}}^{(5)} - \bar{y}_{21,min}\right) + y_{21,min}$$

$$= \frac{1}{1.7958}(0.5787 - (-1)) + (-0.7988) = 0.0802 \quad \text{(A1.9-1)}$$

$$\mathbf{J}_{y_{21}}^{(D)} = \frac{1}{\alpha_{y_{21}}}\mathbf{J}_{y_{21}}^{(L=5)} = [-0.4934 \quad 0.0055] \quad \text{(A1.9-2)}$$

$$\mathbf{H}_{y_{21},1}^{(D)} = \frac{1}{\alpha_{y_{21}}}\mathbf{H}_{y_{21},1}^{(5)} = [-2.5242 \quad -0.0079] \quad \text{(A1.9-3a)}$$

$$\mathbf{H}_{y_{21},2}^{(D)} = \frac{1}{\alpha_{y_{21}}}\mathbf{H}_{y_{21},2}^{(5)} = [-0.0079 \quad -0.0002] \quad \text{(A1.9-3b)}$$

$$\mathbf{H}_{y_{21}}^{(D)} = \begin{bmatrix}\mathbf{H}_{y_{21},1}^{(D)} \\ \mathbf{H}_{y_{21},2}^{(D)}\end{bmatrix} = \begin{bmatrix}-2.5242 & -0.0079 \\ -0.0079 & -0.0002\end{bmatrix} \quad \text{(A1.9-4)}$$

식(A1.8-1)에서 구해진 y_{20}와 식(A1.9-1)에서 구해진 y_{21}에 기반하여, 식(A1.10-1)에서 등 제약함수 $c(x_C, \theta)$를 구하고, 식(A1.10-2)에서 부등 제약함수 $v(x_C,\theta)$를 구한다. 제이코비 매트릭스 $\mathbf{J}_c(x_c^{(1)}, \theta^{(1)})$ 와 $\mathbf{J}_v(x_c^{(1)}, \theta^{(1)})$ 는 $x_c^{(0)}$, $\theta^{(0)}$의 함수로 식(A1.11-1)과 식(A1.11-2)에서, 헤시안 매트릭스 $\mathbf{H}_c(x_c^{(1)}, \theta^{(1)})$와 $\mathbf{H}_v(x_c^{(1)}, \theta^{(1)})$ 역시 $x_c^{(0)}$, $\theta^{(0)}$ 의 함수로 식(A1.12-1)과 식(A1.12-2)에서 계산된다. 식(A1.13)에서 라그랑주 1차 미분식(제이코비)의 수렴 여부를 확인한다.

$$c\left(x_C^{(1)}, \theta^{(1)}\right) = y_{P_f} - 0.06 = y_{20} - 0.06 = 0.0394 - 0.06 = -0.0206 \quad \text{(A1.10-1)}$$

$$v\left(x_C^{(1)}, \theta^{(1)}\right) = y_{P_f} - 0.06 = y_{21} - 0.1 = 0.0802 - 0.1 = -0.0198 \quad \text{(A1.10-2)}$$

$$\mathbf{J}_c\left(x_C^{(1)}, \theta^{(1)}\right) = \mathbf{J}_c^{(D)}\left(x_C^{(1)}, \theta^{(1)}\right) = \mathbf{J}_{\left(y_{P_f}-0.06\right)}^{(D)} = \mathbf{J}_{y_{P_f}}^{(D)} = \mathbf{J}_{y_{20}}^{(D)}$$

$$= [-0.6693 \quad 0.0047] \quad \text{(A1.11-1)}$$

$$\mathbf{J}_v\left(x_C^{(1)}, \theta^{(1)}\right) = \mathbf{J}_v^{(D)}\left(x_C^{(1)}, \theta^{(1)}\right) = \mathbf{J}_{\left(y_{P_t}-0.1\right)}^{(D)} = \mathbf{J}_{y_{P_t}}^{(D)} = \mathbf{J}_{y_{21}}^{(D)}$$

$$= [-0.4934 \quad 0.0055] \quad \text{(A1.11-2)}$$

$$\mathbf{H}_c\left(x_C^{(1)},\ \theta^{(1)}\right) = \mathbf{H}_c^{(D)}\left(x_C^{(1)},\ \theta^{(1)}\right) = \mathbf{H}_{y_{20}}^{(D)} = \begin{bmatrix} -2.5291 & -0.0128 \\ -0.0128 & -0.0003 \end{bmatrix} \tag{A1.12-1}$$

$$\mathbf{H}_v\left(x_C^{(1)},\ \theta^{(1)}\right) = \mathbf{H}_v^{(D)}\left(x_C^{(1)},\ \theta^{(1)}\right) = \mathbf{H}_{y_{21}}^{(D)} = \begin{bmatrix} -2.5242 & -0.0079 \\ -0.0079 & -0.0002 \end{bmatrix} \tag{A1.12-2}$$

5. Iteration 1: 제이코비, 헤시안 매트릭스를 통한 라그랑주 함수의 수렴 검증

$$\nabla\mathcal{L}\left(x_C^{(1)},\ \theta^{(1)},\ \lambda_c^{(1)},\ \lambda_v^{(1)}\right)$$

$$= \begin{bmatrix} \nabla f_{x_C}\left(x_C^{(1)}\right) - \left[J_c\left(x_C^{(1)},\ \theta^{(1)}\right)\right]^T \lambda_c^{(1)} - \left[J_v\left(x_C^{(1)},\ \theta^{(1)}\right)\right]^T s\lambda_v^{(1)} \\ -\boldsymbol{c}\left(x_C^{(1)},\ \theta^{(1)}\right) \\ -\boldsymbol{sv}\left(x_C^{(1)},\ \theta^{(1)}\right) \end{bmatrix} \tag{A1.13-1}$$

$$= \begin{bmatrix} \nabla f_{x_C}\left(x_C^{(1)}\right) - \left[\mathbf{J}_c^{(D)}\left(x_C^{(1)},\ \theta^{(1)}\right)\right]^T \lambda_c^{(1)} - \left[\mathbf{J}_v^{(D)}\left(x_C^{(1)},\ \theta^{(1)}\right)\right]^T s\lambda_v^{(1)} \\ -\boldsymbol{c}\left(x_C^{(1)},\ \theta^{(1)}\right) \\ -\boldsymbol{sv}\left(x_C^{(1)},\ \theta^{(1)}\right) \end{bmatrix}$$

식(A1.10-1)의 $\mathbf{c}(x_C^{(1)}, \theta^{(1)})$, 식(A1.10-2)의 $\boldsymbol{v}(x_C^{(1)}, \theta^{(1)})$, 식(A1.11-1)의 $\mathbf{J}_c(x_C^{(1)}, \theta^{(1)})$, 식(A1.11-2)의 $\mathbf{J}_v(x_C^{(1)}, \theta^{(1)})$ 및 $\mathbf{s}$=1을 식(A1.13-1)에 대입하여 식(A1.13-2)에서 라그랑주 함수의 1차 미분식(제이코비)를 구한다. 이때 식(A1.13-2)에는 식(2.4.4.58-1)에서 구한 라그랑주 승수 $[x_C^{(1)}, \theta^{(1)}, \lambda_c^{(1)}, \lambda_v^{(1)}]$=[0.584, 38.80, -1.903, 1.096]을 적용하였고, 붉은색으로 표시하였다. 식(A1.13-1)과 식(A1.13-2)에서 $\nabla L(x_C^{(1)}, \theta^{(1)}, \lambda_c^{(1)}, \lambda_v^{(1)})$는 0으로 수렴하지 못했으므로, Case 1의 KKT 조건하에서는 해가 존재하지 않음을 알 수 있다. 따라서 Iteration 2단계에서 사용될 입력변수를 식(A1.14)에서 구한다.

$$\nabla\mathcal{L}\left(x_C^{(1)},\ \theta^{(1)},\ \lambda_c^{(1)},\ \lambda_v^{(1)}\right)$$

$$= \begin{bmatrix} \begin{bmatrix} 1 \\ 0 \end{bmatrix} - \begin{bmatrix} -0.6693 \\ 0.0047 \end{bmatrix} \times (-1.903) - \begin{bmatrix} -0.4934 \\ 0.0055 \end{bmatrix} \times 1 \times 1.096 \\ 0.0206 \\ 0.0198 \end{bmatrix} \tag{A1.13-2}$$

$$\rightarrow \nabla\mathcal{L}\left(x_C^{(1)},\ \theta^{(1)},\ \lambda_c^{(1)},\ \lambda_v^{(1)}\right) = \begin{bmatrix} 0.2666 \\ 0.0030 \\ 0.0206 \\ 0.0198 \end{bmatrix} \neq \mathbf{0}$$

6. Iteration 2에서 사용될 입력변수로의 업데이트

$$\begin{bmatrix} x_C^{(2)} \\ \theta^{(2)} \\ \lambda_c^{(2)} \\ \lambda_v^{(2)} \end{bmatrix} = \begin{bmatrix} x_C^{(1)} \\ \theta^{(1)} \\ \lambda_c^{(1)} \\ \lambda_v^{(1)} \end{bmatrix} - \left[\mathbf{H}_{\mathcal{L}}\left(x_C^{(1)}, \theta^{(1)}, \lambda_c^{(1)}, \lambda_v^{(1)}\right)\right]^{-1} \nabla\mathcal{L}\left(x_C^{(1)}, \theta^{(1)}, \lambda_c^{(1)}, \lambda_v^{(1)}\right) \tag{A1.14}$$

헤시안 매트릭 $\mathbf{H}_{\mathcal{L}}(x_C^{(1)}, \theta^{(1)}, \lambda_c^{(1)}, \lambda_v^{(1)})$는 $\boldsymbol{H}_{\mathcal{L}}(x_C^{(1)}, \theta^{(1)})$을 (A1.16-2)과 (A1.17)에서 먼저 구한 후, 식(A1.15-2)와 식(A1.18)에서 계산된다. $\mathbf{H}_{\mathcal{L}}(x_C^{(1)}, \theta^{(1)})$은 식(2.4.4.14), 식(A1.12-1), 식(A1.12-2)에서 각각 구해지는 $\mathbf{H}_{f_{x_C}}(x_C, \theta)$, $\mathbf{H}_c^{(D)}$, $\mathbf{H}_v^{(D)}$를 식(A1.16-2)에 대입하여 식(A1.17)에서 구한다. 이때 s=1을 사용한다. 이때 식(A1.17)에는 식(2.4.4.58-1)에서 구한 라그랑주 승수 $[x_C^{(1)}, \theta^{(1)}, \lambda_c^{(1)}, \lambda_v^{(1)}]$=[0.584,38.80,−1.903,1.096]을 적용하였고, 붉은색으로 표시하였다.

식(A1.16-2)과 (A1.17)에서 구해지는 $\boldsymbol{H}_{\mathcal{L}}(x_C^{(1)}, \theta^{(1)})$과 식(A1.11-1)과 식(A1.11-2)에서 각각 구해지는 $\mathbf{J}_c^{(D)}$, $\mathbf{J}_v^{(D)}$를 기반으로 s=0와 함께, 1단계에서 개선된 입력변수$[x_C^{(1)}, \theta^{(1)}, \lambda_c^{(1)}, \lambda_v^{(1)}]$에 대해 라그랑주 헤시안 매트릭스는 식(A1.15-2)에 대입해서 식(A1.18-2)에서 계산된다.

$$\mathbf{H}_{\mathcal{L}}\left(x_C^{(1)}, \theta^{(1)}, \lambda_c^{(1)}, \lambda_v^{(1)}\right) =$$

$$\begin{bmatrix} \mathbf{H}_{\mathcal{L}}\left(x_C^{(1)}, \theta^{(1)}\right) & -\left[\mathbf{J}_c\left(x_C^{(1)}, \theta^{(1)}\right)\right]^T & -\left[s\mathbf{J}_v\left(x_C^{(1)}, \theta^{(1)}\right)\right]^T \\ -\mathbf{J}_c\left(x_C^{(1)}, \theta^{(1)}\right) & 0 & 0 \\ -s\mathbf{J}_v\left(x_C^{(1)}, \theta^{(1)}\right) & 0 & 0 \end{bmatrix} \tag{A1.15-1}$$

$$\mathbf{H}_{\mathcal{L}}\left(x_C^{(1)}, \theta^{(1)}, \lambda_c^{(1)}, \lambda_v^{(1)}\right) =$$

$$\begin{bmatrix} \mathbf{H}_{\mathcal{L}}\left(x_C^{(1)}, \theta^{(1)}\right) & -\left[\mathbf{J}_c^{(D)}\left(x_C^{(1)}, \theta^{(1)}\right)\right]^T & -\left[s\mathbf{J}_v^{(D)}\left(x_C^{(1)}, \theta^{(1)}\right)\right]^T \\ -\mathbf{J}_c^{(D)}\left(x_C^{(1)}, \theta^{(1)}\right) & 0 & 0 \\ -s\mathbf{J}_v^{(D)}\left(x_C^{(1)}, \theta^{(1)}\right) & 0 & 0 \end{bmatrix} \tag{A1.15-2}$$

여기서

$$\mathbf{H}_{\mathcal{L}}\left(x_C^{(1)},\ \theta^{(1)}\right) = \mathbf{H}_{f_{x_C}}\left(x_C^{(1)},\ \theta^{(1)}\right) - \lambda_c^{(1)}\mathbf{H}_c\left(x_C^{(1)},\ \theta^{(1)}\right) - s\lambda_v^{(1)}\mathbf{H}_v\left(x_C^{(1)},\ \theta^{(1)}\right)$$

(A1.16-1)

$$\mathbf{H}_{\mathcal{L}}\left(x_C^{(1)},\ \theta^{(1)}\right) = \mathbf{H}_{f_{x_C}}\left(x_C^{(1)},\ \theta^{(1)}\right) - \lambda_c^{(1)}\mathbf{H}_c^{(D)}\left(x_C^{(1)},\ \theta^{(1)}\right) - s\lambda_v^{(1)}\mathbf{H}_v^{(D)}\left(x_C^{(1)},\ \theta^{(1)}\right)$$

(A1.16-2)

$$\begin{aligned}&\mathbf{H}_{\mathcal{L}}\left(x_C^{(1)},\ \theta^{(1)}\right)\\&= \begin{bmatrix}0 & 0\\ 0 & 0\end{bmatrix} - (-1.903)\times\begin{bmatrix}-2.5291 & -0.0128\\ -0.0128 & -0.0003\end{bmatrix} - 1\times 1.096\times\begin{bmatrix}-2.5242 & -0.0079\\ -0.0079 & -0.0002\end{bmatrix}\\&= \begin{bmatrix}0.3357 & -0.0285\\ -0.0285 & -0.0006\end{bmatrix}\end{aligned}$$

(A1.17)

$$\mathbf{H}_{\mathcal{L}}\left(x_C^{(1)},\ \theta^{(1)},\ \lambda_c^{(1)},\ \lambda_v^{(1)}\right) = \begin{bmatrix}\begin{bmatrix}-2.0483 & -0.0157\\ -0.0157 & -0.0004\end{bmatrix} & -\begin{bmatrix}-0.6693\\ 0.0047\end{bmatrix} & -\begin{bmatrix}-0.4934\\ 0.0055\end{bmatrix}\\ -[-0.6693\ \ 0.0047] & 0 & 0\\ -[-0.4934\ \ 0.0055] & 0 & 0\end{bmatrix}$$

(A1.18-1)

$$\mathbf{H}_{\mathcal{L}}\left(x_C^{(1)},\ \theta^{(1)},\ \lambda_c^{(1)},\ \lambda_v^{(1)}\right) = \begin{bmatrix}-2.0483 & -0.0157 & 0.6693 & 0.4934\\ -0.0157 & -0.0004 & -0.0047 & -0.0055\\ 0.6693 & -0.0047 & 0 & 0\\ 0.4934 & -0.0055 & 0 & 0\end{bmatrix}$$

(A1.18-2)

$$\left[\mathbf{H}_{\mathcal{L}}\left(x_C^{(1)},\ \theta^{(1)},\ \lambda_c^{(1)},\ \lambda_v^{(1)}\right)\right]^{-1} = \begin{bmatrix}0 & 0 & 4.0693 & -3.4938\\ 0 & 0 & 366.43 & -497.13\\ 4.0693 & 366.43 & 129.15 & -146.67\\ -3.4938 & -497.13 & -146.67 & 168.67\end{bmatrix}$$

(A1.18-3)

입력변수 $[x_C^{(1)},\ \theta^{(1)},\ \lambda_c^{(1)},\ \lambda_v^{(1)}]$는 식(A1.13-2)과 식(A1.18-3)을 식(A1.14)에 대입하여, 식(A1.19)에서 Iteration 2에서 사용될 입력변수$[x_C^{(2)},\ \theta^{(2)},\ \lambda_c^{(2)},\ \lambda_v^{(2)}]^T$=[0.569, 41.07, -3.833, 3.184]^{T}로 업데이트된다. 이후에는 라그랑주 1차함수의 미분식(제이코비)이 0으로 수렴할 때까지 동일한 반복연산을 수행하면 된다.

$$\begin{bmatrix} x_C^{(2)} \\ \theta^{(2)} \\ \lambda_c^{(2)} \\ \lambda_v^{(2)} \end{bmatrix} = \begin{bmatrix} 0.584 \\ 38.80 \\ -1.903 \\ 1.096 \end{bmatrix} - \begin{bmatrix} 0 & 0 & 4.0693 & -3.4938 \\ 0 & 0 & 366.43 & -497.13 \\ 4.0693 & 366.43 & 129.15 & -146.67 \\ -3.4938 & -497.13 & -146.67 & 168.67 \end{bmatrix} \begin{bmatrix} 0.2666 \\ 0.0030 \\ 0.0206 \\ 0.0198 \end{bmatrix}$$

$$\rightarrow \begin{bmatrix} x_C^{(2)} \\ \theta^{(2)} \\ \lambda_c^{(2)} \\ \lambda_v^{(2)} \end{bmatrix} = \begin{bmatrix} 0.569 \\ 41.07 \\ -3.833 \\ 3.184 \end{bmatrix}$$

(A1.19)

A2. 인공신경망에 기반한 Case 2의 KKT 조건에 대한 Iteration 1 과정

식(2.4.4.40-1) 초기 입력변수 $[x_C^{(0)}, \theta^{(0)}, \lambda_c^{(0)}, \lambda_v^{(0)}]^T$=[0.7, 40, -1, 0]^{T}는 Iteration 0 마지막에서 식(2.4.4.68)의 $[x_C^{(1)}, \theta^{(1)}, \lambda_c^{(1)}, \lambda_v^{(1)}]$=[0.6020, 47.57, -1.086, 0]로 업데이트되었다. Iteration 1에서, $[x_C^{(1)}, \theta^{(1)}, \lambda_c^{(1)}, \lambda_v^{(1)}]$는 식(A2.1-1)의 붉은색 입력변수로 입력되어 출력함수 $y_{P_f}(y_{20})$, $y_{P_t}(y_{21})$와 제이코비 및 헤시안 매트릭스를 도출하였고, A2에 수록하였다. 입력변수 $[x_C^{(1)}, \theta^{(1)}, \lambda_c^{(1)}, \lambda_v^{(1)}]$는 다시 Iteration 1단계 마지막 부분의 식(A2.19)에서 $[x_C^{(2)}, \theta^{(2)}, \lambda_c^{(2)}, \lambda_v^{(2)}]^T$=[0.5895, 47.88, -1.106, 0]^{T}으로 업데이트되었다. 라그랑주 승수변수 $\lambda_C^{(1)}$= -1.086과 $\lambda_v^{(1)}$= 0은 식(A2.13-2)과 식(A2.17)의 붉은색 입력값에서 보이는 것처럼 라그랑주 함수의 제이코비와 헤시만 매트릭스를 도출할 때 사용되었다. 관련되는 기중변수와 편향변수 매트릭스는 표2.4.4.4에 유도되었다. 모든 계산과정은 그림 2.3.6.3에 자세하게 정리되어 있다.

1. Iteration 1단계에서의 입력변수 정규화를 위한 단계, $\mathbf{z}^{(N)}$

$$\mathbf{z}^{(N)} = \mathbf{g}^{(N)}\left(\mathbf{x}^{(0)}\right) = \boldsymbol{\alpha}_{\mathbf{x}} \odot (\mathbf{x} - \mathbf{x}_{min}) + \bar{\mathbf{x}}_{min}$$

$$= \begin{bmatrix} 1.820 \\ 0.029 \end{bmatrix} \odot \left(\begin{bmatrix} 0.6020 \\ 47.57 \end{bmatrix} - \begin{bmatrix} 0.1 \\ 10 \end{bmatrix} \right) + \begin{bmatrix} -1 \\ -1 \end{bmatrix} = \begin{bmatrix} -0.0863 \\ 0.0734 \end{bmatrix} \quad \text{(A2.1-1)}$$

$$\mathbf{J}^{(N)} = I_2 \odot \boldsymbol{\alpha}_{\mathbf{x}} = \begin{bmatrix} 1.820 & 0 \\ 0 & 0.029 \end{bmatrix} \quad \text{(A2.1-2)}$$

$$\mathbf{H}^{(N)} = \begin{bmatrix} 0 & 0 \\ 0 & 0 \end{bmatrix} \quad \text{(A2.1-3)}$$

2. Iteration 1: 정규화 은닉층 1, 2, 3, 4에서의 출력값, 제이코비, 슬라이스 헤시안 매트릭스의 계산, $\mathbf{z}^{(l)}\ \forall l \in \{\mathbf{1}, \mathbf{2}, \mathbf{3}, \mathbf{4}\}$

2.1 Iteration 1: 정규화 은닉층, $\mathbf{z}^{(\mathbf{1})}$

$$\mathbf{z}^{(1)} = f_t^{(1)}\left(\mathbf{W}^{(1)}\mathbf{z}^{(N)} + \mathbf{b}^{(1)}\right) = \begin{bmatrix} 0.9984 \\ -0.9654 \\ -0.9805 \\ -0.6311 \\ -0.8678 \\ -0.3378 \\ -0.0762 \\ -0.9823 \\ 0.9323 \\ -0.9999 \end{bmatrix} \quad \text{(A2.2-1)}$$

$$\mathbf{J}^{(1)} = \left(1 - \left(\mathbf{z}^{(1)}\right)^2\right) \odot \mathbf{W}^{(1)}\mathbf{J}^{(N)} = \begin{bmatrix} -0.0054 & -0.0003 \\ 0.1515 & 0.0038 \\ 0.0470 & -0.0009 \\ 0.6305 & -0.0136 \\ 0.0042 & -0.0105 \\ -0.4792 & 0.0313 \\ -0.7698 & -0.0122 \\ -0.1233 & -0.0013 \\ 0.2496 & -0.0029 \\ -0.0016 & 0.0000 \end{bmatrix} \quad \text{(A2.2-2)}$$

$$\mathbf{H}_1^{(1)} = -2\mathbf{z}^{(1)} \odot \left(1 - \left(\mathbf{z}^{(1)}\right)^2\right) \odot \mathbf{i}_1^{(N)} \odot \left(\mathbf{W}^{(1)}\right)^2 \mathbf{J}^{(N)} + \left(1 - \left(\mathbf{z}^{(1)}\right)^2\right) \odot \mathbf{W}^{(1)}\mathbf{H}_1^{(N)}$$

$$= \begin{bmatrix} -0.0182 & -0.0011 \\ 0.6516 & 0.0165 \\ 0.1120 & -0.0021 \\ 0.8341 & -0.0180 \\ 0.0001 & -0.0003 \\ 0.1751 & -0.0115 \\ 0.0908 & 0.0014 \\ 1.8527 & 0.0088 \\ -0.8660 & 0.0101 \\ 0.0178 & -0.0001 \end{bmatrix} \quad \text{(A2.2-3a)}$$

$$\mathbf{H}_2^{(1)} = -2\mathbf{z}^{(1)} \odot \left(1 - \left(\mathbf{z}^{(1)}\right)^2\right) \odot \mathbf{i}_2^{(N)} \odot \left(\mathbf{W}^{(1)}\right)^2 \mathbf{J}^{(N)} + \left(1 - \left(\mathbf{z}^{(1)}\right)^2\right) \odot \mathbf{W}^{(1)} \mathbf{H}_1^{(N)}$$

$$= \begin{bmatrix} -0.0011 & -0.0001 \\ 0.0165 & 0.0004 \\ -0.0021 & 0.0000 \\ -0.0180 & 0.0004 \\ -0.0003 & 0.0008 \\ -0.0115 & 0.0007 \\ 0.0014 & 0.0000 \\ 0.0088 & 0.0001 \\ 0.0101 & -0.0001 \\ -0.0001 & 0.0000 \end{bmatrix} \tag{A2.2-3b}$$

2.2 Iteration 1: 정규화 은닉층, $\mathbf{z}^{(2)}$

$$\mathbf{z}^{(2)} = f_t^{(2)}\left(\mathbf{W}^{(2)}\mathbf{z}^{(1)} + \mathbf{b}^{(2)}\right) = \begin{bmatrix} 0.5570 \\ 0.9883 \\ 0.3728 \\ 0.9440 \\ -0.6517 \\ -0.6224 \\ -0.9502 \\ -0.3210 \\ 0.5766 \\ 0.9021 \end{bmatrix} \tag{A2.3-1}$$

$$\mathbf{J}^{(2)} = \left(1 - \left(\mathbf{z}^{(2)}\right)^2\right) \odot \mathbf{W}^{(2)} \mathbf{J}^{(1)} = \begin{bmatrix} 1.0373 & -0.0014 \\ 0.0238 & -0.0000 \\ -0.1677 & 0.0142 \\ 0.0347 & -0.0007 \\ 0.3903 & -0.0039 \\ -0.9089 & -0.0100 \\ -0.0377 & 0.0008 \\ -0.2526 & -0.0176 \\ -0.3834 & 0.0090 \\ -0.1350 & -0.0076 \end{bmatrix} \tag{A2.3-2}$$

$$\mathbf{H}_1^{(2)} = -2\mathbf{z}^{(2)} \odot \left(1 - \left(\mathbf{z}^{(2)}\right)^2\right) \odot \mathbf{i}_1^{(1)} \odot \left(\mathbf{W}^{(2)}\right)^2 \mathbf{J}^{(1)} + \left(1 - \left(\mathbf{z}^{(2)}\right)^2\right) \odot \mathbf{W}^{(2)} \mathbf{H}_1^{(1)}$$

$$= \begin{bmatrix} -1.2799 & 0.0157 \\ -0.0447 & -0.0004 \\ -0.4310 & 0.0001 \\ -0.1358 & 0.0031 \\ 0.0890 & 0.0096 \\ 2.2039 & 0.0336 \\ -0.0649 & -0.0017 \\ 0.5387 & 0.0120 \\ 0.1329 & -0.0059 \\ -0.2227 & -0.0048 \end{bmatrix} \tag{A2.3-3a}$$

$$\mathbf{H}_2^{(2)} = -2\mathbf{z}^{(2)} \odot \left(1 - \left(\mathbf{z}^{(2)}\right)^2\right) \odot \mathbf{i}_2^{(1)} \odot \left(\mathbf{W}^{(2)}\right)^2 \mathbf{J}^{(1)} + \left(1 - \left(\mathbf{z}^{(2)}\right)^2\right) \odot \mathbf{W}^{(2)} \mathbf{H}_1^{(1)}$$

$$= \begin{bmatrix} 0.0157 & 0.0003 \\ -0.0004 & 0.0000 \\ 0.0001 & -0.0000 \\ 0.0031 & -0.0001 \\ 0.0096 & -0.0003 \\ 0.0336 & 0.0002 \\ -0.0017 & 0.0001 \\ 0.0120 & -0.0004 \\ -0.0059 & 0.0001 \\ -0.0048 & -0.0006 \end{bmatrix} \tag{A2.3-3b}$$

2.3 Iteration 1: 정규화 은닉층, $\mathbf{z}^{(3)}$

$$\mathbf{z}^{(3)} = f_t^{(3)}\left(\mathbf{W}^{(3)}\mathbf{z}^{(2)} + \mathbf{b}^{(3)}\right) = \begin{bmatrix} -0.9183 \\ -0.9209 \\ -0.2115 \\ 0.8755 \\ 0.3117 \\ 0.6478 \\ -0.9987 \\ 0.9502 \\ 0.9995 \\ -0.9405 \end{bmatrix} \tag{A2.4-1}$$

$$\mathbf{J}^{(3)} = \left(1 - \left(\mathbf{z}^{(3)}\right)^2\right) \odot \mathbf{W}^{(3)} \mathbf{J}^{(2)} = \begin{bmatrix} 0.0933 & 0.0039 \\ 0.2151 & 0.0001 \\ -0.7665 & -0.0120 \\ -0.1801 & -0.0025 \\ 0.6078 & -0.0075 \\ 0.4149 & 0.0066 \\ -0.0030 & 0.0000 \\ -0.1390 & 0.0008 \\ 0.0002 & 0.0000 \\ -0.1479 & -0.0000 \end{bmatrix} \tag{A2.4-2}$$

$$\mathbf{H}_1^{(3)} = -2\mathbf{z}^{(3)} \odot \left(1 - \left(\mathbf{z}^{(3)}\right)^2\right) \odot \mathbf{i}_1^{(2)} \odot \left(\mathbf{W}^{(3)}\right)^2 \mathbf{J}^{(2)} + \left(1 - \left(\mathbf{z}^{(3)}\right)^2\right) \odot \mathbf{W}^{(3)} \mathbf{H}_1^{(2)}$$

$$= \begin{bmatrix} -0.0710 & -0.0001 \\ 0.4891 & 0.0036 \\ 0.6025 & -0.0147 \\ -0.2727 & -0.0096 \\ -0.6914 & 0.0116 \\ -0.7643 & -0.0014 \\ 0.0129 & -0.0001 \\ -0.3284 & -0.0018 \\ -0.0007 & 0.0000 \\ 0.4113 & -0.0071 \end{bmatrix} \tag{A2.4-3a}$$

$$\mathbf{H}_2^{(3)} = -2\mathbf{z}^{(3)} \odot \left(1 - \left(\mathbf{z}^{(3)}\right)^2\right) \odot \mathbf{i}_2^{(2)} \odot \left(\mathbf{W}^{(3)}\right)^2 \mathbf{J}^{(2)} + \left(1 - \left(\mathbf{z}^{(3)}\right)^2\right) \odot \mathbf{W}^{(3)} \mathbf{H}_2^{(2)}$$

$$= \begin{bmatrix} -0.0001 & 0.0002 \\ -0.0036 & 0.0002 \\ -0.0147 & -0.0002 \\ -0.0096 & -0.0002 \\ 0.0116 & 0.0003 \\ -0.0014 & 0.0002 \\ -0.0001 & 0.0000 \\ -0.0018 & -0.0001 \\ 0.0000 & -0.0000 \\ -0.0071 & -0.0001 \end{bmatrix} \tag{A2.4-3b}$$

2.4 Iteration 1: 정규화 은닉층(4), $\mathbf{z}^{(4)}$

$$\mathbf{z}^{(4)} = f_t^{(4)}\left(\mathbf{W}^{(4)}\mathbf{z}^{(3)} + \mathbf{b}^{(4)}\right) = \begin{bmatrix} -0.6928 \\ -0.2277 \\ 0.9998 \\ 0.6026 \\ -0.9994 \\ -0.6874 \\ 0.9997 \\ 0.1627 \\ 0.9997 \\ 0.7319 \end{bmatrix} \tag{A2.5-1}$$

$$\mathbf{J}^{(4)} = \left(1 - \left(\mathbf{z}^{(4)}\right)^2\right) \odot \mathbf{W}^{(4)} \mathbf{J}^{(3)} = \begin{bmatrix} 0.8159 & 0.0086 \\ 0.5466 & 0.0168 \\ -0.0001 & -0.0000 \\ -0.6431 & 0.0051 \\ 0.0004 & 0.0000 \\ 0.7880 & -0.0038 \\ 0.0000 & 0.0000 \\ 0.5318 & 0.0009 \\ 0.0004 & -0.0000 \\ -0.1246 & -0.0080 \end{bmatrix} \tag{A2.5-2}$$

$$\mathbf{H}_1^{(4)} = -2\mathbf{z}^{(4)} \odot \left(1 - \left(\mathbf{z}^{(4)}\right)^2\right) \odot \mathbf{i}_1^{(3)} \odot \left(\mathbf{W}^{(4)}\right)^2 \mathbf{J}^{(3)} + \left(1 - \left(\mathbf{z}^{(4)}\right)^2\right) \odot \mathbf{W}^{(4)} \mathbf{H}_1^{(3)}$$

$$= \begin{bmatrix} 1.0919 & 0.0262 \\ -1.3258 & 0.0028 \\ -0.0004 & -0.0000 \\ -0.4548 & 0.0021 \\ 0.0016 & 0.0000 \\ 1.0219 & 0.0111 \\ -0.0009 & -0.0000 \\ -1.4902 & 0.0019 \\ -0.0013 & 0.0000 \\ -0.1633 & -0.0052 \end{bmatrix} \tag{A2.5-3a}$$

$$\mathbf{H}_2^{(4)} = -2\mathbf{z}^{(4)}\odot\left(1-\left(\mathbf{z}^{(4)}\right)^2\right)\odot\mathbf{i}_2^{(3)}\odot\left(\mathbf{W}^{(4)}\right)^2\mathbf{J}^{(3)} + \left(1-\left(\mathbf{z}^{(4)}\right)^2\right)\odot\mathbf{W}^{(4)}\mathbf{H}_2^{(3)}$$

$$= \begin{bmatrix} 0.0262 & 0.0006 \\ 0.0028 & 0.0002 \\ -0.0000 & -0.0000 \\ 0.0021 & -0.0002 \\ 0.0000 & 0.0000 \\ 0.0111 & 0.0004 \\ -0.0000 & -0.0000 \\ 0.0019 & 0.0003 \\ 0.0000 & 0.0000 \\ -0.0052 & -0.0001 \end{bmatrix} \quad \text{(A2.5-3b)}$$

3. Iteration 1: 정규화 출력층(5=출력), $\mathbf{z}^{(5=출력)}$

$$\mathbf{z}_{y_{20}}^{(L=5)} = f_{lin}^{(5)}\left(\mathbf{w}_{20}^{(5)}\mathbf{z}^{(4)} + b_{20}^{(5)}\right) = 0.5974 \quad \text{(A2.6-1)}$$

$$\mathbf{J}_{y_{20}}^{(L=5)} = \mathbf{w}_{20}^{(L=5)}\mathbf{J}^{(4)} = [-1.4401 \quad -0.0004] \quad \text{(A2.6-2)}$$

$$\mathbf{H}_{y_{20},1}^{(L=5)} = \mathbf{w}_{20}^{(L=5)}\mathbf{H}_1^{(4)} = [-5.1825 \quad -0.0600] \quad \text{(A2.6-3a)}$$

$$\mathbf{H}_{y_{20},2}^{(L=5)} = \mathbf{w}_{20}^{(L=5)}\mathbf{H}_2^{(4)} = [-0.0600 \quad -0.0013] \quad \text{(A2.6-3b)}$$

$$\mathbf{z}_{y_{21}}^{(L=5)} = f_{lin}^{(5)}\left(\mathbf{w}_{21}^{(5)}\mathbf{z}^{(4)} + b_{21}^{(5)}\right) = 0.6240 \quad \text{(A2.7-1)}$$

$$\mathbf{J}_{y_{21}}^{(L=5)} = \mathbf{w}_{21}^{(5)}\mathbf{J}^{(4)} = [-1.2543 \quad 0.0038] \quad \text{(A2.7-2)}$$

$$\mathbf{H}_{y_{21},1}^{(L=5)} = \mathbf{w}_{21}^{(5)}\mathbf{H}_1^{(4)} = [-6.0311 \quad -0.0534] \quad \text{(A2.7-3a)}$$

$$\mathbf{H}_{y_{21},2}^{(L=5)} = \mathbf{w}_{21}^{(5)}\mathbf{H}_2^{(4)} = [-0.0534 \quad -0.0010] \quad \text{(A2.7-3b)}$$

4. Iteration 1: 비 정규화 단계(D, 5=L) 단계, $\mathbf{z}^{(D)}=\mathbf{z}^{(5=출력)}$을 비정규화하여 $\mathbf{y}=\mathbf{z}^{(D)}$로 도출

$$y_{20} = \mathbf{z}_{y_{20}}^{(D)} = g_{20}^{(D)}\left(\mathbf{z}_{y_{20}}^{(L=5)}\right) = \frac{1}{\alpha_{y_{20}}}\left(\mathbf{z}_{y_{20}}^{(5)} - \bar{y}_{20,min}\right) + y_{20,min}$$

$$= \frac{1}{1.5427}(0.5838 - (-1)) + (-0.9871) = 0.0484 \quad \text{(A2.8-1)}$$

$$\mathbf{J}_{y_{20}}^{(D)} = \frac{1}{\alpha_{y_{20}}}\mathbf{J}_{y_{20}}^{(L=5)} = [-0.9335 \quad -0.0002] \tag{A2.8-2}$$

$$\mathbf{H}_{y_{20},1}^{(D)} = \frac{1}{\alpha_{y_{20}}}\mathbf{H}_{y_{20},1}^{(L=5)} = [-3.3594 \quad -0.0389] \tag{A2.8-3a}$$

$$\mathbf{H}_{y_{20},2}^{(D)} = \frac{1}{\alpha_{y_{20}}}\mathbf{H}_{y_{20},2}^{(L=5)} = [-0.0389 \quad -0.0008] \tag{A2.8-3b}$$

$$\mathbf{H}_{y_{20}}^{(D)} = \begin{bmatrix} \mathbf{H}_{y_{20},1}^{(D)} \\ \mathbf{H}_{y_{20},2}^{(D)} \end{bmatrix} = \begin{bmatrix} -3.3594 & -0.0389 \\ -0.0389 & -0.0008 \end{bmatrix} \tag{A2.8-4}$$

$$y_{21} = \mathbf{z}_{y_{21}}^{(D)} = g_{21}^{(D)}\left(\mathbf{z}_{y_{21}}^{(L=5)}\right) = \frac{1}{\alpha_{y_{21}}}\left(\mathbf{z}_{y_{21}}^{(5)} - \bar{y}_{21,min}\right) + y_{21,min}$$

$$= \frac{1}{1.7958}(0.6240 - (-1)) + (-0.7988) = 0.1055 \tag{A2.9-1}$$

$$\mathbf{J}_{y_{21}}^{(D)} = \frac{1}{\alpha_{y_{21}}}\mathbf{J}_{y_{21}}^{(L=5)} = [-0.6984 \quad 0.0021] \tag{A2.9-2}$$

$$\mathbf{H}_{y_{21},1}^{(D)} = \frac{1}{\alpha_{y_{21}}}\mathbf{H}_{y_{21},1}^{(5)} = [-3.3583 \quad -0.0297] \tag{A2.9-3a}$$

$$\mathbf{H}_{y_{21},2}^{(D)} = \frac{1}{\alpha_{y_{21}}}\mathbf{H}_{y_{21},2}^{(5)} = [-0.0297 \quad -0.0006] \tag{A2.9-3b}$$

$$\mathbf{H}_{y_{21}}^{(D)} = \begin{bmatrix} \mathbf{H}_{y_{21},1}^{(D)} \\ \mathbf{H}_{y_{21},2}^{(D)} \end{bmatrix} = \begin{bmatrix} -3.3583 & -0.0297 \\ -0.0297 & -0.0006 \end{bmatrix} \tag{A2.9-4}$$

식(A2.8-1)에서 구해진 y_{20} 와 식(A2.9-1)에서 구해진 y_{21}에 기반하여, 식(A2.10-1)에서 등 제약함수 $c(x_C,\theta)$를 구하고, 식(A1.10-2)에서 부등 제약함수 $v(x_C,\theta)$를 구한다. 제이코비 매트릭스 $\mathbf{J}_c(x_C^{(1)}, \theta^{(1)})$ 와 $\mathbf{J}_v(x_C^{(1)}, \theta^{(1)})$는 $x_C^{(0)}$, $\theta^{(0)}$의 함수로 식(A2.11-1)과 식(A2.11-2)에서, 헤시안 매트릭스 $\mathbf{H}_c(x_C^{(1)}, \theta^{(1)})$와 $\mathbf{H}_v(x_C^{(1)}, \theta^{(1)})$ 역시 $x_C^{(0)}$, $\theta^{(0)}$의 함수로 식(A2.12-1)과 식(A2.12-2)에서 계산된다. 식(A2.13)에서 라그랑주 1차 미분식(제이코비)의 수렴 여부를 확인한다.

$$c\left(x_C^{(1)},\ \theta^{(1)}\right) = y_{P_f} - 0.06 = y_{20} - 0.06 = 0.0484 - 0.06 = -0.0116 \tag{A2.10-1}$$

$$v\left(x_C^{(1)},\ \theta^{(1)}\right) = y_{P_f} - 0.06 = y_{21} - 0.1 = 0.1055 - 0.1 = 0.0055 \tag{A2.10-2}$$

$$\mathbf{J}_c\left(x_C^{(1)},\ \theta^{(1)}\right) = \mathbf{J}_c^{(D)}\left(x_C^{(1)},\ \theta^{(1)}\right) = \mathbf{J}_{\left(y_{P_f}-0.06\right)}^{(D)} = \mathbf{J}_{y_{P_f}}^{(D)} = \mathbf{J}_{y_{20}}^{(D)}$$
$$= [-0.9335 \quad -0.0002] \tag{A2.11-1}$$

$$\mathbf{J}_v\left(x_C^{(1)},\ \theta^{(1)}\right) = \mathbf{J}_v^{(D)}\left(x_C^{(1)},\ \theta^{(1)}\right) = \mathbf{J}_{\left(y_{P_t}-0.1\right)}^{(D)} = \mathbf{J}_{y_{P_t}}^{(D)} = \mathbf{J}_{y_{21}}^{(D)}$$
$$= [-0.6984 \quad 0.0021] \tag{A2.11-2}$$

$$\mathbf{H}_c\left(x_C^{(1)},\ \theta^{(1)}\right) = \mathbf{H}_c^{(D)}\left(x_C^{(1)},\ \theta^{(1)}\right) = \mathbf{H}_{y_{20}}^{(D)} = \begin{bmatrix} -3.3594 & -0.0389 \\ -0.0389 & -0.0008 \end{bmatrix} \tag{A2.12-1}$$

$$\mathbf{H}_v\left(x_C^{(1)},\ \theta^{(1)}\right) = \mathbf{H}_v^{(D)}\left(x_C^{(1)},\ \theta^{(1)}\right) = \mathbf{H}_{y_{21}}^{(D)} = \begin{bmatrix} -3.3583 & -0.0297 \\ -0.0297 & -0.0006 \end{bmatrix} \tag{A2.12-2}$$

5. Iteration 1: 제이코비, 헤시안 매트릭스를 통한 라그랑주 함수의 수렴 검증

식(A2.10-1)의 $\mathbf{c}(x_C^{(1)}, \theta^{(1)})$, 식(A2.10-2)의 $\boldsymbol{v}(x_C^{(1)}, \theta^{(1)})$, 식(A2.11-1)의 $\mathbf{J}_c(x_C^{(1)}, \theta^{(1)})$, 식(A2.11-2)의 $\mathbf{J}_v(x_C^{(1)}, \theta^{(1)})$및 $\mathbf{s}$=0을 식(A2.13-1)에 대입하여 식(A2.13-2)에서 라그랑주 함수의 1차 미분식(제이코비)를 구한다. 이때 식(A2.13-2)에는 식(2.4.4.68)에서 구한 라그랑주 승수 $[x_C^{(1)}, \theta^{(1)}, \lambda_c^{(1)}, \lambda_v^{(1)}]$=[0.6020, 47.57, −1.086, 0]을 적용하였고, 붉은색으로 표시하였다. 식(A2.13-1)과 식(A2.13-2)에서 $\nabla\mathcal{L}(x_C^{(1)}, \theta^{(1)}, \lambda_c^{(1)}, \lambda_v^{(1)})$는 0으로 수렴하지 못했으므로, Case 2의 KKT 조건 하에서는 해가 존재하지 않음을 알 수 있다. 따라서 Iteration 2단계에서 사용될 입력변수를 식(A2.14)에서 구한다.

$$\nabla\mathcal{L}\left(x_C^{(1)}, \theta^{(1)}, \lambda_c^{(1)}, \lambda_v^{(1)}\right)$$

$$= \begin{bmatrix} \nabla f_{x_C}\left(x_C^{(1)}\right) - \left[\boldsymbol{J}_c\left(x_C^{(1)}, \theta^{(1)}\right)\right]^T \lambda_c^{(1)} - \left[\boldsymbol{J}_v\left(x_C^{(1)}, \theta^{(1)}\right)\right]^T s\lambda_v^{(1)} \\ -\boldsymbol{c}\left(x_C^{(1)}, \theta^{(1)}\right) \\ -s\boldsymbol{v}\left(x_C^{(1)}, \theta^{(1)}\right) \end{bmatrix} \quad \text{(A1.13-1)}$$

$$= \begin{bmatrix} \nabla f_{x_C}\left(x_C^{(1)}\right) - \left[\mathbf{J}_c^{(D)}\left(x_C^{(1)}, \theta^{(1)}\right)\right]^T \lambda_c^{(1)} - \left[\mathbf{J}_v^{(D)}\left(x_C^{(1)}, \theta^{(1)}\right)\right]^T s\lambda_v^{(1)} \\ -\boldsymbol{c}\left(x_C^{(1)}, \theta^{(1)}\right) \\ -s\boldsymbol{v}\left(x_C^{(1)}, \theta^{(1)}\right) \end{bmatrix}$$

$$\nabla\mathcal{L}\left(x_C^{(1)}, \theta^{(1)}, \lambda_c^{(1)}, \lambda_v^{(1)}\right)$$

$$= \begin{bmatrix} \begin{bmatrix}1\\0\end{bmatrix} - \begin{bmatrix}-0.9335\\-0.0002\end{bmatrix} \times (-1.086) - \begin{bmatrix}-0.6984\\0.0021\end{bmatrix} \times 0 \times 0 \\ 0.0116 \\ 0 \end{bmatrix} \quad \text{(A2.13-2)}$$

$$\rightarrow \nabla\mathcal{L}\left(x_C^{(1)}, \theta^{(1)}, \lambda_c^{(1)}, \lambda_v^{(1)}\right) = \begin{bmatrix}-0.0142\\-0.0002\\0.0116\\0\end{bmatrix} \neq \mathbf{0}$$

6. Iteration 2에서 사용될 입력변수로의 업데이트

$$\begin{bmatrix} x_C^{(2)} \\ \theta^{(2)} \\ \lambda_c^{(2)} \\ \lambda_v^{(2)} \end{bmatrix} = \begin{bmatrix} x_C^{(1)} \\ \theta^{(1)} \\ \lambda_c^{(1)} \\ \lambda_v^{(1)} \end{bmatrix} - \left[\mathbf{H}_{\mathcal{L}}\left(x_C^{(1)}, \theta^{(1)}, \lambda_c^{(1)}, \lambda_v^{(1)}\right)\right]^{-1} \nabla\mathcal{L}\left(x_C^{(1)}, \theta^{(1)}, \lambda_c^{(1)}, \lambda_v^{(1)}\right) \quad \text{(A2.14)}$$

헤시안 매트릭 $\mathbf{H}_{\mathcal{L}}(x_C^{(1)}, \theta^{(1)}, \lambda_c^{(1)}, \lambda_v^{(1)})$는 $\mathbf{H}_{\mathcal{L}}(x_C^{(1)}, \theta^{(1)})$을 (A2.16-2)과 (A2.17)식에서 먼저 구한 후, 식(A2.15-2)와 식(A2.18)에서 계산된다. $\mathbf{H}_{\mathcal{L}}(x_C^{(1)}, \theta^{(1)})$은 식(2.4.4.14), 식(A2.12-1)와 식(A2.12-2)로부터 각각 계산된 $\mathbf{H}_{f x_C}(x_C, \theta)$, $\mathbf{H}_c^{(D)}$, $\mathbf{H}_v^{(D)}$ 를 식(A2.16-2)에 대입하여 식(A2.17)에서 구한다. 이때 s=0을 사용한다. 이때 식(A2.17)에는 식(2.4.4.68)에서 구한 라

그랑주 승수 [$x_C^{(1)}$, $\theta^{(1)}$, $\lambda_c^{(1)}$, $\lambda_v^{(1)}$] =[0.6020, 47.57, -1.086, 0]을 적용하였고, 붉은색으로 표시하였다. 식(A2.16-2)과 (A2.17)에서 구해지는 $\mathbf{H}_{\mathcal{L}}(x_C^{(1)}, \theta^{(1)})$과 식(A2.11-1)과 식(A2.11-2)에서 각각 구해지는 $\mathbf{J}_c^{(D)}$, $\mathbf{J}_v^{(D)}$를 기반으로 기반으로 s=0와 함께, 1단계에서 개선된 입력 변수 [$x_C^{(1)}$, $\theta^{(1)}$, $\lambda_c^{(1)}$, $\lambda_v^{(1)}$]에 대해 라그랑주 헤시안 매트릭스는 식(A2.15-2)에 대입해서 식(A2.18-2)에서 계산된다.

$$\mathbf{H}_{\mathcal{L}}\left(x_C^{(1)}, \theta^{(1)}, \lambda_c^{(1)}, \lambda_v^{(1)}\right)$$

$$= \begin{bmatrix} \mathbf{H}_{\mathcal{L}}\left(x_C^{(1)}, \theta^{(1)}\right) & -\left[\mathbf{J}_c\left(x_C^{(1)}, \theta^{(1)}\right)\right]^T & -\left[s\mathbf{J}_v\left(x_C^{(1)}, \theta^{(1)}\right)\right]^T \\ -\mathbf{J}_c\left(x_C^{(1)}, \theta^{(1)}\right) & 0 & 0 \\ -s\mathbf{J}_v\left(x_C^{(1)}, \theta^{(1)}\right) & 0 & 0 \end{bmatrix} \quad \text{(A2.15-1)}$$

$$\mathbf{H}_{\mathcal{L}}\left(x_C^{(1)}, \theta^{(1)}, \lambda_c^{(1)}, \lambda_v^{(1)}\right)$$

$$= \begin{bmatrix} \mathbf{H}_{\mathcal{L}}\left(x_C^{(1)}, \theta^{(1)}\right) & -\left[\mathbf{J}_c^{(D)}\left(x_C^{(1)}, \theta^{(1)}\right)\right]^T & -\left[s\mathbf{J}_v^{(D)}\left(x_C^{(1)}, \theta^{(1)}\right)\right]^T \\ -\mathbf{J}_c^{(D)}\left(x_C^{(1)}, \theta^{(1)}\right) & 0 & 0 \\ -s\mathbf{J}_v^{(D)}\left(x_C^{(1)}, \theta^{(1)}\right) & 0 & 0 \end{bmatrix} \quad \text{(A2.15-2)}$$

여기서,

$$\mathbf{H}_{\mathcal{L}}\left(x_C^{(1)},\theta^{(1)}\right) = \mathbf{H}_{f_{x_C}}\left(x_C^{(1)},\theta^{(1)}\right) - \lambda_c^{(1)}\mathbf{H}_c\left(x_C^{(1)},\theta^{(1)}\right) - s\lambda_v^{(1)}\mathbf{H}_v\left(x_C^{(1)},\theta^{(1)}\right)$$

(A2.16-1)

$$\mathbf{H}_{\mathcal{L}}\left(x_C^{(1)},\theta^{(1)}\right) = \mathbf{H}_{f_{x_C}}\left(x_C^{(1)},\theta^{(1)}\right) - \lambda_c^{(1)}\mathbf{H}_c^{(D)}\left(x_C^{(1)},\theta^{(1)}\right) - s\lambda_v^{(1)}\mathbf{H}_v^{(D)}\left(x_C^{(1)},\theta^{(1)}\right)$$

(A2.16-2)

$$\mathbf{H}_{\mathcal{L}}\left(x_C^{(1)}, \theta^{(1)}\right)$$

$$= \begin{bmatrix} 0 & 0 \\ 0 & 0 \end{bmatrix} - (-1.0864) \times \begin{bmatrix} -3.3594 & -0.0389 \\ -0.0389 & -0.0008 \end{bmatrix} - 0 \times 0 \times \begin{bmatrix} -3.3583 & -0.0297 \\ -0.0297 & -0.0006 \end{bmatrix} \quad \text{(A2.17)}$$

$$= \begin{bmatrix} -3.6498 & -0.0423 \\ -0.0423 & -0.0009 \end{bmatrix}$$

$$\mathbf{H}_{\mathcal{L}}\left(x_C^{(1)},\ \theta^{(1)},\ \lambda_c^{(1)},\ \lambda_v^{(1)}\right)=\begin{bmatrix}\begin{bmatrix}-3.6498 & -0.0423\\-0.0423 & -0.0009\end{bmatrix} & -\begin{bmatrix}-0.9335\\-0.0002\end{bmatrix} & -0\times\begin{bmatrix}-0.6984\\0.0021\end{bmatrix}\\ -[-0.9335 \quad -0.0002] & 0 & 0\\ -0\times[-0.6984 \quad 0.0021] & 0 & 0\end{bmatrix}$$

(A2.18-1)

$$\mathbf{H}_{\mathcal{L}}\left(x_C^{(1)},\ \theta^{(1)},\ \lambda_c^{(1)},\ \lambda_v^{(1)}\right)=\begin{bmatrix}-2.0483 & -0.0157 & 0.9335 & 0\\-0.0157 & -0.0004 & 0.0002 & 0\\0.9335 & 0.0002 & 0 & 0\\0 & 0 & 0 & 0\end{bmatrix} \quad \text{(A2.18-2)}$$

$$\left[\mathbf{H}_{\mathcal{L}}\left(x_C^{(1)},\ \theta^{(1)},\ \lambda_c^{(1)},\ \lambda_v^{(1)}\right)\right]^{-1}=\begin{bmatrix}-0.0001 & 0.2814 & 1.0837 & 0\\0 & -1149.5 & -50.95 & 0\\1.0837 & -50.95 & 1.9297 & 0\\0 & 0 & 0 & 0\end{bmatrix} \quad \text{(A2.18-3)}$$

입력변수 $[x_C^{(1)}, \theta^{(1)}, \lambda_c^{(1)}, \lambda_v^{(1)}]$는 식(A2.13-2)과 식(A2.18-3)을 식(A2.14)에 대입하여, 식(A2.19)에서 Iteration 2에서 사용될 입력변수 $[x_C^{(2)}, \theta^{(2)}, \lambda_c^{(2)}, \lambda_v^{(2)}]^T$=$[0.5895, 47.88, -1.106, 0]^T$로 업데이트 된다. 이 후에는 라그랑주 1차함수의 미분식(제이코비)이 0으로 수렴할 때까지 동일한 반복연산을 수행하면 된다.

$$\begin{bmatrix}x_C^{(2)}\\\theta^{(2)}\\\lambda_c^{(2)}\\\lambda_v^{(2)}\end{bmatrix}=\begin{bmatrix}0.6020\\47.57\\-1.086\\0\end{bmatrix}-\begin{bmatrix}-0.0001 & 0.2814 & 1.0837 & 0\\0 & -1149.5 & -50.95 & 0\\1.0837 & -50.95 & 1.9297 & 0\\0 & 0 & 0 & 0\end{bmatrix}\begin{bmatrix}-0.0142\\-0.0002\\0.0116\\0\end{bmatrix}$$

$$\rightarrow\begin{bmatrix}x_C^{(2)}\\\theta^{(2)}\\\lambda_c^{(2)}\\\lambda_v^{(2)}\end{bmatrix}=\begin{bmatrix}0.5895\\47.88\\-1.106\\0\end{bmatrix}$$

(A2.19)

Appendix B

B1. 함수식 기반의 4차함수 라그랑주 최적화 코드

```
clc, clear;
format short
%% INPUT
x0 = -3; % initial input x0;
lamda_v0 = 1; % initial Lagrange multiplier, lamda_v

iter_req = 100; % number of required iteration
MSE_target = 1e-10; % Target of mean square error of first derivative of Lagrange
function

fprintf('Initial input vector: [x0, lamda_v0] = [%f, %f]\n',x0, lamda_v0)
fprintf('Number of required iteration: %d\nTarget ofMean square error: %s\n\n\n',...
                    iter_req,MSE_target)
%% CASE 1: Inequality v(x) = x^2 - 4 >= 0 is inactive
fprintf('...STARTING CASE 1...\n')
x(1) = x0; % initial input x0;
lamda_v(1) = lamda_v0; % initial Lagrange multiplier, lamda_v
for i = 1:iter_req
    % Calculate first derivative of Lagrange function, J, w.r.t. x(i), lamda_v(i)
    J = 4*x(i)^3-3*x(i)^2-8*x(i)+5;
    % Calculate MSE of J
    MSE(i) = sum(J.^2);
    % Calculate Hessian of Lagrange function, H, w.r.t. x(i), lamda_v(i)
    H = 12*x(i)^2-6*x(i)-8;

    % Calculate objective function, f, w.r.t. x(i), lamda_v(i)
    f(i) = x(i)^4 - x(i)^3 - 4*x(i)^2 + 5*x(i) + 5;

    if MSE(i) > MSE_target % check MSE
        % Update input vector x(i+1) for next iteration
        x(i+1) = x(i) - H^-1*J;
    else
        break
    end
end
table_C1 = array2table([x',MSE',f'],'VariableNames',{'x(i)','MSE','f(x)'});
```

```
disp(table_C1)

% Check result with inactive inequality, v(x)
fprintf('Check final result of CASE 1 with inactive inequality, v(x)\n')
v_x = x(i)^2 - 4;
if v_x >= 0
    check_v = '(Satisfactory)';
else
    check_v = '(Unsatisfactory)';
end
fprintf('x = %f\n',table_C1{end,1})
fprintf('v(x) = x^2 - 4 = %f %s\n\n',v_x,check_v)

%% CASE 2: Inequality v(x) = x^2 - 4 >= 0 is active
fprintf('...STARTING CASE 2...\n')

clear('x','lamda_v','MSE','L','f')
x(1) = x0; % initial input x0;
lamda_v(1) = lamda_v0; % initial Lagrange multiplier, lamda_v
for i = 1:iter_req
    % Calculate first derivative of Lagrange function, J, w.r.t. x(i), lamda_v(i)
    J = [4*x(i)^3-3*x(i)^2-8*x(i)+5 - 2*lamda_v(i)*x(i);
         4 - x(i)^2];
    % Calculate MSE of J
    MSE(i) = 0.5*sum(J.^2);
    % Calculate Hessian of Lagrange function, H, w.r.t. x(i), lamda_v(i)
    H = [12*x(i)^2-6*x(i)-8-2*lamda_v(i) -2*x(i);
                -2*x(i)                0];
    % Calculate Lagrange function, L, w.r.t. x(i), lamda_v(i)
    L(i) = x(i)^4 - x(i)^3 - 4*x(i)^2 + 5*x(i) + 5 - lamda_v(i)*(x(i)^2 - 4);

    % Calculate objective function, f, w.r.t. x(i), lamda_v(i)
    f(i) = x(i)^4 - x(i)^3 - 4*x(i)^2 + 5*x(i) + 5;

    if MSE(i) > MSE_target % check MSE
        % Update input vector x(i+1), lamda_v(i+1) for next iteration
        temp = [x(i);lamda_v(i)] - H^-1*J;
        x(i+1) = temp(1);
        lamda_v(i+1) = temp(2);
    else
        break
    end
end
```

```
table_C2 =
array2table([x',lamda_v',MSE',L',f'],'VariableNames',{'x(i)','lamda_v(i)','MSE','L(x,lamda_v)'
,'f(x)'});
disp(table_C2)

%% Select optimal result
fprintf('...SELECT OPTIMAL RESULT...\n')
fprintf('With an initial input vector: [x0, lamda_v0] = [%f, %f],\n',x0, lamda_v0)
if v_x >= 0
    fprintf('a local optimum is obtained from CASE 1: Inequality v(x) = x^2 - 4 >= 0 is
inactive \n')
    fprintf('x = %f \nf(x) = %f \n',table_C1{end,1},table_C1{end,3})
else
    fprintf('a local optimum is obtained from CASE 2: Inequality v(x) = x^2 - 4 >= 0 is
active \n')
    fprintf('x = %f; lamda_v = %f \nf(x) = %f \nv(x) = %f\n',...
            table_C2{end,1},table_C2{end,2},table_C2{end,5},table_C2{end,1}^2-4)
end

fprintf('Readers need to try several initial input vectors [x0, lamda_v0] to obtain a global
optimum.\n')
```

B2. 함수식 기반의 트러스 설계 라그랑주 최적화 코드

```
clc, clear;
format short
warning('off')
%% INPUT
fy = 200e-3; % yield strength, kN/mm2
x = [2000 20 0 0]'; % initial vector [xC_0, theta_0, lamdaC_0, lamdaV_0]';
iter_req = 2000; % number of required iteration
MSE_target = 1e-20; % Target of mean square error of first derivative of Lagrange
function

fprintf('Initial input vector: [xA, xh, lamdaV1, lamdaV2] = [%.3f, %.3f, %.3f, %.3f],\n',...
                    x(1), x(2), x(3), x(4))
```

```
fprintf('Number of required iteration: %d\nTarget ofMean square error: %s\n\n\n',...
                              iter_req,MSE_target)

k = 0;
for case_i = 1:4
    if case_i == 1 % Inequality v(x) = y_Pt - 0.1 >= 0 is active
        fprintf('...STARTING CASE 1: v1(x) is active...\n')
        S = [1 0;
             0 0];
    elseif case_i == 2 % Inequality v(x) = y_Pt - 0.1 >= 0 is inactive
        fprintf('...STARTING CASE 2: v2(x) is active...\n')
        S = [0 0;
             0 1];
    elseif case_i == 3 % Inequality v(x) = y_Pt - 0.1 >= 0 is inactive
        fprintf('...STARTING CASE 3: both v1(x) and v2(x) are active...\n')
        S = [1 0;
             0 1];
    elseif case_i == 4 % Inequality v(x) = y_Pt - 0.1 >= 0 is inactive
        fprintf('...STARTING CASE 4: both v1(x) and v2(x) are inactive...\n')
        S = [0 0;
             0 0];
    end
    clear('R')

    R(1).x = x;

    index = 1:4;
    s_index = 1:2;
    status = [1;1;diag(S)];
    index(status==0) = [];
    s_index(diag(S)==0) = [];

    for i = 1:iter_req
        x_A = R(i).x(1); x_h = R(i).x(2);
        lamda = R(i).x(3:4);

        % Calculate objective function, fW, and its derivatives
        R(i).fW = 0.008*abs(x_A)*(2+sqrt(x_h^2+4));
        J_fW = [(0.016 + 0.008*(x_h^2+4)^0.5);
                0.008*x_A*x_h*(x_h^2+4)^(-0.5)];
        H_fW = [0                                    , 0.008*x_h*(x_h^2+4)^(-0.5);
                0.008*x_h*(x_h^2+4)^(-0.5)    , 0.032*x_A/(x_h^2+4)^1.5];

        % Calculate inequalities, c(x), v(x), and their Jacobian, J_c, J_v, and Hessian, H_c,
H_v
        S1 = 55/x_A - 200/(x_h*x_A);
```

```
            S2 = 100*sqrt(x_h^2 + 4) / (x_h*x_A);
            v1 = -abs(S1) + fy;
            v2 = -abs(S2) + fy;
            J_v = [S1/abs(S1)*(55/x_A^2-200/(x_A^2*x_h))    , -
S1/abs(S1)*200/(x_h^2*x_A);
                        100*sqrt(x_h^2+4)/(x_A^2*abs(x_h))          ,
100*x_h*sqrt(x_h^2+4)/(x_A*abs(x_h)^3) - 100*x_h/(x_A*abs(x_h)*sqrt(x_h^2+4))];
            H_v1 = [S1/abs(S1)*(400/(x_A^3*x_h)-110/x_A^3)    ,
S1/abs(S1)*200/(x_h^2*x_A^2);
                         S1/abs(S1)*200/(x_h^2*x_A^2)                    ,
S1/abs(S1)*400/(x_h^3*x_A)];

            H_v2 = [-
200*sqrt(x_h^2+4)/(x_A^3*abs(x_h))
,   (100*x_h/(x_A^2*abs(x_h)*sqrt(x_h^2+4)) -
100*x_h*sqrt(x_h^2+4)/(x_A^2*abs(x_h)^3));
                         (100*x_h/(x_A^2*abs(x_h)*sqrt(x_h^2+4)) -
100*x_h*sqrt(x_h^2+4)/(x_A^2*abs(x_h)^3)) ,    100*abs(x_h)/(x_A*(x_h^2+4)^1.5) -
200*sqrt(x_h^2+4)/(x_A*abs(x_h)^3) + 100/(x_A*abs(x_h)*sqrt(x_h^2+4) )];

            % Calculate Lagrange function, L, w.r.t. to [xA_(i), xh_(i), lamdaV1_(i),
lamdaV2_(i)]'
            R(i).Lagrange = R(i).fW - lamda'*S*[v1;v2];

            % Calculate Jacobian of L w.r.t. to [xA_(i), xh_(i), lamdaV1_(i), lamdaV2_(i)]'
            R(i).J = [J_fW - J_v'*S*lamda;
                                  -S*[v1;v2]    ];

            % Calculate MSE of J
            R(i).E = 1/4*sum(R(i).J .^ 2);

            % Calculate Hessian of L w.r.t. to [xA_(i), xh_(i), lamdaV1_(i), lamdaV2_(i)]'
            H = H_fW - S(1,1)*lamda(1)*H_v1 - S(2,2)*lamda(2)*H_v2;
            R(i).H = [H              , -(S*J_v)';
                      -S*J_v      , zeros(2,2)];

            if R(i).E > MSE_target % Check MSE
                % Update input vector for next iteration
                R(i+1).x = R(i).x;
                R(i+1).x(index) = R(i).x(index) - R(i).H(index,index) \ R(i).J(index);
            elseif R(i).E <= MSE_target
                fprintf('CASE %d is converged at iteration step #%d with an MSE of %s,
providing a result of:\n',case_i,i,R(i).E)
                fprintf('Input vector: [xA, xh, lamdaV1, lamdaV2] = [%f, %f, %f, %f]\n',...
                                                    R(i).x(1), R(i).x(2), R(i).x(3), R(i).x(4))
                fprintf('Objective function fW    = %f\n', R(i).fW)
```

```
            fprintf('Inequality constraint v1(x) = %f\n', v1)
            fprintf('Inequality constraint v2(x) = %f\n', v2)

            k = k + 1;
            summary(k,1) = case_i;
            summary(k,2) = R(end).x(1);
            summary(k,3) = R(end).x(2);
            summary(k,4) = R(end).x(3);
            summary(k,5) = R(end).x(4);
            summary(k,6) = R(end).fW;
            summary(k,7) = v1;
            summary(k,8) = v2;
            break
        elseif isnan(R(i).E)
            fprintf('CASE %d is diverged at iteration step #%d.\n',case_i,i)
            break
        end
    end
    if i == iter_req && R(i).E > MSE_target % Check MSE
        fprintf('CASE %d is diverged or required iteration number is not
enough\n',case_i)
    end
    fprintf('\n\n')
end
if exist('summary')
    table_sum =
array2table(summary,'VariableNames',{'Case','xA','xh','lamdaV1','lamdaV2','fxC','v1(x)','v2
(x)'});
end
%% Select optimal result
fprintf('...SELECT OPTIMAL RESULT...\n')
fprintf('With an initial input vector: [xA, xh, lamdaV1, lamdaV2] =
[%.3f, %.3f, %.3f, %.3f],\n',x(1), x(2), x(3), x(4))
if exist('table_sum')
    disp(table_sum)
end

if exist('table_sum')
    table_sum(table_sum{:,7} <= -1e-6 | table_sum{:,8} <= -1e-6,:) = [];
    [~,index] = min(table_sum{:,6});
    fprintf('a local maximum is obtained from CASE %d\n',table_sum{index,1});
else
    fprintf('there is no local optimum\n\n')
end
fprintf('Readers need to try several initial input vectors [xA, xh, lamdaV1, lamdaV2]\nto
obtain a global optimum.\n')
```

B3. 함수식 기반의 비행거리 라그랑주 최적화 코드

```
clc, clear;
format short

%% INPUT
x = [0.7 40 -1 0]'; % initial vector [xC_0, theta_0, lamdaC_0, lamdaV_0]';
iter_req = 2000; % number of required iteration
MSE_target = 1e-6; % Target of mean square error of first derivative of Lagrange function

fprintf('Initial input vector: [xC, theta, lamdaC, lamdaV] = [%.3f, %.3f, %.3f, %.3f],\n',...
                    x(1), x(2), x(3), x(4))
fprintf('Number of required iteration: %d\nTarget ofMean square error: %s\n\n\n',...
                    iter_req,MSE_target)

V0 = 0.08; % Projectile velocity, km/s
g = 9.81e-3; % Standard gravity, km.s-2
xA = 0; yA = 0.06; % Position of flag target, km
xB = 0.07; yB = 0.1; % Position of toptree, km

k = 0;
for case_i = 1:2

    if case_i == 1
        fprintf('...STARTING CASE 1: v(x) = y_Pt - 0.1 >= 0 is active...\n\n')
    elseif case_i == 2
        fprintf('...STARTING CASE 1: v(x) = y_Pt - 0.1 >= 0 is inactive...\n\n')
    end
    if case_i == 1 % Inequality v(x) = y_Pt - 0.1 >= 0 is active
        S = 1;
    elseif case_i == 2 % Inequality v(x) = y_Pt - 0.1 >= 0 is inactive
        S = 0;
    end
    clear('R')
    R(1).x = x;

    index = 1:4;
    s_index = 4;
    status = [1;1;1;S];
    index(status==0) = [];
    s_index(diag(S)==0) = [];

    for i = 1:iter_req
        xC = R(i).x(1); theta = R(i).x(2);
        lamda_c = R(i).x(3);
```

```
        lamda_v = R(i).x(4);

        % Calculate objective function, fxC, and its derivatives
        R(i).xC = xC;
        J_xC = [1;
                0];
        H_xC = [0 , 0;
                0 , 0];

        % Calculate inequalities, c(x), v(x), and their Jacobian, J_c, J_v, and Hessian, H_c,
H_v
        c = (xC-xA)*tand(theta) - g*(xC-xA)^2/(2*V0^2*cosd(theta)^2) - yA;
        v = (xC-xB)*tand(theta) - g*(xC-xB)^2/(2*V0^2*cosd(theta)^2) - yB;

        J_c = [(tand(theta) - g*(xC-xA)/(V0^2*cosd(theta)^2)) , ((xC-
xA)*(tand(theta)^2+1) - g*(xC-xA)^2*sind(theta)/(V0^2*cosd(theta)^3))];
        J_v = [(tand(theta) - g*(xC-xB)/(V0^2*cosd(theta)^2)) , ((xC-
xB)*(tand(theta)^2+1) - g*(xC-xB)^2*sind(theta)/(V0^2*cosd(theta)^3))];

        H_c11 = -g/(V0^2*cosd(theta)^2);
        H_c12 = tand(theta)^2+1 - (2*g*(xC-xA)*sind(theta))/(V0^2*cosd(theta)^3);
        H_c22 = 2*tand(theta)*(tand(theta)^2+1)*(xC-xA) - g*(xC-
xA)^2/(V0^2*cosd(theta)^2) - (3*g*sind(theta)^2*(xC-xA)^2)/(V0^2*cosd(theta)^4);
        H_c = [H_c11    ,    H_c12;
               H_c12    ,    H_c22];

        H_v11 = -g/(V0^2*cosd(theta)^2);
        H_v12 = tand(theta)^2+1 - (2*g*(xC-xB)*sind(theta))/(V0^2*cosd(theta)^3);
        H_v22 = 2*tand(theta)*(tand(theta)^2+1)*(xC-xB) - g*(xC-
xB)^2/(V0^2*cosd(theta)^2) - (3*g*sind(theta)^2*(xC-xB)^2)/(V0^2*cosd(theta)^4);
        H_v = [H_v11    ,    H_v12;
               H_v12    ,    H_v22];

        % Calculate Lagrange function, L, w.r.t. to [xC_(i), theta_(i), lamdaC_(i),
lamdaV_(i)]'
        R(i).Lagrange = R(i).xC - lamda_c*c - lamda_v*S*v;

        % Calculate Jacobian of L w.r.t. to [xC_(i), theta_(i), lamdaC_(i), lamdaV_(i)]'
        R(i).J = [J_xC - J_c'*lamda_c - J_v'*S*lamda_v;
                        -c;
                        -S*v];

        % Calculate MSE of J
        R(i).E = 1/4*sum(R(i).J .^ 2);

        % Calculate Hessian of L w.r.t. to [xC_(i), theta_(i), lamdaC_(i), lamdaV_(i)]'
```

```
        H = H_xC - lamda_c*H_c - S*lamda_v*H_v;
        R(i).H = [H          , -J_c' , -(S*J_v)';
                  -J_c   ,    0    ,      0     ;
                  -S*J_v ,    0    ,      0     ];

        if R(i).E > MSE_target % Check MSE
            % Update input vector for next iteration
            R(i+1).x = R(i).x;
            R(i+1).x(index) = R(i).x(index) - R(i).H(index,index) \ R(i).J(index);
        elseif R(i).E <= MSE_target
            fprintf('CASE %d is converged at iteration step #%d with an MSE of %s,
providing a result of:\n',case_i,i,R(i).E)
            fprintf('Input vector: [xC, theta, lamdaC, lamdaV] = [%f, %f, %f, %f]\n',...
                                              R(i).x(1), R(i).x(2), R(i).x(3), R(i).x(4))
            fprintf('Objective function fxC = xC = %f\n', round(R(i).xC,3))
            fprintf('Equality constraint c(x) = y_Pf - yA = %f\n', round(c,3))
            fprintf('Inequality constraint v(x) = y_Pt - yB = %f\n', round(v,3))

            k = k + 1;
            summary(k,1) = case_i;
            summary(k,2) = R(end).x(1);
            summary(k,3) = R(end).x(2);
            summary(k,4) = R(end).x(3);
            summary(k,5) = R(end).x(4);
            summary(k,6) = R(end).xC;
            summary(k,7) = round(c,3);
            summary(k,8) = round(v,3);
            break
        elseif isnan(R(i).E)
            fprintf('CASE %d is diverged at iteration step #%d.\n',case_i)
            break
        end
    end
    if i == iter_req && R(i).E > MSE_target % Check MSE
        fprintf('CASE %d is diverged or required iteration number is not
enough\n',case_i)
    end
    fprintf('\n\n')
end
table_sum =
array2table(summary,'VariableNames',{'Case','xC','theta','lamdaC','lamdaV','fxC','c(x) =
y_Pf-yA','v(x) = yB'});

%% Select optimal result
fprintf('...SELECT OPTIMAL RESULT...\n')
```

```
fprintf('With an initial input vector: [xC, theta, lamdaC, lamdaV] =
[%.3f, %.3f, %.3f, %.3f],\n',x(1), x(2), x(3), x(4))
disp(table_sum)
[~,index] = max(table_sum{:,6});
fprintf('a local maximum is obtained from CASE %d\n',table_sum{index,1});
fprintf('Readers need to try several initial input vectors [xC, theta, lamdaC, lamdaV] to
obtain a global optimum.\n')
```

참고문헌

[1] Sharifi, Y., F. Lotfi, and A. Moghbeli. 2019. "Compressive Strength Prediction Using the ANN Method for FRP Confined Rectangular Concrete Columns." Journal of Rehabilitation in Civil Engineering 7 (4): 134–153. doi:10.22075/JRCE.2018.14362.1260.

[2] Kuhn, H. W.; Tucker, A. W. (1951). "Nonlinear programming". Proceedings of 2nd Berkeley Symposium. Berkeley: University of California Press. pp. 481–492.

[3] KUHN, Harold W.; TUCKER, Albert W. "Nonlinear programming. In: Traces and emergence of nonlinear programming." Birkhäuser, Basel, 2014. p. 247-258.

[4] Villarrubia, G., De Paz, J. F., Chamoso, P., & De la Prieta, F. 2018. "Artificial neural networks used in optimization problems." Neurocomputing, 272, 10-16. Doi: 10.1016/j.neucom.2017.04.075.

[5] Hoffmann, L. D., and G. L. Bradley. 2004. "Calculus for Business, Economics, and the Social and Life Sciences." 8th. 575–588. ISBN 0-07-242432–X. New York: McGraw Hill Education

[6] Krenker A, Bešter J, Kos A. "Introduction to the artificial neural networks. Artificial Neural Networks: Methodological Advances and Biomedical Applications." InTech, 2011; 1-18. https://doi.org/10.5772/15751.

[7] 인공지능기반 철근콘크리트 구조설계(Artificial intelligence-based design of reinforced concrete structures), 대가

[8] MATLAB. Natick, Massachusetts: The MathWorks Inc., 2022. Jacobian matrix. https://uk.mathworks.com/help/symbolic/sym.jacobian.html (accessed May 20, 2022).

[9] MATLAB. Natick, Massachusetts: The MathWorks Inc., 2022. Hessian matrix of scalar function. https://uk.mathworks.com/help/symbolic/sym.hessian.html (accessed May 20, 2022).

[10] Won-Kee Hong and Manh Cuong Nguyen. 2021. "AI-based Lagrange optimization for designing reinforced concrete columns." Journal of Asian Architecture and Building Engineering' https://www.tandfonline.com/loi/tabe20

[11] Matlab developer, 2020

[12] Math Vault, 2020, Wikipedia; https://en.wikipedia.org/wiki/Hadamard_product_(matrices)].

[13] Horn, R. A. 1990. The hadamard product. Proc. Symp. Appl. Math Vol. 40: 87-169.

[14] MathWorks, (2022a). Deep Learning Toolbox: User's Guide (R2022a). Retrieved July 26, 20122 from: https://www.mathworks.com/help/pdf_doc/deeplearning/nnet_ug.pdf

[15] MathWorks, (2022a). Parallel Computing Toolbox: Documentation (R2022a). Retrieved July 26, 2022 from: https://uk.mathworks.com/help/parallel-computing/

[16] MathWorks, (2022a). Statistics and Machine Learning Toolbox: Documentation (R2022a). Retrieved July 26, 2022 from: https://uk.mathworks.com/help/stats/

[17] MathWorks, (2022a). Global Optimization: User's Guide (R2022a). Retrieved July 26, 20122 from: https://www.mathworks.com/help/pdf_doc/gads/gads.pdf

[19] MathWorks, (2022a). Optimization Toolbox: Documentation (R2022a). Retrieved July 26, 2022 from: https://uk.mathworks.com/help/optim/

[19] MathWorks, (2022a). MATLAB (R2022a).

[20] Hong, W. K. 2019. Hybrid Composite Precast Systems: Numerical Investigation to Construction. Woodhead Publishing, Elsevier.

찾아보기

ㅈ

ㅊ

ㅋ

ㅌ

ㅍ

ㅎ

인공지능 기반 Hong-Lagrange 최적화와 데이터 기반 공학설계

AI-based Data-centric Engineering (AIDE) using ANN-based Hong-Lagrange optimizations

초판 1쇄 인쇄 2022년 10월 12일
초판 1쇄 발행 2022년 10월 20일

지 은 이 홍원기
펴 낸 이 김호석
편 집 부 주옥경·곽유찬
디 자 인 최혜주
마 케 팅 오중환
경영관리 박미경
영업관리 김경혜

펴 낸 곳 도서출판 대가
주 소 경기도 고양시 일산동구 무궁화로 32-21 로데오메탈릭타워 405호
전 화 02) 305-0210
팩 스 031) 905-0221
전자우편 dga1023@hanmail.net
홈페이지 www.bookdaega.com

ISBN 978-89-6285-361-2 (93530)